"十三五"江苏省高等学校重点教材(2019-2-122)

面向"新工科"普通高等教育工程管理与工程造价专业系列精品教材

建 筑 结 构

主 编 刘 雁 李琮琦

副主编 邹小静

参 编 王 琨 佘晨岗

U0380221

东南大学出版社

SOUTHEAST UNIVERSITY PRESS

·南京·

内 容 提 要

本书是依据最新颁布、实施的相关国家规范、标准等编写的教材，能更好地适应当前建筑结构课程教学改革和发展的需要。教材共计11章，主要内容包括：绪论、建筑结构抗震设计及概念设计基本知识、建筑结构设计基本原理、工程材料的力学性能、混凝土梁和板的设计、混凝土柱的设计、预应力混凝土结构的基本知识、混凝土楼盖设计、多层混凝土结构设计、钢和木结构及组合结构、砌体结构。每章均配有内容提要、本章小结和思考题与习题。

本书可作为工程管理本科专业的教学用书，也可作为建筑学等本科专业的教材或教学参考书，以及供从事土木工程技术的专业人员学习、参考。

图书在版编目(CIP)数据

建筑结构/刘雁,李琮琦主编.—南京:东南大学出版社,2020.9(2024.1重印)

ISBN 978-7-5641-9100-9

Ⅰ.①建… Ⅱ.①刘… ②李… Ⅲ.①建筑结构—高等学校—教材 Ⅳ.①TU3

中国版本图书馆 CIP 数据核字(2020)第 163342 号

建筑结构(Jianzhu Jiegou)

主 编:	刘 雁 李琮琦
出版发行:	东南大学出版社
出 版 人:	江建中
社 址:	南京市四牌楼 2 号(邮编：210096)
网 址:	http://www.seupress.com
经 销:	全国各地新华书店
印 刷:	苏州市古得堡数码印刷有限公司
开 本:	787 mm×1092 mm 1/16
印 张:	24.75
字 数:	602 千字
版 次:	2020 年 9 月第 1 版
印 次:	2024 年 1 月第 2 次印刷
书 号:	ISBN 978-7-5641-9100-9
定 价:	56.00 元

本社图书若有印装质量问题，请直接与营销部联系。电话(传真)：025-83791830

丛书编委会

主任委员

李启明

副主任委员

（按姓氏笔画排序）

王文顺　王卓甫　刘荣桂　刘　雁　孙　剑
李　洁　李德智　周　云　姜　慧　董　云

委　员

（按姓氏笔画排序）

王延树　毛　鹏　邓小鹏　付光辉　刘钟莹
许长青　李琮琦　杨高升　吴翔华　佘建俊
张连生　张　尚　陆惠民　陈　敏　周建亮
祝连波　袁竞峰　徐　迎　黄有亮　韩美贵
韩　豫　戴兆华

丛书前言

1999 年"工程管理"专业刚列入教育部本科专业目录后不久,江苏省土木建筑学会工程管理专业委员会根据高等学校工程管理专业指导委员会制订的"工程管理"本科培养方案及课程教学大纲的要求,组织了江苏省十几所院校编写了全国第一套"工程管理"专业的教材。在大家的共同努力下,这套教材质量较高,类型齐全,并且更新速度快,因而市场认可度高,不断重印再版,有的书已出到第三版,重印十几次。系列教材在全省、全国工程管理及相关专业得到了广泛使用,有的书还获得了江苏省重点教材、国家级规划教材等称号,受到广大使用单位和老师学生的认可和好评。

近年来,随着国家实施新型城镇化战略、推动"一带一路"倡议,建筑业改革创新步伐加快,大力推行工程总承包、工程全过程咨询、BIM 等信息技术,加快推动建筑产业的工业化、信息化、智能化、绿色化、国际化等建筑产业现代化进程,推动建筑业产业转型升级。建筑产业从中低端向现代化转变过程中,迫切需要大批高素质、创新型工程建设管理人才,对高等学校人才培养目标、知识结构、课程体系、教学内容、实践环节和人才培养质量等提出了新的更高的要求。因此,我们的教材建设必须适应建筑产业现代化发展的需要,反映建筑产业现代化的最佳实践。

进入新时代,党和国家事业发展对高等教育、人才培养提出了全新的、更高的要求和希望。提出"人才培养为本、本科教育是根",要求"加快建设一流本科、做强一流专业、打造一流师资、培养一流人才",要求"加强专业内涵建设,建设'金课'、淘汰'水课',抓好教材编写和使用,向课堂要质量"。同时,新工科建设蓬勃发展,得到产业界的积极响应和支持,在国际上也产生了影响。在这样的背景下,教育部新一届工程管理和工程造价专业指导委员会提出了专业人才培养的方向是"着重培养创新型、复合型、应用型人才",要"问产业需求建专业,问技术发展改内容,更新课程内容与培养方案,面向国际前沿立标准,增强工程管理教育国际竞争力"。工程管理和工程造价专业指导委员会制定颁发了《工程管理本科指导性专业规范》和《工程造价本科指导性专业规范》，对工程管理和工程造价知识体系和实践体系做出了更加详细的规定。因此，我们的教材建设必须反映这样的培养目标，必须符合人才培养的基本规律和教育评估认证的新需要。

20多年来，全国工程管理、工程造价教育和人才培养快速发展。据统计，2017年全国开设工程管理专业的高校有489家，在校生数为139 665；工程造价专业全国布点数为262家，在校生数为88 968；房地产开发与管理专业全国布点数为86家，在校生数为11 396。工程管理和工程造价专业下一阶段将从高速增长阶段转向高质量发展阶段，从注重数量、规模、空间、领域等外延拓展，向注重调整结构，提高质量、效应、品牌、影响力、竞争力等内涵发展转变。基于新时代新要求，工程管理专业需要重新思考自身的发展定位和人才培养目标定位，完善知识体系、课程体系，建设与之相适应的高质量、高水平的教材体系。

基于上述时代发展要求和产业发展背景，江苏省土木建筑学会工程管理专业委员会、建筑与房地产经济专业委员会精心组织成立了编写委员会，邀请省内外教学、实践经验丰富的高校老师，经过多次认真教学研讨，按照现有知识体系对原有系列教材进行重装升级，适时推出面向新工科的新版工程管理和工程造价系列丛书。在本系列丛书的策划和编写过程中，注重体现新规范、新标准、新进展和新实践，理论与实践相结合，注重打造立体化、数字化新教材，以适应行业发展和人才培养新需求。本系列丛书涵盖工程技术类课程、专业基础课程、专业课程、信息技术课程和教学辅导等教材，满足工程管理专业、工程造价专业的教学需要，同时也适用于土木工程等其他工程类相关专业。尽管本系列丛书已经过多次讨论和修改，但书中必然存在许多不足，希望本专业同行们、学生们在使用中对本套教材中的问题提出意见和建议，以使我们能够不断改进、不断完善，将它做得越来越好。

本系列丛书的编写出版，得到江苏省各有关高校领导的关心和支持，得到国内有关同行的指导和帮助，得到东南大学出版社的鼎力支持，在此谨向各位表示衷心的感谢！

丛书编委会
2019 年 5 月

前　　言

　　"建筑结构"课程是工程管理专业的专业课程之一。长期以来,该课程所采用的教材大多是土木工程专业多本专业教材的简单浓缩,而缺乏针对专业特点、较全面涵盖建筑结构知识内容的教材。本书是依据最新颁布实施的相关国家规范、标准,如《建筑结构可靠性设计统一标准》(GB 50068—2018)、《钢结构设计标准》(GB 50017—2017)等编写的教材。能更好地适应当前建筑结构课程教学改革和发展的需要。教材共计十一章,主要包括结构抗震、混凝土结构、钢木结构及组合结构、砌体结构等相关内容。

　　教材根据结构抗震基本知识、构件设计和基本构造以及结构设计和抗震构造的思路编写,几方面内容各有侧重。结构抗震基本知识设计注重结构的概念设计、结构体系和布置等内容的讲述;构件设计注重基本概念、基本原理和分析方法及构件设计的材料、截面配筋等基本构造的阐述;结构设计在结构抗震概念基础上,注重内力分析、内力组合和配筋等知识同时介绍结构的抗震构造。

　　本书的编写努力将基本知识、工程概念以及相关学科的最新发展有机结合,力求讲清概念、突出重点,注重基本理论、淡化过程推导、重视构造。为帮助学生克服学习过程中反映的建筑结构课程存在的"内容多、概念多、公式符号多、构造规定多",以及复习不易抓住要领的问题,每章还编排了"本章小结",总结、归纳了各章的基本知识和主要内容,并配有典型的例题和一定数量的思考题与习题,巩固和提高应用所学知识的综合能力。

　　教材中部分例题和章节扩展内容,以二维码的形式表达,可通过扫码学习。

　　参加本教材编写的有,刘雁(第 1、2 和 7 章)、李琼琦(第 3、4、5 章和附录)、邹小静(第 8 和 9 章)、王琨(第 6 和 11 章)和佘晨岗(第 10 章);张砚农帮助完成了部分章节的图形绘制。刘雁、李琼琦任主编,邹小静任副主编。刘雁负责全书统稿。

　　本教材由扬州大学出版基金资助,在编写过程中,参考、借鉴并引用了许多优秀教材、著作及相关文献资料,同时,本书的出版得到了东南大学出版社的大力支持和帮助,在此一并表示真诚的谢意!

  由于教材涉及的范围广、内容多,加之编者的水平有限,书中难免会有不妥和疏漏之处,恳望读者批评指正,以便修订完善。

编者

2020 年 3 月

目　　录

1 绪　　论

1.1　建筑结构和建筑的关系

建筑是人类物质文明发展史上的重要印记,也是人类精神文化的有力表现。一个好的建筑作品是建筑设计与结构设计(当然,还有设备专业)密切配合的结果。其中结构设计的好坏,关系到建筑物是否满足适用、经济、绿色、美观的建筑方针。特别是我国大部分乡村和城市,都处于抗震设防区,建筑物必须首先满足结构的抗震安全要求,才能考虑其功能、经济和美观等需求。因此设计既要功能合理、造型优美,又要结构安全、材料经济,这是每个建筑师与结构工程师都必须关注的问题。

1.1.1　建筑物设计流程

一般建筑物的设计从业主组织设计招标或委托方案设计开始,到施工图设计完成为止,整个设计工程可划分为方案设计、初步设计和施工图设计三个主要设计阶段。对于小型和功能简单的建筑物,工程设计可分方案设计和施工图设计两个阶段;对于重大工程项目,在三个设计阶段的基础上,通常会在初步设计之后增加技术设计环节,然后进入施工图设计阶段。图 1.1 为建筑物的设计流程和各设计阶段的相互关系。

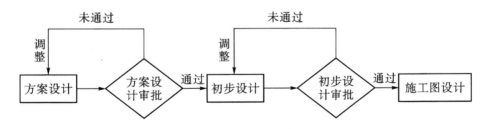

图 1.1　建筑物的设计流程

1.1.2　建筑与结构的关系

建筑物的设计过程,需要建筑师、结构工程师和其他专业工程师(水、暖、电)共同合作完成,特别是建筑师和结构工程师的分工、合作,在整个设计过程中,尤为重要,二者各自的主要设计任务见表1.1。

表 1.1　建筑设计和结构设计的主要任务

建筑设计	结构设计
(1) 与规划的协调,建筑体型和周边环境的设计; (2) 合理布置和组织建筑物室内空间; (3) 解决好采光通风、照明、隔声、隔热等建筑技术问题; (4) 艺术处理和室内外装饰	(1) 合理选择、确定与建筑体系相称的结构方案和结构布置,满足建筑功能要求; (2) 确定结构承受的荷载,合理选用建筑材料; (3) 解决好结构承载力、正常使用方面的所有结构技术问题; (4) 解决好结构方面的构造和施工方面的问题

　　一栋建筑物的完成,是各专业设计人员紧密合作的成果。设计的最终目标是达到形式和功能的统一,也就是建筑和结构的统一。美国著名建筑师赖特(F.L. Wright,1869—1959)认为,建筑必须是个有机体,其建筑、结构、材料、功能、形式与环境,应当相互协调、完整一致。被公认为建筑师的欧洲结构权威意大利人奈尔维(P.L. Nervi,1891—1979)在 1957 年设计意大利罗马小体育馆时(图 1.2),将钢筋混凝土肋形球壳作为体育馆的屋盖,肋形球壳网肋的边端进行艺术化处理,构成一幅葵花图案,同时充分发挥结构的美学表现力,球壳的径向推力由 Y 形的斜柱支撑,因其接近地面,净空高度小,无法利用,故将其暴露在室外。敞露的斜柱清晰显示了力流高度汇集的结构特点,又非常形象地表现了独特的艺术风格。整个体育馆的室内空间的结构形式与建筑功能的艺术形象完全融为一体,实现了建筑和结构的完美统一,成为世界建筑工程的经典作品。

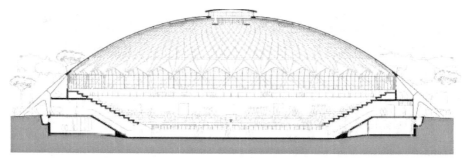

（a）剖面

（b）外观

图 1.2　罗马小体育馆

1.2　建筑结构的基本概念

1.2.1　建筑结构的定义

建筑结构(一般可简称为结构)是指建筑空间中由基本结构构件(梁、柱、桁架、墙、楼盖和基础等)组合而成的结构体系,用以承受自然界或人为施加在建筑物上的各种作用。建筑结构应具有足够的强度、刚度、稳定性和耐久性,以满足建筑物的使用要求,为人们的生命财产提供安全保障。

建筑结构是一个由构件组成的骨架,是一个与建筑、设备、外界环境形成对立统一的有明显特征的体系,建筑结构的骨架具有与建筑相协调的空间形式和造型。

在土建工程中,结构主要有四个方面的作用:

(1) 形成人类活动的空间。这个作用可以由板(平板、曲面板)、梁(直梁、曲梁)、桁架、网架等水平方向的结构构件,以及柱、墙、框架等竖直方向的结构构件组成的建筑结构来实现。

(2) 为人群和车辆提供通道。这个作用可用以上构件组成的桥梁结构来实现。

(3) 抵御自然界水、土、岩石等侧向压力的作用。这个作用可用水坝、护堤、挡土墙、隧道等水工结构和土工结构来实现。

(4) 构成为其他专门用途服务的空间。这个作用可以用排除废气的烟囱、储存液体的油罐以及水池等特殊结构来实现。

1.2.2　建筑结构的分类

根据建筑结构采用的材料、建筑结构的受力特点以及层数等几个方面,对建筑结构进行分类。

1) 按建筑结构采用的材料分类

(1) 混凝土结构

混凝土结构是指以混凝土为主制成的结构,包括素混凝土结构、钢筋混凝土结构和预应力混凝土结构等。素混凝土结构是指无筋或不配置受力钢筋的混凝土结构,其抗拉性能很差,主要用于受压为主的结构,如基础垫层等。钢筋混凝土结构则是由钢筋和混凝土这两种材料组成共同受力的结构,这种结构能很好地发挥混凝土和钢筋这两种材料不同的力学性能,整体受力性能好,是目前应用最广泛的结构。预应力混凝土结构是指配有预应力钢筋,通过张拉或其他方法在结构中建立预应力的混凝土结构,预应力混凝土结构很好地解决了钢筋混凝土结构抗裂性差的缺点。

(2) 砌体(包括砖、砌块、石等)结构

砌体结构是指由块材(砖、石或砌块)和砂浆砌筑而成的墙、柱作为建筑物的主要受力构件的结构。按所用块材的不同,可将砌体分为砖砌体、石砌体和砌块砌体三类。砌体结构具有悠久的历史,至今仍是应用极为广泛的结构形式。

(3) 钢结构

钢结构是以钢板和型钢等钢材通过焊接、铆接或螺栓连接等方法构筑成的工程结构。

钢结构的强度大、韧性和塑性好、质量稳定、材质均匀,接近各向同性,理论计算的结果与实际材料的工作状况比较一致,有很好的抗振、抗冲击能力。钢结构工作可靠,常常用来制作大跨度、重承载的结构及超高层结构。

（4）木结构

以木材为主要材料所形成的结构体系,一般都是由线形单跨的木杆件组成。木材是一种密度小、强度高、弹性好、色调丰富、纹理美观、容易加工和可再生的建筑材料。在受力性能方面,木材能有效地抗压、抗弯和抗拉,特别是抗压和抗弯具有很好的塑性,所以在建筑结构中得到广泛使用且经千年而不衰。

（5）钢-混凝土组合结构

钢-混凝土组合结构(简称组合结构)是将钢结构和钢筋混凝土结构有机组合而形成的一种新型结构,它能充分利用钢材受拉和混凝土受压性能好的特点,建筑工程中常用的组合结构有:压型钢板-混凝土组合楼盖、钢与混凝土组合梁、型钢混凝土、钢管混凝土等类型,组合结构在高层和超高层建筑及桥梁工程中得到广泛应用。

（6）木混合结构

木混合结构指的是将不同材料通过不同结构布置方式与木材混合而成的结构。木混合结构可以将两种不同类型的结构混合起来,充分发挥各自的结构和材料优势,同时改善单一材料结构的性能缺陷。就材料而言,目前较为常见的木混合结构有木-混凝土混合结构和钢木混合结构。

其他还有塑料结构、薄膜充气结构等。

2）按建筑物的层数、高度和跨度分类

（1）单层建筑结构

单层工业厂房、食堂、仓库等。

（2）多层建筑结构

多层建筑结构一般指层数在2～9层的建筑物。

（3）高层建筑结构与超高层建筑结构

从结构设计的角度,我国《高层建筑混凝土结构技术规程》(JGJ 3—2010)规定:10层及10层以上或房屋高度大于28 m的住宅建筑,和房屋高度大于24 m的其他民用建筑为高层建筑。一般将40层及以上或高度超过100 m的建筑称为超高层建筑。

从建筑设计的角度,我国《建筑设计防火规范》(GB 50016—2014)(2018年版)规定:建筑高度大于27 m的住宅建筑和建筑高度大于24 m的非单层厂房、仓库和其他民用建筑为高层建筑。

（4）大跨建筑结构

一般指跨度大约在40～50 m以上的建筑。

按照建筑结构形式、受力特点对建筑结构的分类详见1.3节。

1.3　建筑结构体系

建筑结构体系是一个由基本结构构件集合而成的空间有机体。各基本结构构件的合理组合才能形成满足建筑使用功能的空间,并能作为整体结构将自然界和人为施加的各种作用传给基础和地基。结构设计的一个重要内容就是确定用哪些基本结构构件组成满足建筑功能要求、受力合理的结构体系。

1.3.1 建筑结构的基本结构构件

建筑结构的基本结构构件主要有:板、梁、柱、墙、杆、拱、壳、膜等。由基本结构构件形成的建筑结构体系如图 1.3 所示。

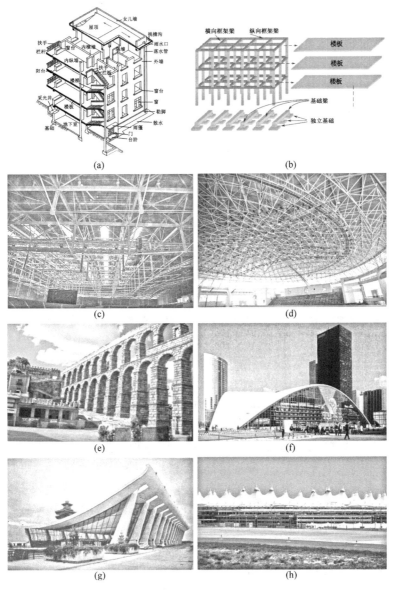

(a) 承重墙结构的结构构件;(b)混凝土框架结构的结构构件;(c)国家体育馆(桁架);(d)某体育馆(网架);(e)西班牙塞哥维亚高架引水桥(拱);(f)巴黎国家工业与技术中心陈列馆(双曲薄壳结构屋面);(g)华盛顿杜勒斯机场候机厅(悬索结构);(h)沙特阿拉伯法赫德国王国际机场(膜结构)

图 1.3 结构基本构件形成的建筑结构

由图 1.3 可见,结构基本构件可以形成多种多样的建筑结构,结构与建筑的紧密结合,可以创造出美轮美奂的优秀建筑作品。

1.3.2 建筑结构的体系分类

按建筑结构的结构形式、受力特点划分,建筑结构的结构体系主要有:

(1) 砌体承重墙结构体系;

(2) 排架结构体系;

(3) 中大跨结构体系,主要有:单层刚架结构体系、桁架结构体系、网架结构体系、拱结构体系、壳体结构体系、索结构体系、膜结构体系等;

(4) 高层建筑结构体系,主要有:框架结构体系、剪力墙结构体系、框架-剪力墙结构体系、筒体结构体系等;

(5) 超高层建筑结构体系,主要有:巨型框架结构体系、巨型桁架结构体系、巨型支撑结构体系等。

1.4 各类结构在工程中的应用

1.4.1 混凝土结构

混凝土结构是在研制出硅酸盐水泥(1824 年)后发展起来的,并从 19 世纪中期开始在土建工程领域逐步得到应用。与其他结构相比,混凝土结构虽然起步较晚,但因其具有很多明显的优点而得到迅猛发展,现已成为一种十分重要的结构形式。

在建筑工程中,住宅、商场、办公楼、厂房等多层建筑,广泛地采用混凝土框架结构或墙体为砌体、屋(楼)盖为混凝土的结构形式,高层建筑大都采用混凝土结构。在我国成功修建的如上海中心(地上 120 层,结构高度 574.6 m)、广州周大福金融中心(地上 111 层,530 m)、上海环球金融中心(地上 101 层,492 m)、台北国际金融中心(101 层,509 m),国外修建的如阿联酋迪拜的哈利法塔(169 层,828 m)、莫斯科联邦大厦(东塔)(95 层,374 m)、马来西亚吉隆坡石油大厦(88 层,452 m)、美国亚特兰大美国银行广场(55 层,312 m)等著名的高层建筑,也都采用了混凝土结构或钢-混凝土组合结构。除高层外,在大跨度建筑方面,由于广泛采用预应力技术和拱、壳、V 形折板等形式,已使建筑物的跨度达百米以上。

在交通工程中,大部分的中、小型桥梁都采用钢筋混凝土来建造,尤其是拱形结构的应用,使得桥梁的大跨度得以实现,如我国的重庆万州长江大桥,采用劲性骨架混凝土箱形截面,净跨达 420 m;克罗地亚的克尔克Ⅱ号桥为跨度 390 m 的敞肩拱桥。一些大跨度桥梁常采用钢筋混凝土与悬索或斜拉结构相结合的形式,悬索桥中如我国的润扬长江大桥南汊桥(主跨 1 490 m),日本的明石海峡大桥(主跨 1 990 m);斜拉桥中如我国的杨浦大桥(主跨 602 m),日本的多多罗大桥(主跨 890 m)等,都是极具代表性的中外名桥。

在水利工程和其他构筑物中,钢筋混凝土结构也扮演着极为重要的角色:长江三峡水利枢纽中高达 186 m 的拦江大坝为混凝土重力坝,筑坝的混凝土用量达 1 527 万 m^3;现在,仓储构筑物、管道、烟囱及塔类建筑也广泛采用混凝土结构。高达 553 m 的加拿大多伦多电视塔,就是混凝土高耸建筑物的典型代表。此外,飞机场的跑道、海上石油钻井平台、高桩码头、核电站的安全壳等也都广泛采用混凝土结构。

1.4.2 砌体结构

砌体结构是最传统、古老的结构。自人类从巢、穴居进化到室居之初，就开始出现以块石、土坯为原料的砌体结构，进而发展为烧结砖瓦的砌体结构。我国的万里长城、安济桥（赵州桥），国外的埃及大金字塔、古罗马大角斗场等，都是古代流传下来的砖石砌体的佳作。混凝土砌块砌体只是近百年才发展起来，在我国，直到 1958 年才开始建造用混凝土空心砌块作墙体的房屋。砌体结构不仅适用于作建筑物的围护或作承重墙体，而且可砌筑成拱、券、穹隆结构，以及塔式筒体结构，尤其在使用配筋砌体结构以后，在房屋建筑中，已从过去建造低矮民房，发展到建造多层住宅、办公楼、厂房、仓库等。国外有用砌体作承重墙建造了20 层楼的例子。

在桥梁及其他建设方面，大量修建的拱桥，则是充分利用了砌体结构抗压性能较好的特点，最大跨度可达 120 m。由于砌体结构具有经济、取材广泛、耐久性好等优点，还被广泛地应用于修建小型水池、料仓、烟囱、渡槽、坝、堰、涵洞、挡土墙等工程。

随着新材料、新技术、新结构的不断研制和发展（诸如新型环保型砌块、高粘结性能的砂浆、墙板结构、配筋砌体等），加上计算方法和实验技术手段的进步，砌体结构亦将在我国的建筑、交通、水利等领域中发挥更大的作用。

1.4.3 钢结构

钢结构是由古代生铁结构发展而来，在我国就有秦始皇时代生铁建造的桥墩，在汉代及明、清年代，建造了若干铁链悬桥，此外还有古代的众多铁塔。到了近代，钢结构已广泛地在工业与民用建筑、水利、码头、桥梁、石油、化工、航空等各领域得到应用。钢结构主要用于建造大型、重载的工业厂房，如冶金、锻压、重型机械工厂厂房等；需要大跨度的建筑，如桥梁、飞机库、体育场、展览馆；高层及超高层建筑物的骨架；受振动或地震作用的结构；以及储油（气）罐、各种管道、井架、吊车、水闸的闸门等。近年来，轻钢结构也广泛应用于厂房、办公、仓库等建筑，并已应用到轻钢住宅、轻钢别墅等居住类建筑。

随着科学技术的发展和新钢种、新连接技术以及钢结构研究的新成果的出现，钢结构的结构形式、应用范围也会有新的突破和拓展。

1.4.4 木结构

2013 年，国务院先后发布了《绿色建筑行动方案》《促进绿色建材生产和应用行动方案》等政策文件，在文件中强调未来中国建筑应走向绿色、环保的方向。2016 年 2 月，国务院在发布的《中共中央 国务院关于进一步加强城市规划建设管理工作的若干意见》中还明确提出了要"在具备条件的地方倡导发展现代木结构建筑"，为我国现代木结构建筑的发展带来了新的机遇。

木结构建筑应用非常广泛，除了一般住宅、商业、公共建筑可以使用木结构以外，很多的景观工程以及游憩工程也可以使用木结构建筑。近年来，随着多高层木结构研究进展的不断推进，世界各国也有了一些工程实践，其中最有影响力的高层木结构当属建于英国伦敦的 Stadthaus 公寓。在此高层木结构的示范和引领下，世界各国多高层木结构建设不断向前发展。2012 年在墨尔本建成了一幢名为"Forte"的 10 层 CLT 结构建筑,是澳大利亚第一个高层木结构建筑,该建筑首层为用于商业活动的混凝土结构,上面 9 层为住宅使用的 CLT 结构;2015 年在挪威卑尔根建成一幢名为"Treet"的 14 层高的豪华公寓楼;2017 年在加拿大温哥华的 UBC 校园内建成一幢 18 层高的学生宿舍,主体结构采用混凝土核心筒、胶合木柱和 CLT 楼板;奥地利维也纳的 HoHo 项目 24 层、约 84 m 高的木结构建筑集酒店、公寓和健身中心于一体,总面积超过 1.8 万 m^2。

1.4.5　组合结构

组合结构是指由两种或两种以上不同材料组成,并且材料之间能以某种方式有效传递内力,以整体的形式产生抗力的结构。目前最常见的是钢与混凝土组合结构(以下简称组合结构),它是在钢结构和钢筋混凝土结构基础上发展起来的一种新型组合结构,充分利用了钢材受拉和混凝土受压的特点,在高层和超高层建筑及桥梁工程中得到广泛应用。

建筑工程中常用的组合结构类型有:压型钢板-混凝土组合楼盖、钢与混凝土组合梁、型钢混凝土、钢管混凝土等组合承重构件,还有组合斜撑、组合墙等抗侧力构件。

组合结构充分利用了钢材和混凝土材料各自的材料性能,具有承载力高、刚度大、抗震性能好、构件截面尺寸小、施工快速方便等优点。与钢筋混凝土结构相比,组合结构可以减小构件截面尺寸,减轻结构自重,减小地震作用,增加有效使用空间,降低基础造价,方便安装,缩短施工周期,增加构架和结构的延性等。与钢结构相比,可以减少用钢量,增大刚度,增加稳定性和整体性,提高结构的抗火性和耐久性等。

另外,采用组合结构可以节省脚手架和模板,便于立体交叉施工,减小现场湿作业量,缩短施工周期,减小构件截面并增大净空和实用面积。通过地震灾害调查发现,与钢结构和钢筋混凝土结构相比,组合结构的震害影响最低。组合结构造价一般介于钢筋混凝土结构和钢结构之间,如果考虑到因结构自重减轻而带来的竖向构件截面尺寸减小,造价甚至还要更低。

1.5　本课程的主要内容、任务和学习方法

"建筑结构"课程是工程管理专业主要专业课之一。"建筑结构"课程的基本质量要求为:①了解结构体系在保证建筑物的安全性、适用性、耐久性等方面的重要作用,掌握结构体系与建筑形式间的相互关系;②有能力确定合理的结构方案和结构布置,有能力对常用结构构件进行设计计算;③掌握常用结构体系在各种作用力影响下的受力状况及设计方法和主要结构构造要求。

根据"建筑结构"课程的基本质量要求,"建筑结构"的教学重点首先放在建筑结构的整体概念以及如何确定合理的结构体系方面;其次是使学生通过课程学习,能熟知与之相关的基本概念,掌握建筑结构的基本知识和理论,学会结构设计的计算方法,了解现行规范标准对结构构件计算及构造的相关规定,进而能运用所获得的基本理论知识解决一般工程中的结构问题。本课程还设有钢筋混凝土现浇楼盖课程设计,用以巩固和深化课程教学的内容,培养学习能力和解决工程实际问题的能力。

教材根据结构概念设计、构件设计计算和基本构造,以及结构设计和抗震构造的思路编

写,几方面内容各有侧重。结构概念设计注重结构体系和结构布置等内容的讲述;构件设计计算注重基本概念、基本原理和分析方法及构件设计的材料、截面配筋等基本构造的阐述;结构设计在结构概念设计基础上,注重内力分析、内力组合和配筋等知识的讲述,同时介绍结构的抗震构造。

本课程的特点是内容多、符号多、公式多,构造规定也多,在学习中要注意理解概念,忌死记硬背、生搬硬套。在课程中还运用到力学、建筑材料等课程中的相关知识,请及时复习。需要注意的是,建筑结构研究的对象不再是各向同性的弹性材料,而且许多计算公式是在大量的实验与理论分析相结合的基础上建立起来的,特别是混凝土构件和结构,由钢筋和混凝土两种材料组成,在强度和数量上存在一个合理的配比范围,因此公式运用时必须要考虑其适用条件和范围。此外,由于结构的设计计算受到方案、材料、截面尺寸以及施工等诸多因素的影响,其设计结果不是唯一的,这也是与力学、数学等课程的不同之处。最后,本课程的学习需要及时做好复习总结工作,为此,在教材的每一章都附有"本章小结"和一定数量的思考题与习题,用来帮助巩固和加深理解本章知识。习题应在复习了教学内容、搞懂基本概念、领会例题并掌握解题思路的基础上再动手做,切忌边看例题边做,照猫画虎。

教材中部分章节的例题和内容,以二维码的形式表达,可通过扫码进行学习。

工程结构类型很多,不同的结构类型有不同的设计规范标准,在本课程的学习中,应注重基本理论的学习,这样才能更好地理解和掌握不同类型工程结构的规范标准。规范标准是约束技术行为的法律,是技术行为的最低安全标准。但规范也不是一成不变的,随着科学技术的发展和研究新成果的出现,以及新材料、新的结构形式及新的施工工艺和技术的发明创造,规范一般每十年左右进行修订、补充,因此要养成终身学习的习惯,培养遵守规范的意识。

本 章 小 结

1. 建筑结构的概念、作用、基本要求和常见的结构体系。
2. 常见的几种结构的特点和在工程中的应用。
3. 学习本课程的目的和方法。

思考题与习题

1.1 论述建筑与结构的关系。

1.2 建筑结构设计的任务有哪些内容?

1.3 简述建筑结构概念设计的主要内容。

1.4 建筑结构的定义和功能是什么?

1.5 我国多、高层建筑是如何划分的?请通过网络检索,了解我国高层建筑的发展历史。

1.6 请通过网络检索混凝土、钢、砌体及木结构在工程中的应用实例(每种结构不少于3栋),并形成图文并茂的读书报告。

1.7 要保证建筑结构的竖向体系和水平体系的相互作用,对二者各有什么基本要求?

1.8 学习本课程时应注意哪些问题?

建筑结构抗震设计及概念设计基本知识

考虑到我国绝大部分乡村和城市都处于抗震设防区,建筑结构的学习需要掌握建筑结构抗震及概念设计方面的知识,主要内容包括:地震特性及震害现象;地震震级、地震烈度、基本烈度、设防烈度的概念;三水准设防目标;两阶段设计方法及建筑结构抗震中概念设计的一些基本内容。通过学习,要理解和掌握建筑结构抗震概念设计的内涵,了解建筑结构抗震性能设计的一般要求,以便熟练、灵活运用。

2.1 地震特性

地震是来自地球内部构造运动的一种自然现象。地球每年平均发生 500 万次左右的地震。其中,强烈地震会造成地震灾害,给人类带来严重的人身伤亡和经济损失。我国是多震国家,地震发生的地域范围广,且强度大。为了减轻建筑的地震破坏,避免人员伤亡,减少经济损失,土木工程师等工程技术人员必须了解建筑结构抗震设计基本知识,对建筑工程进行抗震分析和抗震设计。

2.1.1 地震类型

1) 按地震的成因分类

诱发地震:由于人工爆破、矿山开采及兴建水库等工程活动所引发的地震。影响范围较小,地震强度一般不大。

火山地震:由于活动的火山喷发,岩浆猛烈冲出地面引起的地震。主要发生在有火山的地域,我国很少见。

构造地震:地球内部由地壳、地幔及地核三圈层构成(图 2.1),其中地壳是地球外表面的一层很薄的外壳,它由各种不均匀岩石及土组成;地幔是地壳下深度约为 2 900 km 的部分,由密度较大的超基岩组成;地核是地幔下界面(称为古登堡截面)至地心的部分,地核半径约为 3 500 km,分内核和外核。从地下 2 900~5 100 km 深处范围,叫做外核,5 100 km 以下的深部范围称内核。地球内部各部分的密度、温度及压力随深度的增加而增大。

根据板块构造学说,地球表层主要由 6 个巨大板块组成:美洲板块、非洲板块、亚欧板块、印度洋板块、太平洋板块、南极洲板块(图 2.2)。板块表面岩石层厚度约为 70~100 km,板块之间的运动使板块边界地区的岩层发生变形而产生应力,当应力积累一旦超过岩体抵抗它的承载力极限时,岩体即会发生突然断裂或错动(图 2.3),释放应变能,从而引发的地震称为构造地震。构造地震发生次数多,影响范围广,是地震工程的主要研究对象。

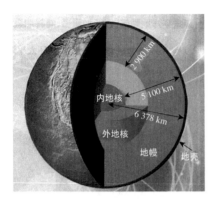

图 2.1 地球构造示意

图 2.2 世界主要板块分布

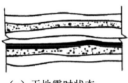

（a）无地震时状态

（b）地震前受力弯曲变形

（c）地震时产生断裂及滑移

图 2.3 构造板块之间岩层的破坏过程

2）按震源的深度分类

浅源地震:震源深度在 70 km 以内的地震。

中源地震:震源深度在 70～300 km 范围以内的地震。

深源地震:震源深度超过300 km 的地震。

3）几个地震术语

震源:地球内岩体断裂错动并引起周围介质剧烈振动的部位称为震源。

震中:震源正上方的地面位置称为震中。

震中距:地面某处至震中的水平距离称为震中距。

震源深度:震源到震中的垂直距离。

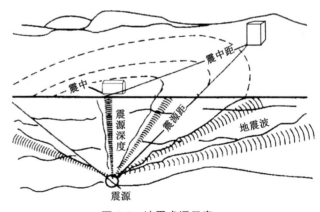

图 2.4 地震术语示意

震源和震中不是一个点,而是有一定范围的区域(图 2.4)。

2.1.2 地震波和地震动

地震发生时,地球内岩体断裂、错动产生的振动,即地震动,以波的形式通过介质从震源向四周传播,这就是地震波。地震波是一种弹性波,它包括体波和面波。

体波:在地球内部传播的波称为体波。体波有纵波和横波两种形式。纵波是压缩波(P波),其介质质点运动方向与波的前进方向相同。纵波周期短、振幅较小,传播速度最快,引起地面上下颠簸;横波是剪切波(S波),其介质质点运动方向与波的前进方向垂直。横波周期长、振幅较大,传播速度次于纵波,引起地面左右摇晃(图2.5)。

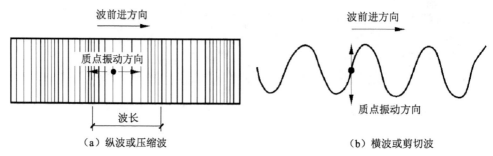

（a）纵波或压缩波 （b）横波或剪切波

图 2.5 体波质点振动方式

面波:沿地球表面传播的波叫做面波。面波有瑞雷波(R波)和乐夫波(L波)两种形式。瑞雷波传播时,质点在波的前进方向与地表法向组成的平面内作逆向的椭圆运动(图2.6)。会引起地面晃动;乐夫波传播时,质点在与波的前进方向垂直的水平方向作蛇形运动。面波速度最慢,周期长,振幅大,比体波衰减慢。

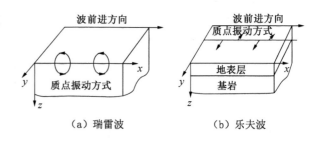

（a）瑞雷波 （b）乐夫波

图 2.6 面波质点振动方式
（请访问 http://www.geo.mtu.edu/UPSeis/waves.html,
观察几种地震波的振动模拟）

综上所述,地震时纵波最先到达,横波次之,面波最慢;就振幅而言,后者最大。当横波和面波都到达时振动最为强烈,面波的能量大,是引起地表和建筑物破坏的主要原因。由于地震波在传播的过程中逐渐衰减,随震中距的增加,地面振动逐渐减弱,地震的破坏作用也逐渐减轻。

地震发生时,由于地震波的传播而引起的地面运动,称为地震动。地震动的位移、速度和加速度可以用仪器记录下来。

地震动的峰值(最大振幅)、频谱和持续时间,通常称为地震动的三要素。工程结构的地震破坏,与地震动的三要素密切相关。

2.1.3 地震等级和地震烈度

地震等级简称震级,是表示一次地震时所释放能量的多少,也是表示地震强度大小的指标。一次地震只有一个震级。目前我国采用的是国际通用的里氏震级 M,并考虑了震中距小于 100 km 的影响,即按下式计算

$$M = \lg A + R(\Delta) \tag{2.1}$$

式中 A——地震记录图上量得的以 μm 为单位的最大水平位移(振幅);

        $R(\Delta)$——随震中距而变化的起算函数。

震级 M 与地震释放的能量 E(尔格 erg)之间的关系为

$$\lg E = 1.5M + 11.8 \tag{2.2}$$

式(2.2)表明,震级 M 每增加一级,地震所释放的能量 E 约增加 30 倍。2～4 级的浅震,人就可以感觉到,称为有感地震;5 级以上的地震会造成不同程度的破坏,叫破坏性地震;7 级以上的地震叫做强烈地震或大震。目前,世界上已记录到的最大地震等级为 9.0 级。

地震烈度是指某一地区的地面和各类建筑物遭受一次地震影响的平均强弱程度。距震中的距离不同,地震的影响程度不同,即烈度不同。一般而言,震中附近地区,烈度高;距离震中越远的地区,烈度越低。根据震级可以粗略地估计震中区烈度的大小,即

$$I_0 = \frac{3}{2}(M-1) \tag{2.3}$$

式中 I_0——震中区烈度;

        M——里氏震级。

为评定地震烈度,需要建立一个标准,这个标准称为地震烈度表。世界各国的地震烈度表不尽相同。如日本采用 8 度地震烈度表,欧洲一些国家采用 10 度地震烈度表,我国采用的是 12 度的地震烈度表,也是绝大多数国家采用的标准。

按照地震烈度表中的标准可以对受一次地震影响的地区评定出相应的烈度。具有相同烈度的地区的外包线,称为等烈度线(或等震线)。等烈度线的形状与地震时岩层断裂取向、地形、土质等条件有关,多数近似呈椭圆形。一般情况下,等烈度的度数随震中距的增大而减小,但有时也会出现局部高一度或低一度的异常区。

基本烈度是指一个地区在一定时期(我国取 50 年)内在一般场地条件下,按一定的超越概率(我国取 10%)可能遭遇到的最大地震烈度,可以取为抗震设防的烈度。

目前,我国已将国土划分为不同基本烈度所覆盖的区域,这一工作称为地震区划。随着研究工作的不断深入,地震区划将给出相应的震动参数,如地震动的幅值等。

2.2   地震震害简述

2.2.1   地震活动带

地震的发生与板块地质构造密切相关,板块之间的岩层中已有断裂存在的区域,致使岩石的强度较低,容易发生错动或产生新的断裂,这些容易发生地震的板块间区域称为地震活动带。对世界各国强烈地震的记录统计分析表明,全球地震分布主要发生在两大地震活动带上(图 2.7)。

(1)环太平洋地震活动带:包括南北美洲、太平洋沿岸和阿留申群岛、俄罗斯堪察加半岛,经千岛群岛、日本列岛南下经我国台湾,再到菲律宾、新几内亚和新西兰的区域。全球地震的 75% 发生在这一地带。

(2)喜马拉雅地中海地震活动带:从印度尼西亚西部缅甸至我国横断山脉,喜马拉雅山

脉,越过帕米尔高原,经中亚到达地中海及其沿岸地区。全球大陆地震的90%发生在这一地域。

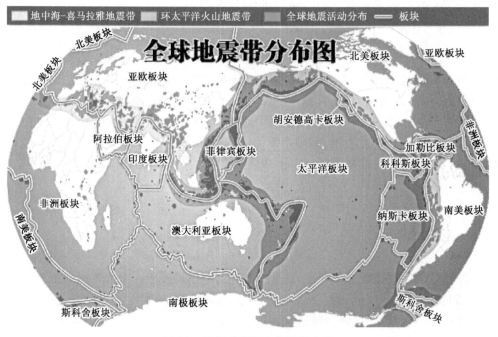

图2.7 世界主要两大地震带分布

我国位于两大地震带的交汇区域,地震情况比较复杂,地震区域分布广泛。我国主要有两条地震带:

(1)南北地震带:北起贺兰山,向南经六盘山、穿越秦岭沿川西至云南省东北,纵贯南北。宽度不一,构造复杂。

(2)东西地震带:主要包含两条构造带,一条是沿陕西、山西、河北北部向东延伸,直至辽宁北部的千山一带;另一条是起自帕米尔经昆仑山、秦岭,直到大别山区。

从历史上看,我国除个别省外,绝大部分地区都发生过较强烈的破坏性(震级大于5级)地震。据统计,1900—1980年间,我国发生6级以上地震606次,8级以上强震8次,死亡约146万人。地震不仅造成大量人员伤亡,而且还是许多建筑物遭到破坏,引发火灾、水灾等次生灾害,给人类带来了不可估量的损失。

2.2.2 地震产生的破坏

在地震带区域发生的破坏性地震,造成的破坏形式包括地表破坏、建筑物破坏及次生灾害。

1)地表破坏

地表破坏包括地裂缝(图2.8)、地面下沉、喷水冒砂和滑坡等形式。

地裂缝分为构造裂缝和非构造裂缝。构造裂缝是地震断裂带在地表的反映,其走向与地下断裂带一致,特点是规模大,断裂带长达几千米甚至几十千米,带宽可达数米;非构造裂缝(又称重力式裂缝)是受地形、地貌、土质等条件影响所致,其规模小,大多沿河岸边、陡坡边缘等。当地裂缝通过建筑物时,会造成建筑物开裂或倒塌。

地面下沉多发生在软弱土层分布地区和矿业采空区。地面的不均匀沉陷容易引起建筑物的开裂甚至倒塌。

地下水位较高地区,地震波的作用使地下水压急剧增高,地下水经地裂缝或其他通道喷出地面。当地土层含有砂层或粉土层时,会造成砂土液化甚至喷水冒砂现象,液化可以造成建筑物整体倾斜或倒塌、埋地管网的严重破坏。

在河岸、山崖、丘陵地区,地震时极易诱发滑坡或泥石流。大的滑坡可切断交通、冲垮房屋或桥梁。

图 2.8　地裂缝

图 2.9　建筑物的倒塌破坏

2) 建筑物的破坏

据历史地震资料表明,建筑物的破坏(图 2.9)一部分是由上述地表破坏引起,属于静力破坏;而大部分破坏是由于地震作用引起的动力破坏。因此,结构物动力破坏机理的分析,是结构抗震研究的重点和结构抗震设计的基础。建筑物的破坏主要有:

(1) 结构承载力不足或变形过大而造成的破坏。地震时,地震作用(地震惯性力)附加于建筑物或构筑物上,使其内力和位移增大,往往改变其受力形式,导致结构构件的抗剪、抗弯、抗压等强度不足或结构变形过大而发生墙体开裂、混凝土压酥、房屋倒塌等破坏。

(2) 结构丧失整体性而引起的破坏。结构体系的共同工作保证了结构的整体性。在地震时,结构一般进入弹塑性变形阶段。若节点强度不足、延性不够、主要竖向承重体系失稳等就会使结构丧失整体性,造成局部或整体倒塌破坏。

(3) 地基失效引起的破坏。在可液化地基区域,当强烈地震作用时,由于地基产生液化而使其承载力下降或消失,引起整个建筑物倾斜、倒塌而破坏(图 2.10)。

图 2.10　地基液化导致建筑物倾斜

3）次生灾害

由于地震而引发的水坝、煤气和输油气管道、供电线路的破坏，以及易燃、易爆、有毒物质容器的破坏等，从而造成的水灾、火灾、环境污染等次生灾害。如 1995 年日本的阪神大地震，震后火灾多达 500 多处，使震中区的木结构房屋几乎全部烧毁。在海洋区域发生的强烈地震还可能引起海啸，也会对海边建筑物造成巨大破坏和人员伤亡。如 2005 年在印度尼西亚附近印度洋海域发生的强震所引发的海啸，造成周边国家二十多万人死亡和巨大的经济损失。2011 年 3 月 11 日，日本本州岛附近海域发生里氏 9.0 级特大地震，并引发了海啸和福岛核电站的核泄漏事故。

2.3　建筑结构的抗震设防

2.3.1　抗震设防目标

抗震设防是指对建筑物或构筑物进行抗震设计，以达到结构抗震的作用和目标。抗震设防的目标就是在一定的经济条件下，最大限度地减轻建筑物的地震破坏，保障人民生命财产的安全。目前，许多国家的抗震设计规范都趋向于以"小震不坏，中震可修，大震不倒"作为建筑抗震设计的基本准则。

抗震设防烈度与设计基本地震加速度之间的对应关系见表 2.1。根据我国对地震危险性的统计分析得到：设防烈度比多遇烈度高约 1.55 度，而罕遇地震比基本烈度高约 1 度。

表 2.1　抗震设防烈度与设计基本地震加速度值的对应关系

设防烈度	6 度	7 度	8 度	9 度
设计基本地震加速度值	$0.05g$	$0.10g(0.15g)$	$0.20g(0.30g)$	$0.40g$

注：g 为重力加速度

例如，当设防烈度为 8 度时，其多遇烈度为 6.45 度，罕遇烈度为 9 度。

我国《建筑抗震设计规范》(GB 50011—2010)规定，设防烈度为 6 度及 6 度以上地区必须进行抗震设计，并提出三水准抗震设防目标：

第一水准：当建筑物遭受低于本地区抗震设防烈度的多遇地震影响时，建筑主体一般不受损坏或不需修理可继续使用（小震不坏）；

第二水准：当建筑物遭受到相当于本地区抗震设防烈度的地震影响时，可能发生损坏，但经一般性修理或不需修理仍可继续使用（中震可修）；

第三水准：当建筑物遭受高于本地区抗震设防烈度的罕遇地震影响时，不致倒塌或发生危及生命的严重破坏（大震不倒）。

此外，我国《建筑抗震设计规范》（以下可简称《抗震规范》）对主要城市和地区的抗震设防烈度、设计基本加速度值给出了具体规定，同时指出了相应的设计地震分组，这样划分能更好地体现震级和震中距的影响，使对地震作用的计算更为细致，我国采取 6 度起设防的方针，地震设防区面积约占国土面积的 60%。

2.3.2 建筑物抗震设防分类及设防标准

1) 抗震设防分类

由于建筑物功能特性不同,地震破坏所造成的社会和经济后果是不同的。对于不同用途的建筑物,应当采用不同的抗震设防标准来达到抗震设防目标的要求。根据《建筑工程抗震设防分类标准》(GB 50223—2008)的规定,建筑抗震设防类别划分,应根据下列因素的综合分析确定:

(1) 建筑破坏造成的人员伤亡、直接和间接经济损失及社会影响的大小。

(2) 城镇的大小、行业的特点、工矿企业的规模。

(3) 建筑使用功能失效后,对全局的影响范围大小、抗震救灾影响及恢复的难易程度。

(4) 建筑各区段(区段指由防震缝分开的结构单元、平面内使用功能不同的部分、或上下使用功能不同的部分)的重要性有显著不同时,可按区段划分抗震设防类别。下部区段的类别不应低于上部区段。

(5) 不同行业的相同建筑,当所处地位及地震破坏所产生的后果和影响不同时,其抗震设防类别可不相同。

建筑工程应分为以下四个抗震设防类别:

(1) 特殊设防类:指使用上有特殊设施,涉及国家公共安全的重大建筑工程和地震时可能发生严重次生灾害等特别重大灾害后果,需要进行特殊设防的建筑。简称甲类。

(2) 重点设防类:指地震时使用功能不能中断或需尽快恢复的生命线相关建筑,以及地震时可能导致大量人员伤亡等重大灾害后果,需要提高设防标准的建筑。简称乙类。

(3) 标准设防类:指大量的除(1)、(2)、(4)款以外按标准要求进行设防的建筑。简称丙类。

(4) 适度设防类:指使用上人员稀少且震损不致产生次生灾害,允许在一定条件下适度降低要求的建筑。简称丁类。

2) 建筑物设防标准

各抗震设防类别建筑的抗震设防标准,应符合下列要求:

(1) 标准设防类,应按本地区抗震设防烈度确定其抗震措施和地震作用,达到在遭遇高于当地抗震设防烈度的预估罕遇地震影响时不致倒塌或发生危及生命安全的严重破坏的抗震设防目标。

(2) 重点设防类,应按高于本地区抗震设防烈度一度的要求加强其抗震措施;但抗震设防烈度为9度时应按比9度更高的要求采取抗震措施;地基基础的抗震措施,应符合有关规定。同时,应按本地区抗震设防烈度确定其地震作用。对于划为重点设防类而规模很小的工业建筑,当改用抗震性能较好的材料且符合抗震设计规范对结构体系的要求时,允许按标准设防类设防。

(3) 特殊设防类,应按高于本地区抗震设防烈度提高一度的要求加强其抗震措施;但抗震设防烈度为9度时应按比9度更高的要求采取抗震措施。同时,应按批准的地震安全性评价的结果且高于本地区抗震设防烈度的要求确定其地震作用。

(4) 适度设防类,允许比本地区抗震设防烈度的要求适当降低其抗震措施,但抗震设防烈度为 6 度时不应降低。一般情况下,仍应按本地区抗震设防烈度确定其地震作用。

《建筑工程抗震设防分类标准》(GB 50223—2008)中,对各种建筑类型的抗震设防类别都有具体规定,如教育建筑中,幼儿园、小学、中学的教学用房以及学生宿舍和食堂,抗震设防类别应不低于重点设防类;居住建筑的抗震设防类别不应低于标准设防类。

抗震设防是以现有的科学水平和经济条件为前提。规范的科学依据只能是现有的经验和资料。目前对地震规律性的认识还很不足,随着科学水平的提高,规范的规定会有相应的突破;而且规范的编制要根据国家经济条件的发展,适当地考虑抗震设防水平,制定相应的设防标准。

2.3.3　建筑物抗震设计方法

为实现上述三水准的抗震设防目标,我国建筑抗震设计规范采用两阶段设计方法。同时规定当抗震设防烈度为 6 度时,除《建筑抗震设计规范》(GB 50011—2010)有具体规定外,对乙、丙、丁类的建筑可不进行地震作用计算。第一阶段设计是承载力验算:按与设防烈度对应的多遇地震烈度(第一水准)的地震动参数计算结构的弹性地震作用标准值和相应的地震作用效应,和其他荷载效应进行组合,进行验算结构构件的承载力和结构的弹性变形,可以满足在第一水准下具有必要的承载力可靠度。对大多数的结构,可只进行第一阶段设计,而通过概念设计和抗震构造措施来满足第三水准的设计要求。

第二阶段设计弹塑性变形验算,对地震时易倒塌的结构、有明显薄弱层的不规则结构以及有专门要求的建筑,除进行第一阶段设计外,还要按罕遇地震烈度对应的地震作用效应验算结构的弹塑性变形并采取相应的抗震构造措施,以保证结构满足第三水准的抗震设防要求。

目前一般认为,良好的抗震构造及概念设计有助于实现第二水准抗震设防要求。

2.4　建筑结构抗震概念设计

由工程抗震基本理论及长期工程抗震经验总结的工程抗震基本概念,往往是保证良好结构性能的决定因素,结合工程抗震基本概念的设计可称之为"抗震概念设计"。

进行抗震概念设计,应当在开始工程设计时,把握好能量输入、房屋体型、结构体系、刚度分布、构件延性等几个主要方面,从根本上消除建筑中的抗震薄弱环节,再辅以必要的构造措施,就有可能使设计出的房屋建筑具有良好的抗震性能和足够的抗震可靠度。抗震概念设计自 20 世纪 70 年代提出以来愈来愈受到国内外工程界的普遍重视。

2.4.1　选择有利场地

经调查统计,地震造成的建筑物破坏类型有:①由于地震时地面强烈运动,使建筑物在振动过程中,因丧失整体性或强度不足,或变形过大而破坏;②由于水坝坍塌、海啸、火灾、爆炸等次生灾害所造成的;③由于断层错动、山崖崩塌、河岸滑坡、地层陷落等地面严重变形直接造成的。前两种破坏情况可以通过工程措施加以防治;而第 3 种情况,单靠工程措施是很难达到预防目的的,或者所花代价太昂贵。因此,选择工程场址时,应该详细勘察,认清地形、地质情况,挑选对建筑抗震有利的地段,尽可能避开对建筑抗震不利的地段;任何情况下不得在抗震危险地段上,建造可能引起人员伤亡或较大经济损失的建筑物。

1)避开抗震危险地段

建筑抗震危险的地段,一般是指地震时可能发生崩塌、滑坡、地陷、泥石流等地段,以及震中烈度为8度以上的发震断裂带在地震时可能发生地表错位的地段。

断层是地质构造上的薄弱环节。强烈地震时,断层两侧的相对移动还可能出露于地表,形成地表断裂。1976年唐山地震,在极震区内,一条北东走向的地表断裂,长8 km,水平错位达1.45 m。

陡峭的山区,在强烈地震作用下,常发生巨石塌落、山体崩塌。1932年云南东川地震,大量山石崩塌,阻塞了江河。1966年再次发生的6.7级地震,震中附近的一个山头,一侧山体就塌方近$8×10^5$ m³。所以,在山区选址时,经踏勘,发现可能有山体崩塌、巨石滚落等潜在危险的地段,不能建房。

1971年云南通海地震,丘陵地区山脚下的一个土质缓坡,连同上面有几十户人家的一座村庄,向下滑移了100多米,土体破裂变形,房屋大量倒塌。因此,对于那些存在液化或润滑夹层的坡地,也应视为抗震危险地段。

地下煤矿的大面积采空区,特别是废弃的浅层矿区,地下坑道的支护或被拆除,或因年久损坏,地震时的坑道坍塌可能导致大面积地陷,引起上部建筑毁坏,因此,采空区也应视为抗震危险地段,不得在其上建房。

2)选择有利于抗震的场地

我国乌鲁木齐、东川、邢台、通海、唐山等地所发生的几次地震,根据震害普查所绘制的等震线图中,在正常的烈度区内,常存在着小块的高一度或低一度的烈度异常区。此外,同一次地震的同一烈度区内,位于不同小区的房屋,尽管建筑形式、结构类别、施工质量等情况基本相同,但震害程度却出现较大差异。究其原因,主要是地形和场地条件不同造成的。

对建筑抗震有利的地段,一般是指位于开阔平坦地带的坚硬场地土或密实均匀中硬场地土。对建筑抗震不利的地段,就地形而言,一般是指条状突出的山嘴,孤立的山包和山梁的顶部,高差较大的台地边缘,非岩质的陡坡,河岸和边坡的边缘;就场地土质而言,一般是指软弱土、易液化土、故河道、断层破碎带、暗埋塘浜沟谷或半挖半填地基等,以及在平面分布上成因、岩性、状态明显不均匀的地段。

地震工程学者大多认为,地震时,在孤立山梁的顶部,基岩运动有可能被加强。国内多次大地震的调查资料也表明,局部地形条件是影响建筑物破坏程度的一个重要因素。宁夏海原地震,位于渭河谷地的姚庄,烈度为7度;而相距仅2 km的牛家庄,因位于高出百米的突出的黄土梁上,烈度竟高达9度。

河岸上的房屋,常因地面不均匀沉降或地面裂隙穿过而裂成数段。这种河岸滑移对建筑物的危害,靠工程构造措施来防治是不经济的,一般情况下宜采取避开的方案。必须在岸边建房时,应采取可靠措施,消除下卧土层的液化性,提高灵敏黏土层的抗剪强度,以增强边坡稳定性。

不同类别的土壤,具有不同的动力特性,地震反应也随之出现差异。一个场地内,沿水平方向土层类别发生变化时,一幢建筑物不宜跨在两类不同土层上(图2.11),否则可能危及该建筑物的安全。无法避开时,除考虑不同土层差异运动的影响外,还应采用局部深基础,使整个建筑物的基础落在同一个土层上。

饱和松散的砂土和粉土,在强烈地震动作用下,孔隙水压急剧升高,土颗粒悬浮于孔隙水中,从而丧失受剪承载力,在自重或较小附压下即产生较大沉陷,并伴随着喷水冒砂。当建筑地基内存在可液化土层时,应采取有效措施,完全消除或部分消除土层液化的可能性,并应对上部结构适当加强。

淤泥和淤泥质土等软土,是一种高压缩性土,抗剪强度很低。软土在强烈地震作用下,土体受到扰动,絮状结构遭到破坏,强度显著降低,不仅压缩变形增加,还会发生一定程度的剪切破坏,土体向基础两侧挤出,造成建筑物急剧沉降和倾斜。

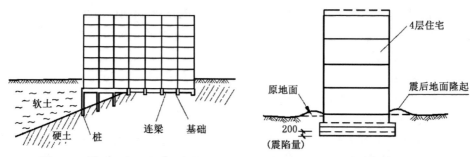

图 2.11　横跨两类土层的建筑物　　　　图 2.12　软土地基上房屋的震陷

天津塘沽港地区,地表下 3～5 m 为冲填土,其下为深厚的淤泥和淤泥质土。地下水位为－1.6 m。1974 年兴建的 16 幢 3 层住宅和 7 幢 4 层住宅,均采用筏板基础。1976 年地震前,累计下沉量分别为 200 mm 和 300 mm,地震期间的突然沉降量分别达 150 mm 和 200 mm。震后,房屋向一侧倾斜,房屋四周的外地坪、地面隆起(图 2.12)。根据以上情况,对于高层建筑,即使采用"补偿性基础",也不允许地基持力层内有上述软土层存在。

此外,在选择高层建筑的场地时,应尽量建在基岩或薄土层上,或应建在具有"平均剪切波速"的坚硬场地上,以减少输入建筑物的地震能量,从根本上减轻地震对建筑物的破坏作用。

2.4.2　确定合理建筑体型

一幢房屋的动力性能基本上取决于它的建筑设计和结构方案。建筑设计简单合理,结构方案符合抗震原则,就能从根本上保证房屋具有良好的抗震性能。反之,建筑设计追求奇特、复杂,结构方案存在薄弱环节,即使进行精细的地震反应分析,在构造上采取补强措施,也不一定能达到减轻震害的预期目的。本节主要以混凝土结构为例,介绍如何确定合理的建筑体型,其他材料组成的结构,其建筑体型相关要求参见本教材第 9、10、11 章。

1) 建筑平面布置

建筑物的平、立面布置宜规则、对称,质量和刚度变化均匀,避免楼层错层。国内外多次地震中均有不少震例表明,凡是房屋体型不规则,平面上凸出凹进,立面上高低错落,破坏程度均比较严重;而房屋体型简单整齐的建筑,震害都比较轻。这里"规则"包含了对建筑的平、立面外形尺寸,抗侧力构件布置、质量分布,直至强度分布等诸多因素的综合要求。这种"规则"对高层建筑尤为重要。

地震区的高层建筑,平面以方形、矩形、圆形为好;正六边形、正八边形、椭圆形、扇形也可以(图 2.13)。三角形平面虽也属简单形状,但是,由于它沿主轴方向不都是对称的,地震时容易产生较强的扭转振动,因而不是理想的平面形状。此外,带有较长翼缘的 L 形、T 形、十字形、U 形、H 形、Y 形平面也不宜采用。因为这些平面的较长翼缘,地震时容易因发生图 2.14 所示的差异侧移而加重震害。

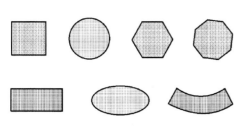

图 2.13 简单的建筑平面

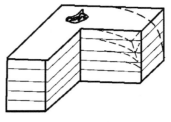

图 2.14 L 形建筑的差异侧移

事实上,由于城市规划、建筑艺术和使用功能等多方面的要求,建筑不可能都设计为方形或者圆形。我国《高层建筑混凝土结构技术规程》(以下简称《高层规程》),对地震区高层建筑的平面形状作了明确规定,如表 2.2 和图 2.15 所示;并提出对这些平面的凹角处,应采取加强措施。

表 2.2　A 级高度钢筋混凝土高层建筑平面形状的尺寸限值

设防烈度	L/B	L/B_{max}	L/b
6、7 度	≤6.0	≤0.35	≤2.0
8、9 度	≤5.0	≤0.30	≤1.5

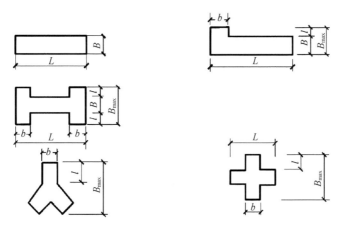

图 2.15 建筑平面形状的要求

2) 建筑立面布置

地震区建筑的立面也要求采用矩形、梯形、三角形等均匀变化的几何形状(图 2.16),尽量避免采用图 2.17 所示的带有突然变化的阶梯形立面。因为立面形状的突然变化,必然带来质量和抗侧移刚度的剧烈变化,地震时,该突变部位就会剧烈振动或塑性变形集中而加重破坏。

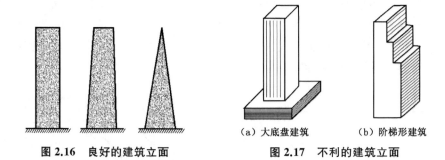

图 2.16　良好的建筑立面　　　　　图 2.17　不利的建筑立面

（a）大底盘建筑　　　（b）阶梯形建筑

我国《高层规程》规定:建筑的竖向体形宜规则、均匀,避免有过大的外挑和收进。结构的侧向刚度宜下大上小,逐渐均匀变化,不应采用竖向布置严重不规则的结构。并要求抗震设计的高层建筑结构,其楼层侧向刚度不宜小于相邻上部楼层侧向刚度的 70% 或其上相邻三层侧向刚度平均值的 80%。

按《高层规程》,高层建筑的高度限值分 A、B 两级,A 级规定较严,是目前应用最广泛的高层建筑高度,B 级规定较宽,但采取更严格的计算和构造措施。A 级高度高层建筑的楼层抗侧力结构的层间受剪承载力不宜小于其相邻上一层受剪承载力的 80%,不应小于其相邻上一层受剪承载力的 65%;B 级高度高层建筑的楼层抗侧力结构的受剪承载力不应小于其上一层受剪承载力 75%。并指出,抗震设计时,当结构上部楼层收进部位到室外地面的高度 H_1 与房屋高度 H 之比大于 0.2 时,上部楼层收进后的水平尺寸 B_1 不宜小于下部楼层水平尺寸 B 的 0.75 倍(图2.18(a)、(b));当上部结构楼层相对于下部楼层外挑时,上部楼层的水平尺寸 B_1 不宜大于下部楼层的水平尺寸 B 的 1.1 倍,且水平外挑尺寸 a 不宜大于 4 m(图2.18(c)、(d))。

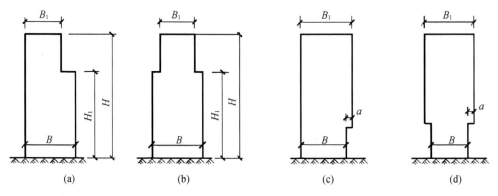

(a)　　　　　　(b)　　　　　　(c)　　　　　　(d)

图 2.18　结构竖向收进和外挑示意

3）房屋的高度

一般而言,房屋越高,所受到的地震力和倾覆力矩越大,破坏的可能性也越大。过去一些国家曾对地震区的房屋做过限制,随着地震工程学科的不断发展,地震危险性分析和结构弹塑性时程分析方法日趋完善,特别是通过世界范围地震经验的总结,人们已认识到"房屋越高越危险"的概念不是绝对的,是有条件的。

墨西哥市是人口超过 1 000 万的特大城市,高层建筑很多。1957 年太平洋岸的 7.7 级地震,以及 1985 年 9 月前后相隔 36 小时的 8.1 级和 7.5 级地震,均有大量高层建筑倒塌(图 2.19(a))。1985 年地震中,倒塌率最高的是 10~15 层楼房、6~21 层楼房,倒塌或严重破坏的共有 164 幢。然而,由著名地震工程学者 Newmark 设计、于 1956 年建造的高 181 m 的 42 层拉丁美洲塔(图 2.19(b)),却经受住了 3 次大地震的考验,几无损害。这一事实说明,高度并不是地震破坏的唯一决定性因素。

 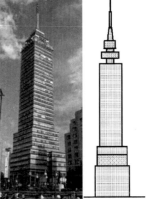

(a)地震破坏情况   (b)拉丁美洲塔

图 2.19　墨西哥市地震中建筑表现

就技术经济而言,各种结构体系都有它自己的最佳适用高度。《抗震规范》和《高层规程》,根据我国当前科研成果和工程实际情况,对各种结构体系适用范围内建筑物的最大高度均作出了规定,表 2.3 规定了现浇钢筋混凝土房屋适用的最大高度。《抗震规范》还规定:对平面和竖向不规则的结构或类Ⅳ场地上的结构,适用的最大高度应适当降低。

表 2.3　现浇钢筋混凝土房屋适用的最大高度 (单位:m)

结构体系		抗震设防烈度				
		6 度	7 度	8 度(0.2g)	8 度(0.3g)	9 度
框架		60	50	40	35	24
框架-抗震墙		130	120	100	80	50
抗震墙		140	120	100	80	60
部分框支抗震墙		120	100	80	50	不应采用
筒体	框架-核心筒	150	130	100	90	70
	筒中筒	180	150	120	100	80
板柱-抗震墙		80	70	55	40	不应采用

注:1. 房屋高度指室外地面到主要屋面板板顶的高度(不考虑局部突出屋顶部分);
　　2. 框架-核心筒结构指周边稀柱框架与核芯筒组成的结构;
　　3. 部分框支抗震墙结构指首层或底部两层为框支层的结构,不包括仅个别框支墙的情况;
　　4. 表中框架,不包括异形柱框架;
　　5. 板柱-抗震墙结构指板柱、框架和抗震墙组成抗侧力体系的结构;
　　6. 乙类建筑可按本地区抗震设防烈度确定其适用的最大高度;
　　7. 超过表内高度的房屋,应进行专门研究和论证,采取有效的加强措施。

4）房屋的高宽比

相对于建筑物的绝对高度,建筑物的高宽比更为重要。因为建筑物的高宽比值越大,即建筑物越高瘦,地震作用下的侧移越大,地震引起的倾覆作用越严重。巨大的倾覆力矩在柱(墙)和基础中所引起的压力和拉力比较难于处理。

世界各国对房屋的高宽比都有比较严格的限制。我国对混凝土结构高层建筑高宽比的要求是按结构类型和地震烈度区分的,见表2.4。

表 2.4　钢筋混凝土结构高层建筑结构适用的最大高宽比

结构体系	非抗震设计	抗震设防烈度		
		6度、7度	8度	9度
框架	5	4	3	—
板柱-剪力墙	6	5	4	—
框架-剪力墙、剪力墙	7	6	5	4
框架-核心筒	8	7	6	4
筒中筒	8	8	7	5

注:当有大底盘时,计算高宽比的高度从大底盘顶部算起。

5）防震缝的合理设置

合理地设置防震缝,可以将体型复杂的建筑物划分为"规则"的建筑物,从而可将减轻抗震设计的难度及提高抗震设计的可靠度。但设置防震缝会给建筑物的立面处理、地下室防水处理等带来一定的难度,并且防震缝如果设置不当还会引起相邻建筑物的碰撞,从而加重地震破坏的程度。在国内外历史地震中,不乏建筑物碰撞的事例。

天津友谊宾馆,东段为8层,高37.4 m,西段为11层,高47.3 m,东西段之间防震缝的宽度为150 mm。1976年唐山地震时,该宾馆位于8度区内,东西段发生相互碰撞,防震缝顶部的砖砌封墙震坏后,一些砖块落入缝内,卡在东西段上部设备层大梁之间,导致大梁在持续的振动中被挤断。此外,建造在软土或液化地基上的房屋,地基不均匀沉陷引起的楼房倾斜,更加大了互撞的可能性和破坏的严重程度。

近年来国内一些高层建筑一般通过调整平面形状和尺寸,并在构造上以及施工时采取一些措施,尽可能不设伸缩缝、沉降缝和防震缝。不过,遇到下列情况,还是应设置防震缝,将整个建筑划分为若干个简单的独立单元。

① 房屋长度超过表2.5中规定的伸缩缝最大间距,又无条件采取特殊措施而必需设置伸缩缝时;

② 平面形状、局部尺寸或者立面形状不符合规范的有关规定,而又未在计算和构造上采取相应措施时;

③ 地基土质不均匀,房屋各部分的预计沉降量(包括地震时的沉陷)相差过大,必须设置沉降缝时;

④ 房屋各部分的质量或结构抗侧移刚度大小悬殊时。

表 2.5 伸缩缝的最大间距

结构体系	施工方法	最大间距/m
框架结构	现浇	55
剪力墙结构	现浇	45

注:1. 框架-剪力墙的伸缩缝间距可根据结构的具体布置情况取表中框架结构与剪力墙结构之间的数值;
  2. 当屋面无保温或隔热措施、混凝土的收缩较大或室内结构因施工外露时间较长时,伸缩缝间距应适当减小;
  3. 现浇挑檐、雨罩等外露结构的局部伸缩缝间距不宜大于 12 m;
  4. 位于气候干燥地区、夏季炎热且暴雨频繁地区的结构,伸缩缝的间距宜适当减小。

当采用下列构造措施和施工措施减少温度和混凝土收缩对结构的影响时,可适当放宽伸缩缝的间距。

① 顶层、底层、山墙和纵墙端开间等受温度变化影响较大的部位提高配筋率;

② 顶层加强保温隔热措施,外墙设置外保温层;

③ 每 30~40 m 间距留出施工后浇带,带宽 800~1 000 mm,钢筋采用搭接接头,后浇带混凝土宜在两个月后浇筑;

④ 顶部楼层改用刚度较小的结构形式或顶部设局部温度缝,将结构划分为长度较短的区段;

⑤ 采用收缩小的水泥、减少水泥用量、在混凝土中加入适宜的外加剂;

⑥ 提高每层楼板的构造配筋率或采用部分预应力结构。

对于钢筋混凝土结构房屋的防震缝最小宽度,一般情况下,应符合《抗震规范》所作的如下规定:

① 框架房屋,当高度不超过 15 m 时,可采用 70 mm;当高度超过 15 m 时,6 度、7 度、8 度和 9 度相应每增高 5 m、4 m、3 m 和 2 m,宜加宽 20 mm;

② 框架-抗震墙房屋的防震缝宽度,可采用第①条数值的 70%,抗震墙房屋可采用第①条数值的 50%,且均不宜小于 70 mm。

对于多层砌体结构房屋,当房屋立面高差在 6 m 以上,或房屋有错层且楼板高差较大,或各部分结构刚度、质量截然不同时宜设置防震缝,缝两侧均应设置墙体,缝宽应根据烈度和房屋高度确定,一般为 70~100 mm。

需要说明的是,对于抗震设防烈度为 6 度以上的房屋,所有伸缩缝和沉降缝,均应符合防震缝的要求。另外,对体型复杂的建筑物不设抗震缝时,应对建筑物进行较精确的结构抗震分析,估计其局部应力和变形集中及扭转影响,判明其易损部位,采取加强措施或提高变形能力的措施。

2.4.3 采用合理的抗震结构体系

1) 结构选型

(1) 结构材料的选择

在建筑方案设计阶段,研究建筑形式的同时,需要考虑选用哪一种结构材料,以及采用什么样的结构体系,以便能够根据工程的各方面条件,选用既符合抗震要求又经济实用的结构类型。

结构选型涉及的内容较多,应根据建筑的重要性、设防烈度、房屋高度、场地、地基、基础、材料和施工等因素,经技术、经济条件比较综合确定。单从抗震角度考虑,作为一种好的结构形式,应具备下列性能:①延性系数高;②"强度/重力"比值大;③均质性好;④正交各向同性;⑤构件的连接具有整体性、连续性和较好的延性,并能发挥材料的全部强度。

按照上述标准来衡量,常见建筑结构类型,依其抗震性能优劣而排列的顺序是:①钢(木)结构;②型钢混凝土结构;③混凝土-钢混合结构;④现浇钢筋混凝土结构;⑤预应力混凝土结构;⑥装配式钢筋混凝土结构;⑦配筋砌体结构;⑧砌体结构等。

钢结构具有极好的延性,良好的连接,可靠的节点,以及在低周往复荷载下有饱满稳定的滞回曲线,历次地震中,钢结构建筑的表现均很好,但也有个别建筑因竖向支撑失效而破坏。就地震实践中总的情况来看,钢结构的抗震性能优于其他各类材料组成的结构。

实践证明,只要经过合理的抗震设计,现浇钢筋混凝土结构具有足够的抗震可靠度。它有着以下几方面的优点:①通过现场浇筑,可形成具有整体式节点的连续结构;②就地取材;③造价较低;④有较大的抗侧移刚度,从而较小结构侧移,保护非结构构件遭破坏;⑤良好的设计可以保证结构具有足够的延性。

但是,钢筋混凝土结构也存在着以下几方面的缺点:①周期性往复水平荷载作用下,构件刚度因裂缝开展而递减;②构件开裂后钢筋的塑性变形,使裂缝不能闭合;③低周往复荷载下,杆件塑性铰区反向斜裂缝的出现,将混凝土挤碎,产生永久性的"剪切滑移"。

J.H. Rainer 等调查了从 1964 年到 1995 年在北美、日本等地发生的七次主要地震中轻型木结构房屋的地震表现和抗震性能。对七次地震中死亡人数的统计数据表明,地震中在轻型木结构房屋中死亡的人数不到总死亡人数的 1%。在强烈地震中,虽然有不同程度的非结构构件损伤,绝大多数轻型木结构房屋未见结构性破坏。J.H. Rainer 等得出如下结论:"在美国加州、阿拉斯加、纽芬兰、加拿大魁北克和日本的地震中,多数木结构房屋经受了0.6g 及更大的地面峰值加速度,没有造成倒塌和严重的人员伤亡,通常也没有明显的损坏迹象。这表明木结构房屋满足生命安全的目标要求,而地震中许多只造成轻微损坏的例子也显示木框架建筑有潜力满足更严格的损坏控制标准的要求。"

国内外的震害调查均表明,砌体结构由于自重大,强度低,变形能力差,在地震中表现出较差的抗震能力。唐山地震中,80%的砌体结构房屋倒塌。但砌体结构造价低廉,施工技术简单,可居住性好,目前仍然是我国 8 层以下居住建筑的主导房型。事实表明,加设构造柱和圈梁,是提高砌体结构房屋抗震能力的有效途径。

(2) 抗震结构体系的确定

不同的结构体系,其抗震性能、使用效果和经济指标亦不同。《抗震规范》关于抗震结构体系,有下列各项要求:

① 应具有明确的计算简图和合理的地震作用传递途径;

② 要有多道抗震防线,应避免因部分结构或构件破坏而导致整个体系结构丧失抗震能力或对重力荷载的承载能力;

③ 应具备必要的强度,良好的变形能力和耗能能力;

④ 宜具有合理的刚度和强度分布,避免因局部削弱或变形形成薄弱部位,产生过大的应力集中或塑性变形集中;对可能出现的薄弱部位,应采取措施提高抗震能力。

就常见的多层及中高层建筑而言,砌体结构在地震区一般适宜于 6 层及 6 层以下的居住建筑。框架结构平面布置灵活,通过良好的设计可获得较好的抗震能力,但框架结构抗侧移刚度较差,在地震区一般用于 10 层左右体型较简单和刚度较均匀的建筑物。对于层数较多、体型复杂、刚度不均匀的建筑物,为了减小侧移变形,减轻震害,应采用中等刚度的框架-剪力墙结构或者剪力墙结构。

选择结构体系,要考虑建筑物刚度与场地条件的关系。当建筑物自振周期与地基土的特征周期一致时,容易产生共振而加重建筑物的震害。建筑物的自振周期与结构本身刚度有关,在设计房屋之前,一般应首先了解场地和地基土及其特征周期,调整结构刚度,避开共振周期。

对于软弱地基宜选用桩基、筏片基础或箱形基础。岩层高低起伏不均匀或有液化土层时最好采用桩基,后者桩尖必须穿入非液化土层,防止失稳。筏片基础的混凝土和钢筋用量较大,刚度也不如箱基。当建筑物层数不多、地基条件又较好时,也可以采用单独基础或十字交叉带形基础等。

不同结构体系的具体结构布置要求参见本教材第 9、10、11 章。

2) 抗震等级

抗震等级是结构构件抗震设防的标准,钢筋混凝土房屋应根据烈度、结构类型和房屋高度采用不同的抗震等级,并应符合相应的计算、构造措施和材料要求。抗震等级的划分考虑了技术要求和经济条件,随着设计方法的改进和经济水平的提高,抗震等级将做相应调整。抗震等级共分为四级,它体现了不同的抗震要求,其中一级抗震要求最高。丙类多层及高层钢筋混凝土结构房屋的抗震等级划分见表 2.6。

表 2.6 丙类多层及高层现浇钢筋混凝土结构抗震等级

结构类型			烈度							
			6 度		7 度			8 度			9 度
框架结构		高度/m	≤24	>24	≤24		>24	≤24	>24		≤24
		框架	四	三	三		二	二	一		一
		大跨度框架	三		二			一			一
框架-抗震墙结构		高度/m	≤60	>60	≤24	25~60	>60	≤24	25~60	>60	≤24	25~50
		框架	四	三	四	三	二	三	二	一	二	一
		抗震墙	三		三	二		二	一		一	
抗震墙结构		高度/m	≤80	>80	≤24	25~80	>80	≤24	25~80	>80	≤24	25~60
		一般抗震墙	四	三	四	三	二	三	二	一	二	一
部分框支抗震墙结构	抗震墙	高度/m	≤80	>80	≤24	25~80	>80	≤24	25~80		
		一般部位	四	三	四	三	二	三	二		
		加强部位	三	二	三	二	一	二	一		
	框支层框架		二		二		一	一			
框架-核心筒结构		框架	三		二			一			一
		核心筒	二		二			一			一

（续表）

结构类型		烈度							
		6度		7度		8度		9度	
筒中筒结构	外筒	三		二		一		一	
	内筒	三		二		一		一	
板柱-抗震墙结构	高度/m	≤35	>35	≤35	>35	≤35	>35		
	框架、板柱的柱	三	二	二	二	一	一		
	抗震墙	二	二	二	一	二	一		

注:1. 建筑场地为Ⅰ类时,除6度外应允许按表内降低一度所对应的抗震等级采取抗震构造措施,但相应的计算要求不应
降低;

2. 接近或等于高度分界时,应允许结合房屋不规则程度及场地、地基条件确定抗震等级;

3. 大跨度框架指跨度不小于18 m的框架;

4. 高度不超过60 m的框架-核心筒结构按框架-抗震墙的要求设计时,应按表中框架-抗震墙结构的规定确定其抗震
等级。

其他类建筑采取的抗震措施应按有关规定和表2.6确定对应的抗震等级。由表2.6可见,在同等设防烈度和房屋高度的情况下,对于不同的结构类型,其次要抗侧力构件抗震要求可低于主要抗侧力构件,即抗震等级低些。如框架-抗震墙结构中的框架,其抗震要求低于框架结构中的框架;相反,其抗震墙则比抗震墙结构有更高的抗震要求。框架-抗震墙结构中,当取基本振型分析时,若抗震墙部分承受的地震倾覆力矩不大于结构总地震倾覆力矩的50%,考虑到此时抗震墙的刚度较小,其框架部分的抗震等级应按框架结构划分。

另外,对同一类型结构抗震等级的高度分界,《抗震规范》主要按一般工业与民用建筑的层高考虑,故对层高特殊的工业建筑应酌情调整。设防烈度为6度、建于Ⅰ~Ⅲ类场地上的结构,不需做抗震验算但需按抗震等级设计截面,满足抗震构造要求。

不同场地对结构的地震反应不同,通常Ⅳ类场地较高的高层建筑的抗震构造措施与Ⅰ~Ⅲ类场地相比应有所加强,而在建筑抗震等级的划分中并未引入场地参数,没有以提高或降低一个抗震等级来考虑场地的影响,而是通过提高其他重要部位的要求(轴压比、柱纵筋配筋率控制;加密区箍筋设置等)来加以考虑。

2.4.4 多道抗震设防

多道抗震防线指的是:

① 一个抗震结构体系,应由若干个延性较好的分体系组成,并由延性较好的结构构件连接起来协同工作,如框架-抗震墙体系是由延性框架和抗震墙两个系统组成。双肢或多肢抗震墙体系由若干个单肢墙分系统组成。

② 抗震结构体系应有最大可能数量的内部、外部赘余度,有意识地建立起一系列分布的屈服区,以使结构能够吸收和耗散大量的地震能量,一旦破坏也易于修复。

多道地震防线对抗震结构是必要的。一次大地震,某场地产生的地震动,能造成建筑物破坏的强震持续时间(工程持时),少则几秒,多则几十秒,甚至更长。这样长时间的地震动,一个接一个的强脉冲对建筑物产生多次往复式冲击,造成积累式的破坏。如果建筑物采用的是单一结构体系,仅有一道抗震防线,该防线一旦破坏后,接踵而来的持续地震动,就会促使建筑物倒塌。特别是当建筑物的自振周期与地震动卓越周期相近时,建筑物由此而发生

的共振,更加速其倒塌进程。如果建筑物采用的是多重抗侧力体系,第一道防线的抗侧力构件在强震作用下破坏后,后面第二甚至第三防线的抗侧力构件立即接替,抵挡住后续的地震动的冲击,可保证建筑物最低限度的安全,免于倒塌。在遇到建筑物基本周期与地震动卓越周期相同或接近的情况时,多道防线就更显示出其优越性。当第一道抗侧力防线因共振而破坏,第二道防线接替后,建筑物自振周期将出较大幅度的变动,与地震动卓越周期错开,减轻地震的破坏作用。

1985 年 9 月墨西哥 8.1 级地震中的一些情况可以用来说明这一点,这次地震时,远离震中约 350 km 的墨西哥市,某一场地记录到的地面运动加速度曲线,历时 60 s,峰值加速度为 0.2g,根据地震记录计算出的反应谱曲线,显示出地震动卓越周期为 2 s,震后调查结果表明,位于该场地上的自振周期接近 2 s 的框架体系高层建筑,因发生共振而大量倒塌;而嵌砌有砖填充墙的框架体系高层建筑,尽管破坏十分严重,却很少倒塌。

2.4.5 结构整体性

结构的整体性是保证结构各部件在地震作用下协调工作的必要条件。建筑物在地震作用下丧失整体性后,或者由于整个结构变成机动构架而倒塌,或者由于外围构件平面外失稳而倒塌。所以,要使建筑具有足够的抗震可靠度,确保结构在地震作用下不丧失整体性,是必不可少的条件之一。

(1)现浇钢筋混凝土结构

结构的连续性是使结构在地震时能够保证整体性的重要手段之一。要使结构具有连续性,首先应从结构类型的选择上着手。事实证明,施工质量良好的现浇钢筋混凝土结构和型钢混凝土结构具有较好的连续性和抗震整体性。强调施工质量良好,是因为即使全现浇钢筋混凝土结构,施工不当也会使结构的连续性遭到削弱甚至破坏。

(2)钢结构

钢材基本属于各向同性的均质材料,且质轻高强、延性好,是一种很适合于建筑抗震结构的材料,在地震作用下,高层钢结构房屋由于钢材材质均匀,强度易于保证,所以结构的可靠性大;轻质高强的特点使得钢结构房屋的自重轻,从而所受地震作用减小;良好的延性使结构在很大的变形下仍不致倒塌,从而保证结构在地震作用下的安全性。但是,钢结构房屋如果设计和制造不当,在地震作用下,可能发生构件的失稳和材料的脆性破坏或连接破坏,使钢材的性能得不到充分发挥,造成灾难性后果。钢结构房屋抗震性能的优劣取决于结构的选型,当结构体型复杂、平立面特别不规则时,可按实际需要在适当部位设置防震缝,从而形成多个较规则的抗侧力结构单元。此外,钢结构构件应合理控制尺寸,防止局部失稳或整体失稳,如对梁翼缘和腹板的宽厚比、高厚比都作了明确规定,还应加强各构件之间的连接,以保证结构的整体性,抗震支承系统应保证地震作用时结构的稳定。

(3)砌体结构

震害调查及研究表明,圈梁及构造柱对房屋抗震有较重要的作用,它可以加强纵横墙体的连接,以增强房屋的整体性;圈梁还可以箍住楼(屋)盖,增强楼盖的整体性并增加墙体的稳定性;也可以约束墙体的裂缝开展,抵抗由于地震或其他原因引起的地基不均匀沉降而对房屋造成的破坏。因此,地震区的房屋,应按规定设置圈梁及构造柱。

2.4.6 保证非结构构件安全

非结构构件一般包括女儿墙、填充维护墙、玻璃幕墙、吊顶、屋顶电信塔、饰面装置等。非结构构件的存在,将影响结构的自振特性。同时,地震时它们一般会先期破坏。因此,应特别注意非结构构件与主体结构之间应有可靠的连接或锚固,避免地震时脱落伤人。

2.4.7 结构材料和施工质量

抗震结构的材料选用和施工质量应予以重视。抗震结构对材料和施工质量的具体要求应在设计文件上注明,如所用材料强度等级的最低限制,抗震构造措施的施工要求等,并在施工过程中保证按其执行。

2.4.8 采用隔震、减震技术

对抗震安全性和使用功能有较高要求或专门要求的建筑结构,可以采用隔振设计或消能减震设计。结构隔振设计是指在建筑结构的基础、底部或下部与上部结构之间设置橡胶隔震支座和阻尼装置等部件,组成具有整体复位功能的隔震层,以延长整个结构体系的自振周期,减小输入上部结构的水平地震作用。结构消能减震设计是指在建筑结构中设置消能器,通过消能器的相对变形和相对速度提供附加阻尼以消耗输入结构的地震能。建筑结构的隔震设计和消能减震设计应符合相关的规定,也可按建筑抗震性能化目标进行设计。

本 章 小 结

1. 震源:地球内岩体断裂错动并引起周围介质剧烈振动的部位称为震源;震中:震源正上方的地面位置称为震中;震中距:地面某处至震中的水平距离称为震中距;震源深度:震源到震中的垂直距离。

2. 地震发生时,由于地震波的传播而引起的地面运动,称为地震动。地震动的峰值(最大振幅)、频谱和持续时间,通常称为地震动的三要素。工程结构的地震破坏,与地震动的三要素密切相关。

3. 地震等级是表示一次地震时所释放能量的多少,也是表示地震强度大小的指标。一次地震只有一个震级;地震烈度是指某一地区的地面和各类建筑物遭受一次地震影响的平均强弱程度。距震中的距离不同,地震的影响程度不同,即烈度不同。

4. 为评定地震烈度,需要建立一个标准,这个标准称为地震烈度表。

5. 结构的抗震设防目标分为三个水准,即"小震不坏,中震可修,大震不倒"。

6. 建筑物抗震设防分类及设防标准。我国建筑抗震设计规范根据建筑物重要性及受地震破坏后果的严重性,将建筑物的抗震设防分为四类,对每一分类都给出了明确的设防标准。

7. 为实现三水准的抗震设防目标,我国建筑抗震设计规范采用了两阶段设计方法。

8. 抗震概念设计是获得良好抗震性能的重要条件,它包括场地选择、建筑设计与结构的规则性、选择合理的抗震结构体系、非结构构件的设计、材料与施工要求等。

9. 选择有利场地,就要避开抗震危险地段。建筑抗震危险的地段,一般是指地震时可能发生崩塌、滑坡、地陷、泥石流等的地段,以及震中烈度为 8 度以上的发震断裂带在地震时可能发生地表错位的地段。

10. 确定合理建筑体型,建筑物的平、立面布置宜规则、对称,质量和刚度变化均匀,避免楼层错层。地震区建筑的立面也要求采用矩形、梯形、三角形等均匀变化的几何形状,尽量避免采用带有突然变化的阶梯形立面。建筑物的最大高度应符合《抗震规范》等规定要求。房屋的高宽比要满足高宽比限值要求。必要时,合理地设置防震缝,可以将体型复杂的建筑物划分为"规则"的建筑物,从而可将减轻抗震设计的难度及提高抗震设计的可靠度。

11. 应重视结构选型,选择合适的结构材料,确定合理的抗震结构体系。

12. 多高层钢筋混凝土结构房屋结构布置的基本原则是:①结构平面应力求简单规则,结构的主要抗侧力构件应对称均匀布置,尽量使结构的刚心和质心重合;②结构的竖向布置,应使其质量沿高度方向均匀分布,避免结构刚度突变,并应尽可能降低建筑物的重心,以利结构的基本稳定性;③合理地设置变形缝;④加强楼屋盖的整体性;⑤尽可能做到技术先进,经济合理。

13. 抗震等级是结构构件抗震设防的标准,钢筋混凝土房屋应根据烈度、结构类型和房屋高度采用不同的抗震等级,并应符合相应的计算、构造措施和材料要求。

14. 建筑物要有多道抗震防线,要有结构的整体性,它是保证结构各部件在地震作用下协调工作的必要条件。结构应具有连续性,能保证非结构构件安全,要重视结构材料和施工质量,对抗震安全性和使用功能有较高要求或专门要求的建筑结构,可以采用隔振设计或消能减震设计。

思考题与习题

2.1 解释震源、震中、震源深度和场地的意义。

2.2 简述建筑物的抗震设防目标。

2.3 简述建筑物抗震设防分类及设防标准。

2.4 简述《抗震规范》所采用的建筑结构抗震设计方法。

2.5 简述房屋的主要震害现象。

2.6 建筑的抗震设防烈度由以下( )条件确定。

Ⅰ. 建筑的重要性;Ⅱ. 建筑的高度;Ⅲ. 国家颁布的烈度区划图;Ⅳ. 批准的城市抗震设防区划

A. Ⅰ   B. Ⅱ   C. Ⅲ或Ⅳ   D. Ⅱ或Ⅳ

2.7 抗震设计时,建筑物应根据其重要性分为甲、乙、丙、丁四类。一幢18层的普通高层住宅应属于( )。

A. 甲类   B. 乙类   C. 丙类   D. 丁类

2.8 按我国抗震设计规范设计的建筑,当遭受低于本地区设防烈度的多遇地震影响时,建筑物应( )。

A. 一般不受损坏或不需修理仍可继续使用

B. 可能损坏,经一般修理或不需修理仍可继续使用

C. 不致发生危及生命的严重破坏

D. 不致倒塌

2.9 以下关于地震震级和地震烈度的叙述,(   )是错误的。

A. 一次地震的震级通常用基本烈度表示

B. 地震烈度表示一次地震对各个不同地区的地表和各类建筑的影响的强弱程度

C. 里氏震级表示一次地震释放能量的大小

D. 1976 年唐山大地震为里氏 7.8 级,震中烈度为 11 度

2.10 抗震概念设计应包括哪些主要内容?

2.11 建筑物的场地选择有哪些注意点?

2.12 请谈谈对合理建筑体型的理解。

2.13 如何确定抗震结构体系?

2.14 多高层钢筋混凝土结构房屋结构布置的基本原则有哪些?

2.15 建筑物的抗震等级是如何确定的?

2.16 多层砌体结构房屋结构布置的基本原则有哪些?

2.17 建筑物为什么要有多道抗震防线?

2.18 同为设防烈度为 8 度的现浇钢筋混凝土结构房屋,一栋建造于Ⅱ类场地上,另一栋建造于Ⅳ类场地上,两栋结构的抗震等级(   )。

A. Ⅱ场地的高   B. 相同

C. Ⅳ场地的高   D. 两种之间的比较不能确定

2.19 在地震区建造房屋,下列结构体系中(   )能建造的高度最高。

A. 框架   B. 筒中筒   C. 框架筒体   D. 剪力墙

2.20 在划分现浇钢筋混凝土结构的抗震等级时,应考虑:Ⅰ.设防烈度;Ⅱ.场地类别;Ⅲ.结构类别;Ⅳ.房屋高度;Ⅴ.建筑物的重要性类别。下列(   )是正确的。

A. Ⅰ、Ⅱ、Ⅲ   B. Ⅰ、Ⅲ、Ⅳ   C. Ⅰ、Ⅲ、Ⅴ   D. Ⅲ、Ⅳ、Ⅴ

2.21 在一栋有抗震设防要求的建筑中,如需设防震缝则(   )。

A. 防震缝应将其两侧房屋的上部结构完全分开

B. 防震缝应将其两侧房屋的上部结构连同基础完全分开

C. 只有在设地下室的情况下,防震缝才可以将其两侧房屋的上部结构分开

D. 只有在不设地下室的情况下,防震缝才可只将其两侧房屋的上部结构分开

建筑结构设计基本原理

本章主要介绍我国《混凝土结构设计规范》所采用的以概率理论为基础的极限状态设计方法的一些基本概念,阐述结构设计的总目标,明确结构的功能要求、可靠度及可靠指标、极限状态、结构上的作用(荷载)、荷载效应、荷载的代表值及各种组合、材料强度及其代表值等概念;围绕极限状态设计表达式,讲述其内涵和应用;介绍地震作用计算的基本方法及抗震验算的主要内容;给出了混凝土结构耐久性设计的基本规定。

3.1 建筑结构的功能要求和极限状态

3.1.1 建筑结构的功能要求及结构可靠度

建筑结构设计的目的是:科学地解决建筑结构的可靠与经济这对矛盾,力求以最经济的途径,使所设计的结构符合可持续发展的要求,并以适当的可靠度满足各项预定功能的规定。我国 GB 50068—2018《建筑结构可靠性设计统一标准》(以下简称《统一标准》)明确规定建筑结构在规定的设计使用年限内应满足以下三个方面的功能要求:

1) 安全性

安全性是指结构在正常使用和正常施工时能够承受可能出现的各种作用,如荷载、温度、支座沉降等;且在设计规定的偶然事件(如地震、爆炸、撞击等)发生时或发生后,结构仍能保持必要的整体稳定性,即结构仅发生局部损坏而不至于连续倒塌,以及火灾发生时能在规定的时间内保持足够的承载力。

2) 适用性

适用性是指结构在正常使用时满足预定的使用要求,具有良好的工作性能,如不发生影响使用的过大变形、振动或过宽的裂缝等。

3) 耐久性

耐久性是指结构在服役环境作用和正常使用维护的条件下,结构抵御结构性能劣化(或退化)的能力,即结构在规定的环境中,在设计使用年限内,其材料性能的恶化(如混凝土的风化、腐蚀、脱落,钢筋锈蚀等)不会超过一定限度。

上述结构的三方面的功能要求统称为结构的可靠性,即结构在规定的时间内、在规定的条件下(正常设计、正常施工、正常使用和正常维护)完成预定功能的能力。而结构可靠度则是指结构在规定的时间内、在规定的条件下、完成预定功能的概率,即结构可靠度是结构可靠性的概率度量。结构设计的目的就是既要保证结构安全可靠,又要做到经济合理。

结构可靠度定义中所说的"规定的时间",是指"设计使用年限"。设计使用年限是指设计规定的结构或结构构件不需进行大修即可按其预定目的使用的时期,即结构在规定的条件下所应达到的使用年限。根据我国的国情,《统一标准》规定了各类建筑结构的设计使用年限,如表 3.1 所示。

表 3.1　建筑结构的设计使用年限

类别	设计使用年限/年
临时性建筑结构	5
易于替换的结构构件	25
普通房屋和构筑物	50
标志性建筑和特别重要的建筑结构	100

3.1.2　结构的极限状态

结构满足设计规定的功能要求时称为"可靠",反之则称为"失效"。两者间的界限则被称为"极限状态"。结构或结构的一部分超过某一特定的状态就不能满足设计规定的某一功能要求(或者说濒于失效的特定状态),此特定的状态就称为该功能的极限状态。一旦超过这一状态,结构就将丧失某一功能而失效。根据功能要求,极限状态分为下列三大类:

1)承载能力极限状态

这种极限状态对应于结构或结构构件达到最大承载能力或达到不适于继续承载的变形的状态。当结构或构件出现下列状态之一时,就认为超过了承载能力极限状态,结构构件就不再满足安全性的要求:结构构件或连接因超过材料强度而破坏,或因过度变形而不适于继续承载;整个结构或其一部分作为刚体失去平衡(如倾覆、过大的滑移等);结构转变为机动体系;结构或结构构件丧失稳定(如压屈等);结构因局部破坏而发生连续倒塌;地基丧失承载力而破坏(如失稳等);结构或结构构件的疲劳破坏。

承载能力极限状态关系到结构的安全与否,是结构设计的首要任务,必须严格控制出现这种极限状态的可能性,即应具有较高的可靠度水平。

2)正常使用极限状态

这种极限状态对应于结构或结构构件达到正常使用的某项规定限值的状态。当结构或结构构件出现下列状态之一时,就认为超过了正常使用极限状态:影响正常使用或外观的变形;影响正常使用的局部损坏(如开裂);影响正常使用的振动;影响正常使用的其他特定状态(如相对沉降过大等)。

正常使用极限状态具体又分为不可逆正常使用极限状态和可逆正常使用极限状态两种。当产生超越正常使用要求的作用卸除后,该作用产生的后果不可恢复的为不可逆正常使用极限状态;当产生超越正常使用要求的作用卸除后,该作用产生的后果可以恢复的为可逆正常使用极限状态。

3)耐久性极限状态

这种极限状态对应于结构或结构构件在环境影响下出现的劣化达到耐久性能的某项规定限值或标志的状态。当结构或结构构件出现下列状态之一时,就认为超过了耐久性极限状态:影响承载能力和正常使用的材料性能劣化;影响耐久性能的裂缝、变形、缺口、外观、材料削弱等;影响耐久性能的其他特定状态。

正常使用和耐久性极限状态主要考虑结构的适用性和耐久性,超过正常使用和耐久性极限状态的后果一般不如超过承载能力极限状态严重,但也不可忽略。在正常使用极限状态和耐久性设计时,其可靠度水平允许比承载能力极限状态的可靠度水平适当降低。

在进行建筑结构设计时,一般是将承载能力极限状态放在首位,在使结构或构件满足承载能力极限状态要求(通常是强度满足安全要求)后,再按正常使用和耐久性极限状态进行验算(校核)。

3.1.3 设计状况

结构在施工、安装、运行、检修等不同阶段可能出现不同的结构体系、不同的荷载及不同的环境条件,所以在设计时应分别考虑不同的设计状况:

1) 持久设计状况

持久设计状况是指在结构使用过程中一定出现,且持续期很长的设计状况,适用于结构使用时的正常情况,建筑结构承受家具和正常人员荷载的状况属持久状况。

2) 短暂设计状况

短暂设计状况是指结构在施工、安装、检修期出现的设计状况,或在运行期短暂出现的设计状况。如结构施工时承受堆料荷载的状况属短暂状况。

3) 偶然设计状况

偶然设计状况是指结构在运行过程中出现的概率很小且持续时间极短的设计状况,包括结构遭受火灾、爆炸、撞击时的情况等。

4) 地震设计状况

地震设计状况是指结构遭受地震时的设计状况。

对不同的设计状况,应采用相应的结构体系、可靠度水平、基本变量和作用组合等进行建筑结构可靠性设计。

在进行建筑结构设计时,对以上四种设计状况均应进行承载能力极限状态设计,以保证结构安全性要求;对持久设计状况尚应进行正常使用极限状态设计,并宜进行耐久性极限状态设计,以保证结构适用性和耐久性要求;对短暂设计状况和地震设计状况可根据需要进行正常使用极限状态设计;对偶然设计状况可不进行正常使用极限状态和耐久性极限状态设计。

3.2 结构上的作用、作用效应及结构抗力

3.2.1 结构上的作用与作用效应

1) 作用与荷载的定义

结构上的"作用"是指直接施加在结构上的集中力或分布力,以及引起结构外加变形或约束变形的原因(如基础差异沉降、温度变化、混凝土收缩、地震等)。前者以力的形式作用

于结构上,称为"直接作用"也常称为"荷载",后者以变形的形式作用在结构上,称为"间接作用"。但从工程习惯和叙述简便起见,在以后的章节中统一称为"荷载"。

2) 荷载的分类

我国《统一标准》将结构上的荷载按照不同的原则分类,它们适用于不同的场合。

(1) 按随时间的变异分类

荷载按随时间的变异可分为永久荷载、可变荷载和偶然荷载:

① 永久荷载。也称为恒荷载,指在设计基准期内其量值不随时间变化,或其变化与平均值相比可以忽略不计,如结构自重、土压力、预加应力等。

② 可变荷载。也称为活荷载,指在设计基准期内其量值随时间变化,且其变化与平均值相比不可忽略,如安装荷载、楼面活荷载、风荷载、雪荷载、桥面或路面上的行车荷载、吊车荷载、温度变化等。

③ 偶然荷载。指在设计基准期内不一定出现,而一旦出现其量值很大且持续时间很短的作用,如地震、爆炸、撞击等。

(2) 按随空间位置的变异分类

荷载按随空间位置的变异可分为固定荷载和自由荷载:

① 固定荷载。指在结构空间位置上具有固定分布的荷载,如结构构件的自重、固定设备重等。

② 自由荷载。指在结构空间位置上的一定范围内可以任意分布的荷载,如吊车荷载、人群荷载等。

(3) 按结构的反应特点分类

荷载按结构的反应特点可分为静态荷载和动态荷载:

① 静态荷载。指不使结构产生加速度,或所产生的加速度可以忽略不计的荷载,如结构自重、住宅与办公楼的楼面活荷载、雪荷载等。

② 动态荷载。指使结构产生不可忽略的加速度的荷载,如地震荷载、吊车荷载、机械设备振动、作用在高耸结构上的风荷载等。

3) 作用效应

直接作用或间接作用施加在结构构件上,由此在结构内产生的内力和变形(如轴力、剪力、弯矩、扭矩以及挠度、转角和裂缝等),称为作用效应。当为直接作用(即荷载)时,其效应也称为荷载效应,通常用 S 表示。通常,荷载效应与荷载的关系可用荷载值与荷载效应系数来表达,即按力学的分析方法计算得到。

如前所述,结构上的荷载都不是确定值,而是随机变量,与之对应的荷载效应除了与荷载有关外,还与计算的模式有关,所以荷载效应 S 也是随机变量。

3.2.2 结构抗力

结构抗力是指结构或结构构件承受和抵抗荷载效应(即内力和变形)以及环境影响的能力,如构件截面的承载力、刚度、抗裂度及材料的抗劣化能力等。结构抗力用 R 表示。混凝土结构构件的截面尺寸、混凝土强度等级以及钢筋的种类、配筋的数量及方式等确定后,构件截面便具有一定的抗力。抗力可按一定的计算模式确定。显然,结构的抗力与组成结构构件的材料性能(强度、变形模量等)、几何尺寸以及计算模式等因素有关,由于这些因素都是随机变量,故结构抗力 R 也是随机变量。

由上述可见,结构上的荷载(特别是可变荷载)与时间有关,结构抗力也随时间变化。为确定可变荷载及与时间有关的材料性能等取值而选用的时间参数,称为设计基准期。我国《统一标准》规定的建筑结构设计基准期为 50 年。

3.3 荷载和材料强度

结构物在使用期内所承受的荷载不是一个定值,而是在一定范围内变动。结构设计时所取用的材料强度,可能比材料的实际强度大或者小,亦即材料的实际强度也在一定范围内波动。因此,结构设计时所取用的荷载值和材料强度值应采用概率统计方法来确定。

3.3.1 荷载代表值

在结构设计中,应根据不同的极限状态的要求计算荷载效应。我国《建筑结构荷载规范》(GB 50009—2012,以下简称《荷载规范》)对不同的荷载赋予了相应的规定量值,荷载的这种量值,称为荷载的代表值。不同的荷载在不同的极限状态情况下,就要求采用不同的荷载代表值进行计算。荷载的代表值分别为:标准值、可变荷载的准永久值、可变荷载频遇值和可变荷载的组合值等。

1) 荷载的标准值

荷载的标准值是结构按极限状态设计时采用的荷载基本代表值,其他的荷载代表值可以通过标准值乘以相应的系数得到。荷载标准值是指结构在使用期内正常情况下可能出现的最大荷载值,可根据设计基准期(《统一标准》规定为 50 年)内最大荷载概率分布的某一分位值确定。

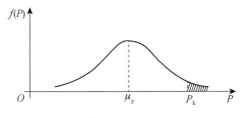

图 3.1 荷载标准值的概率含义

若为正态分布,则如图 3.1 中的 P_k,图中的 μ_p 是平均值。但在工程中,大部分荷载还不具备充分的统计资料,所以其标准值主要是根据工程经验,通过分析判断确定。

(1) 永久荷载的标准值 G_k

对于结构的自重,可根据结构的设计尺寸、材料或结构构件单位体积的自重计算确定。由于其变异性不大,而且多为正态分布,一般以其分布的均值作为荷载标准值(常用材料与构件自重参见附表 1)。对于自重变异较大的材料和构件(如现场制作的保温材料、混凝土薄壁构件等),在设计时可根据该荷载对结构有利或不利取其自重的下限值或上限值。

(2) 可变荷载的标准值 Q_k

《建筑结构荷载规范》(GB 50009—2012)中给出了各种可变荷载标准值的取值和计算方法,在设计时可查用(参见附表 2)。

2) 可变荷载的准永久值

荷载的准永久值是指可变荷载在按正常使用极限状态设计时,考虑荷载效应准永久组合时所采用的代表值。可变荷载在结构设计基准期内有时会作用得大些,有时会作用得小些,其准永久值是可变荷载在设计基准期内出现时间较长(可理解为总的持续时间不低于25年)的那一部分的量值,在性质上类似永久荷载。可变荷载的准永久值可由可变荷载的标准值乘以荷载的准永久值系数求得:

$$可变荷载准永久值＝\psi_q×可变荷载的标准值 \tag{3.1}$$

式中 ψ_q——荷载的准永久值系数,其值小于1.0,可直接由《荷载规范》查用(参见附表2)。

3)可变荷载的频遇值

可变荷载的频遇值是在设计基准期内,其超越的总时间为规定的较小比率或超越频数(或次数)为规定频率(或次数)的荷载值。该值是正常使用极限状态按频遇组合计算时所采用的可变荷载代表值。亦可由可变荷载的标准值乘以频遇值系数 ψ_f 求得:

$$可变荷载的频遇值＝\psi_f×可变荷载的标准值 \tag{3.2}$$

式中 ψ_f——可变荷载的频遇值系数,其值小于1.0,可直接由《荷载规范》查用(参见附表2)。

4)可变荷载的组合值

当有两种或两种以上的可变荷载在结构上同时作用时,几个可变荷载同时都达到各自的最大值的概率是很小的,为使结构在两种或两种以上可变荷载作用时的情况与仅有一种可变荷载作用时具有相同的安全水平,除一个主导荷载(产生最大荷载效应的荷载)仍用标准值外,对其他伴随荷载则可取可变荷载的组合值为其代表值。

$$可变荷载的组合值＝\psi_c×可变荷载的标准值 \tag{3.3}$$

式中 ψ_c——可变荷载的组合值系数,其值小于1.0,可直接由《荷载规范》查用(参见附表2)。

由上述可知,可变荷载的准永久值、频遇值和组合值均可由可变荷载标准值乘以一个系数得到,所以荷载的标准值是荷载的基本代表值。

3.3.2 结构构件的材料强度

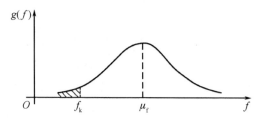

图3.2 材料强度标准值的概率含义

1)材料强度的标准值

我国《统一标准》规定,材料强度的标准值 f_k 是结构按极限状态设计时所采用的材料强度基本代表值。材料强度的标准值是以材料强度概率分布的某一分位值来确定的(《统一标准》规定:钢筋和混凝土材料强度的标准值可取其概率分布的0.05分位值确定),如图3.2所示。由于钢筋和混凝土强度均服从正态分布,故它们的强度标准值可统一表示为

$$f_k=\mu_f-\alpha\sigma_f \tag{3.4}$$

式中 α——与材料实际强度 f 低于 f_k 的概率有关的保证率系数;

μ_f——平均值;

σ_f——标准差。

由此可见,材料强度标准值是材料强度概率分布中具有一定保证率的偏低的材料强度值。

混凝土和钢筋的强度标准值参见附表 3、附表 4,预应力钢筋强度标准值参见附表 5。

2) 材料强度的设计值

材料强度的设计值是用于承载力计算时的材料强度的代表值,它与材料的强度标准值的关系如下:

$$\text{材料强度的设计值 } f = \text{材料强度的标准值 } f_k \div \text{材料分项系数 } \gamma_M \tag{3.5}$$

式中 材料分项系数 γ_M——混凝土的材料分项系数 $\gamma_c = 1.40$;对 400 MPa 级及以下热轧钢筋取 $\gamma_s = 1.10$,对 500 MPa 级热轧钢筋取 $\gamma_s = 1.15$;预应力筋取 $\gamma_s = 1.20$。

混凝土和普通钢筋的强度设计值参见附表 3、附表 4,预应力钢筋强度设计值参见附表 6。

3.4 概率极限状态设计法

以概率理论为基础的极限状态设计方法,简称为概率极限状态设计法,是以结构的失效概率或可靠指标来度量结构的可靠度的。

3.4.1 结构功能函数与极限状态方程

结构设计的目的是保证所设计的结构构件满足一定的功能要求,也就是如前所述的:荷载效应 S 不应超过结构抗力 R。用来描述结构构件完成预定功能状态的函数 Z 称为功能函数,显然,功能函数可以用结构抗力 R 和荷载效应 S 表达为:

$$Z = g(R, S) = R - S \tag{3.6}$$

当 $Z > 0(R > S)$ 时,结构能完成预定功能,处于可靠状态;

当 $Z < 0(R < S)$ 时,结构不能完成预定功能,处于失效状态;

当 $Z = 0(R = S)$ 时,结构处于极限状态。

结构所处的状态可用图 3.3 进行判断:位于图中直线的上方区域,即 $R > S$,结构处于可靠状态;位于图中直线的下方区域,即 $R < S$,结构处于失效状态;位于直线上,即 $R = S$,即结构处于极限状态,式(3.7)称为极限状态方程。

$$Z = g(R, S) = R - S = 0 \tag{3.7}$$

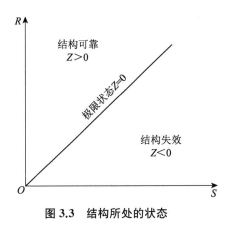

图 3.3 结构所处的状态

3.4.2 结构的失效概率与可靠指标

1）结构的可靠概率 p_s 与失效概率 p_f

结构能完成预定功能（$R>S$）的概率即为"可靠概率"，以 p_s 表示；不能完成预定功能（$R<S$）的概率即为"失效概率"，以 p_f 表示。显然，$p_s+p_f=1$，即失效概率与可靠概率互补，故结构的可靠性可以用失效概率来度量。如前所述，荷载效应 S 和结构抗力 R 都是随机变量，所以 $Z=R-S$ 也应是随机变量，它是各种荷载、材料性能、几何尺寸参数、计算公式及计算模式等的函数。如 R 和 S 服从正态分布，则 Z 也服从正态分布，即 Z 的概率密度曲线也是一条正态分布曲线，如图 3.4 所示。失效概率 p_f 即 $Z=R-S<0$ 所出现的概率为图中阴影部分的面积。

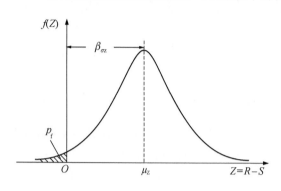

图 3.4 功能函数 $Z=R-S$ 的概率密度曲线

2）可靠指标 β

若功能函数中两个独立的随机变量 R 和 S 服从正态分布，R 和 S 的平均值分别为 μ_R 和 μ_S，标准差分别为 σ_R 和 σ_S，则功能函数 $Z=R-S$ 也服从正态分布，其平均值 μ_Z 和标准差 σ_Z 分别为：

$$\mu_Z=\mu_R-\mu_S \qquad (3.8)$$

$$\sigma_Z=\sqrt{\sigma_R^2+\sigma_S^2} \qquad (3.9)$$

由图 3.4 可见，结构的失效概率 p_f 与 Z 的平均值 μ_Z 及标准差 σ_Z 有关，若取 $\beta=\mu_Z/\sigma_Z$，则 β 与 p_f 之间就存在对应关系，β 越大则 p_f 就越小，结构就越可靠；反之，β 越小则 p_f 就越大，结构越容易失效。因此和 p_f 一样，β 可用来表述结构的可靠性，在工程上称 β 为结构的"可靠指标"。当 R 与 S 均服从正态分布时，可靠指标 β 可由下式求得：

$$\beta=\frac{\mu_Z}{\sigma_Z}=\frac{\mu_R-\mu_S}{\sqrt{\sigma_R^2+\sigma_S^2}} \qquad (3.10)$$

显然，可靠指标 β 与失效概率 p_f 有着一一对应的关系。

实际上，R 和 S 都是随机变量，要绝对地保证 R 总大于 S 是不可能的，失效概率 p_f 尽管很小，总是存在的。合理的解答应该是使所设计结构的失效概率降低到人们可以接受的程度。

3.4.3 建筑结构的安全等级和目标可靠指标

1）结构的安全等级

建筑结构设计时，应根据结构破坏可能产生的后果，即危及人的生命、造成经济损失、对社会或环境产生影响等的严重性，采用不同的安全等级。我国《统一标准》将建筑结构划为三个安全等级：重要结构的安全等级为一级，如高层建筑、体育馆、影剧院等；大量一般性的工业与民用建筑安全等级为二级；次要建筑的安全等级为三级（安全等级划分参见表3.2）。对于不同安全等级的结构，所要求的可靠指标 β 应该不同，安全等级越高，β 值也应取得越大。

表 3.2   建筑结构的安全等级

结构安全等级	破坏后果	结构类型
一级	很严重：对人的生命、经济、社会或环境影响很大	重要结构
二级	严重：对人的生命、经济、社会或环境影响较大	一般结构
三级	不严重：对人的生命、经济、社会或环境影响较小	次要结构

需要注意的是，建筑结构抗震设计中的甲类建筑和乙类建筑，其安全等级宜规定为一级；丙类建筑，其安全等级宜规定为二级；丁类建筑，其安全等级宜规定为三级。

2）设计使用年限

设计使用年限是指设计规定的结构或结构构件不需进行大修即可按预定目的使用的年限。建筑结构设计时，应规定结构的设计使用年限，并在设计文件中明确说明。《统一标准》规定，建筑结构的设计使用年限，应按表3.1采用。

3）目标可靠指标[β]

设计规范所规定的、作为设计结构或结构构件时所应达到的可靠指标，称为目标可靠指标[β]，也称为设计可靠指标。我国《统一标准》根据不同的安全等级和破坏类型（延性破坏和脆性破坏）给出了结构构件持久设计状况承载能力极限状态设计的目标可靠指标[β]（如表3.3所示）。表中延性破坏是指结构构件在破坏前有明显的变形或其他预兆；脆性破坏是指结构构件在破坏前无明显的变形或其他预兆。显然，延性破坏的危害相对较小，故[β]值相对低一些；脆性破坏的危害较大，所以[β]相对高一些。结构构件持久设计状况正常使用极限状态设计的可靠指标，宜根据其可逆程度取 $0 \sim 1.5$，而耐久性极限状态设计的可靠指标，宜根据其可逆程度取 $1.0 \sim 2.0$。在结构设计时，要求在设计使用年限内，结构所具有的可靠指标 β 不小于目标可靠指标[β]。

目标可靠指标[β]与失效概率运算值 p_f 的关系见表3.4。可见，在正常情况下，失效概率 p_f 虽然很小，但总是存在的，所以从概率论的观点，"绝对可靠"（$p_f = 0$）的结构是不存在的。但只要失效概率小到可以接受的程度，就可以认为该结构是安全可靠的。

表 3.3   结构构件承载能力极限状态的目标可靠指标[β]

破坏类型	安 全 等 级		
	一级	二级	三级
延性破坏	3.7	3.2	2.7
脆性破坏	4.2	3.7	3.2

注：当承受偶然作用时，结构构件的可靠指标应符合专门规范的规定。

表 3.4　目标可靠指标[β]与失效概率运算值 p_f 的关系

[β]	2.7	3.2	3.7	4.2
p_f	3.5×10^{-3}	6.9×10^{-4}	1.1×10^{-4}	1.3×10^{-5}

应该指出,前述设计方法是以概率为基础,用各种功能要求的极限状态作为设计依据的,所以称之为概率极限状态设计法,但因为该法还尚不完善,在计算中还作了一些假设和简化处理,因而计算结果是近似的,故也称作近似概率法。

3.4.4　极限状态设计表达式

考虑到工程技术人员的习惯以及应用上的简便,规范采用了以基本变量(如荷载、材料强度等)的标准值和相应的分项系数(如荷载分项系数、材料分项系数等)来表达的极限状态设计表达式。分项系数是根据结构构件基本变量的统计特性、以结构可靠度的概率分析为基础并考虑到工程经验,经优选确定的,它们起着相当于目标可靠指标[β]的作用。具体做法是:在承载能力极限状态设计中,为保证结构构件具有足够的可靠度,将荷载的标准值乘以一个大于1的荷载分项系数,采用荷载设计值,而将材料强度的标准值除以一个大于1的材料分项系数,采用材料强度的设计值,并通过结构重要性系数来反映结构安全等级不同时对可靠指标的不同要求;在正常使用极限状态设计中,由于超出正常使用极限状态而产生的后果不像超出承载能力极限状态所造成的后果那么严重,《统一标准》规定,在计算中采用材料强度的标准值和荷载的标准值,并且结构的重要性系数也不再予以考虑。

结构设计时应根据使用过程中结构上所有可能出现的荷载,按承载能力极限状态和正常使用极限状态分别进行荷载(荷载效应)组合。考虑到荷载是否同时出现和出现时方向、位置等变化,这种组合多种多样,因此必须在所有可能组合中,取其中各自的最不利效应组合进行设计。

1)承载能力极限状态设计表达式

(1)基本表达式

《统一标准》及结构设计规范规定:任何结构和结构构件都应进行承载力设计,以确保安全。结构或构件通过结构分析可得控制截面的最不利内力或应力,因此,结构构件截面设计表达式可用内力或应力表达。结构或结构构件的破坏或过度变形的承载能力极限状态设计,应符合下式规定:

$$\gamma_0 S_d \leqslant R_d \tag{3.11}$$

$$R_d = R(f_c, f_s, a_k, \cdots) / \gamma_{Rd} = R\left[\frac{f_{ck}}{\gamma_c}, \frac{f_{sk}}{\gamma_s}, a_k, \cdots\right] \Big/ \gamma_{Rd} \tag{3.12}$$

式中　γ_0——结构重要性系数。在持久设计状况和短暂设计状况下,对安全等级为一级的结构构件不应小于1.1,对安全等级为二级的结构构件不应小于1.0,对安全等级为三级的结构构件不应小于0.9;对偶然设计状况和地震设计状况下应取1.0;

S_d——承载能力极限状态的作用(荷载)组合的效应设计值;

R_d——结构构件的承载力(抗力)设计值;

$R(f_c, f_s, a_k, \cdots)$——结构构件的承载力函数,如何构建及计算将在以后各章分别介绍;

f_c, f_s——混凝土、钢筋的强度设计值;

γ_c, γ_s——混凝土、钢筋的材料分项系数;

a_k——几何参数标准值,当几何参数的变异性对结构性能有明显不利影响时,应增减一个附加值;

γ_{Rd}——结构构件的抗力模型不定性系数,静力设计取 1.0,对不确定性较大的结构构件根据具体情况取大于 1.0 的数值;抗震设计时应用抗震调整系数 γ_{RE} 代替 γ_{Rd}。

(2) 作用(荷载)组合的效应设计值 S_d

承载能力极限状态设计时,应根据所考虑的设计状况,选用不同的作用效应组合:对持久和短暂设计状况,应采用基本组合;对偶然设计状况,应采用偶然组合;对地震设计状况,应采用作用的地震组合。

基本组合是指在持久设计状况和短暂设计状况计算时,作用在结构上的永久荷载和可变荷载产生的荷载效应的组合。应符合下列规定:

$$S_d = \sum_{i \geq 1} \gamma_{Gi} S_{Gik} + \gamma_P S_P + \gamma_{Q1} \gamma_{L1} S_{Q1k} + \sum_{j>1} \gamma_{Qj} \gamma_{Lj} \psi_{cj} S_{Qjk} \tag{3.13}$$

式中 γ_{Gi}——第 i 个永久荷载分项系数,《统一标准》规定应按表 3.5 取用;

γ_{Qj}——第 j 个可变荷载的分项系数,其中 γ_{Q1} 为第 1 个可变荷载(主导可变荷载)Q_1 的分项系数,《统一标准》规定可变荷载的分项系数应按表 3.5 取用;

γ_P——预应力作用的分项系数,《统一标准》规定应按表 3.5 取用;

γ_{L1}, γ_{Lj}——第 1 个和第 j 个考虑结构设计使用年限的荷载调整系数,结构设计使用年限为 5 年时取值为 0.9,50 年时取值为 1.0,100 年时取值为 1.1;

S_{Gik}——按第 i 个永久荷载标准值 G_{ik} 计算的荷载效应值;

S_{Q1k}, S_{Qjk}——按第 1 个和第 j 个可变荷载的标准值 Q_{1k}、Q_{jk} 计算的荷载效应值,其中 S_{Q1k} 为诸多可变荷载效应中起控制作用者;

S_P——预应力作用有关代表值的效应;

ψ_{cj}——对应于可变荷载 Q_j 的组合值系数,一般情况下取 $\psi_{cj}=0.7$,对书库、档案库、密集书柜库、通风机房、电梯机房等取 $\psi_{cj}=0.9$;工业建筑活荷载的组合系数应按《荷载规范》取用。

表 3.5　建筑结构的作用分项系数

作用分项系数	适用情况	
	当作用效应对承载力不利时	当作用效应对承载力有利时
γ_G	1.3	≤1.0
γ_P	1.3	≤1.0
γ_Q	1.5	0

对偶然设计状况,应采用作用的偶然组合。作用的偶然组合适用于偶然事件发生时的结构验算和发生后受损结构的整体稳固性验算。

偶然荷载发生时,应保证特殊部位的结构构件具有一定抵抗偶然荷载的承载能力,构件受损可控,受损构件应能承受恒荷载和可变荷载作用等。偶然组合的效应设计值按下式计算:

$$S_d = \sum_{i\geqslant 1} S_{G_{ik}} + S_P + S_{Ad} + (\psi_{f1} \text{ 或 } \psi_{q1})S_{Q1k} + \sum_{j>1} \psi_{qj}S_{Q_{jk}} \tag{3.14}$$

式中 S_{Ad}——按偶然荷载设计值 A_d 计算的荷载效应值;

ψ_{f1}——第 1 个可变荷载的频遇值系数,按附表 2 取用;

ψ_{q1}、ψ_{qj}——第 1 个和第 j 个可变荷载的准永久值系数,按附表 2 取用。

偶然作用发生后,其效应 S_{Ad} 消失,受损结构整体稳固性验算的效应设计值,应按下式计算:

$$S_d = \sum_{i\geqslant 1} S_{G_{ik}} + S_P + (\psi_{f1} \text{ 或 } \psi_{q1})S_{Q1k} + \sum_{j>1} \psi_{qj}S_{Q_{jk}} \tag{3.15}$$

应当指出,基本组合(式(3.13))和偶然组合(式(3.14)、式(3.15))中的效应设计值仅适用于作用效应与作用为线性关系的情况,当作用效应与作用不按线性关系考虑时,应按《统一标准》的规定确定作用组合的效应设计值。

各类建筑结构都会遭遇地震,很多结构是由抗震设计控制的。对地震设计状况,应采用作用的地震组合。地震组合的效应设计值应符合现行国家标准《建筑抗震设计规范》(GB 50011)的规定。建筑结构构件的地震组合的效应设计值见本章 3.5.5。

2)正常使用极限状态设计表达式

按正常使用极限状态设计时,主要是验算结构构件的变形(挠度)、抗裂度和裂缝宽度。变形过大或裂缝过宽,虽然影响正常使用,但危害程度不及承载力不足引起的结构破坏造成的损失那么大,所以可适当降低对可靠度的要求。在按正常使用极限状态设计中,荷载和材料强度,不再乘以分项系数,直接取其标准值,结构的重要性系数 γ_0 也不予考虑。

(1)基本表达式

对于正常使用极限状态,结构构件应分别按荷载效应的标准组合、频遇组合或准永久组合,按下列的实用设计表达式进行设计:

$$S_d \leqslant C \tag{3.16}$$

式中 S_d——正常使用极限状态荷载组合的效应(变形、裂缝宽度等)设计值;

C——结构构件达到正常使用要求所规定的变形(挠度)、应力、裂缝宽度或自振频率等的限值,按附表 8、附表 9 的规定采用。

(2)荷载组合的效应设计值 S_d

由于荷载的短期作用与长期作用对结构构件正常使用性能的影响不同,所以应予以考虑。建筑结构设计规范规定,标准组合主要用于当一个极限状态被超越时将产生严重的永久性损害的情况,即一般用于不可逆正常使用极限状态,如对结构构件进行抗裂验算时,应按荷载标准组合的效应设计值进行计算;频遇组合主要用于当一个极限状态被超越时将产生局部损害、较大变形或短暂振动等情况，即一般用于可逆正常使用极限状态；准永久组合主要用于当荷载的长期效应是决定性因素时的一些情况，如钢筋混凝土受弯构件最大挠度的计算，应按荷载准永久组合；计算构件挠度、裂缝宽度时，对于钢筋混凝土构件，采用荷载准永久组合并考虑长期作用的影响；对预应力混凝土构件，采用荷载标准组合并考虑长期作用的影响。

按荷载标准组合时，荷载效应的组合设计值 S_d 按下式计算：

$$S_d = \sum_{i \geqslant 1} S_{Gik} + S_P + S_{Q1k} + \sum_{j>1} \psi_{cj} S_{Qjk} \tag{3.17}$$

按荷载频遇组合时，荷载效应的组合设计值 S_d 按下式计算：

$$S_d = \sum_{i \geqslant 1} S_{Gik} + S_P + \psi_{f1} S_{Q1k} + \sum_{j>1} \psi_{qj} S_{Qjk} \tag{3.18}$$

按荷载准永久组合时，荷载效应的组合设计值 S_d 按下式计算：

$$S_d = \sum_{i \geqslant 1} S_{Gik} + S_P + \sum_{j \geqslant 1} \psi_{qj} S_{Qjk} \tag{3.19}$$

（3）正常使用极限状态验算内容

混凝土结构及构件正常使用极限状态验算一般包括以下几个方面的内容：

① 变形验算　根据使用要求需控制变形的构件，应进行变形（主要是受弯构件的挠度）验算。验算时按荷载效应的准永久组合并考虑荷载长期作用影响，计算的最大挠度不超过规定的挠度限值（见附表9）。

② 裂缝控制验算　结构构件设计时，应根据所处的环境和使用要求，选择相应的裂缝控制等级（查附表8），并根据不同的裂缝控制等级进行抗裂和裂缝宽度的验算，我国《混凝土结构设计规范》（GB 50010—2010，以下简称《规范》）将裂缝控制等级划分为如下三级：

一级——对于正常使用阶段严格要求不出现裂缝的构件，按荷载效应的标准组合计算时，构件受拉边缘混凝土不应产生拉应力。

二级——对于一般要求不出现裂缝的构件，按荷载效应的标准组合计算时，构件受拉边缘混凝土允许产生拉应力，但拉应力不应大于混凝土的轴心抗拉强度的标准值。

三级——对于允许出现裂缝的构件，对钢筋混凝土构件，按荷载准永久组合并考虑长期作用影响计算时，构件的裂缝宽度最大值 w_{max} 不应超过附表8规定的最大裂缝宽度限值。对预应力混凝土构件，按荷载标准组合并考虑长期作用的影响计算时，构件的裂缝宽度最大值 w_{max} 不应超过附表8规定的最大裂缝宽度限值。对二 a 类环境的预应力混凝土构件，尚应按荷载准永久组合计算，且构件受拉边缘混凝土的拉应力不应大于混凝土的抗拉强度标准值。

属于一、二级的构件一般为预应力混凝土构件，对抗裂度要求较高，在工业与民用建筑工程中，普通钢筋混凝土结构的裂缝控制等级通常都属于三级。但有时在水利工程中，对钢筋混凝土结构也有抗裂要求。

【例3.1】　一简支空心板，安全等级定为二级，板长 3 300 mm，计算跨度3 180 mm，板宽 900 mm，板自重 2.04 kN/m²，后浇混凝土层厚 40 mm，板底抹灰层厚 20 mm，可变荷载标准值 2.0 kN/m²，准永久值系数 0.4。试计算按承载能力极限状态和正常使用极限状态设计时，该空心板使用期跨中截面弯矩设计值。

【解】

永久荷载标准值：

板自重	2.04	kN/ m²
40 mm 后浇混凝土	25×0.04＝1.00	kN/ m²
20 mm 板底抹灰	20×0.02＝0.40	kN/ m²
	$\sum$ ＝3.44	kN/ m²

板长方向均布恒载标准值：　3.44×0.9 ＝3.10　 kN/m

可变荷载标准值：　　　　　2.0×0.9 ＝1.80　 kN/m

均布荷载下的跨中截面弯矩　$M = \dfrac{1}{8}ql^2$

1）承载能力极限状态设计时的跨中截面弯矩设计值的计算

因为安全等级为二级，取 γ_0 ＝1.0；γ_L ＝1.0，γ_G ＝1.3，γ_Q ＝1.5，使用期为持久状况，则

$$
\begin{aligned}
M &= \gamma_0 S = \gamma_0 (\gamma_G S_{Gk} + \gamma_Q \gamma_L S_{Q1k}) \\
&= 1.0\left(1.3 \times \frac{1}{8} \times 3.10 \times 3.18^2 + 1.5 \times 1.0 \times \frac{1}{8} \times 1.80 \times 3.18^2\right) \text{kN} \cdot \text{m} \\
&= 8.51 \text{ kN} \cdot \text{m}
\end{aligned}
$$

2）正常使用极限状态设计时的跨中截面弯矩设计值的计算

（1）按荷载标准组合计算：

$$
\begin{aligned}
M &= S_{Gk} + S_{Q1k} + \sum_{i=2}^{n} \psi_{ci} S_{Qik} \\
&= \left(\frac{1}{8} \times 3.10 \times 3.18^2 + \frac{1}{8} \times 1.80 \times 3.18^2\right) \text{kN} \cdot \text{m} = 6.19 \text{ kN} \cdot \text{m}
\end{aligned}
$$

（2）按荷载准永久组合计算：

$$
\begin{aligned}
M &= S_{Gk} + \sum_{i=1}^{n} \psi_{qi} S_{Qik} \\
&= \left(\frac{1}{8} \times 3.10 \times 3.18^2 + 0.4 \times \frac{1}{8} \times 1.80 \times 3.18^2\right) \text{kN} \cdot \text{m} = 4.83 \text{ kN} \cdot \text{m}
\end{aligned}
$$

3.5　地震作用与结构抗震验算

3.5.1　地震作用

地震时地面将发生水平运动与竖向运动，从而引起结构的水平振动和竖向振动，因此地震作用是由地震引起的结构动态作用（加速度、速度、位移的作用），包括竖向地震作用和水平地震作用。而当结构的质心与刚心不重合时，地面的水平运动还会引起结构的扭转振动。

在结构的抗震设计中,考虑到地面运动水平方向的分量较大,而结构抗侧力的承载力储备又较抗竖向力的承载力储备小,所以通常认为水平地震作用对结构起主要作用。因此,对一般的建筑结构,在验算其抗震承载力时只考虑水平地震作用,对抗震设防烈度为8、9度时的大跨度和长悬臂结构以及9度时的高层建筑,应计算竖向地震作用。对于由水平地震作用引起的扭转影响,一般只对质量和刚度明显不均匀、不对称的结构才加以考虑。

水平地震作用可能来自结构的任何方向,对大多数建筑来说,抗侧力体系沿两个主轴方向布置,所以一般应在两个主轴方向分别计算其水平地震作用,各方向的水平地震作用由该方向的抗侧力体系承担。对大多数布置合理的结构,可以不考虑双向地震作用下结构的扭转效应。

3.5.2 重力荷载代表值

地震作用是结构质量受地面输入的加速度激励产生的惯性作用,它的大小与结构质量有关。计算地震作用时,经常采用"集中质量法"的结构简图,把结构简化为一个有限数目质点的悬臂杆。假定各楼层的质量集中在楼盖标高处,墙体质量则按上下层各半也集中在该层楼盖处,于是各楼层质量被抽象为若干个参与振动的质点。结构的计算简图是一单质点的弹性体系或多质点弹性体系,如图3.5所示。

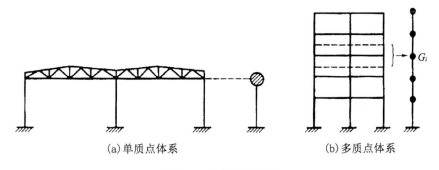

(a) 单质点体系   (b) 多质点体系

图 3.5　结构计算简图

各质点的质量包括结构的自重以及地震发生时可能作用于结构上的竖向可变荷载(例如楼面活荷载等),其计算值称为重力荷载代表值。在抗震设计中,当计算地震作用的标准值和计算结构构件的地震作用效应与其他荷载效应的基本组合时,即采用重力荷载代表值 G_E,它是永久荷载和有关可变荷载的组合值之和,按式(3.20)计算。第 i 楼层的重力荷载代表值记为 G_i。

$$G_E = G_k + \sum_{i=1}^{n} \psi_{Ei} Q_{ki} \tag{3.20}$$

式中　G_k——结构或构件的永久荷载标准值;

　　　Q_{ki}——结构或构件第 i 个可变荷载标准值;

　　　ψ_{Ei}——第 i 个可变荷载的组合值系数,根据地震时的遇合概率确定,见表3.6。

表 3.6　组合值系数

可变荷载种类		组合值系数
雪荷载		0.5
屋面积灰荷载		0.5
屋面活荷载		不考虑
按实际情况考虑的楼面活荷载		1.0
按等效均布荷载考虑的楼面活荷载	藏书库、档案库	0.8
	其他民用建筑	0.5
吊车悬吊物重力	硬钩吊车	0.3
	软钩吊车	不考虑

3.5.3　设计反应谱

计算地震作用的理论基础是地震反应谱。所谓地震反应谱,是指地震作用时结构上质点反应(加速度、速度、位移等)的最大值与结构自振周期之间的关系,也称反应谱曲线。

对每一次地震,都可以得到它的反应谱曲线,但是地震具有很强的随机性,即使是同一烈度、同一地点,先后两次地震的地面加速度记录也不同,更何况进行抗震设计时不可能预知当地未来地震的反应谱曲线。然而,在研究了许多地震的实测反应谱后发现,反应谱仍有一定的规律。设计反应谱就是在考虑了这些共同规律后,按主要影响因素处理后得到的平均反应谱曲线。通过设计反应谱,可以把动态的地震作用转化为作用在结构上的最大等效侧向静力荷载,以方便计算。

设计反应谱是根据单自由度弹性体系的地震反应得到的。《建筑抗震设计规范》(GB 50011—2010,以下简称《抗震规范》)采用的设计反应谱的具体表达形式是地震影响系数 α 曲线,由直线上升段、水平段、曲线下降段和直线下降段组成,如图 3.6 所示。图中结构自振周期小于 0.1 s 的区段为直线上升段;周期自 0.1 s 至 T_g 的区段为水平段,即 $\alpha = \eta_2 \alpha_{\max}$;自 T_g 至 $5T_g$ 的区段为曲线下降段;自 $5T_g$ 至 6.0 s 的区段为直线下降段。

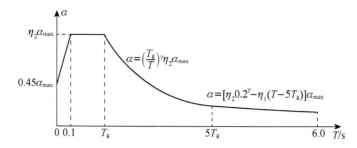

α—地震影响系数;　$\alpha_{\max}$—地震影响系数最大值;

η_1—直线下降段的下降斜率调整系数,小于 0 时取 0,应按下式计算:$\eta_1 = 0.02 + \dfrac{0.05 - \zeta}{4 + 32\zeta}$;

γ—曲线下降段衰减指数,应按下式计算:$\gamma = 0.9 + \dfrac{0.05 - \zeta}{0.3 + 6\zeta}$;

T_g—特征周期;　η_2—阻尼调整系数,应按下式计算:$\eta_2 = 1 + \dfrac{0.05 - \zeta}{0.08 + 1.6\zeta}$;　T—结构自振周期

(注:ζ—建筑结构的阻尼比,除有专门规定外,应取 0.05)

图 3.6　地震影响系数 α 曲线

影响地震作用大小的因素有:建筑物所在地的地震动参数(加速度),烈度越高,地震作用越大;建筑物总重力荷载值,质点的质量越大,其惯性力越大;建筑物的动力特性,主要是指结构的自振周期 T 和阻尼比,一般来说 T 值越小,建筑物质点最大加速度反应越大,地震作用也越大;建筑物场地类别越高(如一类场地),地震作用越小。设计反应谱曲线还考虑了设计地震分组。

综上所述,地震影响系数 α 应根据烈度、场地类别、设计地震分组和结构自振周期、阻尼比由图 3.6 确定。地震影响系数最大值 $\alpha_{\max}$ 应按表 3.7 采用。

表 3.7 水平地震影响系数最大值 $\alpha_{\max}$

地震影响	6 度	7 度	8 度	9 度
多遇地震	0.04	0.08(0.12)	0.16(0.24)	0.32
罕遇地震	0.28	0.50(0.72)	0.90(1.20)	1.40

注:括号中数值分别用于设计基本地震加速度为 $0.15g$ 和 $0.30g$ 的地区。

场地特征周期 T_g 根据场地类别和设计地震分组按表 3.8 采用,计算 8、9 度罕遇地震作用时,特征周期应增加 0.05 s。

表 3.8 场地特征周期 T_g (单位:s)

设计地震分组	场地类别				
	I_0	I_1	II	III	IV
第一组	0.20	0.25	0.35	0.45	0.65
第二组	0.25	0.30	0.40	0.55	0.75
第三组	0.30	0.35	0.45	0.65	0.90

3.5.4 水平地震作用计算

计算地震作用的方法有多种,如底部剪力法、振型分解反应谱法、时程分析法等。振型分解反应谱法将复杂振动按振型分解,并借用单自由度体系的反应谱理论来计算地震作用,计算量较大,是目前计算机辅助结构设计软件计算地震作用常用的方法。底部剪力法对振型分解反应谱法进行简化,计算量小,适合于手算;时程分析法目前常用于重要或复杂结构的补充计算。

《抗震规范》规定:当建筑物为高度不超过 40 m、以剪切变形为主且质量和刚度沿高度分布比较均匀的结构,以及近似于单质点体系的结构,可以采用底部剪力法计算结构的水平地震作用标准值。此法是先计算出作用于结构的总水平地震作用,也就是作用于结构底部的剪力,然后将此总水平地震作用按照一定的规律再分配给各个质点,每个质点所受的地震作用力的大小按倒三角形规律分布,如图 3.7 所示。

结构底部的总水平地震作用标准值 F_{Ek},按下列公式计算:

$$F_{Ek} = \alpha_1 G_{eq} \tag{3.21}$$

$$F_i = \frac{G_i H_i}{\sum_{j=1}^{n} G_j H_j} F_{Ek} \tag{3.22}$$

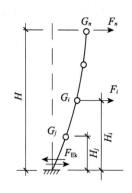 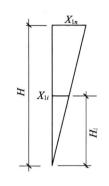 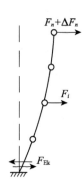

(a) 结构水平地震作用计算简图　(b) 倒三角形基本振型　(c) 楼层剪力

图 3.7　底部剪力法

式中　F_{Ek}——结构总水平地震作用标准值；

α_1——相应于结构基本自振周期的水平地震影响系数,按地震影响系数曲线确定;多层砌体房屋、底部框架和多层内框架砌体,宜取水平地震影响系数最大值;

G_{eq}——结构的等效总重力荷载,单质点体系应取总重力荷载代表值,多质点体系可

取总重力荷载代表值的 85%,即 $G_{eq}=0.85\sum_{i=1}^{n}G_i$;

F_i——质点 i 的水平地震作用标准值;

G_i、G_j——分别为集中于质点 i、j 的重力荷载代表值;

H_i、H_j——分别为质点 i、j 的计算高度。

对自振周期较长、结构层数较多的结构,用式(3.22)计算得出的结构上部质点的地震作用与精确计算的结果相比偏小,所以《抗震规范》规定对基本周期 $T_1 \geqslant 1.4T_g$ 的结构,在其顶部应附加一水平地震作用 ΔF_n 予以修正(如图 3.7(c)),ΔF_n 按式(3.23)计算。

$$\Delta F_n = \delta_n F_{Ek} \tag{3.23}$$

式中　ΔF_n——顶部附加水平地震作用;

δ_n——顶部附加地震作用系数,多层钢筋混凝土和钢结构房屋可按表 3.9 采用,其他房屋可采用 0.0。

表 3.9　顶部附加地震作用系数 δ_n

场地特征周期 T_g/s	结构自振周期	
	$T_1 > 1.4T_g$	$T_1 \leqslant 1.4T_g$
$T_g \leqslant 0.35$	$0.08T_1 + 0.07$	0.0
$0.35 < T_g \leqslant 0.55$	$0.08T_1 + 0.01$	
$T_g > 0.55$	$0.08T_1 - 0.02$	

注：T_1 为结构基本自振周期。

因此,采用底部剪力法计算时,各楼层可只考虑一个自由度,质点 i 的水平地震作用标准值按式(3.24)计算:

$$F_i = \frac{G_i H_i}{\sum\limits_{j=1}^{n} G_j H_j} F_{Ek}(1 - \delta_n) \quad (i = 1, 2, \cdots, n) \tag{3.24}$$

由静力平衡条件可知,第 i 层对应于水平地震作用标准值的楼层剪力 V_{Eki} 等于第 i 层以上各层地震作用标准值之和:

$$V_{Eki} = \sum_{i}^{n} F_i \tag{3.25}$$

出于对高柔结构安全的考虑,各楼层的水平地震剪力不能过小,应符合式(3.26)的要求:

$$V_{Eki} > \lambda \sum_{j=i}^{n} G_j \tag{3.26}$$

式中 λ——剪力系数;抗震验算时,结构任一楼层的水平地震剪力系数不应小于表 3.10 规定的楼层最小地震剪力系数值,对竖向不规则结构的薄弱层,尚应乘以 1.15 的增大系数;

          G_j——第 j 层的重力荷载代表值。

表 3.10   楼层最小地震剪力系数值

类别	6 度	7 度	8 度	9 度
扭转效应明显或 基本周期小于 3.5 s 的结构	0.008	0.016(0.024)	0.032(0.048)	0.064
基本周期大于 5.0 s 的结构	0.006	0.012(0.018)	0.024(0.036)	0.048

注:基本周期介于 3.5 s 和 5 s 之间的结构,按插入法取值;括号内数值分别用于设计基本地震加速度为 $0.15g$ 和 $0.30g$ 的地区。

求得楼层剪力标准值 V_{Eki} 后,就可以进行结构的层间位移计算。结构在多遇地震作用下的弹性层间位移属于第一设计阶段的内容,是对结构侧移刚度是否满足进行验算,应在结构构件内力分析和承载力设计之前进行。

楼层水平剪力分配到各抗侧力构件的原则如下:①现浇和装配整体式混凝土楼、屋盖等刚性楼、屋盖建筑,宜按抗侧力构件等效刚度的比例分配;②木楼盖、木屋盖等柔性楼、屋盖建筑,宜按抗侧力构件从属面积上重力荷载代表值的比例分配;③普通的预制装配式混凝土楼、屋盖等半刚性楼、屋盖的建筑,可取上述两种分配结果的平均值。

对于现浇楼盖框架结构,可按柱的抗侧刚度,将楼层剪力 V_i 分配到每根柱上,再进行结构在地震作用下的内力计算。

3.5.5   结构抗震验算

结构的抗震验算包括结构抗震变形验算和结构构件截面抗震承载力验算。

对抗震设防烈度为 6 度区的建筑(不规则建筑及建造于Ⅳ类场地上较高的高层建筑除外)以及生土房屋和木结构房屋等,可不进行截面抗震验算,但应采取《抗震规范》要求的相关抗震措施;6 度地区的不规则建筑和建造于Ⅳ类场地上的较高的高层建筑、7 度和 7 度以上地区的建筑结构(生土房屋和木结构房屋除外),应进行多遇地震作用下的截面抗震验算。

1）截面抗震验算

二阶段设计方法的第一阶段,是以低于本地区设防烈度的多遇地震水平地震作用标准值,用弹性理论的方法求出结构构件的地震作用效应(内力),再和结构上其他荷载效应组合,得出结构构件截面内力的基本组合后进行截面承载力设计。

结构构件的地震作用效应和其他荷载效应的基本组合(一般不考虑竖向地震作用),应按下式计算:

$$S = \gamma_G S_{GE} + \gamma_{Eh} S_{Ehk} + \psi_w \gamma_w S_{wk} \tag{3.27}$$

式中　S——结构构件内力组合的设计值,包括组合的弯矩、轴向力和剪力设计值等;

　　　γ_G——重力荷载分项系数,一般情况取值 1.2,当重力荷载效应对结构构件承载力有利时,不应大于 1.0;

　　　γ_{Eh}——水平地震作用分项系数,取 1.3;

　　　γ_w——风荷载分项系数,取 1.4;

　　　S_{GE}——重力荷载代表值的效应,有吊车时应包括悬吊物重力标准值的效应;

　　　S_{Ehk}——水平地震作用标准值的效应,尚应乘以相应的增大系数或调整系数;

　　　S_{wk}——风荷载标准值的效应;

　　　ψ_w——风荷载组合值系数,一般结构取 $\psi_w = 0.0$;风荷载起控制作用的高层建筑,取 $\psi_w = 0.2$。

结构构件的截面抗震验算,应采用下列设计表达式:

$$S \leqslant \frac{R}{\gamma_{RE}} \tag{3.28}$$

式中　γ_{RE}——承载力抗震调整系数,按表 3.11 取用;

　　　R——结构构件承载力设计值。

在工程实践中,常把公式(3.28)改写成如下形式:

$$\gamma_{RE} S \leqslant R \tag{3.29}$$

将地震效应组合(考虑抗震措施要求的内力调整)乘以抗震承载力调整系数后,可直接与其余各种效应组合对比,选取最不利组合进行截面设计。

表 3.11　承载力抗震调整系数

材料	结构构件	受力状态	γ_{RE}
钢	柱、梁、支撑、节点板件、螺栓、焊缝柱、支撑	强度 稳定	0.75 0.80
砌体	两端均有构造柱、芯柱的抗震墙 其他抗震墙	受剪 受剪	0.9 1.0
混凝土	梁 轴压比小于 0.15 的柱 轴压比不小于 0.15 的柱 抗震墙 各类构件	受弯 偏心受压 偏心受压 偏心受压 受剪、偏心受拉	0.75 0.75 0.80 0.85 0.85

2）结构抗震变形验算

结构在地震作用下的变形验算包括多遇地震作用下的弹性变形验算和罕遇地震作用下的弹塑性变形验算，前者属于第一阶段的抗震设计内容，后者属于第二阶段的抗震设计内容。

（1）多遇地震作用下结构的变形验算

多遇地震作用下的抗震变形验算的目的是对框架等较柔结构以及高层建筑结构的变形加以限制，使其层间弹性位移不超过一定的限值，以免非结构构件（包括围护墙、隔墙和各种装修等）在多遇地震作用下出现破坏。楼层内最大的层间弹性位移值应符合下式要求：

$$\Delta u_e \leqslant [\theta_e] h \tag{3.30}$$

式中 Δu_e——多遇地震作用标准值产生的楼层内最大的弹性层间位移，各作用分项系数均应采用1.0，钢筋混凝土结构构件的截面刚度可采用弹性刚度；

$[\theta_e]$——弹性层间位移角限值，按表3.12取用；

h——计算楼层层高。

表 3.12 弹性层间位移角限值

结 构 类 型	$[\theta_e]$
钢筋混凝土框架	1/550
钢筋混凝土框架-抗震墙、板柱-抗震墙、框架-核心筒	1/800
钢筋混凝土抗震墙、筒中筒	1/1 000
钢筋混凝土框支层	1/1 000
多、高层钢结构	1/250

（2）罕遇地震作用下结构的变形验算

结构抗震设计要求结构在罕遇烈度地震作用下不发生倒塌。由表3.7可知，罕遇地震的计算地震动参数将是多遇地震的4～7倍，所以在多遇地震作用下处于弹性阶段的结构，在罕遇地震作用下势必进入弹塑性阶段。

结构在进入屈服阶段后已无承载力储备。为了抵御地震作用，要求通过结构的塑性变形来吸收和消耗地震输入的能量。若结构的变形能力不足，则势必发生倒塌。结构在罕遇地震作用下变形验算的目的，是估计在强烈地震作用下结构薄弱楼层或部位的弹塑性最大位移，分析结构本身的变形能力，通过改善结构的均匀性和采取改善薄弱楼层变形能力的抗震措施等，把结构的层间弹塑性最大位移值控制在允许范围之内。详细验算方法见相关教材和专著资料。

3.6 混凝土结构耐久性设计

混凝土结构的耐久性是指在正常维护的条件下，在预计的使用时期内，在指定的工作环境中保证结构满足既定功能要求的性能。混凝土材料的自身缺陷，以及自然环境与使用环境都会引起混凝土结构性能随时间的劣化现象，主要包括：混凝土的碳化、混凝土中的钢筋锈蚀、混凝土冻融破坏、裂缝、混凝土强度降低及结构的过大变形等。因此,对混凝土结构,除进行承载能力极限状态计算和正常使用极限状态验算外,尚应进行耐久性设计。

3.6.1 耐久性设计内容

混凝土结构应根据设计使用年限和环境类别进行耐久性设计,耐久性设计包括下列内容:

(1) 确定结构的设计使用年限、环境类别及其作用等级;

(2) 采用有利于减轻环境作用的结构形式、布置和构造;

(3) 混凝土结构材料应满足耐久性质量要求;

(4) 提出构件中钢筋的混凝土保护层厚度要求;

(5) 满足耐久性要求的相应的技术措施;

(6) 不利环境作用下采取合理的防腐蚀附加措施或多重防护措施;

(7) 满足耐久性所需的施工养护制度与保护层厚度的施工质量验收要求;

(8) 提出结构使用阶段的维护、修理与检测要求。

3.6.2 混凝土结构的工作环境分类

对混凝土耐久性影响最大的因素是环境,同一结构在强腐蚀环境中要比在一般大气环境中使用寿命短。将混凝土结构的工作环境进行划分,可以使设计者针对不同的环境种类而采取相应的对策。如在恶劣环境中工作的混凝土一味增大混凝土保护层是很不经济的,效果也不好,可采取防护涂层覆面,并规定定期重涂的年限。

根据我国的统计调查并参考工程经验和国外的做法,《规范》将混凝土结构暴露的环境分为五大类,作为耐久性设计的主要依据,参见表 3.13。

表 3.13 混凝土结构的环境类别

环境类别	说 明
一	室内干燥环境;无侵蚀性静水浸没环境
二 a	室内潮湿环境;非严寒和非寒冷地区的露天环境;非严寒和非寒冷地区与无侵蚀性的水或土壤直接接触的环境;严寒和寒冷地区的冰冻线以下与无侵蚀性的水或土壤直接接触的环境
二 b	干湿交替环境;水位频繁变动环境;严寒和寒冷地区的露天环境;严寒和寒冷地区的冰冻线以上与无侵蚀性的水或土壤直接接触的环境
三 a	严寒和寒冷地区冬季水位变动区环境;受除冰盐影响环境;海风环境
三 b	盐渍土环境;受除冰盐作用环境;海岸环境
四	海水环境
五	受人为或自然的侵蚀性物质影响的环境

注:1. 室内潮湿环境是指构件表面经常处于结露或湿润状态的环境;

2. 严寒和寒冷地区的划分应符合国家标准《民用建筑热工设计规范》GB 50176 的有关规定;

3. 海岸环境和海风环境宜根据当地情况,考虑主导风向及结构所处迎风、背风部位等要素的影响,由调查研究和工程经验确定;

4. 受除冰盐影响环境是指受到除冰盐盐雾影响的环境;受除冰盐作用环境是指被除冰盐溶液溅射的环境以及使用除冰盐地区的洗车房、停车楼等建筑;

5. 暴露的环境是指混凝土结构表面所处的环境。

3.6.3 对混凝土耐久性设计的基本要求

影响结构耐久性最重要的因素就是混凝土的质量,控制水灰比、提高密实度、减小渗透性、提高混凝土强度等级、控制混凝土中氯离子含量和碱含量等,对提高混凝土的耐久性都有着重要意义。为此,《规范》做了如下规定:

(1) 设计使用年限为 50 年的混凝土结构,其混凝土材料宜符合表 3.14 的规定。

(2) 对一类环境中,设计使用年限为 100 年的结构混凝土还应符合下列规定:

① 钢筋混凝土结构的最低混凝土强度等级为 C30;预应力混凝土结构最低混凝土强度等级为 C40。

② 混凝土的最大氯离子含量为 0.06%。

③ 宜使用非碱活性骨料;当使用碱活性骨料时,混凝土的最大碱含量为 3.0 kg/m³。

④ 混凝土保护层厚度应按附表 7 的规定;当采取有效的表面防护措施时,混凝土保护层厚度可适当减小。

⑤ 在设计使用年限内,应建立定期检测、维修的制度。

表 3.14 结构混凝土材料耐久性的基本要求

环境类别	最大水胶比	最低强度等级	最大氯离子含量 /%	最大碱含量 /(kg·m⁻³)
一	0.60	C20	0.30	不限制
二 a	0.55	C25	0.20	
二 b	0.50(0.55)	C30(C25)	0.15	
三 a	0.45(0.50)	C35(C30)	0.15	3.0
三 b	0.40	C40	0.10	

注:1. 氯离子含量系指其占胶凝材料总量的百分比;
2. 预应力构件混凝土中的最大氯离子含量为 0.06%,其最低混凝土强度等级宜按表中的规定提高两个等级;
3. 素混凝土构件的水胶比及最低强度等级的要求可适当放松;
4. 当有可靠工程经验时,二类环境中的最低混凝土强度等级可降低一个等级;
5. 处于严寒和寒冷地区的二 b、三 a 类环境中的混凝土应使用引气剂,并可采用括号中的有关参数;
6. 当使用非碱活性骨料时,对混凝土中的碱含量可不作限制。

本 章 小 结

1. 建筑结构的功能要求主要包括三个方面:安全性、适用性和耐久性,合起来统称为结构的可靠性。也就是结构在规定的设计基准期内(如 50 年),在规定的条件下(正常设计、正常施工、正常使用和正常维护)完成预定功能的能力。结构设计的本质就是要科学地解决结构物的可靠与经济这对矛盾。

2. 结构的极限状态是指结构或结构的一部分超过某一特定的状态就不能满足设计规定的某一功能要求,此特定的状态就称为该功能的极限状态。极限状态分为承载能力极限状态、正常使用极限状态及耐久性极限状态三大类。钢筋混凝土结构的设计,必须进行承载能力极限状态的计算,再根据需要对正常使用极限状态进行验算、对耐久性极限状态进行定性或定量设计。

3. 结构上的"作用"是指施加于结构上的力以及引起结构变形的各因素的总称。直接施加于结构上的力称为直接作用,引起结构变形的因素称为间接作用。常把两者统称为"荷载"。结构由于荷载原因,引起的内力和变形总称为荷载效应,用 S 表示。

4. 对承载能力极限状态的荷载效应组合,应采用基本组合(对持久和短暂设计状况)、偶然组合(对偶然设计状况)或地震组合(对地震设计状况);对正常使用极限状态的荷载效应组合,按荷载的持久性和不同的设计要求采用三种组合:标准组合、频遇组合和准永久组合。

5. 抗力指的是结构构件抵抗荷载效应的能力,如构件截面的承载力、刚度、抗裂度等,用 R 表示。它是结构构件的材料强度及构件尺寸等的函数。

6. 我国现行规范所采用的是以概率理论为基础的极限状态设计方法,规定了结构不失效($R-S\geq0$)的保证率——结构的可靠度,并用可靠指标度量结构构件的可靠度。在工程实际设计计算中,可靠度是通过实用的设计表达式体现的。在承载能力极限状态表达式中,荷载和材料强度均采用设计值,对多个可变荷载还引入组合值系数。在正常使用极限状态表达式中,荷载和材料强度均采用标准值,考虑荷载短期效应标准组合时,可变荷载采用标准值,考虑荷载效应准永久组合时,可变荷载采用准永久值。

7. 地震作用计算的基本方法有振型分解反应谱法、时程分析法和底部剪力法等,满足一定条件的结构可采用简单的底部剪力法手算地震作用;结构抗震验算包括第一阶段多遇地震作用下截面承载力设计和弹性层间位移验算,以及第二阶段罕遇地震作用下薄弱层的弹塑性层间位移验算。

8. 混凝土结构的耐久性是指在一定的条件(维护、使用年限和工作环境等)下,保证结构满足既定功能要求的性能。规范对影响耐久性的环境作了分类,规定了结构混凝土耐久性的基本要求。

思考题与习题

3.1 结构设计应使结构满足哪些功能要求?

3.2 何谓极限状态?极限状态分哪几类?包括哪些内容?悬挑结构的抗倾覆验算、受弯构件的抗剪计算和挠度验算分别属于哪类极限状态?

3.3 什么是结构上的作用?什么是荷载效应?什么是结构的抗力?为什么说它们都是随机变量?

3.4 什么是功能函数?如何用功能函数表达"失效"、"可靠"和"极限状态"?

3.5 何谓失效概率、可靠指标?二者之间的关系如何?

3.6 建筑结构的安全等级如何划分?它与目标可靠指标之间的关系如何?

3.7 荷载的代表值有哪些?它们之间的关系如何?荷载的分项系数如何取值?

3.8 试说明混凝土强度的平均值、标准值和设计值之间的关系。

3.9 试写出承载能力极限状态的实用设计表达式,并说明表达式中各符号的意义。

3.10 试写出正常使用极限状态的实用设计表达式,式中的荷载和材料强度是如何取值的?根据不同的设计要求,应采用哪些荷载效应组合?

3.11 什么是地震反应谱?影响地震作用大小的因素有哪些?绘图描述《抗震规范》规定的设计反应谱。

3.12 什么是场地特征周期？它对结构的地震反应有何影响？

3.13 简述底部剪力法的适用条件。

3.14 结构质点的等效重力荷载代表值如何计算？

3.15 结构抗震验算应包括哪些内容？

3.16 什么是混凝土结构的耐久性？结构的工作环境如何分类？耐久性对混凝土有哪些要求？

3.17 一钢筋混凝土简支梁如图3.8所示，计算跨度 $l_0 = 4.0$ m，跨中承受集中活载标准值 $Q_k = 6.0$ kN，均布活载（标准值）$q_k = 4.0$ kN/m，承受均布恒载（标准值）$g_k = 8.0$ kN/m，结构的安全等级为二级，求：

（1）承载能力极限状态设计时的跨中最大弯矩设计值。

（2）跨中最大弯矩的标准组合值、准永久组合值。

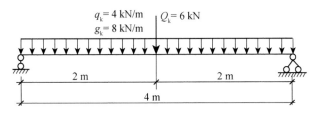

图 3.8 习题 3.17 图

建筑结构材料的力学性能

本章讲述在建筑结构(混凝土结构、砌体结构、钢结构和木结构)中对所用主要材料(钢材、混凝土、砌块、砂浆以及木材等)的基本要求;介绍各种工程材料的性状、品种、标记符号,强度和变形等力学性能;以及在结构设计中各种材料的选用原则、要求。

4.1　建筑结构对工程材料性能的基本要求

工程结构材料是指用于制作并构成结构构件、部件的各种材料及其制品的总称。在建筑物中,工程材料要承受各种不同的作用,因而要求其具有相应的不同性质。如用于建筑结构的材料要受到各种外力的作用,因此,选用的材料应具有所需要的力学性能。同时,根据建筑物各种不同部位的使用要求,有些材料应具有防水、绝热、吸声等性能。对于某些工业建筑,要求材料具有耐热、耐腐蚀等性能。此外,对于长期暴露在大气中的材料,要求能经受风吹、日晒、雨淋、冰冻而引起的温度、湿度变化及反复冻融等的破坏作用。为了保证建筑物的可靠性,要求在工程设计与施工中正确选择和合理使用材料,因此,必须熟悉和掌握各种材料的基本性质。

结构材料的力学性能主要是指各种材料在外力作用下,其抵抗破坏和变形的能力。主要通过材料的强度、弹性、塑性、脆性、韧性、硬度和耐磨性等方面表现出来。

4.1.1　材料的强度

材料的强度是指材料在外力(荷载)作用下抵抗破坏的能力,常以应力的形式表示,其数值是材料受外力破坏时,单位面积上所承受的力。材料在建筑物上所受的外力,主要有拉力、压力、弯曲及剪力等。材料抵抗这些外力破坏的能力,分别称为抗拉、抗压、抗弯和抗剪等强度。这些强度一般是通过静力试验来测定的,因而总称为静力强度,并简称强度。由于影响材料强度的因素很多,除了材料的组成外,材料的含水率、温度、试件的尺寸、加载速度等都会影响所测强度的数值。因此,为了使测试的结果准确而又具有互相比较的意义,测定材料强度时,应严格按照国家统一规定的标准试验方法进行。

4.1.2　材料的弹性与塑性

1) 材料的弹性

材料在外力作用下产生变形,当外力取消后,材料变形即可消失并能完全恢复原来形状的性质称为弹性。这种当外力取消后瞬间内即可完全消失的变形称为弹性变形,其数值的大小与外力成正比。其比例系数 E 称为弹性模量。在弹性变形范围内,弹性模量 E 为常数,其值等于应力与应变的比值,即

$$E = \frac{\sigma}{\varepsilon} \tag{4.1}$$

式中　　σ——材料的应力(MPa)；

　　　　ε——材料的应变；

　　　　E——材料的弹性模量(MPa)。

弹性模量是衡量材料抵抗变形能力的重要指标，E 愈大，材料愈不易变形。

2) 材料的塑性

在外力作用下材料产生变形，如果取消外力，仍保持变形后的形状尺寸，并且不产生裂缝的性质称为塑性。这种不能消失的变形称为塑性变形(或永久变形)。许多材料在受力不大时，仅产生弹性变形；受力超过一定限度后，即产生塑性变形。如建筑钢材，当外力值小于弹性极限时，仅产生弹性变形；若外力值大于弹性极限后，将会在弹性变形的基础上产生塑性变形。有的材料(如混凝土)在受力时弹性变形和塑性变形同时产生，如果取消外力，则弹性变形可以消失，而其塑性变形则不能消失。

4.1.3　材料的脆性和韧性

1) 材料的脆性

在外力作用下，当外力达到一定限度后，材料突然破坏而又无明显的塑性变形的性质称为脆性。脆性材料抵抗冲击荷载或震动作用的能力很差。其抗压强度比抗拉强度高得多，如混凝土就属于性质较脆的材料。

2) 材料的韧性

在冲击、震动荷载作用下，材料能承受很大的变形也不致被破坏的性能称为韧性。如建筑钢材、木材等属于韧性材料。建筑工程中，对于要承受冲击荷载和有抗震要求的结构，其所用的材料，都应考虑材料的冲击韧性。

除上述各项力学性能外，还用硬度来表示材料抵抗其他较硬物体压入或刻划的能力，用耐磨性表示材料表面抗磨损的能力。通常强度大、密实性好的材料，其硬度较大、耐磨性也较强，但不易加工。在建筑工程中，对用于地面、道路、踏步等部位的材料，应考虑其硬度和耐磨性要求。

4.2　混凝土结构材料

4.2.1　混凝土结构的基本概念

混凝土结构是指以混凝土为主制成的结构，包括素混凝土结构、钢筋混凝土结构和预应力混凝土结构等。

素混凝土结构是指无筋或不配置受力钢筋的混凝土结构，常用于非承重结构；钢筋混凝土结构则是在混凝土构件的适当部位放入钢筋，便形成由钢筋和混凝土这两种材料组成共同受力的结构。这种结构与素混凝土结构相比，其受力性能大为改变，能够很好地发挥混凝土和钢筋这两种材料不同的力学性能，形成受力性能良好的结构构件。钢筋和混凝土这两种材料物理力学性能不相同,但能够有效地结合在一起共同工作,其主要原因是:混凝土硬化后,在与钢筋的接触表面上存在有粘结力,相互之间不致产生滑动;两种材料的温度线胀系数相接近(钢筋为 $1.2 \times 10^{-5}/℃$,混凝土为 $(1.0 \sim 1.5) \times 10^{-5}/℃$),当温度变化时,两者之间不致产生过大的相对变形而破坏;再者,包裹在钢筋外面的混凝土保护层只要有足够的厚度和对裂缝的适当控制,就能够有效地防止钢筋锈蚀,从而能使得结构具有很好的耐久性。

预应力混凝土结构是指配有预应力钢筋,通过张拉或其他方法在结构中建立预应力的混凝土结构。人为地制造一种压应力状态,使之能够部分或全部抵消由于荷载作用所产生的拉应力,从而能够提高结构的抗裂性能。此外,能利用高强材料、制造较大跨度的结构也是预应力混凝土结构的优势。

混凝土结构在土木工程中被广泛应用,是因为具有如下的优点:

(1)承载力高。与砌体结构、木结构相比,钢筋混凝土结构的承载力要高得多。而且根据需要可以很容易地制成各种形状的受力构件。

(2)省钢材。与钢结构相比,其用钢量少得多,在一定的条件下,可以替代钢结构,因而节约钢材,降低工程造价。

(3)耐久、耐火性好。因钢筋受到混凝土的保护,不易锈蚀,因而钢筋混凝土结构具有很好的耐久性;同时,不需像钢结构或木结构那样要经常保养维护。遭遇火灾时,不会像木结构那样被燃烧,也不会像钢结构那样很容易软化而失去承载力。

(4)整体性、可模性好。现浇式或装配整体式钢筋混凝土结构具有很好的整体性,这对抗震、防爆等都十分有利。而且混凝土可以根据需要浇筑成各种形状和尺寸的结构,其可模性远比其他结构优越。

(5)就地取材容易。在钢筋混凝土结构中,钢筋、水泥所占的比例较小,而砂、石材料所占比例较大,而且一般情况下可以就地获得供应。此外,还可以利用工业废料(如粉煤灰、工业废渣等),起到保护环境的作用。

钢筋混凝土结构的缺点也是明显的:由于钢筋混凝土构件的截面尺寸相对较大,结构的自重往往很大;由于混凝土的抗裂性能差,构件通常都是带裂缝工作的,对于要求抗裂或严格要求限制裂缝宽度的结构,就需要采取专门的工程构造措施;施工工期长、工艺复杂,且受环境、天气影响较大;隔热、隔声相对较差;不易修补与加固等。这些不足之处也使得钢筋混凝土结构的应用范围受到一些限制。但随着科学技术的发展,上述的缺点正在逐步得到克服和改善之中。

混凝土结构还可按受力状态和构造外形分为杆件系统和非杆件系统。杆件系统系指受弯、拉、压、扭等作用的基本杆件,如梁、板、柱等;非杆件系统则是指大体积结构及空间薄壁结构等。按制作方式可分为整体(现浇)式、装配式、装配整体式三种。整体(现浇)式结构刚度大、整体性好,但施工工期长、模板工程多;装配式结构可实现工厂化生产,施工速度快,但整体性相对较差,且构件接头复杂;装配整体式则兼有整体式和装配式这两种结构的优点。

4.2.2 钢筋

1)钢筋的品种分类和级别

在混凝土结构中使用的钢筋,按外形可分为光面钢筋和变形钢筋两大类。光面钢筋俗称"圆钢"（如图 4.1(a)所示）其表面光滑无花纹。变形钢筋也称带肋钢筋，俗称"螺纹钢"，是在钢筋的表面轧制有纵向和斜向的凸缘。根据凸缘的形状和排布不同，有月牙纹（如图 4.1(b)所示）、螺旋纹（如图 4.1(c)所示）和人字纹（如图 4.1(d)所示）等。

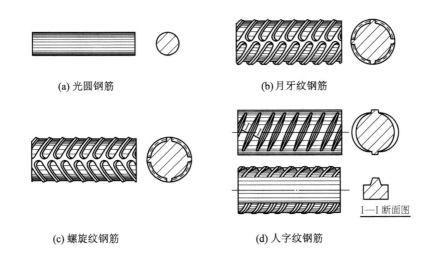

(a) 光圆钢筋　　　　　　　　　　(b) 月牙纹钢筋

(c) 螺旋纹钢筋　　　　　　　　　　(d) 人字纹钢筋

I—I 断面图

图 4.1　钢筋的表面及截面形状

按化学成分可分为碳素钢和合金钢两大类。碳素钢中含碳量少于 0.25％ 为低碳钢，0.25％～0.6％ 为中碳钢，0.6％～1.4％ 为高碳钢。钢材的强度随含碳量的增加而提高，但塑性和韧性会随之降低。合金钢则是在冶炼过程中加入了少量的合金元素，如锰、硅、钒、钛等，以改善钢材的强度、塑性、可焊性等。合金钢中合金元素总含量小于 5％ 为低合金钢，5％～10％ 为中合金钢，大于 10％ 为高合金钢。合金的价格比较贵，混凝土结构中一般采用低合金钢。

按生产工艺，钢筋可分为热轧钢筋和余热处理钢筋，其中应用最广泛的是热轧钢筋。

我国《混凝土结构设计规范》（GB 50010—2010，以下简称《规范》）规定，在钢筋混凝土结构中使用的钢筋按强度的不同可分为以下几种级别：

（1）HPB300 级　　用代号"Φ"表示，是光圆的低碳钢，强度相对较低，但塑性、韧性好，易焊接、易加工，价格亦相对较低。因其与混凝土的粘结性能较差，主要用于小规格梁、柱的箍筋和其他混凝土构件的构造筋。直径 6～14 mm，10 mm 以下的细直径钢筋以盘条形式供应。

（2）HRB335 级（HRBF335 级）　　用代号"Φ(ΦF)"表示，直径 6～14 mm，是低合金钢，表面轧制成月牙肋，其中 HRBF 系列为采用控温轧制工艺生产的细晶粒带肋钢筋。这一级别的钢筋由于强度不高，《规范》已将其列入逐步淘汰的品种。

（3）HRB400 级（HRBF400 级）　　用代号"Φ(ΦF)"表示，直径 6～50 mm，也是表面轧制成月牙肋的低合金钢，是《规范》推荐使用的主导钢筋，钢筋混凝土结构中的纵向受力钢筋宜优先采用之。在这一级别里还有一种余热处理钢筋：RRB400 级，用代号"ΦR"表示。

（4）HRB500 级（HRBF500 级）　　用代号"Φ(ΦF)"表示，直径 6～50 mm，也是表面轧制

成月牙肋的低合金钢。钢筋强度较高,《规范》也主荐其作为纵向受力的主导钢筋。

此外,还可以按刚度将钢筋分为柔性钢筋和劲性钢筋两类。柔性钢筋就是普通的圆形条状钢筋,而劲性钢筋则是指角钢、槽钢、工字钢等型钢。用劲性钢筋浇筑的混凝土亦称为劲性混凝土。这种混凝土结构在施工时就能由型钢承受荷载,可节省支架,减少钢筋绑扎的工作量,加快工程进度。

工程上通常将直径小于 6 mm 的称为钢丝;把多根(3、7 股)高强钢丝捻制在一起的称为钢绞线;高强光面钢丝的表面经机械刻痕处理后称为刻痕钢丝;经轧制成螺旋肋的,则称为螺旋肋钢丝。高强钢丝及钢绞线多作为预应力筋用于预应力混凝土构件中。

2) 钢筋的力学性能

(1) 钢筋的应力-应变关系

钢筋按其力学性能的不同,可分为有明显屈服点的钢筋和没有明显屈服点的钢筋两大类。有明显屈服点的钢筋常称为软钢,在工程中常用的热轧钢筋就属于这类;没有明显屈服点的钢筋则称为硬钢,高强钢丝、余热处理钢筋就属于这类。图 4.2 和图 4.3 所示分别为有明显屈服点的钢筋和无明显屈服点的钢筋的应力-应变关系曲线。

软钢有明显的屈服台阶(如图 4.2),在曲线到达 a 点之前,应力 σ 与应变 ε 的比值为常数,此常数即为钢筋的弹性模量 $E_s(\sigma=\varepsilon E_s)$。经过屈服段到达 d 点后,曲线直至达到最高点 e,此阶段称为强化阶段,e 点所对应的应力称为钢筋的极限抗拉强度 σ_b。此后的曲线呈下降趋势,试件出现颈缩现象,当达到 f 点时,试件被拉断。

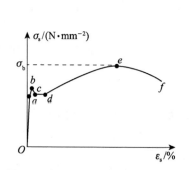

图 4.2　有明显屈服点钢筋(软钢)的
应力-应变关系曲线

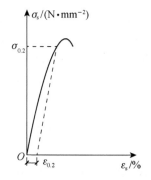

图 4.3　无明显屈服点钢筋(硬钢)的
应力-应变关系曲线

而硬钢没有明显的屈服台阶(如图 4.3),以"协定流限"(也称为"条件屈服强度")作为其强度指标。协定流限是指钢筋经过加载和卸载后永久残余变形为 0.2% 时所对应的应力值,以 $\sigma_{0.2}$ 表示。《规范》取 $\sigma_{0.2}$ 为极限抗拉强度 σ_b 的 85% 倍。硬钢的强度很高,但塑性相对较差,脆性也大。

(2) 钢筋的变形性能

钢筋的变形性能是以伸长率来表征的。伸长率越大,钢筋的变形性能越好。伸长率有断后伸长率和最大力总伸长率。

断后伸长率是指以规定标距(如 5d 或 10d)的试件作拉伸试验时,拉断后的伸长量与拉伸前的原长度之比,以 δ_5 或 δ_{10} 表示,按下式计算:

$$\delta_{5或10} = \frac{l_1 - l_0}{l_0} \times 100\% \tag{4.2}$$

式中　l_0——试件拉伸前量测标距的长度,一般取 5 倍或 10 倍钢筋直径;

　　　l_1——试件拉断后量测标距间的长度。

断后伸长率只反映钢材的残余变形大小,目前趋向于使用最大力总伸长率作为衡量钢筋塑性性能的指标。《规范》要求,钢筋在最大力下的总伸长率 δ_{gt} 应不小于表 4.1 规定的数值,最大力下的总伸长率(平均伸长率)δ_{gt} 按下式计算:

$$\delta_{gt} = \left(\frac{l_1 - l_0}{l_0} + \frac{\sigma_b}{E_s}\right) \times 100\% \tag{4.3}$$

式中　l_0——试件拉伸前量测标距的长度;

　　　l_1——试件拉断后量测标距间的长度;

　　　σ_b——钢筋的最大拉应力(极限抗拉强度);

　　　E_s——钢筋的弹性模量,取值参见附表 4。

表 4.1　普通钢筋及预应力筋在最大力下的总伸长率限值

钢筋品种	普通钢筋			预应力筋
	HPB300	HRB335、HRB400、HRBF400 HRB500、HRBF500	RRB400	
$\delta_{gt}/\%$	10.0	7.5	5.0	3.5

（3）钢筋的松弛与疲劳

钢筋的松弛是指钢筋受力后,在保持长度不变的情况下,其应力随时间的增长而逐渐降低的现象。钢筋的松弛对普通钢筋混凝土结构的影响不大,一般可以忽略。但在预应力混凝土结构中,则会引起预应力的损失,需予以考虑。

钢筋的疲劳破坏是指钢筋在多次重复荷载作用下发生脆性的突然断裂的现象。通常在钢筋混凝土吊车梁、桥梁、轨枕、海洋采油平台等设计时,需考虑钢筋的疲劳强度问题,控制其在使用荷载作用下的应力幅度变化不要太大,以免发生疲劳破坏。

3）混凝土结构对钢筋性能的要求和选用原则

在混凝土结构中,对钢筋的性能要求主要是:强度高、塑性好、可焊性好,与混凝土的粘结锚固性能好。钢筋的强度高,则钢筋的用量就少,可节省钢材。尤其在预应力混凝土结构中,可以充分发挥高强度钢筋的优势;钢筋的塑性好,是要求钢筋在断裂前能有足够大的变形,使得钢筋混凝土结构、构件能表现出良好的延性性能,而且塑性好的钢筋,其加工成型也较容易;由于加工运输的要求,除直径较细的钢筋外,一般钢筋都是直条供应的。因长度有限,所以在工程中需要将钢筋接长以满足需要。目前钢筋接长的常用办法之一是焊接,所以要求钢筋具有较好的可焊性,以保证钢筋焊接接头的质量。如前所述,钢筋与混凝土之间的粘结力是二者共同工作的基础,钢筋的表面形状是影响粘结力的重要因素。为了加强钢筋和混凝土的粘结锚固,除了强度较低的 HPB300 级钢筋做成光圆钢筋以外,HRB335 级（HRBF335 级）、HRB400 级（HRBF400 级）、RRB400 级和 HRB500 级（HRBF500 级）钢筋的表面都轧成带肋的变形钢筋。

综上所述,普通钢筋混凝土结构中的受力钢筋和预应力混凝土结构中的非预应力钢筋,应优先选用 HRB400(HRBF400 级)、HRB500 级(HRBF500 级)钢筋。而在预应力混凝土构件中所用的预应力筋,则应选用钢绞线、高强钢丝和余热处理钢筋等高强度钢材,从而能使"高强"得以发挥。

钢筋的强度标准值、设计值参见附表 4,预应力钢筋强度标准值、设计值参见附表 5、附表 6。

4.2.3　混凝土

混凝土是由水泥、石子、砂、水以及必要的添加剂(或掺和料)按一定的配比组成的人造石材。由于内部结构复杂,其力学性能除与组成成分的水泥强度、水灰比、骨料的性质、级配和配比等有直接关系外,还受不同的成型方法、硬化养护条件、龄期、试件的形状尺寸、试验方法、加载速度等外部因素的影响,故而混凝土所表现出的力学性能也非常复杂。

1)混凝土的强度

(1)混凝土的立方体抗压强度和强度等级

在我国,把混凝土的立方体抗压强度(用符号 f_{cu} 表示)作为评价和衡量混凝土强度的基本指标。为了消除试件的尺寸、养护的温度和湿度、龄期、加载等影响,《规范》规定:以边长为 150 mm 的立方体试件,按标准方法制作,并在(20±3)℃,相对湿度≥90% 的环境里养护28 d,用标准试验方法进行加压,取具有 95% 保证率时得出的抗压强度作为混凝土强度的等级标准,并称为混凝土立方体抗压强度标准值,用符号 $f_{cu,k}$ 表示,其单位为 N/mm²。我国《规范》规定根据混凝土立方体抗压强度标准值,把混凝土强度分为 14 个强度等级,分别以符号 C15、C20、C25、C30、C35、C40、C45、C50、C55、C60、C65、C70、C75、C80 表示。其中 C 表示混凝土,C 后的数字为立方体抗压强度标准值。混凝土的强度标准值、设计值参见附表 3。

素混凝土结构的混凝土强度等级不应低于 C15;钢筋混凝土结构的混凝土强度等级不应低于 C20;当采用强度等级为 400 MPa 及以上钢筋时,混凝土强度等级不应低于 C25。预应力混凝土结构的混凝土强度等级不宜低于 C40,且不应低于 C30;承受重复荷载的钢筋混凝土构件,混凝土的强度等级不应低于 C30。

(2)混凝土轴心抗压强度(棱柱体抗压强度)f_c

混凝土的抗压强度与试件的形状尺寸密切相关。而在实际工程中,钢筋混凝土构件的长度常比其横截面尺寸大得多。为更好地反映混凝土在实际构件中的受力情况,可采用混凝土的棱柱体试件测定其轴心抗压能力,所对应的强度称为混凝土轴心抗压强度,也称棱柱体抗压强度,以符号 f_c 表示。

我国《普通混凝土力学性能试验方法》规定,轴心抗压的试件为 150 mm×150 mm×300 mm 的棱柱体。大量试验数据表明,混凝土棱柱体抗压强度与其立方体抗压强度之间存在一定的相关关系,根据试验结果的分析,这一关系可按下式表述:

$$f_{ck} = 0.88\alpha_{c1}\alpha_{c2}f_{cu,k} \tag{4.4}$$

式中　α_{c1}——棱柱体抗压强度与立方体抗压强度之比,对 C50 及以下强度等级的普通混凝

土取 $\alpha_{c1}=0.76$，对高强混凝土 C80 取 $\alpha_{c1}=0.82$，C50 与 C80 之间按线性规律
变化；

α_{c2}——混凝土脆性折减系数，仅 C40 以上混凝土考虑脆性折减系数，对于 C40 混凝
土取 $\alpha_{c2}=1.00$，对高强混凝土 C80 时取 $\alpha_{c2}=0.87$，C40 与 C80 之间按线性规
律变化；

0.88——考虑结构构件中的混凝土强度与试件混凝土强度之间的差异等因素而确定
的试件混凝土强度修正系数。

（3）混凝土轴心抗拉强度 f_t

混凝土轴心抗拉强度也是混凝土的一个基本强度，它是在计算钢筋混凝土及预应力混
凝土构件的抗裂度和裂缝宽度以及构件斜截面抗剪承载力时的主要强度指标。混凝土的抗
拉强度远比其抗压强度低，仅为 f_{cu} 的 $1/18\sim1/9$，且 f_{cu} 越高，f_t/f_{cu} 的比值越低，两者之间
也并非简单的线性关系。混凝土轴心抗拉强度与立方体抗压强度的关系可用下式表示：

$$f_{tk}=0.88\times0.395f_{cu,k}^{0.55}(1-1.645\delta)^{0.45}\times\alpha_{c2} \tag{4.5}$$

式中 0.88 和 α_{c2} 的取值与公式（4.4）相同；$(1-1.645\delta)^{0.45}$ 为反映试验离散程度对混凝土强度标
准值保证率影响的参数；$0.395f_{cu,k}^{0.55}$ 则是轴心抗拉强度与立方体抗压强度之间的折算关系。

混凝土轴心抗拉强度可采用如图 4.4（a）所示的方法直接测试，拉伸到试件中部产生横
向裂缝破坏，其平均拉应力即为混凝土的轴心抗拉强度。如图 4.4（b）所示为目前测试混凝
土轴心抗拉强度常用的间接测试法——劈裂法。对立方体或平放的圆柱体试件通过垫条施
加压力线荷载，由弹性力学知识得知在试件中间垂直面的很大范围内（除垫条附近极小部分
以外）将产生均匀的水平向拉应力，当此拉应力达到混凝土的抗拉强度时，试件便会对半劈
裂。按弹性力学理论，混凝土的劈拉强度试验值 $f_{t,s}$ 可以用下式计算：

$$f_{t,s}=\frac{2F}{\pi dl} \tag{4.6}$$

式中　F——破坏荷载；

d——圆柱体试件的直径或立方体试件的边长；

l——圆柱体试件的长度或立方体试件的边长。

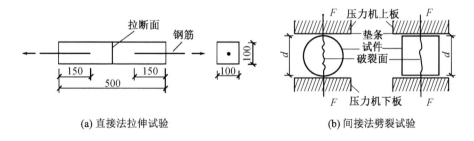

（a）直接法拉伸试验　　　　　　　　（b）间接法劈裂试验

图 4.4　混凝土抗拉强度试验

除上述的混凝土抗压强度和抗拉强度，都是指混凝土在单向受力条件下所得到的强度，
但在实际的钢筋混凝土结构构件中，混凝土是很少处于单向受拉或受压状态的，而大都是处
于双向或三向的复合应力状态。由于混凝土材料的特点，至今还尚未建立起统一的混凝土

在复合受力状态下的强度理论,相关研究还多是以实验结果为依据的近似方法,尚未达到能简便地应用于理论计算的程度。因此,目前在实用设计中,采用的还是混凝土在单向受力状态下的强度和变形。

(4) 影响混凝土强度的主要因素

在实际工程中,影响混凝土强度的因素有很多,如原材料的品质及种类、混凝土的配合比、施工中浇捣的密实程度、养护条件以及混凝土的龄期等。通常水泥的强度等级高、水灰比低、搅拌均匀、振捣充分、养护得当,则混凝土的强度就高;反之强度就低。所以应根据使用要求对混凝土进行合理的设计,选择恰当的配合比、水灰比,有条件时应做配比试验;在材料的选择中,应注意水泥的品种和强度等级的选用、石子的级配、粒径和自身强度等;加强施工管理,控制混凝土的施工质量,保证混凝土搅拌均匀、振捣密实,确保养护及时到位,保温保湿,使水泥得以充分水化,从而加快混凝土强度的发展。

2) 混凝土的变形

混凝土的变形可分为两类,一类为荷载(包括一次短期荷载、长期荷载和重复荷载)作用下的变形,另一类为非荷载作用下的变形(主要为混凝土的收缩、膨胀和温度变形)。

(1) 混凝土在一次短期加荷时的应力-应变关系

混凝土在单轴一次短期单调加载过程中的应力-应变关系,如图 4.5 所示。曲线在 OA 段近似于直线,此时应力较低($\sigma \leqslant 0.3f_c^0$)时,可将混凝土视为弹性体,$A$ 点称为比例极限;当应力增大($0.3f_c^0 < \sigma < 0.8f_c^0$)时,混凝土的非弹性性质逐渐显现,曲线弯曲,应变增长比应力增长速度快,内部的微裂缝开始发展但仍处于稳定状态;当荷载进一步增加($0.8f_c^0 < \sigma < 1.0f_c^0$)时,应变增长速度进一步加快,曲线斜率急剧减小,当应力达到 C 点时,混凝土发挥出其受压时的最大承载能力,即轴心抗压强度 f_c^0。所对应的应变 ε_0 称为峰值应变,该值与混凝土的强度等级有关。$\varepsilon_0 = (1.5 \sim 2.5) \times 10^{-3}$,常取 $\varepsilon_0 = 2.0 \times 10^{-3}$。在普通试验机上进行试验时,由于试验机在整个工作期间,逐步积累了一定的变形能,低应力时,试件不会破坏,但当达到最大应力时,试验机释放的变形能就较大,试件将不能承受而发生突然破坏,故无法测得曲线的下降段。如给试验机加上控制应变速度的辅助装置,就可以测得曲线的下降段,即混凝土的应力-应变全过程曲线。

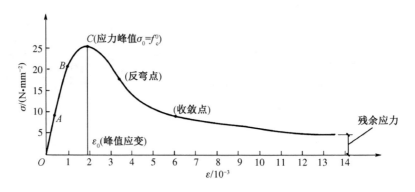

图 4.5　混凝土受压时的应力-应变关系曲线

曲线超过 C 点以后,试件的承载力随应变的增加而降低,曲线呈下降趋势,试件表面出现纵向裂缝;在应变达到 $(4 \sim 6) \times 10^{-3}$ 时,应力下降减缓,之后趋向于稳定的残余应力。由

图 4.5 可见,只有在应力很低时才可将它视为弹性体;尤其需要注意的是,应力最大对应的应变不是最大应变,最大应变对应的应力也不是最大应力,而且应力达到最大并不意味立即破坏。

如图 4.6 所示为一组不同强度等级混凝土的受压应力-应变关系曲线。由图 4.6 可见,不同强度等级混凝土曲线的峰值应力 f_c 所对应的应变 ε_0 大致都在 0.002 左右,但随着混凝土强度等级的提高,混凝土的极限压应变 ε_{cu} 却明显减小,说明混凝土强度越高,其脆性越明显。现行《规范》规定:混凝土的受压极限应变 ε_{cu} 可按 $\varepsilon_{cu}=0.003\,3-(f_{cu,k}-50)\times10^{-5}$ 计算。混凝土的受拉应力-应变关系曲线的形状与受压时的相似,只是极限受拉应变较小,约为极限压应变的 1/20 左右。由于混凝土的极限拉应变太小,所以处于受拉区的混凝土极易开裂,钢筋混凝土构件通常都是带裂缝工作的。

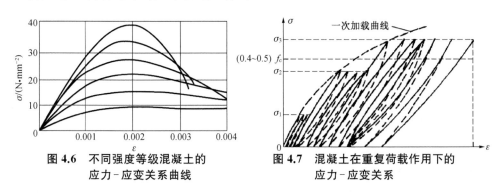

图 4.6　不同强度等级混凝土的　　　图 4.7　混凝土在重复荷载作用下的
　　　　应力-应变关系曲线　　　　　　　　　　应力-应变关系

(2) 混凝土在重复荷载作用下的应力-应变关系

将混凝土试件加载到一定数值后,再予卸载,并多次循环这一过程,便可得到混凝土在重复荷载作用下的应力-应变关系曲线,如图 4.7 所示。由图可见,混凝土在经过一次加卸载循环后,其变形中有一部分恢复了,而有一部分则不能恢复。这些不能恢复的塑性变形,在多次的循环过程中逐渐积累。图 4.7 表示了三种不同水平的应力重复作用时的应力-应变关系曲线。如所加的最大压应力较小(如图中 σ_1 和 σ_2),则在几次循环后,累积的塑性变形就不再增加,加卸载的应力-应变关系曲线渐变为直线——呈弹性工作状态。但当所加的最大压应力超过某一限值时(如图中 σ_3),随着加卸载重复次数的增加,将在混凝土内部引起新的微裂缝并不断发展,使应力-应变关系曲线转向相反方向弯曲,斜率不断降低,当加卸载重复到一定次数时,混凝土试件将因严重开裂或变形过大而破坏。这种因荷载多次重复作用而引起的破坏称为疲劳破坏。《规范》将混凝土试件承受 2×10^6 次重复荷载时发生破坏所对应的压应力值称为混凝土的疲劳抗压强度 f_c^f。

(3) 混凝土的弹性模量 E_c

混凝土属于弹塑性材料,在应力较小($\sigma<0.3f_c$)时,应力-应变关系可视为直线;而在一般情况下,应力与应变就不是直线关系,也即混凝土的弹性模量不为常量。如图 4.8 所示,《规范》将混凝土棱柱体一次加载

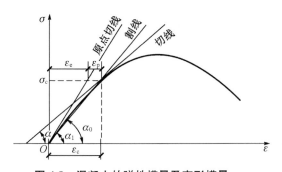

图 4.8　混凝土的弹性模量及变形模量

应力-应变曲线原点切线的斜率称为混凝土的原点切线模量,简称为弹性模量 E_c。

$$E_c = \tan \alpha_0 \qquad (4.7)$$

由于利用一次加载的应力-应变关系曲线不易准确测得混凝土的弹性模量,我国《规范》规定,混凝土的弹性模量利用混凝土在重复荷载作用下的性质,以 $\sigma = (0.4 \sim 0.5) f_c$ 重复加卸载 5~10 次后,应力-应变关系曲线近似为直线,且该直线与第一次加载时曲线的原点切线基本平行的特点,进行测定。根据大量的试验结果,《规范》给出不同强度等级的混凝土弹性模量的计算公式为:

$$E_c = \frac{10^5}{2.2 + \dfrac{34.7}{f_{cu,k}}} \ (N/mm^2) \qquad (4.8)$$

混凝土的弹性模量取值参见附表3。

（4）混凝土在长期荷载作用下的变形——徐变

混凝土在荷载长期作用下,应力不变,其应变随时间的增长而继续增长的现象称为混凝土的徐变。徐变能使结构的内力发生重新分布、变形增大、引起预应力的损失。图 4.9 所示为混凝土的徐变与时间的关系曲线。普通混凝土棱柱体轴心受压试件如经长期荷载作用后于某时卸载,则在卸载瞬间,混凝土将发生瞬时的弹性恢复应变 ε_{ce}',其数值小于加载时的瞬时应变 ε_{ce},之后还有一段恢复的变形 ε_{ce}'',是徐变恢复的弹性后效,也称"徐回",而剩下的 ε_{cr}' 则是不可恢复的残余应变。

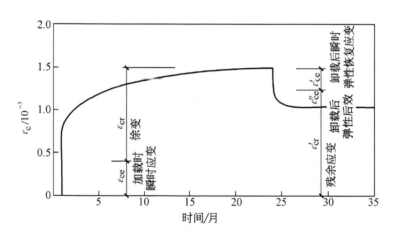

图 4.9　混凝土的徐变-时间关系曲线

由相关试验得知,影响混凝土徐变的因素有许多:如混凝土应力越大,徐变就越大;加载时混凝土的龄期越短,徐变也越大;水泥用量多,徐变大;养护温度高、时间长,则徐变小;混凝土骨料的级配好、弹性模量大,徐变也小。此外还和水泥的品种有关,普通硅酸盐水泥的混凝土较矿渣水泥、火山灰水泥及早强水泥的混凝土的徐变相对要大等。混凝土的徐变对钢筋混凝土结构的影响,在大多数情况下是不利的,徐变会使构件的挠度大大增加;对较大长细比的偏心受压构件,徐变将引起附加偏心距的增加,进而使构件的承载力降低;在预应力混凝土中,徐变会造成预应力的大量损失;但也有有利的方面,如徐变可以减小由于不均匀沉降引起的附加应力和温度应力等。所以应对徐变要有全面的认识,以便趋利避害。

与混凝土的徐变相对应的还有另一种形象——混凝土的松弛,所谓松弛是指在应变不变的情况下,混凝土中的应力会随时间的增加而逐渐降低的现象。混凝土的徐变和松弛实际是一个事物的两种不同的表现形式。

(5)混凝土的非荷载作用变形

混凝土材料除受荷将发生相应变形外,还会由于非荷载的原因发生变形,常见的有如下几种:

① 干湿变形 混凝土由于环境湿度的变化而表现为干缩湿胀。混凝土在结硬干燥过程中,由于毛细孔水的蒸发,使毛细孔中形成负压,随着空气湿度的降低,负压逐渐增大,产生收缩力,造成混凝土收缩;同时,水泥凝胶体颗粒的吸附水也发生部分蒸发,凝胶体因失水而产生收缩。另一方面,混凝土在水中硬化时,体积会有轻微膨胀。一般湿胀的变形量很小,不会对工程造成破坏;而干燥收缩能使混凝土的表面产生拉应力,进而导致开裂,影响混凝土的耐久性。

② 温度变形 混凝土与其他材料一样,也会随温度的变化产生热胀冷缩变形。混凝土在结硬初期,水泥的水化会放出较多的热量,由于混凝土属于热的不良导体,使得混凝土的内外温差很大,造成混凝土的内胀外缩,混凝土的外表产生很大的拉应力,严重时混凝土将产生裂缝。这种温度裂缝,在大体积、大面积混凝土工程中常会发生,也是极为不利的。

③ 化学收缩 混凝土的化学收缩,是由于水泥在水化结硬过程中,体积将变小,从而引起混凝土的收缩。化学收缩是不可恢复的,其数值一般很小。

非荷载的变形目前尚未能达到量化计算的水平,但需要在工程中通过各种构造措施予以控制。

4.2.4 钢筋与混凝土的粘结,钢筋的锚固及钢筋的连接

1)影响钢筋与混凝土之间粘结力的因素

钢筋与混凝土这两种力学性能完全不同的材料之所以能在一起共同工作,除了二者具有相近的温度线胀系数及混凝土对钢筋具有保护作用以外,最主要的还由于在这两者之间的接触面上存在良好的粘结力。影响粘结强度的因素主要有:

(1)混凝土的强度

钢筋与混凝土之间的粘结强度随混凝土强度等级的提高而增大,但也不完全与之成正比。

(2)钢筋的表面形状

变形钢筋比光面钢筋的粘结强度要大得多,凹凸不平的钢筋表面与混凝土之间产生的机械咬合力将大大增加粘结强度。光面钢筋的这一作用则较小,所以设计时要在受拉光面钢筋的端部做成弯钩,以增加锚固作用。

(3)混凝土保护层厚度及钢筋的净距

钢筋与混凝土的粘结力是需要在钢筋周围有一定厚度的混凝土才能实现和保证的。尤

其是变形钢筋,如果周围的混凝土层厚度不足,就会产生劈裂裂缝,破坏粘结,导致钢筋被拔出。所以在构造上必须保证一定的混凝土保护层厚度和钢筋间距。

（4）箍筋和端部焊接件的作用

箍筋能够限制内部混凝土的变形及裂缝的发展,在钢筋端部锚固区加焊的短钢筋、角钢、钢板等,均能有效地增大粘结作用,阻止受力钢筋被拔出。

2）钢筋的锚固和连接

钢筋的锚固就是指利用钢筋在混凝土中的埋置段或通过机械措施,使得钢筋与混凝土之间有足够的粘结作用,而锚固于混凝土中不致滑出。为保证锚固的有效可靠,我国《规范》是采用满足规定的混凝土保护层厚度、钢筋的净距、锚固长度和钢筋的搭接长度等构造措施来保证的,在设计和施工时都必须严格遵守相应的规定。

（1）钢筋的锚固长度

为使钢筋和混凝土之间产生足够的粘结力,钢筋在混凝土中必须有可靠的锚固,一般用规定的锚固长度来保证。

当在计算中充分利用钢筋的抗拉强度时,受拉钢筋的基本锚固长度按下式计算：

普通钢筋
$$l_{ab} = \alpha \frac{f_y}{f_t} d \tag{4.9}$$

预应力筋
$$l_{ab} = \alpha \frac{f_{py}}{f_t} d \tag{4.10}$$

式中　l_{ab}——受拉钢筋的基本锚固长度；

　　　f_y、f_{py}——普通钢筋、预应力钢筋的抗拉强度设计值；

　　　f_t——混凝土轴心抗拉强度设计值,当混凝土强度等级高于C60时,按C60取值；

　　　d——锚固钢筋的直径；

　　　α——钢筋的外形系数,按表4.2取用。

表 4.2　锚固钢筋的外形系数 α

钢筋类型	光面钢筋	带肋钢筋	螺旋肋钢丝	三股钢绞线	七股钢绞线
α	0.16	0.14	0.13	0.16	0.17

注：光面钢筋末端应做180°弯钩,弯后平直段长度不应小于3d,但作受压钢筋时可不做弯钩。

式（4.9）、式（4.10）中的 l_{ab} 是钢筋的基本锚固长度,在工程中,实际的锚固长度 l_a 还应根据锚固条件按下式计算,且不应小于 $0.6l_{ab}$ 及 200 mm：

$$l_a = \zeta_a l_{ab} \tag{4.11}$$

式中　l_a——受拉钢筋的锚固长度；

　　　ζ_a——锚固长度修正系数,按如下要求取值：a.带肋钢筋的公称直径大于25 mm时取1.10；b.环氧树脂涂层带肋钢筋取1.25；c.施工时易受扰动的钢筋取1.10；d.纵向受力钢筋的实际配筋面积大于设计计算面积时取设计面积与实际面积的比值,但对有抗震设防要求及直接承受动荷载的结构构件,不应考虑此项修正；e.锚固钢筋的保护层厚度为3d时修正系数取0.8,厚度不小于5d时修正系数取

0.7,中间按内插取值,d 为锚固钢筋的直径。当多于一项时,可连乘计算,对预应力筋,可取 1.0。

为减小钢筋的锚固长度,可在纵向受拉钢筋的末端采用如图 4.10 所示的附加机械锚固措施。采用机械锚固措施后的锚固长度(包括附加锚固端头在内)可取基本锚固长度 l_{ab} 的 60%。钢筋弯钩和机械锚固的具体的技术要求则应符合表 4.3 的规定。

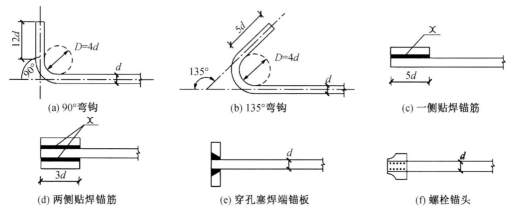

(a) 90°弯钩   (b) 135°弯钩   (c) 一侧贴焊锚筋

(d) 两侧贴焊锚筋   (e) 穿孔塞焊端锚板   (f) 螺栓锚头

图 4.10 钢筋机械锚固的形式及构造要求

表 4.3 钢筋弯钩和机械锚固的形式和技术要求

锚固形式	技术要求
90°弯钩	末端 90°弯钩,弯钩内径 $4d$,弯后直段长度 $12d$
135°弯钩	末端 135°弯钩,弯钩内径 $4d$,弯后直段长度 $5d$
一侧贴焊钢筋	末端一侧贴焊长 $5d$ 同直径钢筋
两侧贴焊钢筋	末端两侧贴焊长 $3d$ 同直径钢筋
焊端锚板	末端与厚度 d 的锚板穿孔塞焊
螺栓锚头	末端旋入螺栓锚头

注:1. 焊缝和螺纹长度应满足承载力要求;
2. 螺栓锚头和焊接锚板的承压净面积不应小于锚固钢筋截面面积的 4 倍;
3. 螺栓锚头的规格应符合相关标准的要求;
4. 螺栓锚头和焊接锚板的钢筋净间距不宜小于 $4d$,否则应考虑群锚效应的不利影响;
5. 截面角部的弯钩和一侧贴焊锚筋的布筋方向宜向截面内侧偏置。

当计算中充分利用了钢筋的抗压强度时,受压钢筋的锚固长度不应小于受拉钢筋的锚固长度的 70%;受压钢筋不应采用末端弯钩和一侧贴焊锚筋的锚固措施。

(2) 钢筋的连接

钢筋在构件中往往因长度不够需进行连接(接长)。钢筋接头的形式可为焊接、绑扎搭接连接和机械连接(锥螺纹套筒、钢套筒挤压连接等)。钢筋的焊接和机械连接接头应由相关的工艺规程和试验保证其接头质量。对于绑扎搭接连接接头,如图 4.11 所示,应该做到:同一构件中的绑扎搭接连接接头宜相互错开,在同一绑扎搭接接头区段(1.3 倍搭接长度)内的受拉搭接钢筋接头面积百分率,对梁类、板类及墙类构件,不宜大于 25%;对于柱类构件,不宜大于 50%,当工程中确有必要增大时,梁类构件不应大于 50%,板、墙类及柱类构件,可根据实际情况放宽。同一连接区段内搭接钢筋接头面积百分率为该区段内有搭接接头的钢筋截面面积与全部纵向钢筋面积之比,如在图 4.11 中,搭接钢筋接头面积百分率为 50%。纵向受拉钢筋绑扎搭接接头的搭接长度,应根据位于同一连接区段的搭接钢筋面积百分率按下式计算,且不小于 300 mm:

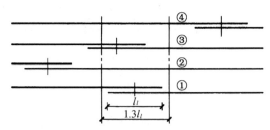

图 4.11 纵向受拉钢筋绑扎搭接接头长度及接头面积百分率的确定

$$l_l = \zeta_l l_a \tag{4.12}$$

式中 l_l——受拉钢筋的搭接长度;

l_a——受拉钢筋的锚固长度,由式(4.11)计算;

ζ_l——纵向受拉钢筋搭接长度修正系数,按表 4.4 取用。

表 4.4 纵向受拉钢筋搭接长度修正系数 ζ_l

纵向钢筋搭接接头面积百分率/%	≤25	50	100
ζ_l	1.2	1.4	1.6

受压钢筋采用搭接连接时,搭接长度不应小于受拉钢筋锚固长度的 70%,且任何情况下不小于 200 mm。

（3）混凝土保护层厚度

混凝土保护层厚度是指最外层钢筋的外边缘到混凝土外表面的距离。《规范》规定,其数值不应小于钢筋的直径或并筋的等效直径;并不应小于混凝土骨料最大粒径 1.5 倍;混凝土保护层厚度应符合附表 7 的规定。并筋是在钢筋单筋布置有困难时,将钢筋 2 根或 3 根合并在一起布置,称为双并筋或三并筋。双并筋时等效直径取为单筋直径的 1.41 倍;三并筋时等效直径取为单筋直径的 1.73 倍。

4.3 砌体结构材料

砌体结构是指用砖、石或砌块为块材,用砂浆砌筑而成的结构。块材和砌筑砂浆的力学性能则是直接影响砌体结构性能的主要因素。

4.3.1 块材

1）砖

用于砌体结构的砖主要有烧结普通砖、烧结多孔砖、蒸压灰砂砖、蒸压粉煤灰砖等。烧结砖多指烧结黏土砖,其应用也最为普遍。

烧结砖可分为烧结普通砖和烧结多孔砖。烧结普通砖是由黏土、煤矸石、页岩或粉煤灰为主要原料,经过焙烧而成的实心砖或孔洞率在 15% 以下的外形尺寸符合相关规定的砖。我国标准砖的规格尺寸为 240 mm×115 mm×53 mm,如图4.12(a)所示。由于我国人口众多,而人均耕地少,黏土砖的烧制将占用大量农田,因此在有些地区实心砖已被限制使用,而大力推广使用多孔砖。

多孔砖有烧结多孔砖和非烧结多孔砖,其孔洞率、孔洞形状及规格尺寸亦多有不同,如图 4.12(b)～(d)所示。

《砌体结构设计规范》规定,用强度等级表示块体的不同强度,并以 MU 标记,MU 后面的数字表示抗压强度,单位为 N/mm²。烧结普通砖、烧结多孔砖的强度等级分为 5 级:MU30、MU25、MU20、MU15 和 MU10;蒸压灰砂砖、蒸压粉煤灰砖的强度等级分为:MU25、MU20、MU15 和 MU10。

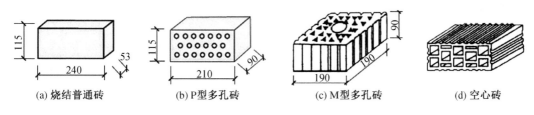

| (a) 烧结普通砖 | (b) P型多孔砖 | (c) M型多孔砖 | (d) 空心砖 |

图 4.12 部分砖的规格形状

砖的质量除有强度等级的不同外,还有诸如吸水率、抗冻性以及外观质量等方面的要求。

2) 砌块

砌块一般是指混凝土空心砌块、加气混凝土砌块及硅酸盐实心砌块。砌块按尺寸大小分为小型、中型和大型三种,通常把砌块高度为 180～350 mm 的称为小型砌块,高度为 360～900 mm 的称为中型砌块,高度大于 900 mm 的称为大型砌块。我国目前在承重墙体材料中使用最为普遍的是混凝土小型空心砌块,其尺寸为 390 mm×190 mm×190 mm,孔洞率一般在 25%～50% 之间,常简称为混凝土砌块或砌块。

混凝土空心砌块的强度也是用强度等级(N/mm²)来划分的。现行的《砌体结构设计规范》(GB 50003—2011)规定,混凝土小型砌块的强度等级分为:MU20、MU15、MU10、MU7.5 和 MU5 等几级。

3) 石材

将天然石材进行加工后形成满足砌筑要求的石材,根据其外形和加工程度将石材分为料石(外形规则,宽、高不小于 200 mm,且不小于长度的 1/4)与毛石(形状不规则,中部厚度不小于 200 mm)两种。料石按加工的程度又分为细料石(叠砌面凹入深度≤10 mm)、半细料石(叠砌面凹入深度≤15 mm)、粗料石(叠砌面凹入深度≤20 mm)和毛料石(外形大致方正,一般不加工或稍加修整,高度不小于 200 mm,叠砌面凹入深度≤25 mm)。砌筑砌体所用的天然石材多为花岗岩、石灰岩和砂岩。《砌体结构设计规范》规定的石材的强度等级为:MU100、MU80、MU60、MU50、MU40、MU30 和 MU20。石材的抗压强度高,耐久性好,多用于房屋的基础和勒脚部位。

4.3.2 砂浆

1）砂浆的分类

砌筑砂浆是由胶凝材料(如水泥、石灰等)和细骨料(砂子)加水搅拌而成的混合材料。砂浆的作用是将砌体中的单个块体连接成一个整体,并抹平块体表面而促使应力的分布较为均匀。同时因砂浆填满块体间的缝隙,减少了砌体的透气性,从而提高了砌体的保温性能与抗冻性能。

砌筑砂浆分水泥砂浆、混合砂浆和非水泥砂浆三种类型。

（1）水泥砂浆

水泥砂浆是由水泥、砂子和水搅拌而成,其强度高、耐久性好,但和易性差,水泥用量大,适用于对防水有较高要求的砌体(如±0.000以下的砌体)以及对强度有较高要求的砌体。

（2）混合砂浆

混合砂浆是在水泥砂浆中掺入适量的塑化剂即形成混合砂浆,最常用的混合砂浆是水泥石灰砂浆。这类砂浆的和易性和保水性都很好,便于砌筑。水泥用量相对较少,砂浆强度也相对较低,适用于地面以上墙、柱砌体的砌筑。

（3）非水泥砂浆

非水泥砂浆有石灰砂浆、黏土砂浆和石膏砂浆等。石灰砂浆可塑性好,但强度不高,只能在空气中硬化;黏土砂浆强度低;石膏砂浆,硬化快,强度低;非水泥砂浆一般用于砌筑次要建筑中不受潮湿的地上砌体。

砂浆的质量在很大程度上取决于其保水性的好坏,所谓保水性是指砂浆在运输和砌筑时保持水分不很快散失的能力。在砌筑过程中,砌块本身将吸收一定的水分,当吸收的水分在一定范围内时,对灰缝内砂浆的强度与密度均具有良好的影响;反之,不仅使砂浆很快干硬而难以抹平,从而降低砌筑质量,同时砂浆也因不能正常硬化而降低砌体强度。

2）砂浆的强度等级

（1）砌筑砂浆

普通砌筑砂浆的强度一般由70.7 mm的立方体试块的抗压强度确定。分为5个等级:M15、M10、M7.5、M5和M2.5;其中M表示砂浆(Mortar),其后的数字表示砂浆的强度大小,单位为N/mm^2。

（2）混凝土小型空心砌块砌筑砂浆

混凝土小型空心砌块砌筑砂浆是砌块建筑专用的砂浆,即根据需要掺入掺合料和外加剂,使砂浆具有更好的和易性和粘结力。其掺合料主要采用粉煤灰,外加剂包括减水剂、早强剂、促凝剂、缓凝剂、防冻剂、颜料等。混凝土小型空心砌块砌筑砂浆的强度划分为Mb30、Mb25、Mb20、Mb15、Mb10、Mb7.5和Mb5七个等级,其抗压强度指标与普通砌筑砂浆的抗压强度指标相对应。常用Mb5~Mb20,采用32.5级普通水泥或矿渣水泥配制,Mb25和Mb30则采用42.5级普通水泥或矿渣水泥配制。

（3）混凝土小型空心砌块灌孔混凝土

混凝土小型空心砌块灌孔混凝土是砌块建筑灌注芯柱、孔洞的专用混凝土,是由水泥、粗细集料、水以及根据需要掺入的掺合料和外加剂等组分,按一定比例,采用机械搅拌后,用于浇筑混凝土小型空心砌块砌体芯柱或其他需要填实孔洞部位的混凝土。其掺合料主要采用粉煤灰,外加剂包括减水剂、早强剂、促凝剂、缓凝剂、膨胀剂等。它是一种高流动性和低收缩的细石混凝土,是保证砌块建筑整体工作性能、抗震性能、承受局部荷载的重要施工配套材料。

灌孔混凝土的强度划分为 Cb40、Cb35、Cb30、Cb25 和 Cb20 五个等级,抗压强度指标与同等级的混凝土相同。这种混凝土的拌合物应均匀、颜色一致,且不离析、不泌水,其坍落度不宜小于 180 mm。

4.3.3 砌体结构材料的选择

砌体结构材料的选择,应因地制宜,就地取材,并确保砌体在长期使用过程中具有足够的承载力和符合要求的耐久性,还应满足建筑物整体或局部所处不同环境条件下正常使用时建筑物对其材料的特殊要求。即要对结构耐久性、抗冻性要求和构件所处环境等因素综合考虑后进行选择,以提高结构的可靠度。除此之外,还应贯彻执行国家墙体材料革新政策,研制使用新型墙体材料来代替传统的墙体材料,以满足建筑结构设计经济、合理、技术先进的要求。砌体结构所用材料最低强度等级应符合下列要求:

(1) 五层及五层以上房屋的墙,以及受振动或层高大于 6 m 的墙、柱所用材料的最低强度等级:砖采用 MU10,砌块采用 MU7.5,石材采用 MU30,砂浆采用 M5。安全等级为一级或设计使用年限大于 50 年的房屋、墙、柱所用材料的最低强度等级,应至少提高一级。

(2) 地面以下或防潮层以下的砌体及防潮房间的墙所用材料的最低强度等级应符合表 4.5 的要求。

表 4.5 地面以下或防潮层以下的砌体及防潮房间的墙所用材料的最低强度等级

潮湿程度	烧结普通砖	混凝土普通砖、蒸压普通砖	混凝土砌块	石材	水泥砂浆
稍潮湿	MU15	MU20	MU7.5	MU30	M5
很潮湿	MU20	MU20	MU10	MU30	M7.5
含水饱和	MU20	MU25	MU15	MU40	M10

注:1. 在冻胀地区,地面以下或防潮层以下的砌体,不宜采用多孔砖,如采用时,其孔洞应用不低于 M10 的水泥砂浆预先灌实。当采用混凝土空心砌块时,其孔洞应采用强度等级不低于 Cb20 的混凝土预先灌实。
  2. 安全等级为一级或设计使用年限大于 50 年的房屋、墙、柱所用表中材料的最低强度等级,应至少提高一级。

4.4 钢结构材料

4.4.1 钢结构所用材料的要求和性能

钢结构的材料包括钢材和连接材料。用作钢结构的材料,应该具有较高的强度、足够的变形能力和良好的加工性能。

1) 钢材

(1) 钢材的品种

用于钢结构的钢材主要是碳素结构钢和低合金高强度结构钢两类。常用的碳素结构钢有 Q235、Q345、Q390、Q420、Q460 和 Q345GJ 钢等六种,数值越大屈服强度越高,其含碳量、强度和硬度越大,塑性越低。其中 Q235 在使用、加工和焊接方面的性能都比较好,是钢结构中最为常用的钢材之一。

碳素结构钢质量等级分为 A、B、C、D 四级,由 A 到 D 表示质量由低到高。所有钢材交货时供方应提供屈服点、极限强度和伸长率等力学性能的保证。碳素结构钢按脱氧方式分为:沸腾钢、镇静钢、半镇静钢和特殊镇静钢,用汉字拼音字首 F、Z、bZ 和 TZ 表示,其中 Z 和 TZ 可以省略不写。如:Q235-AF 表示屈服强度为 235 N/mm² 的 A 级沸腾钢;Q235-Bb 表示屈服强度为 235 N/mm² 的 B 级半镇静钢;Q235-C 表示屈服强度为 235 N/mm² 的 C 级镇静钢。

低合金高强度结构钢是在冶炼过程中添加了一种或几种少量合金元素,低合金钢因含有合金元素而具有较高的强度。常用的低合金钢有 Q355、Q390、Q420 等,其质量等级分为 B、C、D、E、F 五级,低合金钢的脱氧方法为镇静钢或特殊镇静钢。其牌号与碳素结构钢牌号的表示方法相同。如:Q355-B 表示屈服强度为 355 N/mm² 的 B 级镇静钢;Q390-D 表示屈服强度为 390 N/mm² 的 D 级特殊镇静钢。需要注意的是,低合金高强度结构钢的屈服强度随钢材的公称厚度或直径的增大而减少。

钢材的设计用强度指标参见附表 10。

(2)钢材的性能

为了保证结构的安全,钢结构所用的钢材应具有下列性能:

① 强度　钢材的强度指标主要有屈服强度(屈服点)f_y 和抗拉强度 f_u,可通过标准试件单向拉伸试验获得。钢材的强度是钢材性能中最主要的指标。试验表明,在屈服强度 f_y 之前,钢材应变很小,而在屈服强度 f_y 以后,钢材产生很大的塑性变形,常使结构出现使用上不允许的残余变形。因此认为:屈服强度 f_y 是设计时钢材可以达到的最大应力,而抗拉强度 f_u 是钢材在破坏前能够承受的最大应力。此外,还用屈强比(f_y/f_u)来衡量钢材强度储备的程度。

② 塑性　塑性是指钢材在应力超过屈服点后,能产生显著的残余变形(塑性变形)而不立即断裂的性质。伸长率和冷弯性能是反映钢材塑性性能的指标。

伸长率由钢材的静力单向拉伸试验得到。

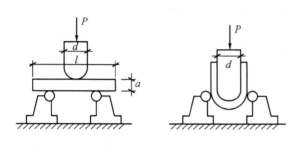

图 4.13　冷弯试验示意图

冷弯性能是指钢材在常温下承受弯曲变形的能力,用图4.13所示的冷弯试验来检验。测试时将试件绕弯芯标准件弯曲 180°,检查弯曲处是否存在裂纹、断裂及起层等现象。与伸长率不同的是,伸长率反映的是钢材在均匀变形下的塑性,而冷弯性能反映钢材在不利的弯曲变形下的塑性,可揭示钢材内部组织是否均匀、是否存在杂质等缺陷。

③ 韧性　韧性是指钢材在塑性变形和断裂过程中吸收能量的能力,是衡量钢材抵抗冲击或振动荷载能力的指标,它是强度和塑性的综合表现,是判断钢材在动力荷载作用下是否

出现脆性破坏的重要指标。韧性的好坏用冲击韧性值 A_{kv} 表示,需用专门的试验测定。

④ 可焊性　可焊性是指在一定的焊接工艺和结构条件下,不因焊接而对钢材材性产生较大的有害影响。可分为施工上的可焊性和使用上的可焊性。施工上的可焊性好是指在一定的焊接工艺下,焊缝金属及其附近金属均不产生裂纹;使用上的可焊性好是指焊接构件在施焊后的力学性能不低于母材的力学性能。目前我国还没有规定衡量钢材可焊性的指标。

2) 钢材的规格、形状

钢结构所用钢材主要为热轧成型的钢板、型钢,以及冷弯成型的薄壁型钢。

(1) 钢板

钢板有薄钢板(厚度 0.35～4 mm)、厚钢板(厚度 4.5～60 mm)、特厚板(板厚＞60 mm)和扁钢(厚度 4.60 mm,宽度为 12～200 mm)等。钢板用"—宽×厚×长"或"—宽×厚"表示,单位为 mm,如—450×8×3 100,—450×8。

(2) 型钢

钢结构常用的型钢是角钢、工字形钢、槽钢和 H 型钢、钢管等,如图 4.14 所示。除 H 型钢和钢管有热轧和焊接成型外,其余型钢均为热轧成型。

① 角钢　角钢有等边角钢和不等边角钢两类,分别如图 4.14(a)、(b)所示。等边角钢以"L肢宽×肢厚"表示,不等边角钢以"L长肢宽×短肢宽×肢厚"表示,单位为 mm,如L 63×5,L 100×80×8 等。

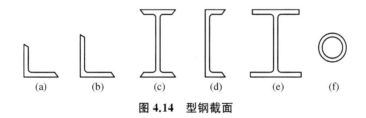

图 4.14　型钢截面

② 工字钢　工字钢截面如图 4.14(c)所示。有普通工字钢和轻型工字钢两种。普通工字钢用"Ⅰ截面高度的厘米数"表示,高度 20 mm 以上的工字钢,同一高度中还有三种腹板厚度,分别记为 a、b、c,a 类腹板最薄、翼缘最窄,b 类腹板较厚、翼缘较宽,c 类腹板最厚、翼缘最宽,如Ⅰ20a、Ⅰ20c 等。同样高度的轻型工字钢的翼缘要比普通工字钢的翼缘宽而薄,腹板亦薄,轻型工字钢可用汉语拼音符号"Q"表示,如QⅠ40 等。

③ 槽钢　槽钢截面如图 4.14(d),也分普通槽钢和轻型槽钢两种,分别以"[或 Q[截面高度厘米数"表示,如[20b、Q[22a 等。

④ H 型钢　H 型钢的截面如图 4.14(e)所示。分热轧和焊接两种。热轧 H 型钢有宽翼缘(HW)、中翼缘(HM)、窄翼缘(HN)和 H 型钢柱(HP)等四类。H 型钢用"高度×宽度×腹板厚度×翼缘厚度"表示,单位为 mm,如 HW250×250×9×14、HM294×200×8×12。

焊接 H 型钢是由钢板用高频焊接组合而成,也用"高度×宽度×腹板厚度×翼缘厚度"表示,如 H350×250×10×16。

⑤ 钢管　截面如图 4.14(f)所示。有热轧无缝钢管和焊接钢管两种。无缝钢管的外径为

32～630 mm。钢管用"φ外径×壁厚"来表示,单位为 mm,如 φ273×5。

对普通钢结构的受力构件不宜采用厚度小于 5 mm 的钢板、壁厚小于 3 mm 的钢管、截面小于 L 45×4 或 L 56×36×4 的角钢。

（3）冷弯薄壁型钢

冷弯薄壁型钢采用薄钢板冷轧制成,常见的截面形状如图 4.15 所示。其壁厚一般为 1.5～12 mm,但制作承重结构受力构件的壁厚不宜小于 2 mm。薄壁型钢能充分利用钢材的强度,可节约钢材,在轻钢结构中得到广泛应用。常用冷弯薄壁型钢截面形式有等边角钢、卷边等边角钢、Z 形钢、卷边 Z 形钢、槽钢、卷边槽钢(亦称 C 形钢)、钢管等。其表示方法为:按字母 B、截面形状符号和长边宽度×短边宽度×卷边宽度×壁厚的顺序表示,单位为 mm,长、短相等时,只标一个边宽,无卷边时不标卷边宽度,如 B[120×40×2.5、BC160×60×20×3 等。

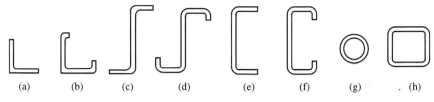

(a) 等边角钢　(b) 卷边等边角钢　(c) Z 形钢　(d) 卷边 Z 形钢
(e) 槽钢　(f) 卷边槽钢　(g)、(h) 钢管

图 4.15　冷弯薄壁型钢截面

图 4.16　压型钢板

此外,还有如图 4.16 所示的压型钢板。它是用厚度为 0.4～2 mm 的钢板、镀锌钢板或彩色涂层钢板经冷轧成的波形板。

3）钢结构的连接材料

钢结构的连接材料包括:用于手工电弧焊连接的焊条和自动焊或半自动焊的焊丝;用于螺栓连接的普通螺栓和高强度螺栓;还有铆钉连接的钢钉。各种连接材料的性能、质量要求、选用方法等均应符合相关的规范、标准的规定。

焊缝的强度指标参见附表 11,螺栓连接的强度指标参见附表 12。

4.4.2　钢结构所用材料的选用

1）选用钢材的注意事项和原则

选用钢材规格应注意优先选用经济高效截面的型材(如宽翼缘 H 型钢、冷弯型钢);在同一项工程中选用的型钢、钢板规格不宜过多;一般不宜选用最大规格的型钢和带 b、c 号的加厚钢材,并优先采用相对较薄的型材与板材。钢材选用的原则是既要使结构安全可靠和满足使用要求,又要最大可能节约钢材和降低造价。应综合考虑下列因素,选用合适的钢材:

（1）结构和构件的重要性

根据统一标准的要求,结构安全等级有一级(重要的)、二级(一般的)和三级(次要的)。

安全等级不同,所选钢材的质量也应不同。对重型工业建筑结构、大跨度结构、高层民用建筑结构等重要结构,应考虑选用质量好的钢材。同时,构件破坏对整体结构的影响也应考虑,如重级工作制吊车梁等构件的破坏会导致整个结构不能正常使用,属重要构件,应选用质量好的钢材;一般屋架、梁和柱等属于一般的构件,楼梯、栏杆、平台等则是次要的构件,可采用质量等级较低的钢材。

（2）结构和构件承受荷载的性质

结构承受的荷载可分为静力荷载和动力荷载两种。对承受动力荷载的结构或强烈地震高烈度设防区的结构,应选用塑性、冲击韧性好的质量高的钢材,如Q345-C或Q235-C;对承受静力荷载的结构可选用一般质量的钢材如 Q235-BF,以降低造价。

（3）钢结构的连接方法

钢结构的连接有焊接和非焊接之分,焊接结构由于在焊接过程中不可避免地会产生焊接应力、焊接变形和焊接缺陷,因此,应选择碳、硫、磷含量相对较低,塑性、韧性和可焊性都较好的钢材。

（4）结构的工作环境

结构所处的环境如温度变化、腐蚀作用等对钢材性能的影响很大。在低温下工作的结构,尤其是焊接结构,应选用具有良好抗低温脆断性能的镇静钢,结构可能出现的最低温度应高于钢材的冷脆转变温度。当周围有腐蚀性介质时,应对钢材的抗锈蚀性提出相应要求。

2）钢材的选用

根据上述的钢材选用原则,承重结构所用的钢材应具有屈服强度、抗拉强度、断后伸长率和硫、磷含量的合格保证,对焊接结构尚应具有碳当量的合格保证。焊接承重结构以及重要的非焊接承重结构采用的钢材应具有冷弯试验的合格保证;对直接承受动力荷载或需验算疲劳的构件所用钢材尚应具有冲击韧性的合格保证。

钢材质量等级选择应符合以下规定:

A级钢仅可用于结构工作温度高于0℃的不需要验算疲劳的结构,且Q235A钢不宜用于焊接结构。对于需验算疲劳的焊接结构用钢材:当工作温度高于0℃时其质量等级不应低于B级;当工作温度不高于0℃但高于-20℃时,Q235、Q345钢不应低于C级,Q390、Q420及Q460钢不应低于D级;当工作温度不高于-20℃时,Q235钢和Q345钢不应低于D级,Q390钢、Q420钢、Q460钢应选用E级。

需验算疲劳的非焊接结构,其钢材质量等级要求可较上述焊接结构降低一级但不应低于B级。吊车起重量不小于50 t的中级工作制吊车梁,其质量等级要求应与需要验算疲劳的构件相同。

4.5 木材

4.5.1 木材的特点与分类

1）木材的特点

木材在土木工程中占有重要而独特的地位,即使在各种新型结构材料与装饰材料不断涌现的情况下,其地位也不可能被取代。

（1）木材的优点

作为建筑材料和装饰材料,木材具有以下优点:

① 比强度大　木材的重量轻、强度高。较其他材料相比,具有很高的强度-容重比。

② 纹理美观、色调温和　木材所具有自然生长的纹理和色泽,风格典雅,极富装饰性。

③ 弹性韧性好　具有良好的抗冲击性能和减振性能。

④ 导热性低、绝缘性好　具有较好的隔热、保温和电绝缘性。

⑤ 化学稳定性好　干燥木材具有较好的化学稳定性,天然环保无毒性,宜于人体接触。

⑥ 加工性能好　易于加工并制成各种所需形状的产品。

（2）木材的缺点

由于木材的组成和构造是由树木的自然生长所决定,人们在使用时必然会受到木材自然属性的限制。木材的缺点主要表现在以下几个方面:

① 各向异性　由于木材的组织构造特点,在材质、力学性能等方面各向异性较为突出,在使用中需多加注意。

② 湿胀干缩大　受环境湿度的影响,木材的湿胀和干缩大,如处理不当易产生翘曲变形和开裂。

③ 天然缺陷较多　因属于自然生长的原因,难免会有如节疤、虫眼、腐朽等,因而降低了材质和利用率。

④ 耐火性较差　不耐高温,遇火易燃。

⑤ 易腐朽、虫蛀　由于木材属于生物材料,容易受到微生物和蛀虫的侵蚀,故在使用时需进行防腐、防虫蛀处理和维护。

2）木材的分类

按木材的树种分,木材可分为针叶树材和阔叶树材两大类。

按供货材型分,木材可分为原木、板材和方木。原木是将伐倒树木经修枝造材后所得到的木材;板材是宽度为厚度的 3 倍或 3 倍以上的型材;方木是宽度不及厚度 3 倍的型材。

按加工类型分,木材可分为原木、锯材(方木、板材、规格材)和胶合材。

4.5.2　木材的物理力学性质

1）木材的物理性质

（1）含水率

木材含水率通常指木材内所含水分的质量占其烘干质量的百分比。木材内部所含的水根据其存在形式可分为三种,即自由水(存在于细胞腔与细胞间隙中)、吸附水(存在于细胞壁内)和化合水(木材化学组成中的结合水)。水分进入木材后,首先吸附在细胞壁内的细纤维间,成为吸附水,吸附水饱和后,其余的水成为自由水。木材干燥时,首先失去自由水,然后才失去吸附水。当木材细胞腔和细胞间隙中的自由水完全脱去为零,而细胞壁吸附水饱和时,木材的含水率称为"木材的纤维饱和点"。纤维饱和点随树种而异,一般在 23%～31% 之间,平均为 30% 左右。纤维饱和点是木材物理力学性质发生改变的转折点,是木材含水率是否影响其强度和干缩湿胀的临界值。

木材具有较强的吸湿性。当木材的含水率与周围空气相对湿度达到平衡时,此含水率称为平衡含水率。平衡含水率随周围大气的温度和相对湿度而变化。周围空气的相对湿度为100%时,木材的平衡含水率便等于其纤维饱和点。

（2）湿胀干缩

木材具有显著的湿胀干缩性,这是由木材细胞壁内吸附水含量的变化引起的。当木材由潮湿状态干燥到纤维饱和点时,其尺寸不变,而继续干燥到其细胞壁中的吸附水开始蒸发时,木材开始发生体积收缩(干缩)。在逆过程中,即干燥木材吸湿时,随着吸附水的增加,木材将发生体积膨胀(湿胀),直到含水率到达纤维饱和点为止,此后,尽管木材含水量会继续增加,即自由水增加,但体积不再发生膨胀。

木材的湿胀干缩对其使用存在严重影响,干缩使木结构构件连接处产生缝隙而导致接合松弛,湿胀则造成凸起。防止胀缩最常用的方法是对木料预先进行干燥,达到估计的平衡含水率时再加工使用。

（3）木材质量密度

木材质量密度(简称密度)为木材单位体积的质量。木材密度大则强度高,反之则强度低。木材密度随其含水率和树种而异,大约为400～750 kg/m³,各树种的平均密度约为500 kg/m³。

工程上通常以含水率为15%的密度作为标准密度,对含水率小于30%的木材密度,可按以下经验公式换算成标准密度:

$$\rho_{15} = \rho_w[1 + 0.1(1 - k_V)(15 - w)] \tag{4.13}$$

式中：ρ_{15}——含水率为15%时的木材密度；

　　　ρ_w——含水率为w%时的木材密度；

　　　k_V——木材体积收缩系数,落叶松、山毛榉、白桦为0.6,其他木材为0.5；

　　　w——木材的含水率($w < 30$)。

木材的密度大小,反映木材一系列物理性质,如木材的密度大,则干缩湿胀大,强度也大,可用来识别木材和估量木材工艺性质的优劣及作为计算运输量的依据。

2）木材的力学性能

木材的力学性能,是指木材在各外力作用下,变形及承载力方面所表现出来的性能。

根据外力在木构件上作用的方向、位置不同,木构件的工作状态分为受拉、受压、受弯、受剪等(图4.17)。木构件亦因此产生相应的应力和变形。

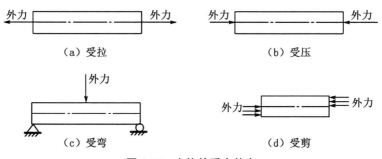

图4.17　木构件受力状态

（1）木材的抗拉强度

木材的抗拉强度有顺纹抗拉强度和横纹抗拉强度两种。

① 顺纹抗拉强度　木材的顺纹抗拉强度是指外力与木材纤维方向相平行的抗拉强度，是用木材标准小试件测得的，其数值是木材所有强度中最大的。但由于材料中的节子、斜纹、裂缝等木材缺陷对抗拉强度的影响，在实际应用中，木材的顺纹抗拉强度可能反而比顺纹抗压强度低。因此，工程中对于木结构中的受拉构件，须采用材质等级为 I_a 级的木材。

② 横纹抗拉强度　木材的横纹抗拉强度是指外力与木材纤维方向相垂直的抗拉强度。木材的横纹抗拉强度远小于顺纹抗拉强度。对于一般木材，其横纹抗拉强度约为顺纹抗拉强度的 1/4～1/10。所以，在承重结构中不允许木材横纹承受拉力。

（2）木材的抗压强度

木材的抗压强度也有顺纹抗压强度和横纹抗压强度两种。

① 顺纹抗压强度　顺纹抗压强度即外力与木材纤维方向相平行的抗压强度。由木材标准小试件测得的顺纹抗压强度，约为顺纹抗拉强度的 40%～50%。由于木材的缺陷对顺纹抗压强度的影响很小，因此，木构件的受压工作要比受拉工作可靠得多。

② 横纹抗压强度　横纹抗压强度即外力与木材纤维方向相垂直的抗压强度。木材的横纹抗压强度比顺纹抗压强度低。垫木、枕木等均为横纹受压构件。

（3）木材的抗弯强度

木材在受弯工作状态时，截面上部产生顺纹压应力，截面下部产生顺纹拉应力，且越靠近截面边缘，所受的压应力或拉应力也越大。木材的抗弯强度大于顺纹抗压强度和横纹抗压强度。由于木材的缺陷对受拉影响大，对受压影响小，因此，对大梁、格栅、檩条等受弯构件，不允许在其受拉区内存在节子、斜纹、裂缝等木材缺陷。

（4）木材的抗剪强度

外力作用于木材，使其一部分脱离邻近部分而滑动时，在滑动面上单位面积所能承受的外力，称为木材的抗剪强度。如图 4.18 所示，木材的抗剪强度有顺纹抗剪强度、横纹抗剪强度和剪断强度二种。

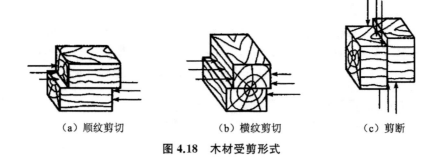

　　（a）顺纹剪切　　　　　　（b）横纹剪切　　　　　（c）剪断

图 4.18　木材受剪形式

① 顺纹抗剪强度　如图 4.18（a）所示，木材顺纹受剪时，绝大部分是破坏在受剪面中纤维的联结部分，因此，木材顺纹抗剪强度较小。

② 横纹抗剪强度　如图 4.18（b）所示，木材的横纹抗剪强度也不大，但大于顺纹抗剪强度。

③ 剪断强度 如图 4.18(c)所示,这是要剪断木材纤维的一种作用,木材在此种作用下的强度较大,约为顺纹抗剪强度的 3 倍。

木材的裂缝如果与受剪面重合,将会大大降低木材的抗剪承载能力,常为构件结合破坏的主要原因。这种情况在工程中必须避免。

木材顺纹和横纹抵抗外力的能力各不相同,各项强度之间的关系见表 4.6。常用树种的木材主要力学性能可扫码查阅。

表 4.6 木材各种强度的比例关系

抗压强度		抗拉强度		抗剪强度		抗弯强度
顺纹	横纹	顺纹	横纹	顺纹	横纹	
1	1/10~1/3	2~3	1/20~1/3	1/7~1/3	1/2~1	1.5~2

注:表中以顺纹抗压强度为 1,其他各项强度皆为其倍数。

（5）木材的弹性变形

不超过比例极限的外力作用于木材所产生的变形,随着外力去除而可消失,即能够恢复原来的形状和尺寸,这种变形称为木材的弹性变形。实验表明,木材具有近乎相等的受拉、受压弹性模量,但剪切弹性模量则相差较大,具体数值可扫二维码查阅。

（6）木材的塑性变形

作用于木材的外力超过其比例极限时产生的变形,不随外力去除而消失,而保留变形后的形状,这种变形称为塑性变形（又称永久变形）。开始产生塑性变形时的应力称为弹性极限。木材的弹性极限略高于比例极限,由于二者相差甚微,故通常不予区分,统一使用比例极限。

（7）木材的黏弹性

木材为生物高分子材料,它受到外力作用时会有三种变形:瞬时弹性变形、黏弹性变形（也称滞后弹性变形）及塑性变形。木材承受荷载时,产生与加荷进度相适应的变形称为瞬时弹性变形,它服从于胡克定律。加荷过程终止,木材即产生随时间递减的弹性变形,称为黏弹性变形,它是因纤维素分子链的卷曲或线伸展造成,这种变形也是可逆的,与弹性变形相比具有时间滞后性。而因外力荷载作用使纤维素分子链彼此滑动所造成的变形,称为塑性变形,是不可逆转的变形。木材的这种特性就称为木材的黏弹性,它表现为木材的徐变和松弛。

① 木材的徐变 在应力不变的情况下,木材的应变随时间增长而增大的现象称为徐变。木材在长期荷载下讨论应力和应变时,必须考虑时间等因素。讨论材料变形时,必须同时考虑弹性和黏性两个性质的作用。

② 木材的松弛现象 实验观测发现,如果令木材在外力作用下的变形保持不变,则对应此恒定变形的应力将会随着时间的延长而逐渐减小。木材这种恒定应变条件下,应力随着时间延长而逐渐减小的现象称为应力松弛。木材的松弛与其密度成反比,与含水率成正比。

产生徐变的材料必定会产生松弛,与此相反的过程也能进行。两者主要区别在于:徐变中应力是常数,应变随时间延长而增大;而在松弛中,应变是常数,应力则逐渐减小。两者发生的根本原因就在于木材是既有弹性又有塑性特性的材料。

建筑物木构件在长期承受静荷载时,要考虑徐变所带来的影响。

3)影响木材力学性能的主要因素

木材的强度和变形除因树种、产地、生长条件与时间、部位的不同而变化外,还与含水率、负荷时间、温度及缺陷等有关。

本 章 小 结

本章主要介绍了钢筋、混凝土、砌体块材、砂浆、钢结构以及木结构用材的分类、材料的物理力学性能等。

1. 钢筋的应力-应变关系曲线(软钢和硬钢),屈服前,视为弹性体,屈服后,钢筋的变形急剧加大,使得钢筋混凝土构件不适于继续承载,构件的挠度过大,裂缝过宽。故钢筋的设计强度取屈服强度(或条件屈服强度 $\sigma_{0.2}$)。

2. 常用钢筋的级别名称、代号以及在钢筋混凝土结构中对钢筋性能的要求:高强、易于加工、可焊性和与混凝土之间具有良好的粘结性能。

3. 混凝土的强度等级是由标准试验测得的立方体抗压强度决定的。混凝土的轴心抗压强度和轴心抗拉强度均可由混凝土的立方体抗压强度换算得到。混凝土在复合受力状态下的强度随侧向约束作用的大小或剪切面上的应力大小而不同。

4. 混凝土不是理想的弹性材料。应了解并掌握:混凝土在一次短期荷载作用下和在重复荷载作用下的应力-应变关系曲线;在长期荷载作用下的徐变特性;混凝土的弹性模量等概念。

5. 钢筋与混凝土之间粘结力的组成和影响因素,钢筋的锚固长度计算,钢筋的连接以及混凝土保护层的概念和对保护层厚度的规定。

6. 了解并掌握砌体结构所用的砖、砌块和石材的名称、分类和代号及其意义。

7. 了解并掌握砌筑用的砂浆种类、名称及基本性能要求,以及选择方法。

8. 钢结构用材包括钢材和连接材料,其中钢材主要为热轧成型的钢板、型钢,以及冷弯成型的薄壁型钢。了解并掌握钢材的品种、名称、规格,以及标识符号。

9. 了解并掌握影响钢结构钢材选用的因素和选用方法。

10. 木材可按树种、供货材型、加工类型进行分类,其主要物理指标包括含水率、湿胀干缩和质量密度。

11. 了解并掌握木材在各种受力情况(拉、压、弯、剪)下的力学性能,尤其要注意的是,横纹和顺纹的力学指标的差异。

12. 影响木材力学性能的主要因素有:含水率、负荷时间、温度以及材料缺陷等。

思考题与习题

4.1 建筑用的钢筋有哪些种类?常用钢筋的级别名称、表示符号为何?

4.2 有屈服点和没有屈服点的钢筋的应力-应变关系曲线有何不同?为什么取屈服强

度作为钢筋的设计强度？

4.3 常用的混凝土有哪几个强度指标？各用什么符号表示？相互关系如何？

4.4 绘制混凝土棱柱体试件在一次短期荷载作用下的应力–应变关系曲线，并指出 f_c、ε_0、ε_{cu} 等特征值点。

4.5 什么是混凝土的弹性模量？如何确定？

4.6 什么是混凝土的徐变？影响徐变的主要因素有哪些？徐变对钢筋混凝土结构有哪些影响？

4.7 钢筋与混凝土之间的粘结力由哪几部分组成？影响粘结强度的主要因素有哪些？

4.8 钢筋的锚固长度和搭接长度应如何确定？

4.9 砌体结构所用的砖、砌块有几个等级？相应的表示符号以及符号的意义如何？

4.10 砌筑砌体所用的砂浆分成哪几类？砂浆的强度如何确定？又如何表示？

4.11 钢结构所用钢材有哪些种类？其性能用哪些指标表述？

4.12 钢材选用的原则和方法如何？如何选择？

4.13 木材是如何分类的？木材的主要优缺点有哪些？

4.14 木材的变形有哪几种？

4.15 何为木材的顺纹、横纹受力？差异如何？

混凝土梁、板的设计

本章主要讲述建筑结构中混凝土梁、板构件的基本构造要求、正截面和斜截面的受力特点、破坏形态和影响承载力的主要因素、设计计算方法；介绍了受弯构件的承载力试验、承载力的计算公式和适用条件（正截面单筋矩形、双筋矩形和 T 形截面的配筋计算和截面承载力复核计算，以及斜截面的计算方法、步骤）；受扭构件的破坏特征和配筋要求；还介绍了混凝土梁的变形、裂缝和耐久性方面的计算和要求。

5.1 混凝土梁、板的一般构造要求

各种类型的梁、板是工程结构中典型的受弯构件，受弯构件通常指截面上作用弯矩和剪力的构件。梁一般指承受垂直于其纵轴方向荷载的线形构件，它的截面尺寸小于其跨度。板是一个具有较大平面尺寸，但却有相对较小厚度的面形构件。

构造要求是结构设计的一个重要组成部分，它是在长期工程实践经验以及试验研究等基础上对结构计算的必要补充，以考虑结构计算中没有计及的因素（如混凝土收缩、徐变、温度效应等）。结构计算和构造措施是相互配合的，在受弯构件承载力计算之前，有必要了解其有关的构造要求。

5.1.1 截面形式和尺寸

1) 截面形式

建筑工程中受弯构件常见的梁、板截面形式如图 5.1 所示。跨度较小的板一般采用实心平板，施工方便；大跨度板为了减小自重、节约材料，可采用空心板、槽形板；梁的常用截面形式有矩形、T 形、工字形、箱形等，此外，还可根据需要做成 Γ 形、L 形、圆形等。

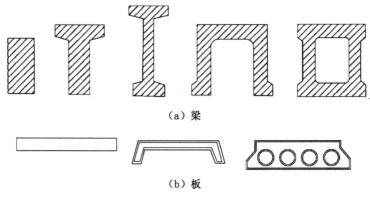

（a）梁

（b）板

图 5.1 混凝土受弯构件的常用截面形式

2) 截面尺寸

在梁的设计中,截面尺寸的选用既要满足承载力条件,又要满足刚度要求,还应便于施工。梁的截面高度常用高跨比(h/l)来估计,简支梁取高跨比 $1/12\sim1/8$,连续梁取 $1/14\sim1/10$;截面的宽度常用高宽比(h/b)来估计,在矩形截面中,一般为 $2.0\sim3.5$,在 T 形截面中为 $2.5\sim4.0$,有些预制的薄腹梁 h/b 达到 6 左右,并应在此范围内根据常用的模数尺寸取整。常用的尺寸为:矩形截面的宽度及 T 形截面的腹板宽度为 120 mm、150 mm、180 mm、200 mm、220 mm、250 mm,250 mm 以上按 50 mm 为模数递增;常用的梁高有:250 mm、300 mm、350 mm、……、800 mm,以 50 mm 为模数递增,800 mm 以上以 100 mm 为模数递增。

板的厚度选用时,为保证刚度、满足挠度控制要求,楼板厚度对于单向板一般不少于跨度的 $1/30$,双向板一般不少于跨度的 $1/40$。在设计钢筋混凝土楼盖时,由于板的混凝土用量占整个楼盖的混凝土用量多达一半甚至更多,从经济方面考虑宜采取较小的板厚。另一方面,由于板的厚度尺寸较小,施工误差的影响就相对较大,为此,《规范》规定现浇钢筋混凝土板的最小厚度应满足表 5.1 的规定。在房屋建筑工程中板的常用厚度有 60 mm、70 mm、80 mm、100 mm、120 mm。预制板可薄一些,且可以 5 mm 为模数增减。板的宽度一般较大,设计时取单位宽度 $b=1\,000$ mm 进行计算。

表 5.1 现浇钢筋混凝土板的最小厚度（单位:mm）

板 的 类 别		最小厚度
单向板	屋面板	60
	民用建筑楼板	60
	工业建筑楼板	70
	行车道下的楼板	80
双向板		80
密肋楼盖	面板	50
	肋高	250
悬臂板(根部)	板的悬臂长度≤500 mm	60
	板的悬臂长度 1 200 mm	100
无梁楼板		150
现浇空心楼盖		200

5.1.2 钢筋的配置

1) 梁中钢筋的配置

在混凝土梁中配置的钢筋主要有纵向钢筋(简称纵筋)、箍筋、架立筋和弯起钢筋,如图 5.2 所示。若遇梁高较大时还需设置腰筋、拉结筋等。

在梁中配置的纵向受力筋,推荐采用 HRB400、HRB500、HRBF400 和 HRBF500 级钢

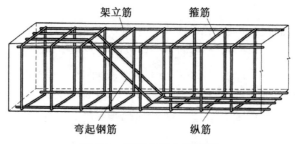

图 5.2　混凝土梁中的钢筋

筋,也可采用 HPB300、HRB335、HRBF335 和 RRB400 级钢筋。常用的钢筋直径有 12 mm、14 mm、16 mm、18 mm、20 mm、22 mm、25 mm、28 mm,必要时也可采用更粗的直径。在设计中,如需采用不同直径时,其直径差至少为 2 mm,以便于在施工中识别,但也不宜超过 4~6 mm。梁中受力钢筋的根数不宜太多,否则会增加浇筑混凝土的困难;但也不宜太少,最少为 2 根。为便于混凝土的浇捣和保证混凝土与钢筋之间有足够的粘结力,梁内下部纵向钢筋的净距不应小于钢筋的直径和 25 mm,上部纵向钢筋的净距不应小于钢筋直径的 1.5 倍,同时不得小于 30 mm,如图 5.3 所示。纵向钢筋应尽可能布置成一排,如遇根数较多,也可排成两排,但此时因钢筋重心上移,内力臂减小了。

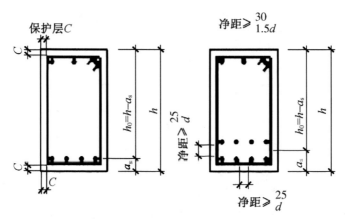

图 5.3　梁中钢筋净距、保护层及有效高度

2) 板中钢筋的配置

板内的配筋一般有受力钢筋和分布钢筋两种,如图 5.4 所示。板内的受力钢筋沿跨度方向布置在截面受拉一侧,通常用 HPB300、HRB335、HRB400、HRBF400 级;板中钢筋的常用直径有:6 mm、8 mm、10 mm、12 mm。板内配筋不宜过稀。钢筋的间距一般取 70~200 mm。钢筋间距太大,传力不均匀,容易造成裂缝宽度增大或混凝土局部破坏。

当按单向板设计时,还应在垂直于受力钢筋的方向布置分布钢筋。分布钢筋的作用是将板面荷载更均匀地传给受力钢筋,同时还起到固定受力钢筋、抵抗温度变化和混凝土收缩应力的作用。常用直径有:6 mm、8 mm、10 mm,且规定每米板宽中分布钢筋的面积不少于受力钢筋面积的 15%,且配筋率不宜小于 0.15%;分布钢筋宜采用 HPB300、HRB335 级;间距不宜大于 250 mm,直径通常采用 6 mm 和 8 mm;当集中荷载较大时,分布钢筋的配筋面

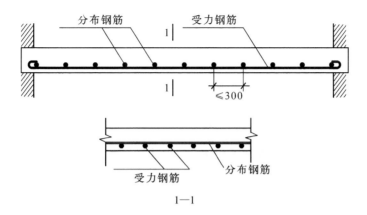

图 5.4 板的配筋

积应适当加大,钢筋间距宜取不大于 200 mm;分布钢筋应布置在受力钢筋的内侧。

3) 配筋率

梁中配置钢筋数量的多少通常用配筋率 ρ 来衡量,纵向受拉钢筋的配筋率是指截面中纵向受拉钢筋的截面面积与截面有效面积之比,即

$$\rho = \frac{A_s}{bh_0} \tag{5.1}$$

式中 ρ——配筋率,按百分比计;

   A_s——纵向受拉钢筋的截面面积;

   b——梁的截面宽度;

   h_0——梁的截面有效高度,为受拉钢筋截面重心(合力作用点中心)至混凝土受压边缘的距离,$h_0 = h - a_s$;

   a_s——纵向受拉钢筋合力点至混凝土受拉边缘的距离,可按实际尺寸计算,一般可近似按表 5.2 取用:

表 5.2 钢筋混凝土梁 a_s 的估值   (单位:mm)

环境等级	混凝土保护层最小厚度	箍筋直径 6 mm		箍筋直径 8 mm	
		受拉钢筋一排	受拉钢筋两排	受拉钢筋一排	受拉钢筋两排
一	20	35	60	40	65
二 a	25	40	65	45	70
二 b	35	50	75	55	80
三 a	40	55	80	60	85
三 b	50	65	90	70	95

5.2 混凝土受弯构件正截面承载力计算

5.2.1 混凝土梁正截面的受力特性

混凝土梁的受力性能与其截面尺寸、配筋量、材料强度等有关,加之截面是由两种材料组成,而且混凝土的非弹性、非均质和抗拉、抗压强度存在巨大差异等原因,如仍按材料力学的方法进行计算,则结果肯定与实际情况不符。目前,钢筋混凝土构件的计算理论一般都是在大量试验的基础上建立起来的。根据破坏特征的不同,可将梁的正截面破坏分为三类,即适筋破坏、超筋破坏和少筋破坏。

1)适筋破坏

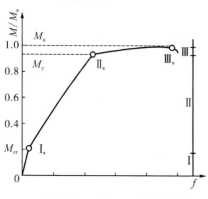

图 5.5 M/M_u-f 关系曲线

根据适筋梁的正截面试验,把从加载开始到最终破坏,分为三个阶段(如图 5.5 所示):当弯矩较小时,挠度与弯矩关系曲线接近线性,受拉区还没出现裂缝,此阶段称为第 I 阶段。随着荷载的增加,当弯矩超过构件的开裂弯矩 M_{cr} 后,构件开裂,关系曲线出现转折,进入第 II 阶段工作。在第 II 阶段中,随着荷载的增长,裂缝不断加宽,并有新裂缝出现挠度也不断增加。荷载继续增加,弯矩达 M_y 时,钢筋受拉达到屈服,第 II 阶段结束,关系曲线出现第二个转折点,梁进入第 III 阶段。在这一阶段,由于受拉钢筋屈服,裂缝急剧开展,挠度迅速增加,当弯矩达到 M_u 时,受压混凝土的应变达到弯曲受压时的极限应变,梁随之破坏。

(1)第 I 阶段(全截面工作阶段)

梁从开始加载到受拉区混凝土开裂前,为梁正截面受力的第 I 阶段。在梁的纯弯段截取一段,如图 5.6 所示。此阶段由于荷载弯矩较小,混凝土和钢筋的应力都不大,受拉区的拉力由受拉钢筋和受拉区的混凝土共同承担,混凝土的应力呈三角形分布;随着荷载的增大,由于混凝土的受拉强度很低,受拉区边缘的混凝土很快产生塑性变形,受拉区混凝土的应力由直线变为曲线,直到受拉区边缘的混凝土的应变达到混凝土的极限拉应变,即将开裂,对应的弯矩为开裂弯矩 M_{cr},并用 I_a 表示第 I 阶段末,如图5.6(a)所示。由于此时混凝土尚未开裂,故可作为受弯构件正截面抗裂计算的依据。

(2)第 II 阶段(带裂缝工作阶段)

在第 I_a 阶段基础上再稍加荷载,受拉区边缘混凝土的应变就超过其极限拉应变,就会在最薄弱处首先出现裂缝,梁进入第 II 阶段。在裂缝截面,除靠近中和轴处还有一部分未裂的混凝土还能承担很小的拉力外,原来拉区混凝土承担的拉力几乎全由钢筋承担。因此裂缝一旦出现,钢筋的应力就突然增加,裂缝也就具有一定的宽度。随着荷载的增加裂缝不断扩大延伸,使中和轴的位置不断上移,受压区混凝土的面积也随之逐步减小,压区混凝土的塑性性质也开始表现出来,并逐渐明显,受压区混凝土的应力图形就由第 I 阶段的直线变为

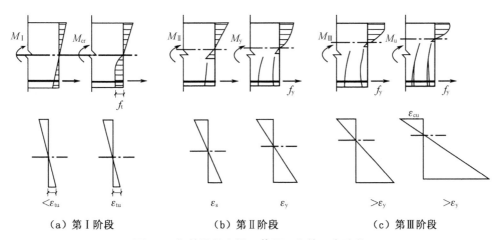

（a）第Ⅰ阶段　　　　　（b）第Ⅱ阶段　　　　　（c）第Ⅲ阶段

图 5.6　钢筋混凝土梁正截面工作的三个阶段

曲线。荷载继续增加,直到使受拉钢筋的应力达到屈服强度,为第Ⅱ阶段结束,用Ⅱₐ表示,所对应的弯矩称为屈服弯矩 M_y。如图 5.6(b)所示。

　　在第Ⅱ阶段中,随着荷载的增加,梁裂缝不断出现、加宽;挠度也不断加大。对于一般不要求抗裂的构件,在正常使用条件下多处于这个阶段,也就是说,对于一般钢筋混凝土结构构件,在正常使用时都是带裂缝工作的。故而第Ⅱ阶段的应力状态是受弯构件在使用阶段验算变形(挠度)和裂缝宽度的依据。

　　(3) 第Ⅲ阶段(破坏阶段)

　　如荷载再继续增加,由于受拉钢筋屈服后,应变急剧增加,构件挠度陡增,屈服截面的裂缝迅速开展并向上延伸,中和轴也随之上移,迫使受压区混凝土的面积进一步减小,混凝土的应力进一步增大,其塑性特征就更加明显,应力图形如图 5.6(c)所示。当受压边缘混凝土的应变达到极限压应变时,受压区混凝土被压碎,截面达到极限承载力 M_u,梁随之破坏,此阶段可用Ⅲₐ表示。按极限状态设计方法的受弯承载力计算应以Ⅲₐ应力状态为计算依据。

　　如上所述,适筋梁正截面的破坏特征是:破坏开始时,裂缝截面的受拉钢筋首先达到屈服,发生很大的变形,裂缝迅速开展并向上延伸,受压区面积减小,最终混凝土受压边缘应变达到极限压应变 ε_{cu},混凝土被压碎,截面破坏。破坏形态如图 5.7(a)所示。由于从钢筋屈服到最终混凝土压碎破坏,钢筋要经历较大的塑性变形,因而构件有明显的裂缝开展和挠度增大过程,这给人以明显的破坏预兆,故这种破坏属于延性破坏。表 5.3 为适筋梁正截面工作三个阶段的主要特征简述。

　　2) 超筋破坏

　　当截面中受拉钢筋配置过多时,将发生超筋破坏。超筋破坏的特征是:由于受拉钢筋的数量过多,加载后,在受拉钢筋尚未达到屈服强度之前,截面就已因受压混凝土被压碎而破坏。这种超筋梁在破坏时裂缝条数较多,但宽度很小,梁的挠度也较小,由于在混凝土压坏前,梁没有明显破坏预兆,破坏带有一定的突然性,属于脆性破坏,这对结构的安全极为不利。另一方面,钢筋的强度也没有得到充分利用,承载力仅取决于混凝土的强度而与钢筋强度无关。因此,在设计中不允许采用超筋梁。超筋截面的破坏形态如图 5.7(b)所示。

表 5.3　适筋梁受弯正截面工作三个阶段的主要特征

项　目		第Ⅰ阶段 （未裂阶段）	第Ⅱ阶段 （带裂缝工作阶段）	第Ⅲ阶段 （破坏阶段）
外观表象		没裂缝、挠度很小	开裂、挠度和裂缝发展	钢筋屈服、混凝土压碎
混凝土应力图形	压区	呈直线分布	应力呈曲线分布，最大值在受压区边缘处	受压区高度明显减小，曲线丰满，最大值不在压区边缘
	拉区	前期为直线，后期呈近似矩形的曲线	大部分混凝土退出工作	混凝土全部退出工作
纵向受拉钢筋应力		$\sigma_s \leqslant 20 \sim 30$ N/mm^2	$20 \sim 30$ N/mm$^2 \leqslant \sigma_s \leqslant f_y$	$\sigma_s = f_y$
计算依据		抗裂	裂缝宽度和挠度	正截面受弯承载力

3）少筋破坏

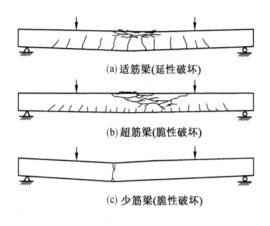

(a) 适筋梁(延性破坏)

(b) 超筋梁(脆性破坏)

(c) 少筋梁(脆性破坏)

图 5.7　混凝土梁正截面破坏的三种形态

如在受拉区配置的钢筋数量过少（$\rho < \rho_{min}$），在开始加载时，受拉区的拉力是由钢筋和混凝土共同承担的，当加载到构件开裂时，原混凝土所承担的拉力全由钢筋承担，钢筋的应力将突然增大，如钢筋的配筋面积过少，其应力会很快达到屈服强度，并经过流幅进入强化阶段，甚至被拉断。构件的裂缝往往只有一条，而且极宽，梁的挠度也很大。而此时的受压区混凝土应力还很小，虽还未压碎，但构件实际上已不能使用。由此可见，少筋梁一旦开裂，就标志着破坏，可以认为开裂弯矩就是它的破坏弯矩。少筋构件的承载力主要取决于混凝土抗拉能力，其承载能力很低，开裂前又没有明显预兆，也属于脆性破坏，在建筑结构中也不允许采用。少筋截面的破坏形态如图 5.7(c)所示。

综上所述，在钢筋混凝土受弯构件设计中，只能采用适筋截面，而不允许采用超筋和少筋截面。因此，《规范》就以适筋截面的破坏为依据，建立受弯构件正截面承载力的计算公式，再配以公式的适用条件，以限制超筋和少筋破坏的发生。

5.2.2　单筋矩形截面的正截面承载力计算

1）几个基本假定

（1）截面应变保持平面（平截面假定）

对于钢筋混凝土受弯构件，从加载开始直到最终破坏，截面上的平均应变均保持为直线分布，即符合平截面假定——截面上任意点的应变与该点到截面中和轴的距离成正比。

（2）不考虑混凝土的抗拉强度

对极限状态承载力计算来说，在裂缝截面处，受拉区混凝土大部分已退出工作，剩下靠近中和轴的混凝土虽仍承担拉力，但因其总量及内力臂都很小，完全可将其忽略，对最终计算结果几乎可以忽略不计。

（3）受压区混凝土的应力-应变关系采用
理想化曲线

将混凝土的应力-应变关系理想化,由抛
物线上升段和水平段两部分组成,如图5.8所
示曲线。

图中　σ_c——混凝土压应变为 ε_c 时的压应力。

当 $\varepsilon_c \leqslant \varepsilon_0$ 时（上升段）,$\sigma_c =$

$f_c\left[1-\left(1-\dfrac{\varepsilon_c}{\varepsilon_0}\right)^n\right]$,当 $\varepsilon_0 < \varepsilon_c$

$\leqslant \varepsilon_{cu}$ 时（水平段）,$\sigma_c = f_c$;

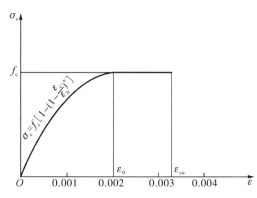

**图 5.8　受压区混凝土应力-应变
关系理想化曲线**

ε_0——受压区的混凝土压应力刚达到

轴心抗压强度设计值 f_c 时的压

应变,按 $\varepsilon_0 = 0.002 + 0.5(f_{cu,k} - 50) \times 10^{-5}$ 计,小于 0.002 时取 0.002;

ε_{cu}——正截面的混凝土极限压应变,按 $\varepsilon_{cu} = 0.003\,3 - (f_{cu,k} - 50) \times 10^{-5}$ 计,大于

0.003 3时取 0.003 3;高强混凝土的应力-应变关系曲线上升比较陡,ε_{cu} 比较

小,反映高强混凝土的脆性加大;轴心受压时取为 ε_0;

n——计算系数,按 $n = 2 - \dfrac{1}{60}(f_{cu,k} - 50)$ 计,大于 2.0 时,取为 2.0。

（4）纵向受拉钢筋的极限拉应变取为 0.01

这一假定规定纵向受拉钢筋的极限拉应变为 0.01,将其作为构件达到承载能力极限状
态的标志之一。即混凝土的极限压应变达到 ε_{cu} 或者受拉钢筋的极限拉应变达到 0.01,这两
个极限应变中只要具备其中一个,就标志着构件达到了承载能力极限状态。纵向受拉钢筋
的极限拉应变为 0.01,对有物理屈服点的钢筋,该值相当于钢筋应变进入了屈服台阶;对无
屈服点的钢筋,设计所用的强度是以条件屈服点为依据的。极限拉应变的规定是限制钢筋
的强化强度,同时,也表示设计采用的钢筋的极限拉应变不得小于 0.01,以保证结构构件具
有必要的延性。

（5）纵向钢筋的应力-应变曲线关系理想化

纵向钢筋的应力取钢筋的应变与其弹性模量
的乘积,但其绝对值不大于其相应的强度设计值。
钢筋的应力-应变关系理想化成如图 5.9 所示
曲线。

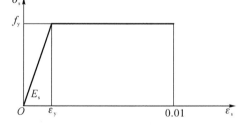

图 5.9　钢筋的应力-应变曲线

2）等效应力图形

如前所述,钢筋混凝土受弯构件的正截面承
载力应该以适筋梁的破坏阶段的应力图形为依据进行计算。但图中混凝土的应力是曲线分
布的,即使根据混凝土的应力-应变关系的理想化曲线简化后的理论应力图形,欲求压区混
凝土的压力合力也很困难。为简化计算,《规范》规定可以将受压混凝土的应力图形简化为
等效的矩形应力图形,如图 5.10 所示。进行等效代换的条件是:等效应力图形的压力合力
与理论应力图形的压力合力大小相等,且合力作用点位置不变。图中,α_1 为矩形应力图形中
混凝土的抗压强度与混凝土轴心抗压强度的比值,β_1 为等效受压区高度 x 与实际受压区高

度 x_a 的比值。根据等效代换的条件以及利用基本假设,理论上可以得出等效应力图形中的参数 α_1 和 β_1。为简化,《规范》规定:混凝土强度在 C50 及以下时,取 $\alpha_1=1.0$ 和 $\beta_1=0.8$;C80 时,取 $\alpha_1=0.94$ 和 $\beta_1=0.74$,其他强度等级混凝土则按直线内插法确定。系数 α_1 和 β_1 可直接按表 5.4 中数值取用。

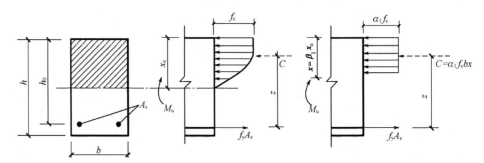

图 5.10 受弯构件理论应力图与等效应力图

表 5.4 混凝土压区等效矩形应力图系数

混凝土的强度等级	≤C50	C55	C60	C65	C70	C75	C80
α_1	1.0	0.99	0.98	0.97	0.96	0.95	0.94
β_1	0.8	0.79	0.78	0.77	0.76	0.75	0.74

3) 界限相对受压区高度与最小配筋率

(1) 相对受压区高度 ξ 与界限相对受压区高度 ξ_b

为研究问题方便,引入受压区相对高度的概念。把经等效代换后的等效应力图形中混凝土的受压区高度 x 与截面有效高度 h_0 之比称为相对受压区高度,并用 ξ 表示。 即

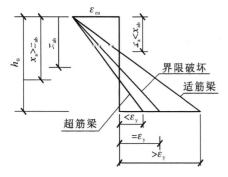

图 5.11 适筋、超筋、界限破坏时
梁正截面平均应变分布图

$$\xi = \frac{x}{h_0} \tag{5.2}$$

当截面中的受拉钢筋达到屈服,受压区混凝土也同时达到其抗压强度(受压区边缘混凝土的压应变达到其极限压应变 ε_{cu})时,称这种破坏为界限破坏。所谓"界限"是指适筋与超筋的分界,界限破坏时的相对受压区高度用 ξ_b 表示。根据平截面假设,如图 5.11 所示,利用其几何关系有:

对于有屈服点的钢筋

$$\xi_b = \frac{x_b}{h_0} = \frac{\beta_1 x_{0b}}{h_0} = \beta_1 \frac{\varepsilon_{cu}}{\varepsilon_{cu} + \varepsilon_s} = \frac{\beta_1}{1 + \dfrac{\varepsilon_s}{\varepsilon_{cu}}} = \frac{\beta_1}{1 + \dfrac{f_y}{E_s \varepsilon_{cu}}} \tag{5.3a}$$

对于无屈服点的钢筋,取 $\varepsilon_s = 0.002 + \varepsilon_y = 0.002 + \dfrac{f_y}{E_s}$,并由上式有

$$\xi_{b}=\frac{x_{b}}{h_{0}}=\frac{\beta_{1} x_{0b}}{h_{0}}=\beta_{1}\frac{\varepsilon_{cu}}{\varepsilon_{cu}+\varepsilon_{s}}=\frac{\beta_{1}}{1+\dfrac{0.002}{\varepsilon_{cu}}+\dfrac{f_{y}}{E_{s}\varepsilon_{cu}}} \tag{5.3b}$$

根据不同的钢筋强度、弹性模量和混凝土强度等级,可推算出配置热轧钢筋时对应的界限相对受压区高度 ξ_{b},如表 5.5。

表 5.5　界限相对受压区高度 ξ_{b}

钢筋	混凝土强度等级			
	$\leqslant$C50	C60	C70	C80
HPB300	0.576	0.556	0.537	0.518
HRB335 HRBF335	0.550	0.531	0.512	0.493
HRB400 HRBF400 RRB400	0.518	0.499	0.481	0.429
HRB500 HRBF500	0.482	0.464	0.447	0.429

由表 5.5 可见,在其他条件不变的情况下,钢筋强度越高,ξ_{b} 值越小;混凝土的极限应变 ε_{cu} 越大,ξ_{b} 值越大。当配筋数量超过界限状态破坏的配筋量时(发生超筋破坏),因钢筋的应力 σ_{s} 要小于其设计强度 f_{y},从图 5.11 可以看出,相应的混凝土受压区高度也较之于界限状态破坏的为大,则其相对受压区高度 $\xi\left(\xi=\dfrac{x}{h_{0}}\right)$ 也大于界限状态破坏时的 ξ_{b}。同理,当配筋数量少于界限状态破坏的配筋量时,钢筋的应变则要大于界限状态破坏时的应变,相对受压区高度 ξ 也就小于界限状态破坏时的 ξ_{b}。因此,可以用相对受压区高度 ξ 与界限状态破坏时的 ξ_{b} 关系来判别是否超筋:若 $\xi > \xi_{b}$(即 $x > \xi_{b}h_{0}$),则截面超筋;反之,若 $\xi \leqslant \xi_{b}$(即 $x \leqslant \xi_{b}h_{0}$),则截面不超筋。

(2)适筋与少筋的界限及最小配筋率

由于在钢筋混凝土构件的设计中,不允许出现少筋截面,因此,《规范》规定:配筋截面必须保证配筋率不小于最小配筋率,即满足 $\rho \geqslant \rho_{min}$ 的条件。否则,认为将出现少筋破坏。截面最小配筋率 ρ_{min} 的规定参见附表 13。注意,验算最小配筋量时应采用全部截面 bh,而不是用 bh_{0}。

(3)截面的经济配筋率

在截面设计时,截面尺寸可以有多种不同的选择,相应的配筋率也就不同。显然,配筋率是否恰当,无疑对结构的经济性有着直接的影响。钢筋混凝土梁的常用配筋率(也称经济配筋率)范围:矩形截面梁为(0.6~1.5)%,T 形截面梁为(相对于梁肋)(0.9~1.8)%,钢筋混凝土板为(0.4~0.6)%。

对于有特殊要求的情况,可不必拘泥于上述范围,如需减轻自重,则可选择较小的截面尺寸,使配筋率略高于上述范围;又如对要求抗裂的构件,则截面尺寸会相对较大,配筋率就会低于上述范围。

4）承载力计算基本公式

（1）基本公式

单筋截面是指仅在构件的受拉区配置纵向受力钢筋的截面。根据适筋梁破坏时的应力状态，单筋矩形截面在承载力极限状态下的计算应力图形如图 5.12 所示。

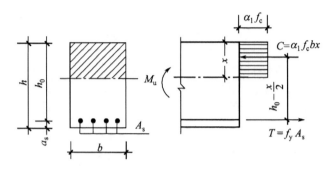

图 5.12　单筋矩形截面受弯构件的正截面承载力计算简图

根据计算简图和截面内力平衡条件，即可得出计算单筋矩形截面受弯构件正截面承载力的基本公式：

由水平力平衡有
$$\alpha_1 f_c b x = f_y A_s \tag{5.4}$$

由力矩平衡有
$$M \leqslant M_u = \alpha_1 f_c b x \left(h_0 - \frac{x}{2} \right) \tag{5.5a}$$

或
$$M \leqslant M_u = f_y A_s \left(h_0 - \frac{x}{2} \right) \tag{5.5b}$$

将 $\xi = x / h_0$ 代入以上各式

$$\alpha_1 f_c b h_0 \xi = f_y A_s \tag{5.6}$$

$$M \leqslant M_u - \alpha_1 f_c b h_0^2 \xi (1 - 0.5\xi) = \alpha_s \alpha_1 f_c b h_0^2 \tag{5.7a}$$

或
$$M \leqslant M_u = f_y A_s h_0 (1 - 0.5\xi) = f_y A_s h_0 \gamma_s \tag{5.7b}$$

式中　M——弯矩设计值，按承载能力极限状态荷载效应组合计算，并考虑结构重要性系数 γ_0 在内；

　　　M_u——正截面极限抵抗弯矩；

　　　f_c——混凝土轴心抗压强度设计值；

　　　f_y——纵向受拉钢筋抗拉强度设计值；

　　　A_s——纵向受拉钢筋的截面面积；

　　　α_1——等效图形的混凝土抗压强度与 f_c 的比值，由表 5.4 查得；

　　　b——矩形截面的宽度；

　　　h_0——截面的有效高度；

　　　x——按等效矩形应力图形计算的混凝土受压区高度；

　　　α_s——截面抵抗矩系数，$\alpha_s = \xi(1 - 0.5\xi)$；

　　　γ_s——内力臂系数，$\gamma_s = 1 - 0.5\xi$。

由式(5.4)可得

$$x = \frac{f_y A_s}{\alpha_1 f_c b} \tag{5.8}$$

相对受压区高度可表示为

$$\xi = \frac{x}{h_0} = \frac{f_y A_s}{\alpha_1 f_c b h_0} = \rho \frac{f_y}{\alpha_1 f_c} \tag{5.9}$$

由式(5.9)可得

$$\rho = \xi \frac{\alpha_1 f_c}{f_y} \tag{5.10}$$

（2）基本公式的适用条件

上述的基本公式是根据适筋截面的等效矩形应力图形推导出的,故仅适用于适筋截面。因此,基本公式必须限制在满足适筋破坏的条件下才能使用。

① 防止发生超筋破坏　为防止发生超筋破坏,在设计计算时应满足:

$$\xi \leqslant \xi_b \tag{5.11}$$

或

$$x \leqslant \xi_b h_0 \tag{5.12}$$

或

$$\rho \leqslant \rho_{max} = \xi_b \frac{\alpha_1 f_c}{f_y} \tag{5.13}$$

② 防止发生少筋破坏　为防止发生少筋破坏,设计时应满足:

$$A_s \geqslant A_{s,\,min} = \rho_{min} b h \tag{5.14}$$

式中　ρ_{min}——纵向受力钢筋的最小配筋率,按附表 13 取用。

5）基本计算公式的应用

钢筋混凝土受弯构件的正截面承载力计算包括截面设计和承载力复核两类问题。

（1）截面设计

所谓截面设计,是指根据已知截面所需承担的弯矩设计值等条件,满足前述的构造要求,选择截面尺寸,确定材料等级,计算配筋用量并确定其布置。一般步骤如下:

① 确定截面尺寸　如前述的构造规定,并根据使用要求,选择适当的高跨比、高宽比,进而确定截面的高度 h 和宽度 b。梁高也可根据经济配筋率 $\rho = (0.6 \sim 1.5)\%$ 按下式估取:

$$h_0 = (1.05 \sim 1.1) \sqrt{\frac{M}{\rho f_y b}} \tag{5.15}$$

② 计算 α_s　由基本公式(5.7a)有: $\alpha_s = \dfrac{M}{\alpha_1 f_c b h_0^2}$;

③ 计算 ξ 或 γ_s　若 $\alpha_s \leqslant \alpha_{s,\,max} = \xi_b(1 - 0.5\xi_b)$,则必有 $\xi \leqslant \xi_b$,即截面不超筋,则可计算 $\xi = 1 - \sqrt{1 - 2\alpha_s}$ 或 $\gamma_s = 0.5(1 + \sqrt{1 - 2\alpha_s})$;

④ 计算 A_s　$A_s = \xi \alpha_1 f_c b h_0 / f_y$ 或 $A_s = M / (\gamma_s f_y h_0)$;

⑤ 验算最小配筋率 $A_s \geqslant \rho_{min} bh$；

⑥ 选配钢筋 根据以上配筋计算的结果 A_s 和规定的钢筋间距、直径等构造要求，查用附表 14、附表 15，选择合适的钢筋直径、根数，实际配筋的面积与计算面积的误差宜控制在 5% 以内；

⑦ 画截面配筋图 按制图要求绘制截面的配筋图，标注各部分尺寸和配筋。

如果在上述的计算中出现 $\alpha_s \geqslant \alpha_{s,max} = \xi_b(1-0.5\xi_b)$ 的情况，则说明截面尺寸选择过小，梁将发生超筋的脆性破坏，故应加大截面尺寸，或提高混凝土的强度等级进行调整，直到满足。

由前述可知，正截面承载力计算系数 α_s、γ_s 仅与相对受压区高度 ξ 有关，三者间存在一一对应关系，在具体应用时，既可应用上述公式计算，也可编制成计算表格（见附表 16）直接查得。

（2）截面承载力复核

截面承载力复核是对已确定的截面（可能是已建成或已完成的设计）进行计算，以校核截面承载力是否满足要求。一般是已知材料的设计强度 $\alpha_1 f_c$、f_y、截面尺寸 $b \times h$ 及 h_0 和纵向钢筋的截面面积 A_s，要求计算该截面的极限抵抗弯矩 M_u，并与已知的弯矩设计值 M 比较，以确定截面是否安全，如不安全则应采取加固措施或重新进行设计。

首先，按式（5.8）计算受压区高度 x，并验算是否满足 $x \leqslant \xi_b h_0$。若满足 $x \leqslant \xi_b h_0$，则按式（5.5）或式（5.7）计算 M_u，并与已知的 M 比较，若 $M_u \geqslant M$，则截面的承载力满足要求，否则，不安全；若 $x > \xi_b h_0$，则说明截面超筋，应取 $\xi = \xi_b$（或 $x = x_b = \xi_b h_0$），再按式（5.7a）或式（5.5）计算 M_u。

【例 5.1】 一楼面混凝土大梁，截面尺寸 $b \times h = 250 \text{ mm} \times 500 \text{ mm}$，如图 5.13 由荷载产生的跨中最大弯矩设计值 $M = 210 \text{ kN·m}$，混凝土的强度等级为 C30（$\alpha_1 = 1.0$，$f_c = 14.3 \text{ N/mm}^2$，$f_t = 1.43 \text{ N/mm}^2$），钢筋采用 HRB400 级（$f_y = 360 \text{ N/mm}^2$），一类环境，箍筋直径为 8 mm，安全等级为二级。求所需的纵向受力钢筋面积 A_s。

【解】 估计钢筋单排放置，由表 5.2 可估取 $a_s = 40 \text{ mm}$，则 $h_0 = h - a_s = 500 - 40 = 460 \text{ mm}$；结构重要性系数 $\gamma_0 = 1.0$。

由式（5.7a）得

$$\alpha_s = \frac{M}{\alpha_1 f_c b h_0^2} = \frac{210 \times 10^6}{1.0 \times 14.3 \times 250 \times 460^2} = 0.278$$

$$\xi = 1 - \sqrt{1 - 2\alpha_s} = 1 - \sqrt{1 - 2 \times 0.278} = 0.333 < \xi_b = 0.518$$

代入式（5.6）

$$A_s = \frac{\alpha_1 f_c b h_0 \xi}{f_y} = \left(\frac{1.0 \times 14.3 \times 250 \times 460 \times 0.333}{360} \right) \text{mm}^2$$

$$= 1\ 521.2 \text{ mm}^2$$

验算最小配筋率

$$A_{s,min} = \left\{ 0.002bh, \quad 0.45\frac{f_t}{f_y}bh \right\}_{max}$$

$$= \{250, 223.4\}_{max} = 250 \text{ mm}^2$$

$$< A_s = 1\ 521.2 \text{ mm}^2 \qquad \text{满足要求。}$$

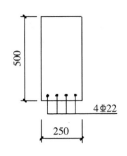

图 5.13 例题 5.1 截面配筋图

查附表 14 选 4 Φ 22，$A_s = 1\,520$ mm²，配筋如图 5.13。

【例 5.2】 某梁跨中截面的最大弯矩设计值 $M = 200$ kN·m，环境类别为一类。选用混凝土强度等级为 C30，钢筋为 HRB400 级钢筋。若将该梁设计成矩形截面，确定其截面尺寸及受拉钢筋。

扫二维码查阅本例题解答。

【例 5.3】 某大楼一钢筋混凝土矩形梁，所处环境类别为一类，设计使用年限 100 年，截面尺寸 $b \times h = 250 \times 500$ mm，混凝土为 C40，所用的纵向受拉钢筋为 HRB335 级，4 Φ 18，箍筋直径 8 mm，若梁所承受的最大弯矩设计值 $M = 160$ kN·m，试验算该梁是否安全。

【解】 经查附表 3 和附表 4，有 $f_c = 19.1$ N/mm²，$f_t = 1.71$ N/mm²，$f_y = 300$ N/mm²，$\xi_b = 0.550$，$\gamma_0 = 1.1$

因《规范》规定，对一类环境、设计使用年限为 100 年的结构，混凝土保护层厚度应按《规范》规定的"最小保护层厚度"(20 mm)增加 40%，故保护层 c 应按如下计算

$$c = (20 + 20 \times 40\%)\text{mm} = 28 \text{ mm}$$

对应的
$$a_s = c + d_v + \frac{d}{2} = \left(28 + 8 + \frac{18}{2}\right)\text{mm} = 45 \text{ mm}$$

截面有效高度
$$h_0 = h - a_s = (500 - 45)\text{mm} = 455 \text{ mm}$$

验算基本公式的适用条件：

验算最小配筋率
$$\rho = \frac{A_s}{bh_0} = \frac{1\,017}{250 \times 455} = 0.89\%$$

$$\rho_{min} = \left\{0.2\%,\ 0.45\frac{f_t}{f_y}\right\}_{max} = \left\{0.2\%,\ 0.45\frac{1.71}{300}\right\}_{max} = \{0.2\%,\ 0.26\%\}_{max} = 0.26\%$$

故满足最小配筋率要求。

验算是否超筋：$\xi = \dfrac{f_y A_s}{\alpha_1 f_c b h_0} = \dfrac{300 \times 1\,017}{1.0 \times 19.1 \times 250 \times 455} = 0.140 < \xi_b$ 不超筋。

由式(5.7a)得：
$$\begin{aligned}
M_u &= \alpha_1 f_c b h_0^2 \xi(1 - 0.5\xi)\\
&= 1.0 \times 19.1 \times 250 \times 455^2 \times 0.140(1 - 0.5 \times 0.140)\text{N·mm}\\
&= 128.71 \times 10^6 \text{ N·mm} = 128.71 \text{ kN·m}\\
M &= 1.1 \times 160 = 176 \text{ kN·m} > M_u = 128.71 \text{ kN·m}
\end{aligned}$$

故该梁不安全。

5.2.3 T 形截面正截面承载力计算

1) T 形截面的应用及其受压翼缘计算宽度 b'_f

矩形截面受弯破坏时，在计算中没有考虑受拉区的抗拉作用，因此可以将其中和轴以下的受拉区混凝土去掉部分，如图 5.14 所示，即形成 T 形，这并不改变其受弯承载力的大小，却减小了混凝土的用量和结构

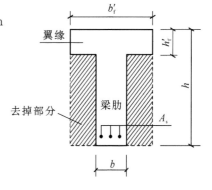

图 5.14 T 形截面及各部分名称

的自重,故在工程中广为应用,通常把这种由受压翼缘和梁肋(亦称腹板)组成的截面称为T形截面。

如图5.15所示为在工程中常见的按T形截面设计计算的构件截面。有些截面看似并非T形截面,但经过变化后也可按T形截面计算,如图5.15(c)所示的空心板、槽形板等。而有些截面看似为T形,如图5.15(d)中2-2截面,因翼缘部分不处于受压区,在计算时则不按T形截面考虑,仍应按矩形截面计算。

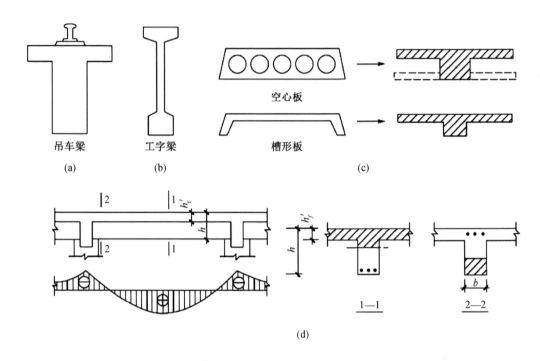

图5.15　各类T形截面

T形截面的受压区很大(梁肋的上部和受压翼缘),混凝土承压一般足够,不需要设置受压钢筋,故大多为单筋截面。

根据试验和理论分析得知,T形梁受弯以后,受压翼缘上的压应力分布是不均匀的,压应力由梁肋向两边逐渐减小,如图5.16(a)、(c)所示。当翼缘宽度很大时,远离梁肋的一部分翼缘则受力很小,因而在计算中,从受力角度讲,也就不必将离梁肋较远受力很小的翼缘作为T形梁的部分进行计算。为了计算方便,《规范》假设,距梁肋一定宽度范围内的翼缘全部参加工作,且在此范围内压应力均匀分布,并按 $\alpha_1 f_c$ 计。而该范围以外部分的混凝土,则不参与受力,如图5.16(b)、(d)所示。这"一定宽度范围"称为受压翼缘计算宽度,并用 b'_f 表示。由实验和理论分析知,翼缘计算宽度 b'_f 与梁的工作情况(整体肋形梁或独立梁)、梁的跨度、翼缘厚度等有关。具体翼缘计算宽度 b'_f 的取值参见表5.6及图5.17。计算时取表中三项中的最小值。

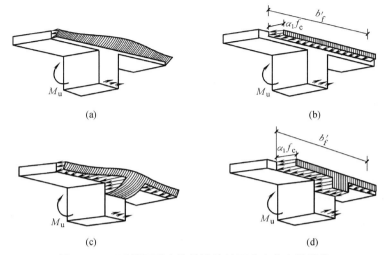

图 5.16　T 形截面受弯构件翼缘的压应力分布及简化

表 5.6　T 形、I 形及倒 L 形截面受压翼缘计算宽度 b_f'

情况		T 形、I 形截面		倒 L 形截面
		肋形梁、肋形板	独立梁	肋形梁、肋形板
1	按计算跨度 l_0 考虑	$l_0/3$	$l_0/3$	$l_0/6$
2	按梁(肋)净距 s_n 考虑	$b+s_n$	—	$b+s_n/2$
3	按翼缘高度 h_f' 考虑　$h_f'/h_0 \geqslant 0.1$	—	$b+12h_f'$	—
	$0.1 > h_f'/h_0 \geqslant 0.05$	$b+12h_f'$	$b+6h_f'$	$b+5h_f'$
	$h_f'/h_0 < 0.05$	$b+12h_f'$	b	$b+5h_f'$

注：1. 表中 b 为腹板宽度；
　　2. 肋形梁在梁跨内设有间距小于纵肋间距的横肋时(图 5.17(b))，则可不遵守表中所列情况 3 的规定；
　　3. 加腋的 T 形和倒 L 形截面(图 5.17(c))，当受压区加腋的高度 $h_h > h_f'$ 且加腋的长度 b_h 不大于 $3h_h$ 时，其翼缘计算宽度可按表列第 3 种情况分别增加 $2b_h$(T 形、I 形截面)和 b_h(倒 L 形截面)；
　　4. 独立梁受压区的翼缘板在荷载作用下，经验算沿纵肋方向可能产生裂缝时(图 5.17(d))，则计算宽度仍取用腹板宽度 b。

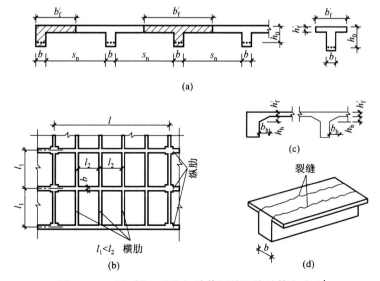

图 5.17　T 形、倒 L 形及加腋截面的翼缘计算宽度 b_f'

2）基本计算公式和公式的适用条件

（1）两类 T 形梁的判别

T 形截面受弯后,随中和轴位置的不同,可分为两种不同的情况:一种为中和轴在梁的翼缘内,如图 5.18(a)所示,即 $x \leqslant h'_f$,称为第一类 T 形截面;另一类为中和轴在梁肋中,如图 5.18(b)所示,即 $x > h'_f$,称为第二类 T 形截面;两类 T 形截面的分界即如图 5.18(c)所示,中和轴刚好位于翼缘下边缘($x = h'_f$)时的情况。

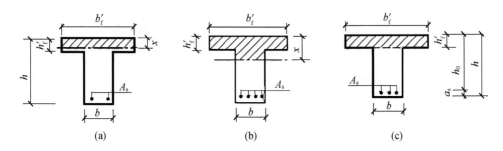

图 5.18　两类 T 形截面

根据图 5.18(c)可列出界限情况下 T 形截面的平衡方程:

$$\alpha_1 f_c b'_f h'_f = f_y A_s \tag{5.16}$$

$$M = \alpha_1 f_c b'_f h'_f \left(h_0 - \frac{h'_f}{2} \right) \tag{5.17}$$

式中　b'_f——T 形截面受压区翼缘计算宽度;

　　　h'_f——T 形截面受压翼缘高度。

其他符号与单筋矩形截面同。

由此,若满足下列条件:

$$f_y A_s \leqslant \alpha_1 f_c b'_f h'_f \tag{5.18}$$

或

$$M \leqslant \alpha_1 f_c b'_f h'_f \left(h_0 - \frac{h'_f}{2} \right) \tag{5.19}$$

则一定满足 $x \leqslant h'_f$,即属于第一类 T 形截面。反之,若

$$f_y A_s > \alpha_1 f_c b'_f h'_f \tag{5.20}$$

或

$$M > \alpha_1 f_c b'_f h'_f \left(h_0 - \frac{h'_f}{2} \right) \tag{5.21}$$

则必有 $x > h'_f$,即属于第二类 T 形截面。

式(5.19)和式(5.21)适用于截面设计时的判别,因为截面设计时的钢筋面积尚未得知;而式(5.18)和式(5.20)适用于截面承载力复核时的判别,此时的钢筋面积及截面的其他情况均为已知。

（2）第一类 T 形截面的计算公式及适用条件

这类 T 形截面的中和轴位于翼缘内，受压区为矩形，在受力上它与梁宽为 b'_f、梁高为 h 的矩形截面完全一样，因受拉区的形状与它的受弯承载力无关，如图 5.19 所示。

① 基本计算公式　第一类 T 形截面的计算可按梁宽为 b'_f、梁高为 h 的矩形截面进行，只需将原单筋矩形截面的计算公式中的梁宽 b 换成 b'_f 即可。

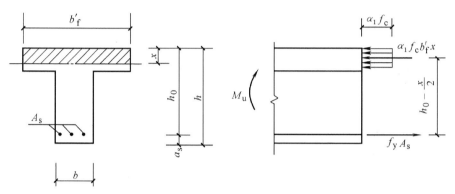

图 5.19　第一类 T 形截面的计算简图

由图 5.19 可列出平衡方程：

$$\alpha_1 f_c b'_f x = f_y A_s \tag{5.22}$$

$$M \leqslant M_u = \alpha_1 f_c b'_f x \left(h_0 - \frac{x}{2} \right) \tag{5.23}$$

② 公式的适用条件　与单筋矩形截面相似，应用基本公式也应满足相应的适用条件。为防止发生超筋破坏，应满足条件 $x \leqslant \xi_b h_0$，由于是第一类 T 形截面，$x \leqslant h'_f$，一般 h'_f/h_0 较小，故通常均能满足这一条件，而不需验算；为防止发生少筋破坏，应满足条件 $\rho \geqslant \rho_{\min}$，验算该条件时需注意，此情况下的 ρ 是相对梁肋部混凝土面积计算的，仍然用 $\rho = \dfrac{A_s}{bh}$ 计算，而不用 b'_f 计算。

（3）第二类 T 形截面的计算公式及适用条件

第二类 T 形截面的计算简图如图 5.20 所示。

① 基本计算公式　根据计算应力图形列平衡方程即可得第二类 T 形截面基本计算公式：

由水平力平衡有

$$\alpha_1 f_c b x + \alpha_1 f_c (b'_f - b) h'_f = f_y A_s \tag{5.24}$$

由力矩平衡有

$$M \leqslant M_u = \alpha_1 f_c b x \left(h_0 - \frac{x}{2} \right) + \alpha_1 f_c (b'_f - b) h'_f \left(h_0 - \frac{h'_f}{2} \right) \tag{5.25}$$

由式（5.25）可以看出，第二类 T 形截面受弯承载力设计值 M_u 可视为由两部分组成：一部分是由受压翼缘挑出部分的混凝土和相应的受拉钢筋 A_{s1} 所承担的弯矩 M_{u1}，如图 5.20（b）所

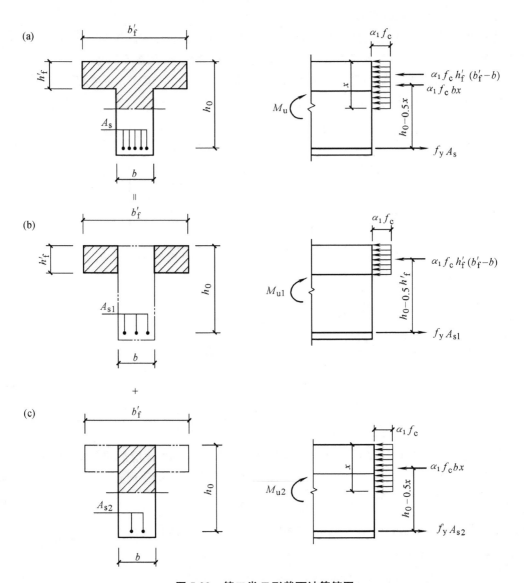

图 5.20 第二类 T 形截面计算简图

示;另一部分是由腹板受压混凝土和相应的受拉钢筋 A_{s2} 所承担的弯矩 M_{u2},如图 5.20(c)所示。即

$$M_u = M_{u1} + M_{u2} \tag{5.26}$$

$$A_s = A_{s1} + A_{s2} \tag{5.27}$$

根据图 5.20(b)列平衡方程可得

$$f_y A_{s1} = \alpha_1 f_c (b'_f - b) h'_f \tag{5.28}$$

$$M_{u1} = \alpha_1 f_c (b'_f - b) h'_f \left(h_0 - \frac{h'_f}{2} \right) \tag{5.29}$$

根据图 5.20(c)列平衡方程可得

$$f_y A_{s2} = \alpha_1 f_c bx \tag{5.30}$$

$$M_{u2} = \alpha_1 f_c bx \left(h_0 - \frac{x}{2} \right) \tag{5.31}$$

② 公式的适用条件　防止超筋破坏条件仍为 $x \leqslant \xi_b h_0$，由于 T 形截面的受压区较大，一般不会发生超筋破坏情况；防止少筋破坏，仍应满足最小配筋率的要求。但由于一般第二类 T 形截面的配筋数量较多，该条件会自然满足，可不必验算。

3）基本公式的应用

（1）T 形截面的截面设计

截面设计是已知 T 形截面的尺寸、材料强度等级和弯矩设计值 M，求所需的受拉钢筋 A_s。

首先应根据已知条件，并利用式(5.19)式或式(5.21)判别截面属于第一类还是第二类 T 形截面：满足式(5.19)者为第一类 T 形截面；满足式(5.21)者为第二类 T 形截面。

① 第一类 T 形截面。第一类 T 形截面的截面设计方法，与截面尺寸为 $b_f' \times h$ 的单筋矩形截面的设计方法完全相同，应用式(5.22)和式(5.23)进行计算，在验算最小配筋率时注意截面宽度应取 b 而不是用 b_f'。

② 第二类 T 形截面。取 $M = M_u$，由已知条件知，在两个基本式(5.24)及式(5.25)中有 x 和 A_s 两个未知数，可直接进行求解。

也可根据图 5.20 并利用计算表格求解：

由式(5.28)有

$$A_{s1} = \frac{\alpha_1 f_c (b_f' - b) h_f'}{f_y}$$

由式(5.29)可求得 M_{u1}。

由式(5.26)有

$$M_{u2} = M - M_{u1}$$

$$\alpha_{s2} = \frac{M_{u2}}{\alpha_1 f_c b h_0^2}$$

由此可查表（或计算）得 γ_{s2} 及 ξ。

若满足 $\xi \leqslant \xi_b$，则

$$A_{s2} = \frac{\alpha_1 f_c b h_0 \xi}{f_y}$$

或

$$A_{s2} = \frac{M_{u2}}{\gamma_{s2} f_y h_0}$$

最终求得

$$A_s = A_{s1} + A_{s2}$$

若 $\xi > \xi_b$，则应采取措施加大截面尺寸或提高混凝土强度等级，直到满足 $\xi \leqslant \xi_b$。

（2）T 形截面的承载力复核

截面承载力复核时,是已知 T 形截面的尺寸、所用材料的强度设计值、纵向受拉钢筋截面面积 A_s。要求计算截面的受弯承载力极限值 M_u,或验算承载设计弯矩 M 时是否安全。

首先应根据已知条件,并利用式(5.18)或式(5.20)判别属于第一类还是第二类 T 形截面:满足式(5.18)者为第一类 T 形截面;满足式(5.20)者为第二类 T 形截面。

① 第一类 T 形截面。直接将 b'_f 替代单筋矩形截面公式中的 b,按单筋矩形截面的承载力复核的方法进行。

② 第二类 T 形截面。利用公式(5.24)确定 x:

$$x = \frac{f_y A_s - \alpha_1 f_c (b'_f - b) h'_f}{\alpha_1 f_c b}$$

若满足 $x \leqslant \xi_b h_0$,则按式(5.25)计算 M_u。若 $x > \xi_b h_0$,则取 $x = \xi_b h_0$,再代入式(5.25)计算 M_u。然后与设计弯矩 M 比较,检验是否满足承载力要求。

【例 5.4】 一肋形楼盖梁如图 5.21 所示,经计算该梁跨中截面的弯矩设计值 $M = 150 \text{ kN·m}$(含自重),梁的计算跨度为 $l_0 = 5.4 \text{ m}$,采用 HRB400 级钢筋为纵向受力筋,混凝土采用 C30,拟用 8 mm 箍筋,所处环境为一类。试为该梁的跨中截面配筋。

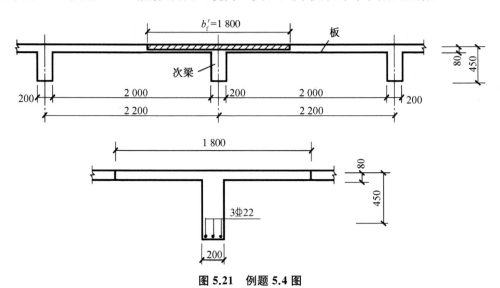

图 5.21　例题 5.4 图

【解】 经查附表 3 和附表 4,得 $f_c = 14.3 \text{ N/mm}^2$, $f_y = 360 \text{ N/mm}^2$, $f_t = 1.43 \text{ N/mm}^2$, $\alpha_1 = 1.0$, $\xi_b = 0.518$。

估取 $a_s = 40 \text{ mm}$, $h_0 = h - a_s = (450 - 40) \text{mm} = 410 \text{ mm}$

（1）确定翼缘计算宽度 b'_f:

按计算跨度取: $b'_{f1} = l_0/3 = 5.4 \text{ m}/3 = 1.8 \text{ m} = 1\ 800 \text{ mm}$

按梁肋净距取: $b'_{f2} = b + s_n = (200 + 2\ 000) \text{mm} = 2\ 200 \text{ mm}$

按翼缘高度取:因 $h'_f/h_0 = 80/410 = 0.195 > 0.1$,则 b'_f 的取值不受此项限制。

故取该截面的翼缘计算宽度 $b'_f = 1\,800$ mm。

（2）判别 T 形截面类型：

$$\alpha_1 f_c b'_f h'_f \left(h_0 - \frac{h'_f}{2}\right) = 1.0 \times 14.3 \times 1\,800 \times 80 \times (410 - 80/2) \text{N} \cdot \text{mm}$$

$$= 761.9 \times 10^6 \text{ N} \cdot \text{mm} = 761.9 \text{ kN} \cdot \text{m} > M = 150 \text{ kN} \cdot \text{m}$$

故该截面属第一类 T 形截面。

（3）配筋计算

用查表法求解：将已知量代入单筋矩形截面的计算公式

$$\alpha_s = \frac{150 \times 10^6}{1.0 \times 14.3 \times 1\,800 \times 410^2} = 0.034\,7$$

$$\xi = 1 - \sqrt{1 - 2\alpha_s} = 1 - \sqrt{1 - 2 \times 0.034\,7} = 0.035\,3 < \xi_b = 0.518$$

$$A_s = \frac{\alpha_1 f_c b h_0 \xi}{f_y} = \left(\frac{1.0 \times 14.3 \times 1\,800 \times 410 \times 0.035\,3}{360}\right) \text{mm}^2 = 1\,034.82 \text{ mm}^2$$

选配钢筋 $3 \Phi 22 (A_s = 1\,140 \text{ mm}^2)$ 如图 5.21 所示。

最小配筋率验算 $\left\{0.45 \times \dfrac{1.43}{360},\ 0.2\%\right\}_{\max} = \{0.18\%,\ 0.2\%\}_{\max} = 0.2\%$

$$\rho = A_s/b h_0 = 1\,140/(200 \times 410) = 1.39\% \quad \text{满足要求。}$$

【例 5.5】 某 T 形截面梁如图 5.22 所示，其各部分尺寸为：$b = 300$ mm，$h = 800$ mm，$b'_f = 600$ mm，$h'_f = 100$ mm，截面所承受的弯矩设计值 $M = 650$ kN · m，混凝土的强度等级为 C25，钢筋为 HRB400 级，箍筋直径为 8 mm，一类环境。试配置该截面钢筋。

【解】 经查附表 3 和附表 4，得

$f_c = 11.9 \text{ N/mm}^2$，$f_y = 360 \text{ N/mm}^2$，

$f_t = 1.27 \text{ N/mm}^2$，$\xi_b = 0.518$。

考虑弯矩较大，估计钢筋需两排，取 $a_s = 65$ mm，$h_0 = h - a_s = (800 - 65)\text{mm} = 735$ mm

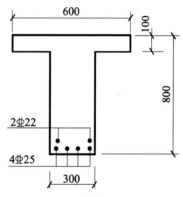

图 5.22 例题 5.5 图

（1）判别 T 形截面类型

$$\alpha_1 f_c b'_f h'_f \left(h_0 - \frac{h'_f}{2}\right) = [1.0 \times 11.9 \times 600 \times 100 \times (735 - 100/2)]\text{N} \cdot \text{mm}$$

$$= 489.1 \times 10^6 \text{ N} \cdot \text{mm} = 489.1 \text{ kN} \cdot \text{m} < M = 650 \text{ kN} \cdot \text{m}$$

故该截面属第二类 T 形截面。

（2）配筋计算

由式（5.28）有

$$A_{s1} = \frac{\alpha_1 f_c (b'_f - b) h'_f}{f_y} = \left[\frac{1.0 \times 11.9 \times (600 - 300) \times 100}{360}\right] \text{mm}^2 = 991.67 \text{ mm}^2$$

由式（5.29）有

$$M_{u1} = \alpha_1 f_c (b'_f - b) h'_f \left(h_0 - \frac{h'_f}{2} \right)$$

$$= \left[1.0 \times 11.9 \times (600 - 300) \times 100 \times \left(735 - \frac{100}{2} \right) \right] N \cdot mm$$

$$= 244.55 \times 10^6 \ N \cdot mm = 244.55 \ kN \cdot m$$

$$M_{u2} = M - M_{u1} = (650 - 244.55) kN \cdot m = 405.45 \ kN \cdot m$$

$$\alpha_{s2} = \frac{M_{u2}}{\alpha_1 f_c b h_0^2} = \frac{405.45 \times 10^6}{1.0 \times 11.9 \times 300 \times 735^2} = 0.210$$

$$\xi = 1 - \sqrt{1 - 2 \times \alpha_{s2}} = 1 - \sqrt{1 - 2 \times 0.210} = 0.238 < \xi_b = 0.518$$

$$A_{s2} = \frac{\alpha_1 f_c b h_0 \xi}{f_y} = \left(\frac{1.0 \times 11.9 \times 300 \times 735 \times 0.238}{360} \right) mm^2 = 1\ 734.7 \ mm^2$$

故 $\qquad A_s = A_{s1} + A_{s2} = (991.67 + 1\ 734.7) mm^2 = 2\ 726.4 \ mm^2$

钢筋选配 $4 \not\Phi 25 + 2 \not\Phi 22 (A_s = 2\ 724 \ mm^2)$，如图 5.22。

【例 5.6】 某 T 形梁截面如图 5.23 所示，一类环境，其各部分尺寸为：$b = 200 \ mm$，$h = 600 \ mm$，$b'_f = 400 \ mm$，$h'_f = 100 \ mm$，截面所承受的弯矩设计值 $M = 300 \ kN \cdot m$，所用混凝土的强度等级为 C30，所配纵向受力钢筋为 $5 \not\Phi 22 \ mm (A_s = 1\ 900 \ mm^2)$，箍筋直径为 6 mm，试验算该截面是否满足承载力要求。

【解】 经查附表 2、附表 3，得 $f_c = 14.3 \ N/mm^2$，$f_y = 360 \ N/mm^2$，$\alpha_1 = 1.0$，$\xi_b = 0.518$。
取 $a_s = 60 \ mm$，

$$h_0 = h - a_s = (600 - 60) mm$$
$$= 540 \ mm$$

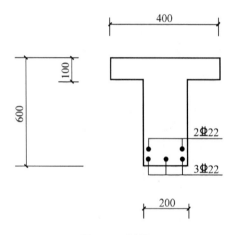

图 5.23 例题 5.6 图

判别 T 形截面类型：

$$\alpha_1 f_c b'_f h'_f = (1.0 \times 14.3 \times 400 \times 100) N = 572\ 000 \ N$$

$$f_y A_s = (360 \times 1\ 900) N = 684\ 000 \ N$$

故该截面属第二类 T 形截面。

由式(5.24)有

$$x = \frac{f_y A_s - \alpha_1 f_c (b'_f - b) h'_f}{\alpha_1 f_c b}$$

$$= \left(\frac{360 \times 1\ 900 - 1.0 \times 14.3 \times (400 - 200) \times 100}{1.0 \times 14.3 \times 200} \right) mm$$

$$= 139.16 \ mm < \xi_b h_0 = 0.518 \times 540 = 279.7 \ mm，不超筋。$$

由式(5.25)有

$$M_u = \alpha_1 f_c b x \left(h_0 - \frac{x}{2}\right) + \alpha_1 f_c (b'_f - b) h'_f \left(h_0 - \frac{h'_f}{2}\right)$$

$$= \left[1.0 \times 14.3 \times 200 \times 139.16 \times \left(540 - \frac{139.16}{2}\right) + \right.$$

$$\left. 1.0 \times 14.3 \times (400 - 200) \times 100 \times \left(540 - \frac{100}{2}\right)\right] N \cdot mm$$

$$= 327.37 \times 10^6 \ N \cdot mm = 327.37 \ kN \cdot m > 300 \ kN \cdot m$$

所以,该截面承载力满足要求。

5.2.4 双筋矩形截面的正截面承载力计算

1) 双筋截面及适用情况

在钢筋混凝土结构中,钢筋不但可以设置在构件的受拉区,而且也可以配置在受压区与混凝土共同抗压。这种在受压区和受拉区同时配置纵向受力钢筋的截面,称为双筋截面,如图 5.24 所示。

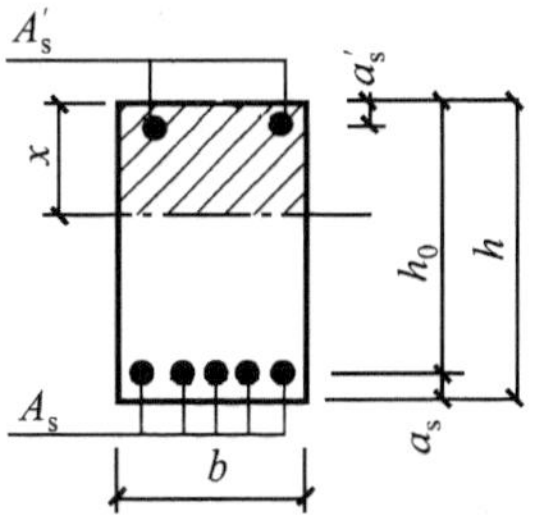

在一般情况下,用钢筋帮助混凝土抗压虽能提高截面的承载力,因用钢量偏大,而不够经济。

图 5.24 双筋矩形截面

但在以下几种情况时,就需要采用双筋截面计算:

(1) 截面承受的弯矩很大,而截面的尺寸受到限制不能增大,混凝土的强度等级也受到施工条件的限制不便提高,按单筋截面考虑,就会发生超筋($x > \xi_b h_0$)破坏;

(2) 同一截面在不同荷载组合下,所承受的弯矩可能变号,则会发生受拉区和受压区互换;

(3) 因抗震等原因,在截面的受压区必须配置一定数量的受压钢筋,如在计算中考虑钢筋的受压作用,则也应按双筋截面计算。

2) 基本计算公式和公式的适用条件

(1) 计算应力图形

双筋截面破坏时的受力特点与单筋截面相似:只要纵向受拉钢筋数量不过多,双筋矩形截面的破坏仍然是纵向受拉钢筋先屈服(达到其抗拉强度 f_y),然后受压区混凝土达到其抗压强度被压坏。此时压区边缘混凝土的应变已达极限压应变 ε_{cu}。由于压区混凝土的塑性变形的发展,设置在受压区的受压钢筋的应力一般也达到其抗压强度 f'_y。

采用与单筋矩形截面相同的方法,也用等效的计算应力图形替代实际的应力图形,如图 5.25(a)所示。

(2) 基本计算公式

根据计算应力图形(图 5.25(a))列平衡方程即可得双筋矩形截面的基本计算公式。

由水平力平衡有

$$\alpha_1 f_c b x + f'_y A'_s = f_y A_s \tag{5.32}$$

由力矩平衡有

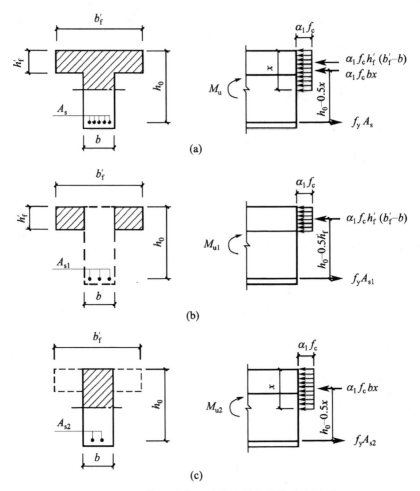

图 5.25 双筋矩形截面受弯承载力计算应力图形

$$M \leqslant M_{\mathrm{u}} = \alpha_1 f_{\mathrm{c}} b x \left(h_0 - \frac{x}{2} \right) + f_{\mathrm{y}}' A_{\mathrm{s}}' (h_0 - a_{\mathrm{s}}') \tag{5.33}$$

式中 f_{y}'——钢筋的抗压强度设计值;

A_{s}'——受压钢筋的截面面积;

a_{s}'——受压钢筋的合力点至受压区边缘的距离。

其他符号与单筋矩形截面同。

可以看出,双筋矩形截面受弯承载力 M_{u} 及纵向受拉钢筋 A_{s} 可视为由两部分组成:一部分是由受压混凝土和相应的受拉钢筋 A_{s1} 所承担的弯矩 M_{u1}(图 5.25(b));另一部分则是由受压钢筋 A_{s}' 和相应的受拉钢筋 A_{s2} 所承担的弯矩 M_{u2}(图 5.25(c))。即

$$M_{\mathrm{u}} = M_{\mathrm{u1}} + M_{\mathrm{u2}} \tag{5.34}$$

$$A_{\mathrm{s}} = A_{\mathrm{s1}} + A_{\mathrm{s2}} \tag{5.35}$$

根据图 5.25(b)列平衡方程可得

$$f_y A_{s1} = \alpha_1 f_c b x \tag{5.36}$$

$$M_{u1} = \alpha_1 f_c b x \left(h_0 - \frac{x}{2} \right) \tag{5.37}$$

根据图 5.25(c)列平衡方程可得

$$f_y A_{s2} = f_y' A_s' \tag{5.38}$$

$$M_{u2} = f_y' A_s' (h_0 - a_s') \tag{5.39}$$

（3）计算公式的适用条件

在应用双筋的基本计算公式时，必须满足下列适用条件：

① $\xi \leqslant \xi_b$。与单筋矩形截面相似，该限制条件也是为了防止发生超筋的脆性破坏。此条件亦可表示为：

$$\rho_1 = \frac{A_{s1}}{bh_0} \leqslant \xi_b \frac{\alpha_1 f_c}{f_y} \tag{5.40}$$

② $x \geqslant 2a_s'$。该条件是为保证在截面达到承载力极限状态时受压钢筋能达到其抗压强度设计值 f_y'，以与基本公式符合。在实际的设计计算中，若出现 $x < 2a_s'$，表明受压钢筋达不到其抗压强度设计值，此时亦可近似地取 $x = 2a_s'$，即假设混凝土的压力合力点与受压钢筋的合力点重合，按这样的假设所计算的结果是偏于安全的。此时双筋截面的计算公式则简化为：

$$M \leqslant M_u = f_y A_s (h_0 - a_s') \tag{5.41}$$

双筋截面因钢筋配置较多，通常都能满足最小配筋率的要求，可不再进行最小配筋率 ρ_{min} 验算。但在构造方面，《规范》规定，双筋截面应配置封闭式箍筋，且弯钩直线段长度不小于 5 倍箍筋直径；箍筋的间距不应大于 15 倍受压纵向钢筋的最小直径及不大于 400 mm。当一层内纵向受压钢筋多于 5 根且直径大于 18 mm 时，则箍筋间距不应大于 10 倍受压纵向钢筋的最小直径；同时箍筋的直径不应小于受压钢筋最大直径的 1/4。当梁宽大于 400 mm 且一层内的受压纵筋多于 3 根时，或梁宽不大于 400 mm 但一层内的受压纵筋多于 4 根时，还应设复合箍筋。

3）基本公式的应用

（1）双筋截面的截面设计

根据已知条件的不同，双筋截面在设计时，可能遇到两种情况：

① A_s 和 A_s' 均为未知。即已知计算截面的弯矩设计值 M，尺寸 $b \times h$，材料强度设计值，求受拉及受压钢筋面积。在此类情况下，首先应验算是否需要配置成双筋截面。若能满足下式：

$$M \leqslant \alpha_1 f_c b h_0^2 \xi_b (1 - 0.5\xi_b)$$

则表明仅按单筋截面计算即可；反之，即

$$M > \alpha_1 f_c bh_0^2 \xi_b (1 - 0.5\xi_b)$$

则应按双筋截面进行设计。

由已知条件知，在两个基本式(5.32)及式(5.33)中有 x、A_s 和 A_s' 三个未知数，需予补充一个条件，方程组才能有定解。为使钢筋的总用量 $(A_s + A_s')$ 为最小，充分利用混凝土的抗压作用，可取 $x = \xi_b h_0$，代入式(5.33)并取 $M = M_u$，经整理得

$$A_s' = \frac{M - \alpha_1 f_c bh_0^2 \xi_b (1 - 0.5\xi_b)}{f_y'(h_0 - a_s')} \tag{5.42}$$

由式(5.32)可得

$$A_s = A_s' \frac{f_y'}{f_y} + \xi_b \frac{\alpha_1 f_c bh_0}{f_y} \tag{5.43}$$

② 已知受压钢筋 A_s'，求受拉钢筋 A_s。此类问题往往是由于变号弯矩的需要，或由于构造要求，已在受压区配置了受压钢筋 A_s'，要求根据弯矩设计值 M、截面尺寸 $b \times h$ 和材料强度设计值，求解受拉钢筋的面积 A_s。

由于 A_s' 已知，由式(5.39)可求得

$$M_{u2} = f_y' A_s'(h_0 - a_s') \tag{5.44}$$

取 $M = M_u$，由式(5.34)可得

$$M_{u1} = M - M_{u2} = M - f_y' A_s'(h_0 - a_s') \tag{5.45}$$

由式(5.38)可得

$$A_{s2} = \frac{f_y'}{f_y} A_s' \tag{5.46}$$

再按与单筋矩形截面相同的方法，计算相应于 M_{u1} 所需的钢筋截面 A_{s1}，最后按式(5.35)求得总的受拉钢筋 A_s。注意，此时的 M_{u1} 是根据 A_s' 求得的，与之相对应的受压区高度 x 不一定等于 $\xi_b h_0$，不能简单地用式(5.43)来计算 A_s。求解这类问题时，还有可能会遇到如下两种情况：

一是求得的 $x > \xi_b h_0$，说明原有的受压钢筋 A_s' 数量太少，不符合公式的适用条件，此时应按 A_s' 为未知的情况重新进行求解。

二是求得的 $x < 2a_s'$，说明 A_s' 数量过多，受压钢筋应力不能达到设计强度，则可取 $x = 2a_s'$，根据式(5.41)求得

$$A_s = \frac{M}{f_y(h_0 - a_s')}$$

(2) 双筋截面的承载力复核

双筋截面承载力复核，是已知截面的尺寸、所用材料的强度设计值、受拉钢筋截面面积 A_s 和受压钢筋截面面积 A_s'，求截面所能承受的极限值弯矩 M_u。

首先利用基本式(5.32)解出受压区高度 x，再根据不同情况计算截面的受弯承载力极限值 M_u。

$$x = \frac{f_y A_s - f'_y A'_s}{\alpha_1 f_c b} \tag{5.47}$$

若满足 $\xi_b h_0 \geqslant x \geqslant 2a'_s$ 的条件，则直接利用式(5.33)，将已知条件代入即可解得截面的受弯承载力极限值 M_u。

若求得的 $x < 2a'_s$，则直接利用式(5.41)进行计算：

$$M_u = A_s f_y (h_0 - a'_s) \tag{5.48}$$

若求得的 $x > \xi_b h_0$，说明截面处于超筋状态，属于脆性破坏。应将最大的受压区高度 $x_b = \xi_b h_0$ 代入基本式(5.33)得

$$M_u = \alpha_1 f_c b h_0^2 \xi_b \left(1 - \frac{\xi_b}{2}\right) + f'_y A'_s (h_0 - a'_s) \tag{5.49}$$

将截面的受弯承载力极限值 M_u 与弯矩设计值进行比较，即可判断所复核的截面是否安全。

【例 5.7】 某钢筋混凝土矩形梁截面 $b \times h = 200\ mm \times 400\ mm$，混凝土强度等级为 C30，钢筋为 HRB400 级，一类环境，估选箍筋直径为 6 mm，根据计算截面的弯矩设计值 $M = 182.1\ kN \cdot m$，试配置该截面钢筋。

【解】 经查附表 3 和附表 4，得

$$f_c = 14.3\ N/mm^2,\ f_y = f'_y = 360\ N/mm^2,\ \gamma_0 = 1.0,\ \xi_b = 0.518$$

因弯矩较大，受拉钢筋设置为两排，$h_0 = h - a_s = (400 - 60)mm = 340\ mm$。

按单筋截面考虑所能承受的最大弯矩：

$$\begin{aligned} M_u &= \alpha_1 f_c b h_0^2 \xi_b (1 - 0.5\xi_b) \\ &= 1.0 \times 14.3 \times 200 \times 340^2 \times 0.518 \times (1 - 0.5 \times 0.518) N \cdot mm \\ &= 126\ 902\ 984.2\ N \cdot mm = 126.9\ kN \cdot m < M = 182.1\ kN \cdot m \end{aligned}$$

故应按双筋截面进行设计。取 $x = \xi_b h_0$，由式(5.42)可得

$$\begin{aligned} A'_s &= \frac{M - \alpha_1 f_c b h_0^2 \xi_b (1 - 0.5\xi_b)}{f'_y (h_0 - a'_s)} \\ &= \left(\frac{182.1 \times 10^6 - 126.9 \times 10^6}{360 \times (340 - 40)}\right) mm^2 \\ &= 511.11\ mm^2 \end{aligned}$$

由式(5.43)可得

$$\begin{aligned} A_s &= A'_s \frac{f'_y}{f_y} + \xi_b \frac{\alpha_1 f_c b h_0}{f_y} \\ &= \left(511.11 + \frac{0.518 \times 1.0 \times 14.3 \times 200 \times 340}{360}\right) mm^2 \\ &= 1\ 910.3\ mm^2 \end{aligned}$$

截面钢筋配置：受压钢筋选用 $2 \underline{\Phi} 18 (A'_s = 509\ mm^2)$，并兼作梁的架立钢筋。受拉钢筋

选用 5 $\bigoplus$ 22(A_s＝1 900 mm^2)，按两排布置，与开始假设一致。截面配筋如图 5.26 所示。

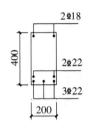

【例 5.8】 某钢筋混凝土矩形梁截面如图 5.26，$b \times h$＝200 mm$\times$450 mm，采用 C30 级混凝土，钢筋采用 HRB500 级，在梁的受压区已设置有 2$\bigoplus$18(A'_s＝509 mm^2)的受压钢筋。一类环境，截面的弯矩设计值 M＝200 kN·m，试配置该截面的受拉钢筋。

【解】 经查附表 3 和附表 4，得 f_c＝14.3 N/mm^2，f_y＝f'_y＝435 N/mm^2，ξ_b＝0.482。

图 5.26　例题 5.7 截面配筋图

估取 h_0＝$h - a_s$＝$(450 - 40)$mm＝410 mm。

由式(5.46)可得

$$A_{s2} = \frac{f'_y}{f_y} A'_s = 509 \text{ mm}^2$$

由式(5.44)可得

$$M_{u2} = f'_y A'_s (h_0 - a'_s) = [435 \times 509(410 - 40)]\text{N} \cdot \text{mm} = 81.92 \times 10^6 \text{ N} \cdot \text{mm}$$

由式(5.45)可得

$$M_{u1} = M - M_{u2} = (200 - 81.92)\text{kN} \cdot \text{m} = 118.08 \text{ kN} \cdot \text{m}$$

故

$$\alpha_{s1} = \frac{M_{u1}}{\alpha_1 f_c b h_0^2} = \frac{118.08 \times 10^6}{1.0 \times 14.3 \times 200 \times 410^2} = 0.246$$

$$\xi_1 = 1 - \sqrt{1 - 2\alpha_{s1}} = 1 - \sqrt{1 - 2 \times 0.246} = 0.29 < \xi_b = 0.482，不超筋。$$

受压区高度

$$x = \xi_1 h_0 = 0.29 \times 410 \text{ mm} = 119 \text{ mm} > 2a'_s = (2 \times 40)\text{mm} = 80 \text{ mm}$$

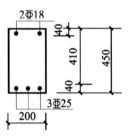

图 5.27　例题 5.8 截面配筋图

因此

$$A_{s1} = \frac{\alpha_1 f_c b h_0 \xi_1}{f_y}$$
$$= \left(\frac{1.0 \times 14.3 \times 200 \times 410 \times 0.29}{435}\right) \text{ mm}^2$$
$$= 781.7 \text{ mm}^2$$

受拉钢筋的总面积

$$A_s = A_{s1} + A_{s2} = (781.7 + 509) \text{ mm}^2 = 1\,290.7 \text{ mm}^2$$

截面钢筋配置：查附表 14 受拉钢筋选用 3 $\bigoplus$ 25(A_s＝1 473 mm^2)。截面配筋如图 5.27 所示。

【例 5.9】 某钢筋混凝土矩形梁截面 $b \times h$＝200 mm$\times$500 mm，采用 C30 混凝土，钢筋为 HRB400 级，梁的受压区的受压钢筋为 2 $\bigoplus$ 18(A'_s＝509 mm^2)，受拉区为 3 $\bigoplus$ 25 的纵向受拉钢筋(A_s＝1 473 mm^2)，箍筋直径为 6 mm，截面的弯矩设计值 M＝200 kN·m，室内环境，试校核该截面的承载力。

【解】 经查附表 3 和附表 4，得 f_c＝14.3 N/mm^2，f_y＝f'_y＝360 N/mm^2，ξ_b＝0.518。

根据已知条件有：

$$a_s = c + d_v + \frac{d}{2} = 20 + 6 + \frac{25}{2} = 38.5 \text{ mm}$$

$$a'_s = c + d_v + \frac{d'}{2} = 20 + 6 + \frac{18}{2} = 35 \text{ mm}$$

$$h_0 = h - a_s = 500 - 38.5 = 461.5 \text{ mm}$$

$$2a'_s = 2 \times 35 \text{ mm} = 70 \text{ mm}, \quad \xi_b h_0 = 0.518 \times 461.5 \text{ mm} = 239.1 \text{ mm}$$

$$x = \frac{f_y A_s - f'_y A'_s}{\alpha_1 f_c b} = \left(\frac{1\ 473 \times 360 - 509 \times 360}{1.0 \times 14.3 \times 200} \right) \text{ mm} = 121.34 \text{ mm}$$

所以满足条件 $\xi_b h_0 > x > 2a'_s$,

由式(5.33)可得:

$$M_u = \alpha_1 f_c b x \left(h_0 - \frac{x}{2} \right) + f'_y A'_s (h_0 - a'_s)$$

$$= \left[1.0 \times 14.3 \times 200 \times 121.34 \left(461.5 - \frac{121.34}{2} \right) + 360 \times 509(461.5 - 35) \right] \text{N} \cdot \text{mm}$$

$$= 217.25 \times 10^6 \text{ N} \cdot \text{mm} = 217.25 \text{ kN} \cdot \text{m} > M = 200 \text{ kN} \cdot \text{m}$$

故该截面承载力满足要求。

5.3 混凝土受弯梁斜截面承载力计算

5.3.1 混凝土梁斜截面受力性能

在实际工程中,受弯构件除了承受弯矩外,还会同时承受剪力的作用,在剪力和弯矩共同作用的剪弯区段还会产生斜向裂缝,并可能发生斜截面的剪切或弯曲破坏。此时剪力 V 将成为控制构件性能和设计的主要因素。斜截面破坏往往带有脆性破坏的性质,缺乏明显的预兆,因此在实际工程中应当避免,在设计时必须进行斜截面承载力的计算。为了防止构件发生斜截面强度破坏,通常是在梁内设置与梁轴线垂直的箍筋,也可同时设置与主拉应力方向平行的斜向钢筋来共同承担剪力。斜向钢筋通常由纵向钢筋弯起而成,称为弯起钢筋。箍筋和弯起钢筋统称为腹筋或横向钢筋。腹筋、纵向钢筋和架立钢筋构成钢筋骨架,参见图 5.2。

为研究钢筋混凝土梁的斜截面破坏形态,引进一个无量纲参数——剪跨比,其定义为梁内同一截面所承受的弯矩与剪力两者的相对比值。它反映了截面上弯曲正应力与剪应力的相对比值。由力学知识有,正应力和剪应力决定主应力的大小和方向,因此剪跨比也影响斜截面的受剪承载力和破坏形态。根据定义,图 5.28 所示荷载作用下的梁,其截面的剪跨比为:

$$\lambda = \frac{M}{V h_0} = \frac{R_A a}{R_A h_0} = \frac{a}{h_0} \tag{5.50}$$

式中 a——集中荷载作用点至邻近支座的距离,称为剪跨。

1) 斜截面破坏的主要形态

斜截面的破坏主要有斜拉破坏、剪压破坏和斜压破坏三种形态。如图 5.29 所示。

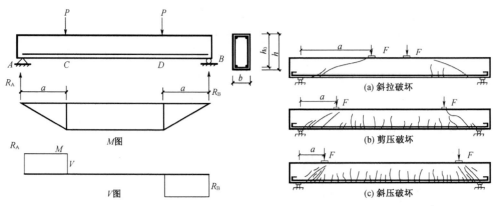

图 5.28　集中荷载作用下梁的剪跨比 λ　　　图 5.29　斜截面破坏的主要形态

(1) 斜拉破坏

当剪跨比较大(一般 λ>3)且箍筋配置过少、间距太大时,会发生斜拉破坏。其破坏特征是:斜裂缝一旦出现,很快形成一条主要斜裂缝,并迅速向集中荷载作用点延伸,梁被分成两部分而破坏,如图 5.29(a)所示。这种破坏是由于混凝土斜向拉坏引起的,破坏前梁的变形很小,属于突然发生的脆性破坏,承载力较低。

(2) 剪压破坏

剪跨比较适中(1≤λ≤3)且配箍量适当、箍筋不太大时,发生剪压破坏。其破坏特征是:斜裂缝出现后,随着荷载继续增长,将出现一条延伸较长,相对开展较宽的主要斜裂缝,称为临界斜裂缝。荷载继续增大,临界斜裂缝上端剩余截面逐渐缩小,最终剩余的受压区混凝土在剪压复合应力作用下被剪压破坏,如图 5.29(b)所示。这种破坏仍为脆性破坏。

(3) 斜压破坏

当剪跨比较小(λ<1),或箍筋配置过多、箍筋间距太密时,发生斜压破坏。其破坏特征是:在剪弯区段内,梁的腹部出现一系列大体互相平行的斜裂缝,将梁腹分成若干斜向短柱,最后由于混凝土斜向压酥而破坏,如图 5.29(c)所示。这种破坏也属于脆性破坏。

2) 影响斜截面受剪承载力的主要因素

影响斜截面受剪承载力的因素很多,主要有剪跨比、混凝土强度、箍筋强度及配箍率、纵向钢筋配筋率等。

(1) 剪跨比 λ

试验表明,剪跨比 λ 是影响集中荷载作用下梁的破坏形态和受剪承载力的最主要的因素之一。对无腹筋梁,随着剪跨比的增大,破坏形态发生显著变化,梁的受剪承载力明显降低。但当剪跨比大于 3 后,剪跨比对梁的受剪承载力无显著影响。对于有腹筋梁,随着配箍率的增加,剪跨比对受剪承载力的影响逐渐变小。

(2) 混凝土强度

梁的斜截面的破坏形态均与混凝土的强度有关。斜拉破坏取决于混凝土的抗拉强度;斜压破坏则取决于梁腹部的混凝土抗压强度;剪压破坏取决于梁剪压区混凝土的强度。梁的受剪承载力随混凝土强度的提高而提高,两者大致成线性关系。

(3) 配箍率和箍筋强度

对于有腹筋梁,当斜裂缝出现后,箍筋不仅可以直接承受部分剪力,还能抑制斜裂缝的开展和延伸,提高剪压区混凝土的抗剪能力,间接地提高梁的受剪承载力。配箍率越大,箍筋强度越高,斜截面的抗剪能力也越高,但当配箍率超过一定数值后,斜截面受剪承载力就不再提高。

钢筋混凝土梁的配箍率按下式计算:

$$\rho_{sv} = \frac{A_{sv}}{bs} = \frac{nA_{sv1}}{bs} \tag{5.51}$$

式中　ρ_{sv}——配箍率;

　　　A_{sv}——配置在同一截面内箍筋各肢的截面积之和,$A_{sv} = nA_{sv1}$;

　　　n——同一截面内箍筋的肢数;

　　　A_{sv1}——单肢箍筋的截面面积;

　　　b——梁的截面宽度(或肋宽);

　　　s——沿梁长度方向箍筋的间距。

由式(5.51)可见,所谓配箍率是指单位水平截面面积上的箍筋截面面积,如图 5.30 所示。

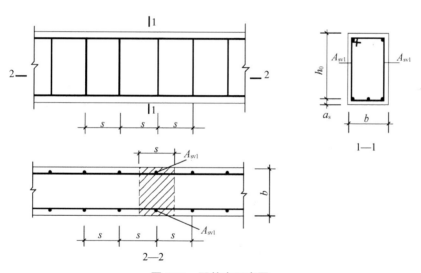

图 5.30　配箍率示意图

(4) 纵筋配筋率

由于纵筋的增加相应地加大了压区混凝土的高度,间接地提高了梁的抗剪能力,故纵筋配筋率对无腹筋梁的受剪承载力也有一定影响。纵筋配筋率越大,无腹筋梁的斜截面抗剪能力也愈大,二者大体成线性关系,但对有腹筋梁,其影响就相对不太大。在目前我国《规范》的斜截面受剪承载力计算公式中,尚没有考虑纵筋配筋率的影响。

除上述的主要影响因素以外,梁的截面形状、尺寸等对斜截面的承载力也有一定的影响。如带有翼缘的 T 形、I 形截面的承载力就略高于矩形截面,但目前这种影响在计算中也未作考虑。

5.3.2 混凝土梁斜截面承载力计算

1）计算公式

考虑到钢筋混凝土受剪破坏的突然性以及试验数据的离散性相当大,因此从设计准则上应该保证构件抗剪的安全度高于抗弯的安全度(即保证强剪弱弯),故《规范》采用抗剪承载力试验的下限值以保证安全,且计算公式是根据剪压破坏形态的受力特征建立的,对于斜拉和斜压破坏,则是在设计时通过构造措施予以限制和避免。

（1）无腹筋的一般板类受弯构件

对没有配置腹筋的一般板类受弯构件,其斜截面受剪承载力按下式计算:

$$V \leqslant V_c = 0.7\beta_h f_t bh_0 \tag{5.52}$$

式中　V——构件斜截面上的最大剪力设计值;

　　　β_h——截面高度影响系数,$\beta_h = (800/h_0)^{1/4}$。当 $h_0 < 800$ mm,取为800 mm;当 $h_0 > 2\,000$ mm时,取为 $2\,000$ mm;

　　　f_t——混凝土轴心抗拉强度设计值。

（2）有腹筋梁

工程中除板类构件外,一般受弯构件均配置有腹筋。《规范》中斜截面的受剪承载力计算公式是根据剪压破坏形态,在实验结果和理论研究分析基础上建立的。取出临界斜裂缝至支座间的一段脱离体进行分析,如图5.31所示。并假设受剪承载力主要由斜裂缝上端剪压区混凝土承担的剪力 V_c、与斜裂缝相交的箍筋承担的剪力 V_{sv} 以及与斜裂缝相交的弯起钢筋承担的剪力 V_{sb} 这三部分组成。即:

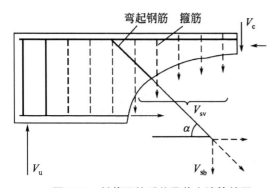

图 5.31　斜截面的受剪承载力计算简图

$$V \leqslant V_u = V_c + V_{sv} + V_{sb} = V_{cs} + V_{sb} \tag{5.53}$$

式中　V_u——构件斜截面受剪承载力极限值;

　　　V_c——构件剪压区混凝土承担的剪力;

　　　V_{sv}——与斜裂缝相交的箍筋承担的剪力;

　　　V_{sb}——与斜裂缝相交的弯起钢筋承担的剪力;

　　　V_{cs}——构件斜截面上混凝土和箍筋承担的剪力之和。

① 当仅配有箍筋时。矩形、T 形和 I 形截面受弯构件的斜截面受剪承载力计算公式为:

$$V \leqslant V_u = V_{cs} = \alpha_{cv} f_t bh_0 + f_{yv} \frac{A_{sv}}{s} h_0 \tag{5.54}$$

式中　V_u——构件斜截面受剪承载力极限值;

α_{cv}——斜截面混凝土受剪承载力系数,对于一般受弯构件取 0.7;对集中荷载作用下(包括作用有多种荷载,其中集中荷载对支座截面或节点边缘所产生的剪力值占总剪力的 75% 以上的情况)的独立梁,取 α_{cv} 为 $\dfrac{1.75}{\lambda+1}$,λ 为计算截面的剪跨比,可取 $\lambda=a/h_0$,当 $\lambda<1.5$ 时,取 1.5,当 $\lambda>3$ 时,取 3;

f_{yv}——箍筋的抗拉强度设计值;

A_{sv}——配置在同一截面内箍筋各肢的截面之和,$A_{sv}=nA_{sv1}$;

s——沿构件长度方向箍筋的间距。

② 同时配有箍筋和弯起钢筋时。矩形、T 形和 I 形截面的受弯构件,其斜截面受剪承载力计算公式为:

$$V \leqslant V_u = V_{cs} + V_{sb} \tag{5.55}$$

$$V_{sb} = 0.8f_y A_{sb} \sin \alpha_s \tag{5.56}$$

式中 A_{sb}——同一弯起平面内的弯起钢筋截面面积;

f_y——弯起钢筋的抗拉强度设计值;

α_s——弯起钢筋与梁纵向轴线的夹角;当 $h \leqslant 800$ mm 时,α_s 常取为 $45°$;当 $h \geqslant 800$ mm 时,α_s 常取为 $60°$;

0.8——考虑到弯起钢筋与破坏斜截面相交位置的不确定性,其应力可能达不到屈服强度时的应力不均匀系数。

2) 适用范围

受弯构件斜截面承载力计算公式是根据剪压破坏的受力特点推出的,不适用于斜压破坏和斜拉破坏的情况,为此《规范》规定了受弯构件斜截面承载力计算公式的上下限值。

(1) 上限值——最小截面尺寸限制条件

为了避免斜压破坏的发生,梁的截面尺寸应满足下列要求,否则配置再多箍筋也不能提高斜截面受剪承载力:

当 $h_w/b \leqslant 4$ 时,$\qquad\qquad V \leqslant 0.25\beta_c f_c b h_0 \tag{5.57}$

当 $h_w/b \geqslant 6$ 时,$\qquad\qquad V \leqslant 0.2\beta_c f_c b h_0 \tag{5.58}$

当 $4 < h_w/b < 6$ 时,按线性内插法确定,即 $V \leqslant 0.025\left(14-\dfrac{h_w}{b}\right)\beta_c f_c b h_0 \tag{5.59}$

式中 V——剪力设计值;

b——矩形截面的宽度,T 形截面或 I 形截面的腹板宽度;

h_0——截面的有效高度;

h_w——截面腹板高度,矩形截面取有效高度 h_0;T 形截面取有效高度减去翼缘高度;I 形截面取腹板净高;

β_c——混凝土强度影响系数,当混凝土强度等级不超过 C50 时,取为 1.0;当混凝土强度等级为 C80 时,取为 0.8;其间按线性内插法确定。

(2) 下限值——最小配箍率

为了避免斜拉破坏的发生,梁中抗剪箍筋的配箍率应满足:

$$\rho_{sv} = \frac{A_{sv}}{bs} = \frac{nA_{sv1}}{bs} \geqslant \rho_{sv,\,min} = \frac{0.24f_t}{f_{yv}} \tag{5.60}$$

此外,梁中箍筋的间距不应过大,以保证可能出现的斜裂缝能与足够数量的箍筋相交。在配筋时,梁中箍筋的最大间距和最小直径应满足表 5.7 的要求。

表 5.7 梁中箍筋最大间距和最小直径　　　　　　　　　　（单位:mm）

梁截面高度 h	最大间距		最小直径
	$V > 0.7f_t b h_0$	$V \leqslant 0.7f_t b h_0$	
$150 < h \leqslant 300$	150	200	6
$300 < h \leqslant 500$	200	300	6
$500 < h \leqslant 800$	250	350	6
$h > 800$	300	400	8

注:梁中配有计算需要的纵向受压钢筋时,箍筋直径尚不应小于 $d/4$,d 为受压钢筋最大直径。

3) 计算截面位置的确定

如图 5.32 所示,在计算斜截面的受剪承载力时,其剪力设计值的计算截面应按下列规定采用:计算支座边缘处的截面(图中 1-1 截面)时,取支座边缘的剪力设计值;计算弯起钢筋弯起点处的截面(图中 2-2、3-3 截面)时,取前一排(对支座而言)弯起钢筋弯起点处的剪力值;计算箍筋数量(面积或间距)改变处的截面(图中 4-4 截面)时,取箍筋数量开始改变处的剪力设计值。

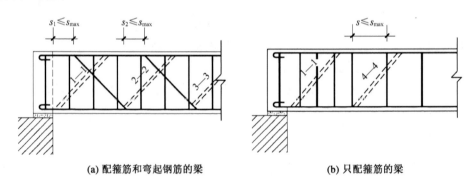

(a) 配箍筋和弯起钢筋的梁　　　　　　　　(b) 只配箍筋的梁

图 5.32 斜截面受剪承载力剪力设计值的计算位置

4) 斜截面受剪承载力的计算方法步骤

(1) 截面设计

已知剪力设计值 V,截面尺寸 b、h、a_s,材料强度 f_c、f_t、f_y、f_{yv}。要求配置腹筋。计算步骤如下:

① 验算截面尺寸。依据式(5.57)、式(5.58)或式(5.59),验算构件的截面是否满足要求。若不满足,应加大截面尺寸或提高混凝土强度等级,直至满足。

② 验算是否需要按计算配置腹筋。若满足 $V \leqslant 0.7\,f_t b h_0$ 或 $V \leqslant \frac{1.75}{\lambda + 1}f_t b h_0$,仅需按构造要求确定箍筋的直径和间距;若不满足,则应按计算配置腹筋。

③ 仅配箍筋。按构造规定初步选定箍筋直径 d 和箍筋肢数 n，依据式(5.54)求出箍筋间距 s。所取箍筋间距 s 应满足最小配箍率的要求，即：$\rho_{sv} = \dfrac{nA_{sv1}}{bs} \geqslant \rho_{sv,min}$，同时还应满足梁内箍筋最大间距的构造要求，即，$s \leqslant s_{max}$，$s_{max}$ 见表 5.7。

④ 同时配置箍筋和弯起钢筋。先根据已配纵向受力钢筋确定弯起钢筋的截面面积 A_{sb}，按式(5.56)计算出弯起钢筋的受剪承载力 V_{sb}，再由式(5.55)及式(5.54)计算出 V_{cs} 和所需箍筋的截面面积 A_{sv}，并据之确定箍筋的直径、间距和肢数。

(2) 截面复核

已知截面尺寸 b、h、a_s，箍筋配置量 n、A_{sv1}、s，弯起钢筋的截面面积 A_{sb} 及与梁纵向轴线的夹角 α_s，材料强度设计值 f_c、f_t、f_y、f_{yv}。要求：① 求斜截面受剪承载力 V_u；② 若已知斜截面剪力设计值 V 时，复核梁斜截面承载力是否满足。计算步骤如下：

① 复核截面尺寸限制条件。按式(5.57)、式(5.58)或式(5.59)验算截面尺寸的限制条件，如不满足，则应根据截面限制条件所确定的 V 作为 V_u。

② 复核配箍率，并根据表 5.7 的规定复核箍筋最小直径、箍筋间距等是否满足构造要求。

③ 计算 V_u。将已知条件代入式(5.54)、式(5.55)，计算斜截面承载力 V_u。

④ 验算斜截面受剪承载力。若已知剪力设计值 V，当 $V_u/V \geqslant 1$，则表示满足要求，否则不满足。

【例 5.10】 已知一矩形截面简支梁，截面尺寸 $b \times h = 200\ mm \times 400\ mm$，$a_s = 40\ mm$，承受均布荷载，支座边缘剪力设计值 $V = 130\ kN$，混凝土强度等级为 C30，($f_c = 14.3\ N/mm^2$，$f_t = 1.43\ N/mm^2$)，箍筋采用 HRB400 级钢筋($f_y = 360\ N/mm^2$)，采用只配箍筋方案，求箍筋数量。

【解】

(1) 复核梁截面尺寸

$$h_w = h - a_s = 400 - 40 = 360\ mm$$

$h_w/b = 360/200 = 1.8 < 4$，属一般受弯构件。由于混凝土强度等级小于 C50，取 $\beta_c = 1.0$。

$$0.25\beta_c f_c bh_0 = (0.25 \times 1.0 \times 14.3 \times 200 \times 360)N = 257\ 400\ N > 130\ 000\ N$$

所以截面尺寸足够。

(2) 验算是否要按计算配置箍筋

由于 $\quad 0.7f_t bh_0 = (0.7 \times 1.43 \times 200 \times 360)N = 72\ 072\ N < 130\ 000\ N$

故应按计算配置箍筋。

(3) 仅配箍筋

根据式(5.54)有

$$V = 0.7f_t bh_0 + f_{yv} \frac{nA_{sv1}}{s}h_0$$

$$\frac{nA_{sv1}}{s} = \frac{V - 0.7f_t bh_0}{f_{yv}h_0} = \frac{130\ 000 - 72\ 072}{360 \times 360} = 0.447$$

若选Φ6，$A_{sv1}=28.3$ mm^2，$n=2$，

$$s=\left(\frac{2\times28.3}{0.447}\right)\text{mm}=126.6\text{ mm}$$

取 $s=120$ mm

验算最小配箍率：

$$\rho_{sv}=\frac{A_{sv}}{bs}=\frac{2\times28.3}{200\times120}=0.236\%>\rho_{sv,min}=0.24\times\frac{f_t}{f_{yv}}=0.24\times\frac{1.43}{360}=0.095\%$$

箍筋选为Φ6@120满足表5.7规定的最小直径6 mm、最大间距200 mm的要求，故该梁箍筋按双肢Φ6@120沿梁长均匀布置。

【例5.11】 一根钢筋混凝土矩形截面简支梁，梁截面尺寸 $b=250$ mm，$h=500$ mm，其计算简图如图5.33所示（荷载设计值中已包含自重）。由正截面承载力计算已在梁的跨中配置了两排纵向钢筋，混凝土为C30（$f_c=14.3$ N/mm^2，$f_t=1.43$ N/mm^2），箍筋采用HRB400钢筋（$f_{yv}=360$ N/mm^2），求所需的腹筋数量。

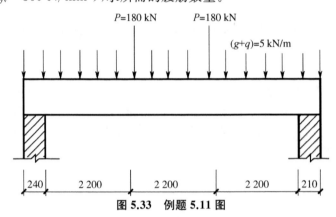

图 5.33 例题 5.11 图

【解】

（1）计算支座边剪力值

$$V=\frac{1}{2}(g+q)l_n+P=\left(\frac{1}{2}\times5\times6.6+180\right)\text{kN}=(16.5+180)\text{kN}=196.5\text{ kN}$$

其中，集中力所产生的剪力值 V_p 占总剪力 V 的百分比为：

$$\frac{V_p}{V}=\frac{180}{196.5}=91.6\%>75\%$$

所以应考虑剪跨比的影响。

（2）复核截面尺寸

$$h_0=h-a_s=(500-65)\text{mm}=435\text{ mm}$$

$$\frac{h_w}{b}=\frac{435}{250}=1.74<4;\text{同时}\beta_c=1.0$$

$$0.25\beta_c f_c bh_0=(0.25\times1\times14.3\times250\times435)\text{N}=388\ 781\text{ N}>196\ 500\text{ N}$$

截面尺寸满足要求。

（3）计算剪跨比 λ

$$\lambda = \frac{a}{h_0} = \frac{2\,200}{435} = 5.06 > 3,\text{取}\ \lambda = 3$$

（4）验算是否需要按计算配箍筋

$$\frac{1.75}{\lambda + 1} f_t bh_0 = \left(\frac{1.75}{3+1} \times 1.43 \times 250 \times 435 \right) \text{N} = 68\,037\ \text{N} < 196\,500\ \text{N}$$

所以需要按计算配箍筋。

（5）计算箍筋数量

由式(5.54)得：

$$V = \frac{1.75}{\lambda + 1} f_t bh_0 + f_{yv} \frac{A_{sv}}{s} h_0$$

$$\frac{A_{sv}}{s} = \frac{V - \dfrac{1.75}{\lambda + 1} f_t bh_0}{f_{yv} h_0} = \left(\frac{196\,500 - 68\,037}{360 \times 435} \right) \text{mm} = 0.82\ \text{mm}$$

选 $\Phi 8$，$A_{sv1} = 50.3\ \text{mm}^2$，$n = 2$

$$s = \left(\frac{2 \times 50.3}{0.82} \right) \text{mm} = 122.7\ \text{mm}$$

查表 5.7 $s_{max} = 200$ mm　故取 $s = 120$ mm，即箍筋采用 $\Phi 8@120$，沿梁长均匀布置。

（6）验算最小配箍率

$$\rho_{sv} = \frac{nA_{sv1}}{bs} = \frac{2 \times 50.3}{250 \times 120} = 0.335\% \geqslant \rho_{sv,min} = 0.24 \frac{f_t}{f_{yv}} = 0.24 \times \frac{1.43}{360} = 0.095\%$$

故满足要求。

【**例 5.12**】　一两端支承在砖墙上的钢筋混凝土矩形截面简支梁，$b \times h = 250\ \text{mm} \times 500\ \text{mm}$，$a_s = 65$ mm，混凝土强度等级为 C30，箍筋采用 HRB400，已配有双肢箍 $\Phi 8@150$，求该梁所能承受的最大剪力设计值 V；若梁的净跨 l_n 为 5 m，计算跨度 $l_0 = 5.4$ m，由正截面强度计算已配置了 $5 \Phi 20$ 的纵向受拉钢筋，梁所能承受均布荷载设计值 $g + q$（含自重）是多少？

【**解**】　查表得：$f_c = 14.3\ \text{N/mm}^2$，$f_t = 1.43\ \text{N/mm}^2$，$f_y = 360\ \text{N/mm}^2$，$f_{yv} = 360\ \text{N/mm}^2$

1）按受剪承载力计算，该梁所能承受的均布荷载设计值

（1）计算 V_{cs}

$$V_{cs} = 0.7 f_t bh_0 + f_{yv} \frac{A_{sv}}{s} h_0$$

$$= \left(0.7 \times 1.43 \times 250 \times 435 + 360 \times \frac{2 \times 50.3}{150} \times 435 \right) \text{N}$$

$$= 213\,885\ \text{N} = 213.9\ \text{kN}$$

（2）复核梁截面尺寸及配箍率

$$0.25\beta_c f_c bh_0 = (0.25 \times 14.3 \times 250 \times 435)\text{N} = 388\ 781\ \text{N} > V = 213\ 885\ \text{N}$$

$$\rho_{sv} = \frac{nA_{sv1}}{bs} = \frac{2 \times 50.3}{250 \times 150} = 0.268\% \geqslant \rho_{sv,\ min} = 0.24\frac{f_t}{f_{yv}} = 0.24 \times \frac{1.43}{360} = 0.095\%$$

且箍筋直径和间距符合构造规定。

梁所能承受的最大剪力设计值 $V = V_{cs} = 213.885$ kN

（3）按受剪承载力计算，该梁所能承受的均布荷载设计值为：

$$g + q = \frac{2V_{cs}}{l_n} = \left(\frac{2 \times 213.885}{5}\right)\text{kN/m} = 85.6\ \text{kN/m}$$

按受剪承载力计算的梁所能承受均布荷载设计值 $g+q$（含自重）是 85.6 kN/m。

2）按受弯承载力计算，该梁所能承受的均布荷载设计值

（1）验算受弯纵筋的最小配筋率：

$$\rho = \frac{A_s}{bh_0} = \frac{1\ 570}{250 \times 435} = 1.44\%$$

$$\rho_{min} = \left\{0.2\%,\ 0.45\frac{f_t}{f_y}\right\}_{max} = \left\{0.2\%,\ 0.45\frac{1.43}{360}\right\}_{max}$$

$$= \{0.2\%,\ 0.18\%\}_{max} = 0.2\%$$

故满足最小配筋率要求。

（2）验算是否超筋

$$\xi = \frac{f_y A_s}{\alpha_1 f_c bh_0} = \frac{360 \times 1\ 570}{1.0 \times 14.3 \times 250 \times 435} = 0.363 < \xi_b(=0.518)$$

（3）计算受弯承载力

$$M_u = \alpha_1 f_c bh_0^2 \xi(1 - 0.5\xi)$$
$$= 1.0 \times 14.3 \times 250 \times 435^2 \times 0.363(1 - 0.5 \times 0.363)$$
$$= 201\ \text{kN} \cdot \text{m}$$

（4）按受弯承载力计算，该梁所能承受的均布荷载设计值为

$$g + q = \frac{8M_u}{l_0^2} = \frac{8 \times 201}{5.4^2} = 55.14\ \text{kN/m}$$

综上，该梁所能承受均布荷载设计值 $g+q$（含自重）为 55.14 kN/m。

可见，该梁按斜截面受剪承载力计算的承受均布荷载设计值高于其按正截面受弯承载力计算的荷载值，体现了混凝土构件设计"强剪弱弯"的设计原则。

5.3.3　梁中纵向钢筋的弯起、截断、锚固和其他构造要求

受弯构件斜截面受剪承载力的基本计算公式主要是根据竖向力的平衡条件而建立的。显然，按照上述基本公式计算是能够保证斜截面的受剪承载力的。但是，在实际工程中，纵

筋往往要在恰当的位置截断,有时也会弯起,如果钢筋布置不当,就有可能影响斜截面的受剪承载力和斜截面受弯承载力。同时,由于纵筋的截断和弯起,还可能影响正截面的受弯承载力。因此,还必须研究纵筋弯起或截断对斜截面受弯承载力、正截面受弯承载力的影响,确定纵筋的弯起点和截断点的位置,以及有关的配筋构造措施。

1) 抵抗弯矩图

为了研究纵筋弯起或截断对构件承载力的影响,首先介绍一下抵抗弯矩图(M_R图)。所谓抵抗弯矩图,是指在弯矩图上用同一比例尺,按实际布置的纵向钢筋绘出的各截面所能抵抗的弯矩图形。由于它反映了梁的各正截面上材料的抗力,故也称之为材料图。

通常梁中的纵向受力钢筋是根据控制截面的弯矩计算确定的,若在控制截面处实际选定的纵向钢筋的面积为 A_s,由式(5.4)和式(5.5)可得

$$M_R = f_y A_s h_0 \left(1 - \frac{A_s f_y}{2\alpha_1 f_c b h_0}\right) \tag{5.61}$$

A_s 一般由多根钢筋组成,其中每根钢筋的抵抗弯矩值,可近似按相应的钢筋截面面积与总受拉钢筋面积比分配,即:

$$M_{Ri} = \frac{A_{si}}{A_s} \cdot M_R \tag{5.62}$$

式中 A_{si}——任意一根纵筋的截面面积;

  M_{Ri}——任意一根纵筋的抵抗弯矩值。

(1) 纵向钢筋沿梁长不变化情况下的抵抗弯矩图

如图 5.34 所示为一承受均布荷载的简支梁,设计弯矩图为 aob,根据 o 点最大弯矩计算所需纵向受拉钢筋需要 4 Φ 20,钢筋若是通长布置,则按照定义,矩形 $aa'b'b$ 即为抵抗弯矩图。由图可见,抵抗弯矩图完全包住了设计弯矩图,所以梁各截面正截面和斜截面受弯承载力都满足。显然在设计弯矩图与抵抗弯矩图之间钢筋强度有富余,且受力弯矩越小,钢筋强度富余就越多。为了节省钢材,可以将其中一部分纵向受拉钢筋在保证正截面和斜截面受弯承载力的条件下弯起或截断。

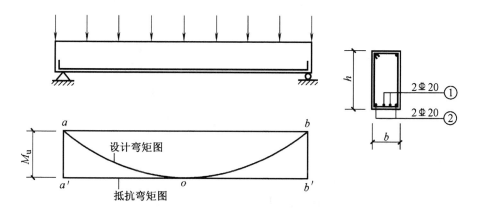

图 5.34 纵向钢筋沿梁长不变化时抵抗弯矩图的画法

如图 5.35 所示,根据钢筋面积比划分出各钢筋所能抵抗的弯矩。分界点为 l 点,$l-n$ 是①号钢筋(2 Φ 20)所抵抗的弯矩值;$l-m$ 是②号钢筋(2 Φ 20)所抵抗的弯矩值;现拟将①号钢筋截断,首先过点 l 画一条水平线,该线与设计弯矩图的交点为 e、f,其对应的截面为 E、F,在 E、F 截面处为①号钢筋的理论不需要点,因为剩下②号钢筋已足以抵抗设计弯矩,e、f 称为①号钢筋的"理论截断点"。同时 e、f 也是余下的②号钢筋的"充分利用点",因为在 e、f 处的抵抗弯矩恰好与设计弯矩值相等,②号钢筋的抗拉强度被充分利用。值得注意的是,e、f 虽然为①号钢筋的"理论截断点",实际上①号钢筋是不能在 e、f 点切断的,还必须再延伸一段锚固长度后,才能切断。而且一般在梁的下部受拉区是不切断钢筋的。

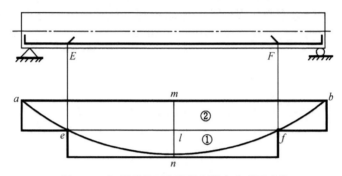

图 5.35　钢筋的"理论截断点""充分利用点"

(2) 纵向钢筋部分弯起时的抵抗弯矩图

如图 5.36 所示,若将①号钢筋在 K 和 H 截面处开始弯起,由于该钢筋是从弯起点开始逐渐由拉区进入压区,逐渐脱离受拉工作,所以其抵抗弯矩也是自弯起点处逐渐减小,直至弯起钢筋与梁轴线相交截面(I、J 截面)处,此时①号钢筋进入了受压区,其抵抗弯矩消失。故该钢筋在弯起部分的抵抗弯矩值成直线变化,即斜线段 ki 和 hj。在 i 点和 j 点之外,①号钢筋不再参加正截面受弯工作。其抵抗弯矩图如图 5.36 中 $aciknhjdb$ 所示。

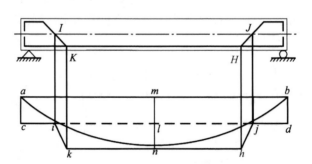

图 5.36　部分纵筋弯起时抵抗弯矩图的画法

(3) 纵向钢筋部分切断时的抵抗弯矩图

如图 5.37 所示一支座承受负弯矩的纵向钢筋为①、②、③号共六根钢筋,假定③号纵筋抵抗控制截面 A-A 部分的弯矩为 ef,则 A-A 截面即为③号纵筋的强度充分利用点,而通过 f 点引出的水平线与弯矩图的交点 b、c 即为③号钢筋的理论切断点,也就是可以在 B-B 和 C-C 将其切断。当然,为了可靠锚固,③号钢筋的实际切断点还需向外延伸一段锚固长度。

同理,②钢筋也可以切断。纵筋切断时的抵抗弯矩图见图5.37所示。

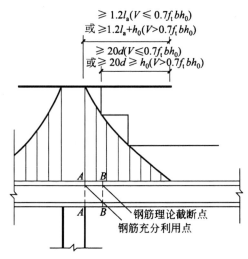

$\geqslant 1.2l_a(V \leqslant 0.7f_tbh_0)$
或 $\geqslant 1.2l_a+h_0(V > 0.7f_tbh_0)$

$\geqslant 20d(V \leqslant 0.7f_tbh_0)$
或 $\geqslant 20d \geqslant h_0(V > 0.7f_tbh_0)$

钢筋理论截断点
钢筋充分利用点

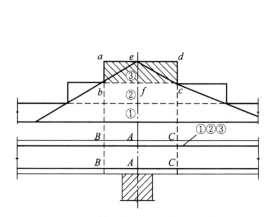

图 5.37　纵筋切断时抵抗弯矩图的画法

图 5.38　连续梁支座处钢筋的截断位置

2) 纵向受拉钢筋的截断和锚固

在一般情况下,梁中承受弯矩的纵向受力钢筋不宜在受拉区截断。这是因为截断处受力钢筋面积突然减小,引起混凝土拉应力突然增大,从而导致在纵筋截断处过早出现裂缝,故对梁底承受正弯矩的钢筋不宜采取截断方式。有时会将计算上不需要的钢筋弯起作为抗剪钢筋或作为承受支座负弯矩的钢筋,不弯起的钢筋则直接伸入支座内锚固。

连续梁支座截面承受负弯矩的纵向受拉钢筋,有时可截断部分钢筋,以节约钢材,但应符合如图5.38所示的规定。

当按上述规定确定的截断点仍位于负弯矩对应的受拉区内时,应延伸至按正截面受弯承载力计算不需要该钢筋的截面以外不小于 $1.3h_0$ 且不小于 $20d$ 处截断,且从该钢筋强度充分利用截面伸出的长度不应小于 $1.2l_a + 1.7h_0$。

如图5.39所示,简支端的下部纵向受力钢筋,在支座内应有足够的锚固长度,以防止斜裂缝形成后纵向钢筋被拔出。简支梁和连续梁简支端的下部纵向受力钢筋伸入梁支座范围内的锚固长度 l_{as} 应符合表5.8的规定。

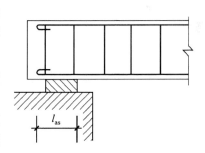

l_{as}

图 5.39　简支端支座钢筋的锚固

表 5.8　简支端纵筋锚固长度 l_{as}

钢筋类型	$V \leqslant 0.7f_tbh_0$	$V > 0.7f_tbh_0$
光面钢筋	$\geqslant 5d$	$\geqslant 15d$
带肋钢筋	$\geqslant 5d$	$\geqslant 12d$

在钢筋混凝土悬臂梁中的悬臂部分,应有不少于2根上部钢筋伸至悬臂梁外端,在端部

向下弯折,弯折长度不应小于 12d;其余钢筋不应在梁的上部截断,而应按纵向钢筋弯起的规定向下弯折,并按弯起钢筋的锚固规定进行锚固。

3)其他构造要求

(1)箍筋的形式和肢数

箍筋的形式有封闭式和开口式两种,一般采用封闭式。对现浇 T 形梁,当不承受扭矩和动荷载时,在跨中截面上部为受压区的梁段内,可采用开口式(如图5.40(a)、(b))。若梁中配有计算的受压钢筋时,均应采用封闭式,且弯钩直线段长度不应小于 5d,d 为箍筋直径(如图 5.40(c)、(d));箍筋的间距不应大于 15d(d 为纵向受压钢筋的最小直径),同时不应大于 400 mm;当一层内纵向受压钢筋多于 5 根且直径大于 18 mm 时,箍筋间距不应大于 10 d(d 为纵向受压钢筋的最小直径)。箍筋的肢数有单肢、双肢和四肢等。一般采用双肢,当梁宽 b>400 mm 且一层内的纵向受压钢筋多于 3 根时,或当梁的宽度不大于400 mm 但一层内的纵向受压钢筋多于 4 根时,应设置复合箍(如 4 肢箍、6 肢箍)。单肢箍只在梁宽很小时采用。

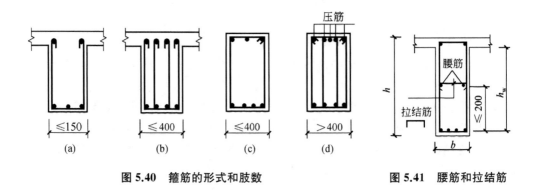

图 5.40　箍筋的形式和肢数　　　　　　图 5.41　腰筋和拉结筋

(2)腰筋和拉结钢筋

当梁的腹板高度 $h_w \geqslant 450$ mm 时,在梁的两侧面沿高度还需配置纵向构造钢筋——腰筋,且每侧纵向构造钢筋(不包括梁上下受力钢筋和架立钢筋)的面积不小于腹板面积的0.1%,间距亦不宜大于 200 mm,直径为 8～14 mm,并用拉结钢筋连接(如图 5.41 所示)。拉结钢筋的直径与箍筋相同,间距为箍筋间距的一倍。

5.4　混凝土梁受扭承载力计算

扭转是混凝土构件的一种基本受力状态。在工程中常见的受扭构件如雨篷梁、承受吊车横向刹车力作用的吊车梁、框架的边梁和螺旋楼梯等均承受扭矩作用,如图 5.42 所示,而且大都处于弯矩、剪力、扭矩共同作用下的复合受力状态,纯扭的情况极少。

5.4.1　钢筋混凝土纯扭梁的受力性能

1)纯扭梁的受力性能

根据力学知识,在扭矩作用下,钢筋混凝土构件截面上的应力分布如图 5.43 所示。受

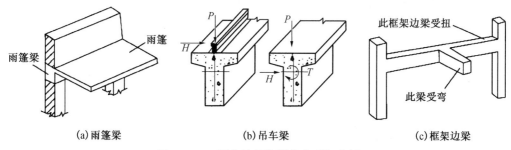

| (a)雨篷梁 | (b)吊车梁 | (c)框架边梁 |

图 5.42 工程中的钢筋混凝土受扭实例

扭矩作用后,构件截面上产生剪应力 τ,相应的在与构件纵轴呈 45°方向产生主拉应力 σ_{tp} 和主压应力 σ_{cp},如图 5.44(a)所示。当主拉应力达到混凝土抗拉强度时,在构件长边中某个薄弱部位首先开裂,裂缝将沿主压应力迹线迅速延伸,形成三面开裂、一面压碎的破坏面。对于素混凝土构件,一旦开裂就会导致构件破坏,破坏面呈一空间扭曲面,如图 5.44(b)所示。

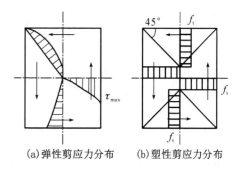

(a)弹性剪应力分布 (b)塑性剪应力分布

图 5.43 弹性和塑性材料受扭截面应力分布

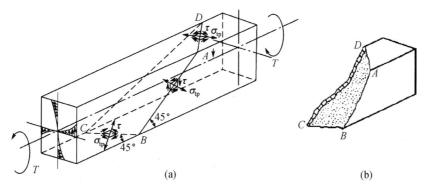

图 5.44 素混凝土梁纯扭时的受力状态和破坏面

若将混凝土视为弹性材料,按弹性理论,当主拉应力 $\sigma_{tp}=\tau_{max}=f_t$ 时,构件开裂。即:

$$\tau_{max}=\frac{T_{cr,e}}{W_{te}}=f_t \tag{5.63}$$

$$T_{cr,e}=f_t W_{te} \tag{5.64}$$

式中 $T_{cr,e}$——弹性开裂扭矩;

f_t——混凝土的抗拉强度;

W_{te}——截面受扭弹性抵抗矩。

按塑性理论,对理想弹塑性材料,截面上某一点应力达到材料极限强度时并不立即破坏,而是保持极限应力继续变形,扭矩仍可继续增加,直到截面上各点应力均达到极限强度,才达到极限承载力。此时截面上的剪应力分布如图 5.43(b)所示分为四个区。分别计算各区合力及其对截面形心的力偶之和,可求得塑性极限开裂扭矩为:

$$T_{cr, p} = f_t \frac{b^2}{6}(3h - b) = f_t W_t \tag{5.65}$$

式中 $T_{cr, p}$——塑性开裂扭矩;

   f_t——混凝土的抗拉强度;

   W_t——截面受扭塑性抵抗矩。

混凝土材料既非完全弹性,也不是理想弹塑性,而是介于两者之间的材料,达到开裂极限状态时截面的应力分布介于弹性和理想弹塑性之间,因此开裂扭矩也介于 $T_{cr, e}$ 和 $T_{cr, p}$ 之间。为简便实用,《规范》规定,钢筋混凝土纯扭构件的开裂扭矩可按塑性应力分布的方法进行计算,再引入修正系数以考虑应力非完全塑性分布的影响。根据实验结果,该修正系数在 0.87~0.97 之间,《规范》为安全起见,取为 0.7。则开裂扭矩的计算公式为

$$T_{cr} = 0.7 f_t W_t \tag{5.66}$$

其中系数 0.7 综合反映了混凝土塑性发挥程度和双轴应力下混凝土强度降低的影响。W_t 为受扭塑性抵抗矩,对矩形截面,按下式计算:

$$W_t = \frac{b^2}{6}(3h - b) \tag{5.67}$$

2)破坏特征和配筋强度比 ζ

(1)破坏特征

受扭构件的破坏形态及极限扭矩与构件的配筋情况密切相关。对于箍筋和纵筋配置都合适的情况,与临界(斜)裂缝相交的钢筋都能先达到屈服,然后混凝土压坏,与受弯适筋梁的破坏类似,具有一定的延性;当配筋数量过少时,由于所配钢筋不足以承担混凝土开裂后释放的拉应力,构件一旦开裂,将导致扭转角迅速增大而破坏,这与受弯构件中的少筋梁类似,呈脆性破坏特征,此时受扭构件的承载力取决于混凝土的抗拉强度;当箍筋和纵筋配置都过多时,则会在钢筋屈服前混凝土就压坏,为受压脆性破坏,受扭构件的这种超筋破坏称为"完全超筋",受扭承载力取决于混凝土的抗压强度。由于受扭钢筋是由箍筋和受扭纵筋两部分钢筋组成的,当两者配筋量不相匹配时,就会出现一个未达到屈服、另一个达到屈服的"部分超筋"破坏情况。

(2)配筋强度比

为使抗扭箍筋和抗扭纵筋都能充分发挥作用,两种钢筋的配置比例应该适当。用配筋强度比 ζ 来表示受扭箍筋和受扭纵筋两者之间的强度关系:

$$\zeta = \frac{A_{stl} \cdot s}{A_{st1} \cdot u_{cor}} \cdot \frac{f_y}{f_{yv}} \tag{5.68}$$

式中 A_{stl}——受扭构件沿截面周边布置的全部受扭纵筋的截面面积;

   A_{st1}——受扭构件沿截面周边所配箍筋的单肢截面面积;

   f_y、f_{yv}——受扭纵筋、受扭箍筋的抗拉强度设计值;

s——抗扭箍筋的间距,如图 5.45
所示;

u_{cor}——截面核心部分的周长,$u_{cor}=2(b_{cor}+h_{cor})$,其中 b_{cor}、h_{cor} 为从箍筋内表面计算的截面核心部分的短边和长边尺寸,如图 5.45 所示。

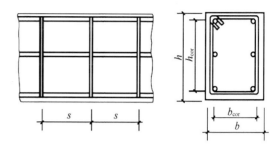

图 5.45　受扭构件截面尺寸及钢筋

试验表明,当 $0.5 \leqslant \zeta \leqslant 2.0$ 范围时,受扭破坏时纵筋和箍筋基本上都能达到屈服强度。但由于配筋量的差别,屈服的次序是有先后的。《规范》建议取 $0.6 \leqslant \zeta \leqslant 1.7$,设计中通常可取 $\zeta = 1.0 \sim 1.3$,当 $\zeta > 1.7$ 时,取 $\zeta = 1.7$。

5.4.2　钢筋混凝土梁受扭承载力计算

当受扭构件同时存在剪力作用时,构件的受扭承载力将有所降低;同理,由于扭矩的存在,也将使构件的抗剪承载力降低。这就是剪力和扭矩的相关性。此外,在弯矩和扭矩的共同作用下,各项承载力也是相互关联的,其相互影响十分复杂。为了简化也偏于安全,《规范》建议采用叠加法计算。即将受弯所需的纵筋与受扭所需纵筋分别计算后进行叠加配置;箍筋也按受剪和受扭作相关考虑并计算后,再叠加配置。

1) 纯扭构件承载力计算

《规范》规定纯扭构件的承载力按以下计算公式计算:

$$T \leqslant T_u = 0.35 f_t W_t + 1.2\sqrt{\zeta} \cdot \frac{f_{yv} A_{st1}}{s} \cdot A_{cor} \tag{5.69}$$

式中　ζ——配筋强度比,按公式(5.68)计算;

　　　T——扭矩设计值;

　　　W_t——截面受扭塑性抵抗矩,矩形截面按式(5.67)计算;

　　　A_{cor}——截面核心部分的面积,$A_{cor} = b_{cor} \times h_{cor}$。

2) 矩形截面剪扭梁承载力计算

如前所述,由于剪扭相关性的存在,在计算中是以剪扭构件受扭承载力降低系数 β_t 体现的。剪扭构件混凝土的受扭承载力降低系数 β_t 按下式计算:

$$\beta_t = \frac{1.5}{1 + 0.5 \dfrac{V}{T} \cdot \dfrac{W_t}{bh_0}} \tag{5.70}$$

当 $\beta_t < 0.5$ 时,取 $\beta_t = 0.5$;$\beta_t > 1.0$ 时,取 $\beta_t = 1.0$。

(1) 剪扭梁的受剪承载力

考虑了剪扭构件混凝土的受扭承载力降低系数 β_t 后,其受剪承载力按下式计算:

$$V \leqslant V_u = 0.7(1.5 - \beta_t) f_t bh_0 + f_{yv} \frac{A_{sv}}{s} h_0 \tag{5.71}$$

对于集中荷载作用为主的独立矩形剪扭构件，在考虑了混凝土承载力降低系数 β_t 后，其受剪承载力按下式计算：

$$V \leqslant V_u = \frac{1.75}{\lambda+1}(1.5 - \beta_t)f_t b h_0 + f_{yv}\frac{A_{sv}}{s}h_0 \tag{5.72}$$

此时，式中 β_t 按下式计算：

$$\beta_t = \frac{1.5}{1 + 0.2(\lambda+1)\dfrac{V}{T}\cdot\dfrac{W_t}{bh_0}} \tag{5.73}$$

式中 λ——计算截面的剪跨比，与式(5.50)中 λ 的取值规定相同。

（2）剪扭梁的受扭承载力

考虑了剪扭混凝土梁的受扭承载力降低系数 β_t 后，由式(5.69)有，其受扭承载力按下式计算：

$$T \leqslant T_u = 0.35\beta_t f_t W_t + 1.2\sqrt{\zeta}f_{yv}\frac{A_{st1}}{s}A_{cor} \tag{5.74}$$

3）矩形截面弯扭梁承载力计算

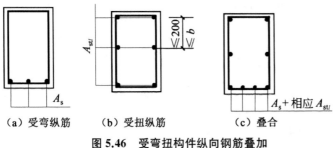

（a）受弯纵筋　　（b）受扭纵筋　　（c）叠合

图 5.46　受弯扭构件纵向钢筋叠加

在同时受弯和受扭的构件中，纵向钢筋就要同时受到弯矩产生的拉应力和压应力以及扭矩产生的拉应力，《规范》规定采用叠加法进行设计，即按受弯正截面承载力和受扭承载力分别计算出各自所需要的纵向钢筋截面面积，并按图 5.46 所示方法将相同位置处的钢筋进行叠加。配筋时，可将相重叠部位的受弯纵筋和受扭纵筋面积叠加后，再选配钢筋。

4）构造要求

按受扭承载力计算得出的纵向钢筋面积 A_{st1} 应沿构件的周边均匀对称布置，其间距不应大于 200 mm 及梁截面短边长度；并在梁截面四角应设置受扭纵向钢筋，受扭纵向钢筋应按受拉钢筋锚固在支座内。梁内受扭纵向钢筋的最小配筋率 $\rho_{t l,\,min}$ 应符合式(5.75)规定。

$$\rho_{st l} = \frac{A_{st l}}{bh} \geqslant \rho_{t l,\,min} = 0.6\sqrt{\frac{T}{Vb}}\frac{f_t}{f_y} \tag{5.75}$$

受扭箍筋除应满足强度要求和最小配筋率的要求以外，其形状还应满足如图 5.47 所示的要求。即箍筋必须做成封闭式，箍筋的末端必须做成 135°弯钩，弯钩的端头平

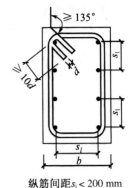

纵筋间距 $s_l <$ 200 mm
箍筋间距 $s < s_{max}$

图 5.47　受扭构件配筋构造

直端长度不得小于 $10d$(d 为箍筋直径)。箍筋间距应满足受剪最大箍筋间距要求,且不大于截面短边尺寸。若采用复合箍筋时,在计算时不应考虑位于截面内部的箍筋的作用。

5.5 钢筋混凝土梁的变形及裂缝宽度验算

钢筋混凝土梁按前述进行承载能力极限状态设计计算,是保证其安全可靠的前提,必须首先予以满足。同时,为了使构件具有预期的适用性和耐久性,还必须进行正常使用极限状态的验算。验算内容包括裂缝宽度、变形等,要求其计算值不得超过《规范》规定的限值。

5.5.1 裂缝宽度验算

形成裂缝的原因是多方面的,其中有由于温度变化、混凝土收缩、地基不均匀沉降、钢筋锈蚀等非荷载因素引起的;另一类则是由于荷载作用,所产生的主拉应力超过混凝土的抗拉强度造成的。对于非荷载引起的裂缝,目前还没有完善的可供实际应用的计算方法,只能通过构造和施工措施予以保证。目前《规范》有关裂缝控制的验算,主要是针对荷载作用下的裂缝进行验算。

1)裂缝控制的目的

裂缝控制的目的主要有两个:一是耐久性的要求,这是长期以来被广泛认为控制裂缝宽度的理由。如果构件所处环境湿度过大,将引起钢筋锈蚀,钢筋的锈蚀是一种膨胀过程,最终将导致混凝土产生沿顺筋方向的锈蚀裂缝,甚至混凝土保护层的剥落。水利、给排水结构中的水池、管道等结构的开裂,将会引起渗漏。另一方面,裂缝开展过宽,有损结构外观,会令人产生不安感。经调查研究,一般认为裂缝宽度超过 0.4 mm 就会引起人们的关注,因此应将裂缝宽度控制在能被大多数人接受的水平。

2)裂缝宽度验算要求

在工业与民用建筑中,对于钢筋混凝土构件,要求限制不出现裂缝是较难实现的,一般在正常使用阶段是带裂缝工作的,只要裂缝宽度不大,对结构的正常使用则不会有什么影响。《规范》规定,构件按荷载的准永久组合计算,并考虑荷载长期作用的影响所求的最大裂缝宽度 w_{max} 不应超过《规范》规定的钢筋混凝土构件最大裂缝宽度限值 w_{lim},w_{lim} 参见附表8。

3)裂缝宽度验算

由于混凝土的非匀质性,抗拉强度离散性大,因而构件裂缝的出现和开展宽度也带有随机性,计算裂缝宽度比较复杂,对裂缝宽度和裂缝间距的计算至今仍为半理论半经验的方法。

(1)平均裂缝宽度 w_m 的计算

现行的计算方法认为,裂缝的开展宽度是由于钢筋与混凝土之间的粘结遭到破坏,发生相对滑移,引起裂缝处的混凝土回缩而产生的。引入平均裂缝宽度和平均裂缝间距的概念,并认为平均裂缝宽度应等于平均裂缝间距区段内,沿钢筋水平位置处钢筋的伸长值与混凝土伸长值之差,如图 5.48 所示。

① 平均裂缝间距 l_{cr}。《规范》规定,当混凝土最外层纵向受拉钢筋外边缘至受拉区底边

的距离 c_s 不大于 65 mm 时,混凝土梁的平均裂缝间距可按下式计算:

$$l_{cr} = 1.9 \, c_s + 0.08 \frac{d_{eq}}{\rho_{te}} \qquad (5.76)$$

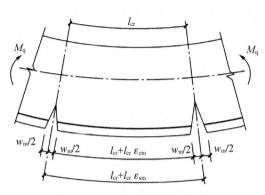

图 5.48　平均裂缝宽度计算简图

式中　c_s——最外层纵向受拉钢筋外边缘至混凝土受拉区底边的距离(mm),当 $c_s < 20$ mm 时,取 $c_s = 20$ mm;当 $c_s > 65$ mm 时,取 $c_s = 65$ mm;

d_{eq}——配置不同钢种,不同直径的钢筋时,受拉区纵向受拉钢筋的

等效直径(mm),$d_{eq} = \dfrac{\sum n_i d_i^2}{\sum n_i v_i d_i}$;

d_i——受拉区第 i 种纵向钢筋的公称直径(mm);

n_i——受拉区第 i 种纵向钢筋的根数;

v_i——受拉区第 i 种纵向受拉钢筋的相对粘结特性系数,见表 5.9;

ρ_{te}——按有效受拉混凝土截面面积 A_{te} 计算的纵向受拉钢筋配筋率,$\rho_{te} = \dfrac{A_s}{A_{te}}$,当 $\rho_{te} < 0.01$ 时,取 $\rho_{te} = 0.01$;

A_{te}——有效受拉混凝土截面面积,按下列规定取用:对轴心受拉构件,A_{te} 取构件截面面积;对受弯、偏心受压和偏心受拉构件,取 $A_{te} = 0.5bh + (b_f - b)h_f$,如图 5.49 所示阴影部分的面积。

表 5.9　钢筋的相对粘结特性系数

钢筋类别	非预应力钢筋		先张法预应力钢筋			后张法预应力钢筋		
	光面钢筋	带肋钢筋	带肋钢筋	螺旋肋钢丝	钢绞线	带肋钢筋	钢绞线	光面钢丝
v_i	0.7	1.0	1.0	0.8	0.6	0.8	0.5	0.4

注:对环氧树脂涂层带肋钢筋,其粘结特性系数应按表中系数的 80% 取用。

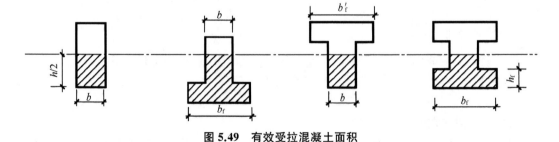

图 5.49　有效受拉混凝土面积

② 平均裂缝宽度。如前所述,由图 5.48 可见,裂缝的平均宽度 w_m 可由下式得到:

$$w_m = \varepsilon_{sm} l_{cr} - \varepsilon_{cm} l_{cr} = \varepsilon_{sm} l_{cr} \left(1 - \frac{\varepsilon_{cm}}{\varepsilon_{sm}}\right) \qquad (5.77)$$

令其中 $1-(\varepsilon_{cm}/\varepsilon_{sm})=\alpha_c$,裂缝间纵向钢筋的平均应变 ε_{sm} 与裂缝截面处的钢筋应变 ε_s 之比为钢筋应变不均匀系数 ψ,$\psi=\varepsilon_{sm}/\varepsilon_s$,裂缝的平均宽度则可表示为:

$$w_m = \alpha_c \psi \frac{\sigma_{sq}}{E_s} l_{cr} \tag{5.78}$$

式中 σ_{sq} —— 按荷载效应的准永久组合计算的钢筋混凝土构件纵向受拉钢筋在裂缝截面

处的应力;对于受弯构件,$\sigma_{sq} = \dfrac{M_q}{0.87h_0 A_s}$;

E_s —— 钢筋的弹性模量;

l_{cr} —— 平均裂缝间距;

ψ —— 钢筋应变不均匀系数,ψ 的物理意义反映了裂缝间混凝土参与抗拉的能力。

$\psi = 1.1 - 0.65\dfrac{f_{tk}}{\sigma_{sq}\rho_{te}}$,当 $\psi < 0.2$ 时,取 $\psi = 0.2$;$\psi > 1.0$,取 $\psi = 1.0$。

(2)最大裂缝宽度 w_{max} 的计算

由于裂缝宽度的离散性比较大,而对结构影响最大的当是其中宽度最大的裂缝。而基于平均裂缝宽度计算最大裂缝宽度时,还需要考虑两个因素。一是加载时最大裂缝宽度的扩大系数 τ_s,二是构件长期使用后的扩大系数 τ_l。故最大裂缝宽度的计算式可写成:

$$w_{max} = \tau_s \tau_l w_m = \alpha_c \tau_s \tau_l \psi \frac{\sigma_{sq}}{E_s}\left(1.9c_s + 0.08\frac{d_{eq}}{\rho_{te}}\right) \tag{5.79}$$

令 $\alpha_{cr} = \alpha_c \tau_s \tau_l$,则有:

$$w_{max} = \alpha_{cr} \psi \frac{\sigma_{sq}}{E_s}\left(1.9c_s + 0.08\frac{d_{eq}}{\rho_{te}}\right) \tag{5.80}$$

式中 α_{cr} —— 构件受力特征系数。受弯和偏心受压构件,$\alpha_{cr} = 1.9$(对于偏压构件,当 $e_0/h_0 \leqslant 0.55$ 时可不验算裂缝宽度),轴心受拉构件,$\alpha_{cr} = 2.70$;偏心受拉构件,$\alpha_{cr} = 2.40$。

4)控制及减小裂缝宽度措施

由式(5.80)计算出的最大裂缝宽度 w_{max} 不应超过《规范》规定的最大裂缝宽度的限值 w_{lim}。当计算出的最大裂缝宽度不满足要求时,宜采取下列措施,以减小裂缝宽度。

(1)合理布置钢筋

从最大裂缝宽度计算公式(5.80)可以看出,受拉钢筋直径与裂缝宽度成正比,直径越大裂缝宽度也越大,因此在满足《规范》对纵向钢筋最小直径和钢筋之间最小间距的前提下,梁内尽量采用直径略小、根数略多的配筋方式,这样可以有效分散裂缝,减小裂缝宽度。

(2)适当增加钢筋截面面积

从最大裂缝宽度计算公式(5.80)还可以看出,裂缝宽度与裂缝截面受拉钢筋应力成正比,与有效受拉配筋率成反比,因此可适当增加钢筋截面面积 A_s,以提高 ρ_{te} 降低 σ_{sq}。

(3)尽可能采用带肋钢筋

光圆钢筋的粘结特性系数为 0.7,带肋钢筋为 1.0,表明带肋钢筋与混凝土的粘结较光圆钢筋要好得多,裂缝宽度也将减小。

此外,解决裂缝宽度问题,除上述几种方法外,解决裂缝宽度问题最为有效的办法是采用预应力混凝土,因为它能使构件在荷载作用下,不产生拉应力或只产生很小的拉应力,进而使得裂缝不出现或减小裂缝的宽度。

裂缝宽度的验算,除上述受弯构件外,还有轴心受拉、偏心受拉、偏心受压等构件。相应的计算公式、系数和计算方法,可查阅《规范》的相关规定。

【例 5.13】 已知钢筋混凝土简支梁,计算跨度 $l_0 = 6$ m,承受恒载标准值 $g_k = 5$ kN/m,活荷载标准值 $q_k = 12.5$ kN/m,准永久组合值系数 $\psi_q = 0.4$,混凝土保护层 $c = 20$ mm,箍筋直径为 6 mm,截面尺寸 $b \times h = 200$ mm $\times 500$ mm,混凝土强度等级 C20,已配有 3 Φ 18 受力钢筋,$A_s = 763$ mm^2,最大裂缝宽度限值 $w_{min} = 0.3$ mm。 验算最大裂缝宽度是否满足要求。

【解】 查附表 3,C20 混凝土的 $f_{tk} = 1.54$ N/mm^2;查附表 4 得 $E_s = 2.0 \times 10^5$ N/mm^2

$$h_0 = h - a_s = h - \left(c + d_v + \frac{d}{2}\right) = 500 - (20 + 6 + 9) = 465 \text{ mm}$$

按荷载准永久组合计算的弯矩值

$$M_q = \frac{1}{8}(g_k + \psi_q q_k)l_0^2 = \frac{1}{8} \times (5 + 0.4 \times 12.5) \times 6^2 = 45 \text{ kN} \cdot \text{m}$$

由式(5.78)可得裂缝截面处的钢筋应力,即

$$\sigma_{sq} = \frac{M_q}{0.87 A_s h_0} = \frac{45 \times 10^6}{0.87 \times 763 \times 465} \text{ N/mm}^2 = 145.8 \text{ N/mm}^2$$

$$\rho_{te} = \frac{A_s}{A_{te}} = \frac{763}{0.5 \times 200 \times 500} = 0.015 > 0.01$$

由式(5.78)可得纵向受拉钢筋的应变不均匀系数,即

$$\psi = 1.1 \quad 0.65 \frac{f_{tk}}{\sigma_{sq}\rho_{te}} = 1.1 \quad 0.65 \frac{1.54}{145.8 \times 0.015} = 0.642$$

由于截面配筋直径相同,则 $d_{eq} = 18$ mm;对于受弯构件,$\alpha_{cr} = 1.9$。按式(5.80)可求得最大裂缝宽度为

$$
\begin{aligned}
w_{max} &= 1.9\psi \frac{\sigma_{sq}}{E_s}\left(1.9c_s + 0.08\frac{d_{eq}}{\rho_{te}}\right) \\
&= 1.9 \times 0.642 \times \frac{145.8}{2.0 \times 10^5}\left(1.9 \times 26 + 0.08\frac{18}{0.015}\right) \\
&= 0.13 \text{ mm} < w_{lim} = 0.3 \text{ mm}
\end{aligned}
$$

满足要求。

5.5.2 受弯构件变形验算

受弯构件的跨中挠度验算,可根据其抗弯刚度按照力学的方法,按下式进行计算:

$$f = C\frac{Ml_0^2}{EI} \tag{5.81}$$

式中　M——弯矩组合值；

　　　l_0——梁的计算跨度；

　　　EI——梁截面的抗弯刚度；

　　　C——与荷载类型和支承条件有关的系数，如简支梁承受均布荷载，$C = 5/48$。

由材料力学可知，当梁的截面尺寸和材料已定，截面的抗弯刚度 EI 就为一常数。所以由式(5.81)可知梁的挠度 f 与弯矩 M 呈线性关系。而钢筋混凝土梁不是弹性体，具有一定的塑性，其弯矩 M 与挠度 f 的关系曲线如图 5.50 所示。由图可见，在第Ⅱ阶段(正常使用阶段)，挠度 f 与 M 的关系不是线性关系，随着弯矩的增大，挠度的增长比弯矩增加更快。这一方面是因为混凝土材料的应力应变关系为非线性，变形模量不是常数；另一方面，钢筋混凝土梁随受拉区裂缝的产生和发展，截面有

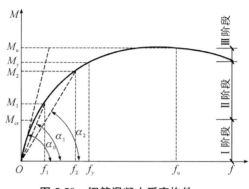

图 5.50　钢筋混凝土受弯构件的 M-f 关系曲线

所削弱，使得截面的惯性矩不断减小。因此，钢筋混凝土梁随荷载的增加，其截面抗弯刚度不断降低。

由于在钢筋混凝土受弯构件中采用了平截面假定，所以计算钢筋混凝土受弯构件的挠度仍可采用材料力学中给出的公式的形式，但梁的抗弯刚度需作一些修正，即用 B 代替原材料力学公式中的 EI。由此可见，受弯构件的挠度计算就转变为求钢筋混凝土梁的抗弯刚度 B 的问题了。

1) 短期刚度 B_s

所谓短期刚度就是指钢筋混凝土梁在荷载准永久组合作用下的截面抗弯刚度。

(1) 开裂前短期刚度计算

对于钢筋混凝土梁，在第Ⅰ应力阶段也就是开裂前，混凝土受拉区已表现出一定塑性，抗弯刚度已有一定程度的降低，通常可偏安全地取钢筋混凝土构件的短期刚度为：

$$B_s = 0.85 E_c I_0 \tag{5.82}$$

式中　E_c——混凝土的弹性模量，按附表 3 查得；

　　　I_0——换算截面对其重心轴的惯性矩。

(2) 开裂后构件短期刚度

验算钢筋混凝土梁的挠度，都在第Ⅱ阶段进行。根据材料力学知识，并考虑到混凝土材料的弹塑性、截面上的应力分布、截面的形状、钢筋和混凝土材料的弹性模量、截面的配筋率等因素对构件刚度的影响，结合试验研究的结果，《规范》给出的钢筋混凝土受弯构件短期刚度计算公式为：

$$B_s = \frac{E_s A_s h_0^2}{1.15\psi + 0.2 + \dfrac{6\alpha_E \rho}{1 + 3.5\gamma'_f}} \tag{5.83}$$

式中 α_E——钢筋与混凝土的弹性模量比，$\alpha_E = \dfrac{E_s}{E_c}$；

γ'_f——T 形、工字形截面受压翼缘的加强系数，矩形截面时，$\gamma'_f = 0$；T 形、工字形截面的受压翼缘面积与腹板有效面积之比，$\gamma'_f = (b'_f - b)h'_f/(bh_0)$，当 $h'_f > 0.2h_0$，取 $h'_f = 0.2h_0$。

式(5.83)适用于矩形、T 形、倒 T 形和工字形截面受弯构件。由于式中的 ψ 与 σ_{sq} 有关，而 σ_{sq} 又与 M_q 有关，所以 ψ 与 M_q 有关。

2) 刚度 B 的计算

对于钢筋混凝土构件，由于受压区混凝土的徐变，以及受拉钢筋和混凝土之间的滑移、徐变，使裂缝间受拉区混凝土不断退出工作，从而引起受拉钢筋在裂缝间应变不断增加。因此，在荷载长期作用下，钢筋混凝土受弯构件的刚度将随时间的增加而逐渐降低，挠度不断加大。以 B 表示受弯构件按荷载效应准永久组合并考虑长期作用影响的刚度。

《规范》建议荷载长期作用下钢筋混凝土梁的刚度 B 采用下式计算：

$$B = \frac{B_s}{\theta} \tag{5.84}$$

式中 θ——考虑荷载长期作用使挠度增大的影响系数，《规范》建议取值如下：

当 $\rho' = 0$，$\theta = 2.0$；

当 $\rho' = \rho$，$\theta = 1.6$。

θ 值也可直接按下式计算：

$$\theta = 2.0 - 0.4\rho'/\rho \tag{5.85}$$

式中 ρ'、ρ——分别为纵向受拉和受压钢筋的配筋率。

截面形状对长期荷载作用下的挠度也有影响，对翼缘位于受拉区的倒 T 形截面，由于在短期荷载作用下，受拉区混凝土参与受拉的程度较矩形截面为大，因此在长期荷载作用下，受拉区混凝土退出工作的影响也较大，挠度增加亦较多。故按式(5.85)计算出的 θ 值需再乘以 1.2 的增大系数。

3) 挠度验算

受弯构件在正常使用极限状态下的挠度，可以根据构件的刚度 B 用结构力学的方法计算。但如前述，钢筋混凝土受弯构件开裂后的截面刚度不仅与其截面尺寸有关，还与截面弯矩的大小有关。如按变刚度计算梁的挠度是十分复杂的，为简化计算，《规范》假定各同号弯矩区段内的刚度相等，并取用该区段内最大弯矩 M_{max} 截面处的刚度作为该区段的抗弯刚度。对允许出现裂缝的构件，它就是该区段的最小刚度 B_{min}。这就是受弯构件计算挠度时的"最小刚度原则"。采用最小刚度原则按等刚度方法计算构件挠度，与试验梁挠度的实测值符合良好。采用最小刚度原则用等刚度法计算钢筋混凝土受弯构件的挠度完全可满足工程要求。

按上述方法计算的挠度值不应超过《规范》规定的挠度限值 $[f]$（见附表 9）。即

$$f \leqslant [f] \tag{5.86}$$

4）减小受弯构件挠度的措施

如果验算挠度不满足式(5.86)要求,则应采取措施减小受弯构件的挠度。要想减小受弯构件的挠度,必须加大构件的刚度。从刚度计算公式可以看出,增加刚度(也就是减小构件的挠度)最有效的办法是增加构件截面高度 h。减小 θ 也可以增大刚度,故可以通过在受压区适当配置受压钢筋,可以减小混凝土的徐变,从而降低 θ 值。

【例 5.14】 一钢筋混凝土简支梁,计算跨度 $l_0 = 6$ m,截面尺寸 $b \times h = 250$ mm $\times$ 500 mm,承受恒载(永久荷载)标准值 $g_k = 15$ kN/m,活载(可变荷载)标准值 $q_k = 15$ kN/m (准永久值系数 $\psi_q = 0.4$),已配有 4 Φ 22 受拉钢筋, $A_s = 1\ 520$ mm^2,箍筋直径为 6 mm,混凝土强度等级 C25,保护层厚度 $c = 20$ mm,挠度的限值 $[f] = l_0/200$(见附表 9)。要求验算构件的挠度是否满足要求。

【解】

(1) 计算 M_q(根据最小刚度原则,应计算弯矩最大截面):

$$M_q = \frac{1}{8}(g_k + \psi_q q_k)l_0^2 = \left[\frac{1}{8}(15 + 0.4 \times 15) \times 6^2\right] \text{kN} \cdot \text{m} = 94.5 \text{ kN} \cdot \text{m}$$

(2) 计算参数

$$h_0 = [500 - (20 + 6 + 22/2)]\text{mm} = 463 \text{ mm}$$

由式(5.78)可得裂缝截面处的钢筋应力,即

$$\sigma_{sq} = \frac{M_q}{0.87 A_s h_0} = \frac{94.5 \times 10^6}{0.87 \times 1\ 520 \times 463} \text{N/mm}^2 = 154.3 \text{ N/mm}^2$$

$$\rho_{te} = \frac{A_s}{A_{te}} = \frac{1\ 520}{0.5 \times 250 \times 500} = 0.024\ 3 > 0.01$$

由式(5.78)可得纵向受拉钢筋的应变不均匀系数,即

$$\psi = 1.1 - 0.65 \frac{f_{tk}}{\sigma_{sq}\rho_{te}} = 1.1 - 0.65 \frac{1.78}{154.3 \times 0.024\ 3} = 0.791$$

(3) 计算短期刚度 B_s

$$\alpha_E = \frac{E_s}{E_c} = \frac{2.0 \times 10^5}{2.80 \times 10^4} = 7.143$$

$$\rho = \frac{A_s}{bh_0} = \frac{1\ 520}{250 \times 463} = 0.013\ 1$$

矩形截面, $\gamma_f' = 0$

$$B_s = \frac{E_s A_s h_0^2}{1.15\psi + 0.2 + \dfrac{6\alpha_E \rho}{1 + 3.5\gamma_f'}}$$

$$= \frac{2.0 \times 10^5 \times 1\ 520 \times 463^2}{1.15 \times 0.791 + 0.2 + \dfrac{6 \times 7.143 \times 0.013\ 1}{1 + 0}} \text{N} \cdot \text{mm}^2$$

$$= 390 \times 10^{11} \text{N} \cdot \text{mm}^2$$

（4）计算 B

由于 $\rho' = 0$，$\theta = 2.0$

$$B = \frac{B_s}{\theta} = \frac{390 \times 10^{11}}{2.0} = 195 \times 10^{11}$$

（5）计算挠度

$$f = \frac{5}{48} \frac{M_q l_0^2}{B} = \frac{5}{48} \times \frac{94.5 \times 10^6 \times 6\,000^2}{195 \times 10^{11}} = 18.17 \text{ mm}$$

（6）验算

$$f = 18.17 \text{ mm} < [f] = l_0/200 = 6\,000/200 = 30 \text{ mm}$$

满足要求。

本 章 小 结

1. 受弯构件的基本构造要求。本章所述受弯构件截面的基本尺寸、保护层、配筋率、钢筋的直径、根数、间距、选用、布置要求等应予熟知。

2. 钢筋混凝土适筋梁正截面受力的三个工作阶段：第Ⅰ阶段（未裂阶段，亦称整体工作阶段），压区应力分布为直线，拉区钢筋和混凝土共同受拉，是抗裂计算的依据；第Ⅱ阶段（带裂缝工作阶段），拉区混凝土开裂，裂缝截面受拉混凝土大部分不再受拉，拉力由钢筋承担，压区混凝土应力呈曲线分布，是计算裂缝宽度和挠度的依据；第Ⅲ阶段（破坏阶段），受拉钢筋先达屈服，受压区混凝土被压碎，是正截面受弯承载力计算的依据。

3. 受弯构件正截面破坏的三种形态：以配筋率的不同分适筋、少筋和超筋三种破坏形态。适筋的破坏特征是受拉钢筋先达屈服后，受压混凝土被压碎而截面破坏，因破坏前有明显的裂缝开展和挠度增大的预兆，故称为延性破坏；超筋破坏的特点是受拉钢筋尚未达屈服，而受压混凝土已被压碎，承载力取决于混凝土的强度而与钢筋强度无关，属无明显预兆的脆性破坏；少筋破坏的特点是拉区混凝土一开裂，受拉钢筋就屈服，裂缝只有一条且很宽，挠度也很大，开裂弯矩就是它的破坏弯矩，也属脆性破坏。工程中只允许用适筋梁而不允许用少筋和超筋梁。

4. 几个基本假设和等效应力图形是建立受弯构件正截面承载力基本计算公式的基础，应予很好理解。基本计算公式是根据等效应力图形求平衡列出的。注意 $\xi \leqslant \xi_b$、$\rho \geqslant \rho_{\min}$ 及双筋的 $x \geqslant 2a_s'$ 等公式适用条件的意义和应用。

5. 配筋率和钢筋强度是影响受弯构件正截面承载力的主要因素，在配筋率较低（但不属少筋）时，承载力随配筋率和钢筋强度的提高而增大；混凝土强度对受弯构件正截面承载力的影响不如受拉钢筋强度的影响大，但在接近或达到界限破坏时，正截面承载力的大小则取决于混凝土的强度。

6. 受弯构件正截面承载力计算包括截面设计和承载力复核。单筋矩形截面的截面设计和承载力复核时的未知数均为两个（x、A_s 或 x、M_u），可直接利用两个基本公式求解，也可用计算系数查表求解；双筋截面的设计时要考虑 A_s' 是否已知，如 A_s' 未知，则应该补充 $\xi = \xi_b$

条件；T形截面则应首先确定受压翼缘的计算宽度 b_f'，并判别属于第一类或第二类截面形式后再行计算，第一类T形梁，就相当于截面宽度为 b_f' 的单筋矩形截面梁，第二类T形梁，则可将挑出的受压翼缘部分视为双筋截面中的 A_s'，按 A_s' 为已知的双筋截面计算。

7. 影响受弯构件斜截面受剪承载力的因素主要有剪跨比、混凝土强度、箍筋强度及配箍率，以及纵向钢筋配筋率等，计算公式是以主要影响参数为变量，以试验统计为基础建立起来的。斜截面破坏形态主要取决于剪跨比 λ 和配箍率 ρ_{sv}。钢筋混凝土斜截面受剪的主要破坏形态有斜拉破坏、斜压破坏和剪压破坏，这三种破坏均为脆性破坏。斜截面的受剪承载力计算公式是对应于剪压破坏的，对于斜拉和斜压破坏一般是采用构造措施加以避免，即限制最小截面尺寸，限制最大箍筋间距，限制最小箍筋直径及不小于最小配箍率。

8. 斜截面承载力计算包括截面设计和承载力复核。计算时要注意斜截面承载力可能有多处比较薄弱的地方，都要进行计算复核。即应考虑不同区段的 V_{cs} 及 $V_{cs}+V_{sb}$ 的控制范围，分别计算。

9. 材料抵抗弯矩图是按照梁实配的纵向钢筋的数量计算并画出的各截面所能抵抗的弯矩图，要掌握绘制方法，利用材料抵抗弯矩图，按正截面和斜截面的承载力要求来确定纵筋的弯起点和截断点的位置。

10. 钢筋混凝土结构既需要理论计算也需要合理的构造措施，才能满足设计和使用要求。本章所述纵筋的截断和锚固要求，箍筋直径、肢数、间距、构造钢筋的配设等要求应予熟知。

11. 扭转是构件的基本受力形式之一，绝大多数构件处于弯矩、剪力、扭矩共同作用的复合受扭情况。在实际结构中采用横向封闭箍筋与纵向受力钢筋组成的空间骨架来抵抗扭矩。称 ζ 为抗扭纵筋和抗扭箍筋的配筋强度比。ζ 的取值范围为0.6~1.7，常取 $\zeta=1.2$。构件受扭、受剪、与受弯承载力之间的相互影响问题过于复杂，为简化计算，《规范》对弯剪扭构件的计算，采用混凝土部分承载力相关，并用剪扭构件混凝土受扭承载力降低系数 β_t 表达。弯剪扭构件的计算采用"相关、叠加"方法。

12. 进行正常使用极限状态的验算是为了满足其适用性和耐久性的要求。由于混凝土的非匀质性和混凝土抗拉强度的离散性，裂缝的间距和宽度也是不均匀的，为了进行裂缝开展宽度和挠度计算，引入了平均裂缝间距和平均裂缝宽度的概念，以及钢筋应变不均匀系数、有效配筋率、弹性模量比、钢筋混凝土梁的计算刚度等概念。

13. 构件的变形验算主要是指受弯构件的挠度验算，挠度计算可采用材料力学的公式，并采用最小刚度原则计算。最小刚度原则是指取同号弯矩区段内的抗弯刚度相等，并取弯矩最大截面的刚度作为该区段的抗弯刚度。

14. 减小裂缝宽度的措施有：减小受拉钢筋的直径、不采用光面钢筋、增加受拉钢筋的用量等。减小挠度最有效的措施是增加截面的高度。

思考题与习题

5.1 梁、板的截面尺寸和混凝土的保护层厚度是如何确定的？构造上对梁的纵筋的直径、根数、间距、排数有哪些规定？板中钢筋有哪些？如何布置？

5.2 受弯构件的适筋截面从加载到破坏经历了哪几个阶段？各阶段中钢筋和混凝土

的应力和应变情况如何？分别为哪种极限状态计算的依据？构件的裂缝、挠度及中和轴位置又是如何变化的？适筋截面破坏的标志是什么？

5.3 钢筋混凝土受弯构件正截面破坏形态有哪几种？各种破坏形态的特征如何？为什么不允许使用超筋和少筋截面？如何限制出现超筋和少筋截面？

5.4 在钢筋混凝土受弯构件正截面承载力计算中有哪几个基本假定？

5.5 何谓"界限破坏"？界限破坏的特征是什么？

5.6 计算符号 ρ、ξ、α_s、γ_s 分别代表什么？

5.7 影响钢筋混凝土受弯构件正截面承载力的主要因素有哪些？

5.8 在应用单筋矩形截面受弯承载力的计算公式时，为什么要求满足 $\xi \leqslant \xi_b$ 和 $\rho \geqslant \rho_{min}$？

5.9 单筋截面承载力复核时如何判别截面的破坏形态？如为超筋，应如何计算其极限弯矩？

5.10 在什么情况下采用双筋截面？双筋截面计算公式的适用条件是什么？意义如何？截面设计时有哪两种情况？分别写出两种情况的计算步骤。

5.11 T 形截面受压翼缘的计算宽度是如何确定的？两类 T 形截面在截面设计和承载力复核时是如何判别的？分别写出第一、二类 T 形截面承载力计算（设计、复核）的计算步骤。

5.12 试写出单筋、双筋和 T 形截面受弯构件的正截面承载力计算（包括设计和复核）的计算机程序框图。

5.13 钢筋混凝土有腹筋梁斜截面受剪的主要破坏形态有哪几种？它们的破坏特征如何？怎样防止各种破坏形态的发生？影响斜截面受剪承载力的因素主要有哪些？

5.14 斜截面受剪承载力计算公式的适用条件有哪些？为什么要对梁的截面尺寸加以限制？为什么要规定最小配箍率和条件 $s \leqslant s_{max}$？

5.15 在什么情况下按构造配箍筋？此时如何确定箍筋的直径和间距？试写出梁的截面承载力计算的步骤（包括设计和复核）及计算机程序框图。

5.16 什么是抵抗弯矩图？它与设计弯矩图的关系怎样？什么是钢筋强度的充分利用点和理论截断点？如何根据抵抗弯矩图确定弯起钢筋弯起位置？如何确定钢筋的实际截断点的位置？

5.17 抗扭钢筋的合理配置形式是怎样的？有哪些相关的构造要求？什么是配筋强度比？如何取值？

5.18 弯剪扭构件承载力计算的原则是什么？β_t 表示什么？

5.19 如何进行受弯构件的裂缝宽度验算？根据最大裂缝宽度计算公式，说明影响裂缝宽度的主要因素有哪些？减小裂缝宽度的措施有哪些？

5.20 何谓受弯构件挠度计算中的最小刚度原则？计算受弯构件挠度的步骤如何？影响钢筋混凝土受弯构件刚度的主要因素有哪些？提高构件刚度的最有效措施是什么？

5.21 某钢筋混凝土矩形梁截面尺寸 $b \times h = 250 \text{ mm} \times 600 \text{ mm}$，承受的弯矩设计值 $M = 260 \text{ kN} \cdot \text{m}$，环境类别为一类，混凝土拟采用 C30 级，钢筋为 HRB400 级，估取 $a_s = 40 \text{ mm}$，试计算所需的纵向受拉钢筋面积 A_s。

5.22 一现浇钢筋混凝土简支平板，其计算跨度 $l_0 = 24 \text{ m}$，板顶面为 30 mm 水泥砂浆面层,板底为 12 mm 纸筋灰粉刷(16 kN/m²),承受均布活荷载的标准值为 2.0 kN/m²,采用的混凝土强度等级为 C30,HRB400 级钢筋。估取板厚为 80 mm,一类环境,试为该板配筋。(取 1 m 为板的计算宽度)

5.23 一单筋矩形梁截面尺寸 $b \times h = 200$ mm × 450 mm,采用混凝土强度等级为 C35,所配钢筋为 4Φ16,$a_s = 35$ mm,若弯矩设计值 $M = 120$ kN·m,问该梁是否安全?

5.24 已知一钢筋混凝土梁截面为 $b \times h = 200$ mm × 450 mm,混凝土强度等级为 C30,已配有 2 根 25 mm 和 3 根 22 mm 直径的 HRB400 级的纵向受拉钢筋,$a_s = 60$ mm,问该截面在设计弯矩 $M = 180$ kN·m 的作用下是否安全?

5.25 试按下列情况,列表计算各截面的受弯承载力极限值 M_u,并分析混凝土强度等级、钢筋级别、截面的尺寸(高度、宽度)等因素对受弯承载力的影响。(环境按一类考虑,箍筋直径均为 6 mm)

截面尺寸 $b \times h = 200$ mm × 500 mm,混凝土为 C25 级,4 根直径 18 mm HPB300 级钢筋;

截面尺寸 $b \times h = 200$ mm × 500 mm,混凝土为 C40 级,4 根直径 18 mm HPB300 级钢筋;

截面尺寸 $b \times h = 200$ mm × 500 mm,混凝土为 C40 级,4 根直径 18 mm HRB400 级钢筋;

截面尺寸 $b \times h = 200$ mm × 500 mm,混凝土为 C40 级,6 根直径 18 mm HRB400 级钢筋;

截面尺寸 $b \times h = 200$ mm × 500 mm,混凝土为 C40 级,4 根直径 18 mm HRB500 级钢筋;

截面尺寸 $b \times h = 200$ mm × 500 mm,混凝土为 C50 级,4 根直径 18 mm HRB500 级钢筋。

5.26 已知矩形简支梁,计算跨度 $l_0 = 4.86$ m,所承受的均布恒荷载标准值 $g_k = 9.5$ kN/m(不包括自重),均布活荷载标准值 $q_k = 8$ kN/m,采用 C40 混凝土,HRB400 钢筋,环境类别为二 a 类,试确定该梁的截面尺寸和所需的纵向受力钢筋。

5.27 已知一矩形梁截面 $b \times h = 220$ mm × 500 mm,采用的混凝土强度等级为 C30,HRB400 级纵向受拉钢筋,承受设计弯矩 $M = 280$ kN·m,一类环境,$a_s = 60$ mm,求截面所需的纵向受力钢筋。

5.28 其他条件同题 5.27,但已在受压区设有受压钢筋 3 根直径为 18 mm 的 HRB400 级钢筋,试求此条件下的受拉钢筋 A_s。

5.29 其他条件同题 5.27,但已在受压区设有受压钢筋 4 根直径为 22 mm 的 HRB400 级钢筋,试求此条件下的受拉钢筋 A_s,并与题 5.27 和题 5.28 的结果进行比较,哪一方案用钢总量多?原因是什么?

5.30 已知一钢筋混凝土矩形梁截面 $b \times h = 200$ mm × 400 mm,混凝土强度等级为 C30,HRB400 级的纵向受力钢筋,受拉钢筋为 3Φ25,受压钢筋为 2Φ16,试问该截面所能承受的极限弯矩 M_u 为多大?

5.31 已知一肋形楼盖次梁如图 5.51 所示,次梁的计算跨度 $l_0 = 6$ m,间距为 2.4 m,梁肋宽 $b = 200$ mm,梁高 $h = 450$ mm,该梁跨中截面所承受的弯矩设计值 $M = 150.5$ kN·m,

混凝土强度等级为 C30,钢筋用 HRB400 级,试为此梁配筋。

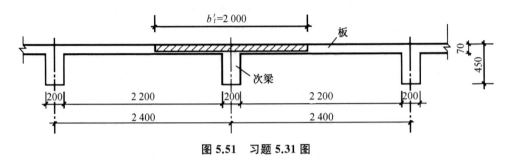

图 5.51   习题 5.31 图

5.32   某 T 形截面,$b_f'=500$ mm, $b=200$ mm, $h_f'=100$ mm, $h=500$ mm,混凝土为 C35,钢筋采用 HRB400 级,设计弯矩 $M=190$ kN·m,环境类别为一类,取 $a_s=40$ mm。求所需的受拉钢筋面积 A_s。

5.33   已知一 T 形截面梁,$b_f'=600$ mm, $b=300$ mm, $h_f'=120$ mm, $h=700$ mm,混凝土为 C30,钢筋采用 HRB400 级,承受设计弯矩 $M=650$ kN·m,环境类别为一类,取 $a_s=65$ mm。求所需的受拉钢筋面积。

5.34   一 T 形截面梁的截面尺寸及配筋情况如图 5.52 所示,已知所用混凝土的强度等级为 C35,钢筋为 HRB400 级,若截面的弯矩设计值 $M=500$ kN·m,问截面的承载力是否足够?

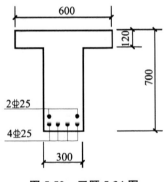

图 5.52   习题 5.34 图

5.35   已知一矩形截面简支梁,两端支承在240 mm厚的砖墙上,梁净跨5.56 m,截面尺寸 $b×h=250$ mm×500 mm, $a_s=60$ mm,梁承受均布荷载,其中永久荷载标准值 $g_k=20$ kN/m,可变荷载标准值 $q_k=30$ kN/m,所用的混凝土强度等级为 C30,($f_c=14.3$ N/mm², $f_t=1.43$ N/mm²),箍筋采用 HRB400 级钢筋($f_y=360$ N/mm²),采用只配箍筋方案,试为该梁配置箍筋。

5.36   一矩形截面简支梁,$b×h=200$ mm×400 mm, $a_s=35$ mm,混凝土强度等级为 C30 ($f_c=14.3$ N/mm², $f_t=1.43$ N/mm²),箍筋采用 HRB400($f_y=360$ N/mm²),已配有双肢箍ϕ6@100,求该梁所能承受的最大剪力设计值 V。若梁的净跨 l_n 为 3.76 m,计算跨度 $l_0=4$ m,由正截面强度计算已配置了 3 ϕ 16 的纵向受拉钢筋(采用 HRB400 级钢筋,$f_y=360$ N/mm²),梁所能承受均布荷载设计值 $g+q$(含自重)是多少?

5.37   已知一钢筋混凝土矩形截面构件,$b×h=250$ mm×500 mm,在均布荷载作用下，截面承受的弯矩设计值 $M=90$ kN·m，剪力设计值 $V=100$ kN，扭矩设计值 $T=12$ kN·m，混凝土采用 C25 级，所有钢筋均为 HRB335 级，试为该截面配筋。

5.38 一钢筋混凝土矩形截面简支梁，计算跨度 $l_0=6$ m，承受恒载标准值 $g_k=20$ kN/m（包括自重），可变荷载标准值 $q_k=12$ kN/m（准永久值系数 $\psi_q=0.5$），截面尺寸 $b \times h=250$ mm×600 mm，已配有 2Φ22＋2Φ20 纵向受拉钢筋，$A_s=1\ 388$ mm^2，混凝土强度等级 C20，保护层厚度 $c_s=25$ mm，最大裂缝宽度限值 $w_{lim}=0.3$ mm，挠度的限值 $[f]=l_0/250$。问：

(1) 验算构件的挠度是否满足要求；

(2) 最大裂缝宽度是否满足要求。

混凝土柱的设计

本章主要讲述钢筋混凝土柱的基本构造要求，在轴心受压、偏心受压、轴心受拉及偏心受拉状态下的受力特征和影响柱截面承载力的主要因素，在轴心受压、偏心受压、轴心受拉及偏心受拉状态下柱的截面承载力计算公式和适用条件。

6.1 混凝土柱的基本构造要求

混凝土结构中的柱是结构中的竖向结构构件，以承受轴向压力为主，在水平荷载作用下也有可能承受轴向拉力。混凝土柱按其受力情况可以分为轴心受力柱、单向偏心受力柱和双向偏心受力柱。为了工程设计方便，一般不考虑混凝土材料的不均质性和钢筋不对称布置的影响，近似地用轴向力作用线与构件正截面形心轴的相对位置来划分构件的受力类型。当轴向力的作用线与柱正截面形心轴重合时，为轴心受力柱；当轴向力的作用线仅对柱正截面的一个主轴有偏心时，为单向偏心受力柱；当对柱正截面的两个主轴都有偏心时，为双向偏心受力柱。

6.1.1 轴心受压柱的基本构造要求

1）材料构造要求

混凝土抗压强度的高低，对构件正截面受压承载力的影响较大，一般设计中采用的混凝土强度等级为 C25～C40 或更高。

柱中的纵向钢筋应采用 HRB400、HRB500、HRBF400、HRBF500 钢筋，不宜采用高强度钢筋作受压钢筋。纵筋直径不宜小于 12 mm，通常选用 16～28 mm。全部纵向钢筋的配筋率不宜大于 5%。纵向钢筋要沿截面四周均匀布置，根数不得少于 4 根。纵筋间距不应小于 50 mm，且不宜大于 300 mm。

柱中箍筋应做成封闭式箍筋，箍筋宜采用 HRB400、HRBF400、HPB300、HRB500、HRBF500 钢筋，也可采用 HRB335、HRBF335 钢筋。箍筋直径不应小于 $d/4$，且不应小于 6 mm，d 为纵向钢筋的最大直径。箍筋间距不应大于 400 mm 及构件的短边尺寸，且不应大于 $15d$。箍筋末端应做成 135°的弯钩，弯钩末端平直段长度不小于 5 倍箍筋直径。当柱中全部纵向钢筋的配筋率超过 3% 时，箍筋直径不宜小于 8 mm，间距不应大于 $10d$，且不应大于 200 mm。箍筋末端应做成 135°的弯钩，弯钩末端平直段长度不小于 10 倍箍筋直径。

当柱截面短边大于 400 mm 且各边纵向钢筋多于 3 根时，或当柱截面短边尺寸不大于 400 mm 但截面各边纵向钢筋多于 4 根时，应根据纵向钢筋至少每隔一根放置于箍筋转弯处的原则设置如图 6.1 所示的复合箍筋。复合箍筋的直径和间距与基本箍筋相同。

2）截面形式及尺寸

轴心受压柱一般都采用正方形，有时也采用圆形及其他正多边形截面形式。为了方便

图 6.1 方柱的箍筋形式

施工,以及避免长细比过大而降低受压柱截面承载力,截面尺寸一般不小于 300 mm × 300 mm,而且要符合模数。800 mm 以下采用 50 mm 的模数,800 mm 以上则采用 100 mm 模数。一般宜控制 $l_0/b \leqslant 30$、$l_0/d \leqslant 25$。

6.1.2 偏心受压柱的基本构造要求

对于偏心受压柱,除应满足轴心受压柱对混凝土强度、纵筋、箍筋及截面尺寸等基本要求外,《规范》规定还应满足如下的构造要求:

(1) 在承受单向作用弯矩的偏压柱中,每一侧纵向钢筋的最小配筋率不应小于 0.2%。

(2) 当偏心受压柱的截面高度 $h \geqslant 600$ mm 时,在柱的侧面上应设置直径不小于 10 mm 的纵向构造钢筋,并设置相应的复合箍筋或拉筋。如图 6.2 所示。

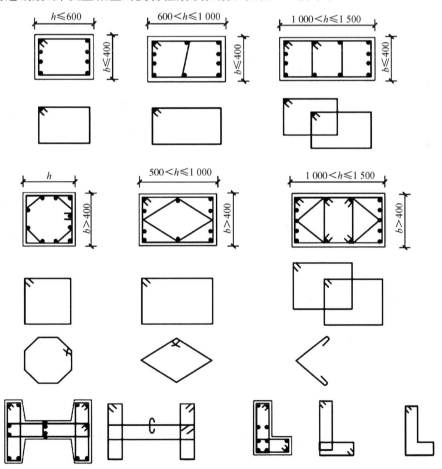

图 6.2 附加纵向构造筋、复合箍筋、拉筋的形式

（3）在偏心受压柱中,垂直于弯矩作用平面的侧面上的纵向受力钢筋以及轴心受压柱中各边的纵向受力钢筋,其中距不宜大于 300 mm。

6.2 轴心受压柱的受力性能及承载力计算

6.2.1 轴心受压柱的受力性能及破坏特征

在实际工程中,理想的轴心受压柱是不存在的。这是因为很难做到轴向压力恰好通过构件截面形心,而混凝土材料具有不均匀性,截面的几何中心与物理中心往往不重合。这些因素会使纵向压力产生初始偏心距。但是,对于某些构件,如以承受恒载为主的框架中柱、桁架中的受压腹杆,构件截面上的弯矩很小,以承受轴向压力为主,可以近似地按照轴心受压构件考虑。

根据配筋方式不同,钢筋混凝土轴心受压柱有两种:配有纵筋及普通箍筋的钢筋混凝土轴心受压柱和配有纵筋及螺旋式或焊接环式箍筋的钢筋混凝土轴心受压柱,如图 6.3 所示。

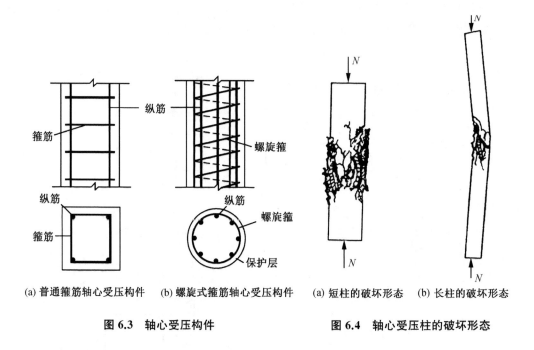

(a) 普通箍筋轴心受压构件　(b) 螺旋式箍筋轴心受压构件　(a) 短柱的破坏形态　(b) 长柱的破坏形态

图 6.3　轴心受压构件　　　　　　图 6.4　轴心受压柱的破坏形态

轴心受压柱的破坏按长细比不同分为短柱和长柱两类,并以长细比 $l_0/i=28$ 为界,其中 l_0 为柱的计算长度,i 为截面的最小回转半径。

短柱破坏时,在轴心压力 N 作用下,柱截面上应变基本上是均匀分布的。最终破坏时,如图 6.4(a)所示,混凝土被压碎,柱的表面出现与荷载平行的纵向裂缝,箍筋间纵向钢筋压屈外鼓,构件破坏,并达最大承载力的极限压应变,一般为0.002 5～0.003 5,因此钢筋将达到屈服强度 f_y',截面的混凝土也达到了其抗压强度 f_c,破坏属于材料破坏。

长柱的破坏时,由于长细比较大,加之各种偶然因素引起的附加偏心距的存在,最终使长柱在轴力和弯矩的共同作用下而破坏,如图 6.4(b)所示。故长柱的承载力低于短柱的承载力,且长细比越大,承载力降低得越多。当长细比很大时,则会发生失稳破坏。《规范》目前采用稳定系数 φ 来考虑这一影响,其数值主要与柱的长细比有关,按表 6.1 取用。

表 6.1　钢筋混凝土受压构件的稳定系数 φ

l_0/b	$\leqslant 8$	10	12	14	16	18	20	22	24	26	28
l_0/d	$\leqslant 7$	8.5	10.5	12	14	15.5	17	19	21	22.5	24
l_0/i	$\leqslant 28$	35	42	48	55	62	69	76	83	90	97
φ	1.00	0.98	0.95	0.92	0.87	0.81	0.75	0.70	0.65	0.60	0.56
l_0/b	30	32	34	36	38	40	42	44	46	48	50
l_0/d	26	28	29.5	31	33	34.5	36.5	38	40	41.5	43
l_0/i	104	111	118	125	132	139	146	153	160	167	174
φ	0.52	0.48	0.44	0.40	0.36	0.32	0.29	0.26	0.23	0.21	0.19

注:表中 l_0 为构件的计算长度,钢筋混凝土柱长 6.3.1 节取值;b 为矩形截面的短边尺寸;d 为圆形截面的直径;i 为截面的最小回转半径。

6.2.2　轴心受压柱的承载力计算

1）配置普通箍筋的柱

配置普通箍筋的柱,其轴心受压承载力计算简图如图 6.5 所示。

由图 6.5 并根据纵向力的平衡条件可得

$$N \leqslant N_u = 0.9\varphi(f_c A + f_y' A_s') \tag{6.1}$$

式中　N ——轴心压力设计值;

0.9——为保持与偏心受压构件正截面整理计算有相近的可靠度的调整系数;

φ ——钢筋混凝土构件的稳定系数,按表 6.1 采用;

f_c，f_y'——混凝土轴心抗压强度设计值和纵向钢筋抗压强度设计值;

A ——构件截面面积,当纵向钢筋的配筋率 $\rho' \geqslant 3\%$ 时,A 应改为 A_c，$A_c = A - A_s'$;

A_s'——全部纵向钢筋的截面面积;

ρ' ——纵向钢筋配筋率,$\rho' = \dfrac{A_s'}{bh}$。

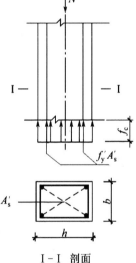

图 6.5　普通箍筋柱轴心受压承载力计算简图

【例 6.1】　有一钢筋混凝土普通箍筋轴心受压柱,截面尺寸 $400\ mm \times 400\ mm$,柱的计算长度 $l_0 = 5.0\ m$,轴心压力设计值 $N = 2\ 500\ kN$,采用混凝土强度等级为 C30($f_c = 14.3\ N/mm^2$),纵筋采用 HRB400($f_y' = 360\ N/mm^2$),箍筋采用 HRB400。求该柱中所需钢筋截面面积,并作截面配筋图。

【解】

(1) 确定稳定系数 φ

由 $l_0/b = 5\ 000/400 = 12.5$,查表 6.1 得:$\varphi = 0.94$

（2）由公式（6.1）

$$N = 0.9\varphi(f_c A + f'_y A'_s) \text{ 得}$$

$$A'_s = \frac{\left(\dfrac{N}{0.9\varphi} - f_c A\right)}{f'_y} = \left[\frac{\dfrac{2\,500 \times 1\,000}{0.9 \times 0.94} - 14.3 \times 400 \times 400}{360}\right] \text{mm}^2$$

$$= 1\,853 \text{ mm}^2$$

配置纵向钢筋 8Φ18（$A'_s = 2\,036$ mm^2）

（3）验算配筋率

$$\rho' = \frac{A'_s}{A} = \frac{2\,036}{400 \times 400}$$

$$= 1.27\% \begin{array}{l} > \rho_{\min} = 0.55\% \\ < 3\% \end{array}$$

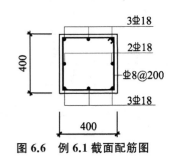

图 6.6　例 6.1 截面配筋图

截面配筋如图 6.6 所示。

2）配置螺旋式箍筋的柱

当轴心受压柱承受的轴向荷载设计值较大，若设计成普通箍筋柱，但因截面尺寸受到限制，即使提高了混凝土强度等级和增加了纵筋用量仍不能满足承载力要求时，可考虑采用配有螺旋式（或焊接环式）箍筋柱，以提高构件的承载能力。这种柱的用钢量相对较大，但构件的延性好，适用于抗震需要。螺旋式箍筋柱截面常设计成圆形，如图 6.7 所示。

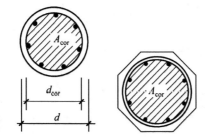
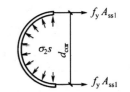

图 6.7　配有螺旋式（或焊接环式）箍筋柱截面　　　图 6.8　螺旋箍筋的受力状态

取一螺距（间距）s 间的柱体为脱离体，螺旋箍筋的受力状态如图 6.8 所示。假设箍筋到达屈服时，它对混凝土的侧压力为 σ_2，显然该压应力从周围作用在混凝土上时，核心混凝土的抗压强度将被提高，从单向受压的 f_c 提高到 f_{cc}，并近似表达为：

$$f_{cc} = f_c + 4\sigma_2 \tag{6.2}$$

由力的平衡可得：

$$\sigma_2 s d_{cor} = 2f_y A_{ss1}$$

$$\sigma_2 = \frac{2f_y A_{ss1}}{s d_{cor}}$$

由竖向轴心受力平衡条件及式（6.2）有：

$$N \leqslant f_{cc}A_{cor} + f'_y A'_s = (f_c + 4\sigma_2)A_{cor} + f'_y A'_s$$

$$= f_c A_{cor} + f'_y A'_s + \frac{8 f_y A_{ss1}}{s d_{cor}} \cdot \frac{\pi d_{cor}^2}{4}$$

$$= f_c A_{cor} + f'_y A'_s + 2 f_y A_{ss0}$$

考虑到安全储备系数 0.9 及高强混凝土的特性,《规范》规定采用下列公式计算配有螺旋式(或焊接环式)间接钢筋柱正截面受压承载力

$$N \leqslant 0.9(f_c A_{cor} + f'_y A'_s + 2\alpha f_y A_{ss0}) \tag{6.3}$$

$$A_{ss0} = \frac{\pi d_{cor} A_{ss1}}{s} \tag{6.4}$$

式中　f_y ——间接钢筋的抗拉强度设计值;

　　　A_{cor} ——构件的核心截面面积,取间接钢筋内表面范围内的混凝土截面面积;

　　　A_{ss0} ——螺旋式或焊接环式间接钢筋的换算截面面积;

　　　d_{cor} ——构件的核心截面直径,取间接钢筋内表面之间的距离;

　　　A_{ss1} ——螺旋式或焊接环式单根间接钢筋的截面面积;

　　　s ——间接钢筋沿构件轴线方向的间距;

　　　α ——间接钢筋对混凝土约束的折减系数:当混凝土强度等级不超过 C50 时,取 1.0,当混凝土强度等级为 C80 时,取 0.85,其间按线性内插法确定。

按式(6.3)算得的构件受压承载力设计值不应大于按式(6.1)算得的构件受压承载力设计值的 1.5 倍,以免混凝土保护层过早剥落。

当遇到下列任意一种情况时,不考虑间接钢筋的影响,仍按式(6.1)进行设计:

(1) 当 $l_0/d > 12$ 时,由于构件发生失稳破坏,间接钢筋不能发挥作用;

(2) 当按式(6.3)算得的受压承载力小于按式(6.1)算得的受压承载力时;

(3) 当间接钢筋的换算截面面积 A_{ss0} 小于纵向钢筋的全部截面面积的 25% 时,认为间接钢筋配置得太少,不能起到套箍的作用。

当计算中考虑间接钢筋的作用时,箍筋间距不应大于 80 mm 及 $d_{cor}/5$,为了便于浇灌混凝土,箍筋间距也不应小于 40 mm。纵向钢筋通长为 6~8 根,沿周边均匀布置。

【例 6.2】　一大楼门厅圆形截面柱,为螺旋式箍筋柱,直径 $d = 400$ mm,柱的计算长度 $l_0 = 4.4$ m,轴心压力设计值 $N = 2\ 950$ kN。采用混凝土强度等级为 C30,纵向钢筋和箍筋均采用 HRB400 级钢筋。混凝土保护层厚度 30 mm。求该柱中所需纵筋及箍筋。

扫二维码查阅本题解答。

6.3　偏心受压柱的受力性能及承载力计算

6.3.1　偏心受压柱的受力性能及破坏特征

偏心受压是指同时承受轴力和弯矩作用的受力情况,轴力 N 与弯矩 M 的共同作用,

即等效于一个偏心压力作用,其偏心距 $e_0 = M/N$。 偏心受压柱也是工程应用最为广泛的构件之一。钢筋混凝土偏心受压柱按照破坏特征可分为受拉破坏(习惯上称为大偏心受压破坏)和受压破坏(习惯上称为小偏心受压破坏)两类。

1) 偏心受压柱正截面破坏形态

(1) 受拉破坏(大偏心受压破坏)

此类破坏发生于偏心距 e_0 较大,且在偏心另一侧的纵向钢筋 A_s 配置适量时。这种破坏的特点是受拉区的钢筋首先达到屈服强度 f_y,混凝土主裂缝不断发展,压区混凝土应力不断增加,最后受压区的混凝土也能达到极限压应变。一般情况下破坏时受压区纵筋 A_s' 也能达到抗压屈服强度 f_y',如图 6.9(a)所示。这种破坏形态的受拉区混凝土有明显的垂直于构件轴线的横向裂缝,在破坏之前有明显的预兆,属于延性破坏。

(2) 受压破坏(小偏心受压破坏)

此类破坏发生于当偏心距 e_0 较小或很小时,或者虽然偏心距较大,但配置了过多的受拉钢筋时,将发生小偏心受压破坏。这种破坏的特点是靠近纵向力一侧的混凝土首先被压碎,同时钢筋 A_s' 达到抗压强度 f_y',而远离纵向力一侧的钢筋 A_s 不论是受拉还是受压,一般情况下不会屈服。如图 6.9(b)、图 6.9(c)所示。这种破坏形态在破坏之前没有明显的预兆,属于脆性破坏。混凝土强度越高,破坏越突然。

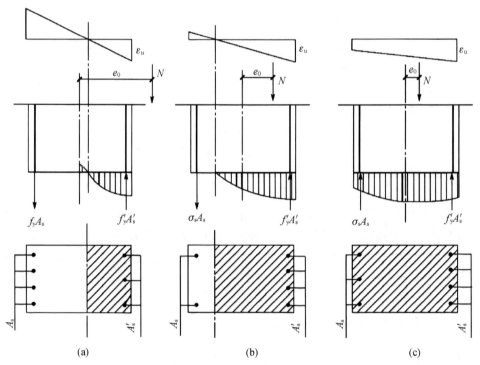

图 6.9 偏心受压构件截面受力的几种破坏形态

2) 两种偏心受压破坏形态的界限

大、小偏心受压破坏形态的根本区别就在于受压混凝土边缘达极限压应变,混凝土被压碎发生破坏时,远离轴向力一侧的纵向钢筋 A_s 是否达到受拉屈服。显然在大小偏心受压破坏之间存在一种界限破坏,其特征是远离轴向力一侧的纵向钢筋受拉屈服的同时,靠近轴向力一侧的受压混凝土边缘刚好达极限压应变,此时混凝土相对受压区高度为相对界限受压区高度。

由上述可见,两类偏心受压柱的界限破坏特征与受弯构件中适筋梁与超筋梁的界限破坏特征完全相同,相对界限受压区高度 ξ_b 的表达式与式(5.3)相同。由此可知:

当满足下列条件时,为大偏心受压破坏:

$$\xi \leqslant \xi_b \quad 或 \quad x \leqslant x_b \tag{6.5}$$

当满足下列条件时,为小偏心受压破坏:

$$\xi > \xi_b \quad 或 \quad x > x_b \tag{6.6}$$

3) 轴向力的偏心距增大系数

根据钢筋混凝土偏心受压柱的长细比不同,一般分为短柱、长柱和细长柱三类。由于偏压杆件中轴向压力在产生了挠曲变形 f 的杆件内引起的曲率和弯矩增量,使得承担的实际弯矩 $M = N(e_0 + f)$ 大于初始弯矩 $M_0 = Ne_0$。对于短柱(长细比 l_0/h 或 l_0/d 不大于5),这一影响相对较小,可以忽略;对于长柱,无论是大偏心受压还是小偏心受压,这一影响都将使受压承载力降低。为考虑这一影响,《规范》采用将构件两端截面按结构分析确定的对同一主轴的弯矩设计值 M_2(绝对值较大端的弯矩)乘以不小于1.0的增大系数的方法,以作为控制截面的弯矩设计值 M。对于细长柱(长细比 l_0/h 或 l_0/d 大于30),构件的破坏已不是由于构件的材料破坏所引起,而是由于构件的纵向弯曲失去平衡引起,破坏被称为失稳破坏。在设计中应尽量避免采用细长柱。

《规范》规定,对于除排架结构外的偏心受压柱,在其偏心方向上考虑轴向压力在挠曲杆件中产生附加弯矩后,控制截面的弯矩设计值可按如下公式计算:

$$M = C_m \eta_{ns} M_2 \tag{6.7}$$

$$C_m = 0.7 + 0.3 \frac{M_1}{M_2} \tag{6.8}$$

$$\eta_{ns} = 1 + \frac{1}{1\,300(M_2/N + e_a)/h_0} \cdot \left(\frac{l_0}{h}\right)^2 \zeta_c \tag{6.9}$$

式中　M_1、M_2——分别为已考虑侧移影响的偏心受压构件两端截面按结构弹性分析确定的对同一主轴的组合弯矩设计值,绝对值较大端为 M_2,绝对值较小端为 M_1,当构件按单曲率弯曲时,M_1/M_2 取正值,否则取负值;

　　C_m——构件端截面偏心距调节系数;

　　N——与弯矩设计值 M_2 相应的轴向压力设计值;

　　ζ_c——截面曲率修正系数,$\zeta_c = \dfrac{0.5 f_c A}{N}$,$A$ 为构件截面面积;当 $\zeta_c > 1.0$ 时,取 $\zeta_c = 1.0$;

　　η_{ns}——弯矩增大系数;

　　e_a——考虑到作用力位置不定性的附加偏心距,其值取 20 mm 和偏心方向截面最大尺寸的 1/30 两者中的较大值。

《规范》还规定,对于弯矩作用平面内截面对称的偏心受压构件,当同一主轴方向的杆端弯矩比 $\dfrac{M_1}{M_2}$ 不大于 0.9 且轴压比 $\left(\text{即}\dfrac{N}{f_cA}\right)$ 不大于 0.9 时,若构件的长细比满足式(6.10)的要求,可不考虑轴向压力在该方向挠曲杆件中产生的附加弯矩影响。

$$\frac{l_0}{i} \leqslant 34 - 12\left(\frac{M_1}{M_2}\right) \tag{6.10}$$

式中　l_0——构件的计算长度,按表 6.2 和表 6.3 取值;

　　　i——偏心方向的截面回转半径。

表 6.2　刚性屋盖单层房屋排架柱、露天吊车柱和栈桥柱的计算长度

柱 的 类 别		l_0		
		排架方向	垂直排架方向	
			有柱间支撑	无柱间支撑
无吊车房屋柱	单跨	$1.5H$	$1.0H$	$1.2H$
	两跨及多跨	$1.25H$	$1.0H$	$1.2H$
有吊车房屋柱	上柱	$2.0H_u$	$1.25H_u$	$1.5H_u$
	下柱	$1.0H_l$	$0.8H_l$	$1.0H_l$
露天吊车柱和栈桥柱		$2.0H_l$	$1.0H_l$	—

注:1. H 为从基础顶面算起的柱子全高;H_l 为从基础顶面至装配式吊车梁底面或现浇式吊车梁顶面的柱子下部高度;H_u 为从装配式吊车梁底面或现浇式吊车梁顶面的柱子上部高度;

　　2. 表中有吊车房屋排架柱的计算长度,当计算中不考虑吊车荷载时,可按无吊车房屋柱的计算长度采用,但上柱的计算长度仍可按有吊车房屋采用;

　　3. 表中有吊车房屋排架柱的上柱在排架方向的计算长度,仅适用于 $\dfrac{H_u}{H_l}\geqslant0.3$ 的情况;当 $\dfrac{H_u}{H_l}<0.3$ 时,计算长度宜采用 $2.5H_u$。

表 6.3　框架结构各层柱的计算长度

楼盖类型	柱的类型	柱计算长度
现浇楼盖	底层柱	$1.0H$
	其余各层柱	$1.25H$
装配式楼盖	底层柱	$1.25H$
	其余各层柱	$1.5H$

注:表中 H 对底层柱为从基础顶面到一层楼盖顶面的高度;对其余各层柱为上下两层楼盖顶面之间的高度。

当计算的 $C_m\eta_{ns}$ 小于 1.0 时,取 1.0。

在设计计算时,按上述方法求得考虑偏心距增大后控制截面上的弯矩 M,即可求得轴向力 N 对截面中心的偏心距 $e_0=\dfrac{M}{N}$。再计入轴向力产生的附加偏心距 e_a,则可得轴向压力 N 的初始偏心距 e_i:

$$e_i = e_0 + e_a \tag{6.11}$$

6.3.2　偏心受压柱的正截面承载力计算

1) 矩形截面偏心受压柱正截面承载力基本计算公式

根据偏心受压构件的破坏特征以及与受弯构件的异同,也用与受弯构件正截面计算时

相同基本假定,可得偏心受压构件的计算应力图形,如图 6.10 所示。

由此计算简图和截面内力平衡条件可得偏心受压正截面承载力计算的基本公式,其平衡方程式为:

$$\sum N = 0$$

$$N \leqslant N_{u} = \alpha_1 f_c bx + f'_y A'_s - \sigma_s A_s \tag{6.12}$$

$$\sum M = 0$$

$$Ne \leqslant N_u e \tag{6.13}$$

$$= \alpha_1 f_c bx \left(h_0 - \frac{x}{2} \right) + f'_y A'_s (h_0 - a'_s)$$

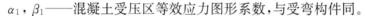

式中 e——轴向压力作用点至远离轴向力一侧的钢筋合力

点的距离,$e = e_i + \dfrac{h}{2} - a_s$,$e_i = e_0 + e_a$;

σ_s——离轴向力较远一侧钢筋应力,当 $\xi \leqslant \xi_b$ 时为大偏心受压,$\sigma_s = f_y$;当 $\xi > \xi_b$ 时为小偏心受压,

$\sigma_s = \dfrac{\beta_1 - \xi}{\beta_1 - \xi_b} f_y$,此时 $f'_y \leqslant \sigma_s \leqslant f_y$;

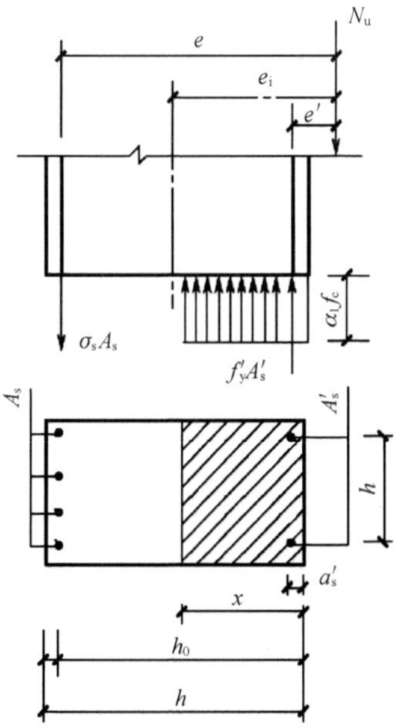

图 6.10 矩形偏心受压正截面承载力计算应力图形

α_1,β_1——混凝土受压区等效应力图形系数,与受弯构件同。

2) 矩形对称配筋截面的计算方法

在实际工程中,如果将偏心受压构件两侧的受力纵筋配置完全相同,即 $A_s = A'_s$、$f_y = f'_y$,则称之为对称配筋截面。对称配筋不但设计简便而且施工方便,是偏心受压柱常见的配筋形式。常用于控制截面在不同荷载组合下可能承受正、负弯矩作用,如承受不同方向地震作用的框架柱;以及为避免安装可能出现错误的预制排架柱等,都应采用对称配筋。

(1) 大小偏心受压的判别

先假设属于大偏心受压,将 $A_s = A'_s$ 和 $\sigma_s = f_y = f'_y$ 代入式(6.12)取极限情况,即取等于情况可得:

$$N = \alpha_1 f_c bx \tag{6.14}$$

$$x = \frac{N}{\alpha_1 f_c b} \tag{6.15}$$

或

$$\xi = \frac{N}{\alpha_1 f_c b h_0} \tag{6.16}$$

因此,在截面配筋设计时,对称配筋的偏心受压柱截面,可直接用 x 来判别大、小偏心受压。

当 $x \leqslant x_b$ 或 $\xi \leqslant \xi_b$ 时,属于大偏心受压;

当 $x > x_b$ 或 $\xi > \xi_b$ 时,属于小偏心受压。

（2）对称配筋大偏心受压柱截面设计公式

取 $A_s = A'_s$，$f_y = f'_y$，代入式（6.12），联立式（6.13）即得大偏心对称配筋的计算公式：

$$N \leqslant N_u = \alpha_1 f_c bx \tag{6.17}$$

$$Ne \leqslant N_u e = \alpha_1 f_c bx \left(h_0 - \frac{x}{2}\right) + f'_y A'_s (h_0 - a'_s) \tag{6.18}$$

公式的适用条件仍为：① $x \leqslant x_b$ 或 $\xi \leqslant \xi_b$ 和 ②$x \geqslant 2a'_s$。其意义与受弯双筋截面时的情况相同，当 $x < 2a'_s$ 时，可假定受压混凝土和受压钢筋的合力点重于距受压边缘 a'_s 处，即取 $x = 2a'_s$，并按图 6.10 所示，对 A'_s 取矩，则有：

$$Ne' \leqslant N_u e' = f_y A_s (h_0 - a'_s) \tag{6.19}$$

式中　e'——轴向压力合力点至离轴向力一侧受压钢筋合力点的距离，$e' = e_i - \frac{h}{2} + a'_s$。

同时仍然应用对称配筋的条件，即取 $A_s = A'_s$。

（3）对称配筋小偏心受压柱截面设计公式

将小偏心受压时 A_s 应力计算公式 $\sigma_s = \dfrac{\xi - \beta_1}{\xi_b - \beta_1} f_y$ 代入式（6.12），联立式（6.13）并取 $A_s = A'_s$ 即可得小偏心受压对称配筋的计算公式：

$$N \leqslant N_u = \alpha_1 f_c bx + \left(1 - \frac{\xi - \beta_1}{\xi_b - \beta_1}\right) f_y A_s \tag{6.20}$$

$$Ne \leqslant N_u e = \alpha_1 f_c bx \left(h_0 - \frac{x}{2}\right) + f'_y A'_s (h_0 - a'_s) \tag{6.21}$$

用以上公式计算，且考虑 $A_s = A'_s$，$f_y = f'_y$，$a_s = a'_s$，可得一关于 ξ 的三次方程，解出 ξ 后，即可求出配筋。但用此方法求解，计算太过繁琐。《规范》建议可近似按下式进行计算：

$$\xi = \frac{N - \xi_b \alpha_1 f_c b h_0}{\dfrac{Ne - 0.43 \alpha_1 f_c b h_0^2}{(\beta_1 - \xi_b)(h_0 - a'_s)} + \alpha_1 f_c b h_0} + \xi_b \tag{6.22}$$

$$A'_s = \frac{Ne - \xi(1 - 0.5\xi)\alpha_1 f_c b h_0^2}{f'_y (h_0 - a'_s)} \tag{6.23}$$

其适用条件仍为：$x > x_b$ 取 $\xi > \xi_b$；$x \leqslant h$，若 $x > h$ 取 $x = h$。

（4）对称配筋偏心受压柱截面设计流程

由上述的基本知识和相关的计算公式，可得矩形截面对称配筋的偏心受压构件的截面设计计算的流程框图（图 6.11）：

（5）对称配筋偏心受压柱截面承载力复核

矩形截面对称配筋偏心受压柱的截面承载力复核，是在已知截面的配筋、所用材料、尺寸参数等，截面上作用的轴向压力 N 和弯矩 M（或者偏心距 e_0）也可能已知，要求复核截面是否能够满足承载力要求；或确定截面所能承受的轴向压力。对于此类问题，通常可先按大偏心受压考虑，并由式（6.17）求出 x，进而得到 ξ，若满足 $\xi \leqslant \xi_b$，则假定为大偏心正确，将其

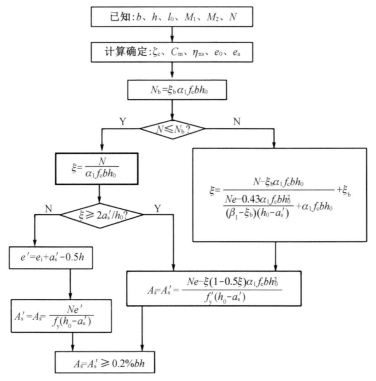

图 6.11　矩形截面对称配筋的偏心受压构件的截面设计计算的流程图

他已知条件和 x 值一并代入式(6.18)或式(6.19)求得 N_u；若 $\xi > \xi_b$，则假定不正确。应将已知数据代入式(6.20)和式(6.21)直接解出 N_u。需要注意的是，不得将先前算得的 x 或 ξ 代入公式计算，而应由公式解出。

(6) 垂直于弯矩作用平面的承载力验算

对于轴向压力设计值 N 较大，且弯矩作用平面内的偏心距较小时的小偏心受压柱，若其在垂直于弯矩作用平面的长细比较大或边长较小，则截面强度有可能由垂直于弯矩作用平面的轴心受压承载力起控制作用。因此，《规范》规定：偏心受压构件除应计算弯矩作用平面的受压承载力外，尚应按轴心受压构件验算垂直于弯矩作用平面的受压承载力。即按轴心受压的式(6.1)进行计算，此时，式中的 A_s' 取全部纵向钢筋的截面面积，即偏心受压计算得到的所有纵向钢筋 $A_s + A_s'$，不计弯矩的作用，但仍应考虑稳定系数 φ 的影响。

【例 6.3】　某钢筋混凝土柱 $b \times h = 500 \text{ mm} \times 500 \text{ mm}$，承受轴向压力设计值 $N = 1\,450$ kN，弯矩设计值 $M_1 = 280$ kN·m、$M_2 = 300$ kN·m，柱的计算长度 $l_0 = 5$ m，$a_s = a_s' = 40$ mm，混凝土强度等级为 C30，钢筋采用 HRB400。若采用对称配筋，试求纵向钢筋的截面面积。

【解】

(1) 查附表 3 和附表 4 得：$f_c = 14.3 \text{ N/mm}^2$，$f_y = f_y' = 360 \text{ N/mm}^2$

(2) 计算控制截面弯矩 M

$$h_0 = h - a_s = (500 - 40)\text{mm} = 460 \text{ mm}$$

由式(6.8)有

$$C_m = 0.7 + 0.3 \frac{M_1}{M_2} = 0.7 + 0.3 \times \frac{280}{300} = 0.98$$

$$\zeta_c = \frac{0.5 f_c A}{N} = \frac{0.5 \times 14.3 \times 500 \times 500}{1\,450 \times 10^3} = 1.23 > 1.0$$

取 $\zeta_c = 1.0$

$$h/30 = (500/30)\,mm = 16.7\,mm < 20\,mm \quad 故取\ e_a = 20\,mm$$

由式(6.9)有

$$\eta_{ns} = 1 + \frac{1}{1\,300(M_2/N + e_a)/h_0} \left(\frac{l_0}{h}\right)^2 \zeta_c$$

$$= 1 + \frac{1}{1\,300 \times \left(\frac{300 \times 10^6}{1\,450 \times 10^3} + 20\right)/460} \times 10^2 \times 1.0 = 1.16$$

由式(6.7)有

$$M = C_m \eta_{ns} M_2 = 0.98 \times 1.16 \times 300 = 341.04\,kN \cdot m > 300\,kN \cdot m$$

(3) 判别大小偏心受压

$$x = \frac{N}{\alpha_1 f_c b} = \left(\frac{1\,450 \times 10^3}{1 \times 14.3 \times 500}\right) mm = 203\,mm < \xi_b h_0 = 0.518 \times 460 = 238\,mm$$

$$x = 203\,mm > 2a_s' = 80\,mm$$

按大偏心受压计算。

(4) 由式(6.18)求纵向钢筋截面面积 A_s 和 A_s'

$$e = e_i + \frac{h}{2} - a_s = e_0 + e_a + \frac{h}{2} - a_s$$

$$= \left(\frac{341.04 \times 10^3}{1\,450} + 20 + \frac{500}{2} - 40\right) mm = 465.2\,mm$$

$$A_s = A_s' = \frac{Ne - \alpha_1 f_c bx(h_0 - x/2)}{f_y'(h_0 - a_s')}$$

$$= \frac{1\,450 \times 10^3 \times 465.2 - 1 \times 14.3 \times 500 \times 203 \times \left(460 - \frac{203}{2}\right)}{360 \times (460 - 40)}$$

$$= 1\,020\,mm^2$$

【例 6.4】 已知一钢筋混凝土柱,所承受的荷载设计值 $N = 2\,500\,kN$,$M_1 = 220\,kN \cdot m$,$M_2 = 250\,kN \cdot m$ 截面尺寸 $b = 400\,mm$,$h = 600\,mm$,$a_s = a_s' = 40\,mm$,混凝土强度等级 C30 ($f_c = 14.3\,N/mm^2$),采用热轧钢筋 HRB400($f_y = f_y' = 360\,N/mm^2$,$\xi_b = 0.518$),柱计算长度 $l_0 = 4.5\,m$,采用对称配筋方案,求 A_s 及 A_s'。

【解】

(1) 计算控制截面弯矩 M

$$h_0 = h - a_s = (600 - 40)\,\text{mm} = 560\ \text{mm}$$

$$C_m = 0.7 + 0.3\frac{M_1}{M_2} = 0.7 + 0.3 \times \frac{220}{250} = 0.96$$

$$\zeta_c = \frac{0.5 f_c A}{N} = \frac{0.5 \times 14.3 \times 600 \times 400}{2\,500 \times 10^3} = 0.69 < 1.0$$

$$h/30 = (600/30)\,\text{mm} = 20\ \text{mm} \quad 故取\ e_a = 20\ \text{mm}$$

$$\eta_{ns} = 1 + \frac{1}{1\,300(M_2/N + e_a)/h_0}\left(\frac{l_0}{h}\right)^2 \zeta_c$$

$$= 1 + \frac{1}{1\,300 \times (100 + 20)/560} \times \left(\frac{4\,500}{600}\right)^2 \times 0.69 = 1.14$$

$$M = C_m \eta_{ns} M_2 = 0.96 \times 1.14 \times 250 = 273.6\ \text{kN} \cdot \text{m} > 250\ \text{kN} \cdot \text{m}$$

$$e_i = e_0 + e_a = (273\,600/2\,500 + 20)\,\text{mm} = 129.4\ \text{mm}$$

$$e = e_i + \frac{h}{2} - a_s = 129.4 + 300 - 40 = 389.4\ \text{mm}$$

（2）判别大小偏心受压

由于 $x = \dfrac{N}{\alpha_1 f_c b} = \dfrac{2\,500\,000}{1 \times 14.3 \times 400} = 437\ \text{mm} > \xi_b h_0 = 0.518 \times 560 = 290\ \text{mm}$

故按小偏心受压计算。

（3）求相对受压区高度 ξ

由式（6.22）有

$$\xi = \frac{N - \xi_b \alpha_1 f_c b h_0}{\dfrac{Ne - 0.43\alpha_1 f_c b h_0^2}{(\beta_1 - \xi_b)(h_0 - a_s')} + \alpha_1 f_c b h_0} + \xi_b$$

$$= \frac{2\,500\,000 - 0.518 \times 1.0 \times 14.3 \times 400 \times 560}{\dfrac{2\,500\,000 \times 389.4 - 0.43 \times 1.0 \times 14.3 \times 400 \times 560^2}{(0.8 - 0.518) \times (560 - 40)} + 1.0 \times 14.3 \times 400 \times 560} + 0.518$$

$$= 0.701$$

$$x = \xi h_0 = (0.701 \times 560)\,\text{mm} = 392.56\ \text{mm} > \xi_b h_0 = 0.518 \times 560 = 290\ \text{mm}$$

$$x = 392.56\ \text{mm} < h = 600\ \text{mm}$$

（4）求纵向钢筋截面面积 A_s 和 A_s'

根据式（6.23）取 $x = \xi h_0$ 有

$$A_s = A_s' = \frac{Ne - \xi(1 - 0.5\xi)\alpha_1 f_c b h_0^2}{f_y'(h_0 - a_s')}$$

$$= \left(\frac{2\,500\,000 \times 389.4 - 0.701 \times (1 - 0.5 \times 0.701) \times 1.0 \times 14.3 \times 400 \times 560^2}{360 \times (560 - 40)}\right)\,\text{mm}^2$$

$$= 837.54\ \text{mm}^2$$

（5）垂直弯矩平面方向的验算

根据 $l_0/b = 4\,500/400 = 11.25$，查表 6.1 得 $\varphi = 0.96$

$$N \leqslant N_u = 0.9\varphi[f_cA + f'_y(A'_s + A_s)]$$
$$= 0.9 \times 0.96[14.3 \times 400 \times 600 + 360(837.54 + 837.54)]N$$
$$= 3\,568\,276.8\,N > 2\,500\,000\,N$$

所以,满足要求。

6.3.3 偏心受压柱的斜截面受剪承载力计算

偏心受压柱的斜截面受剪承载力应按下列公式计算:

$$V \leqslant V_u = \frac{1.75}{\lambda+1}f_tbh_0 + 1.0f_{yv}\frac{A_{sv}}{s}h_0 + 0.07\,N \tag{6.24}$$

式中 λ ——偏心受压构件计算截面的剪跨比;对各类结构的框架柱,取 $\lambda = M/Vh_0$;当框架结构中柱的反弯点在层高范围内时,可取 $\lambda = H_n/2h_0$(H_n 为柱的净高);当 $\lambda < 1$ 时,取 $\lambda = 1$;当 $\lambda > 3$ 时,取 $\lambda = 3$;此处,M 为计算截面上与剪力设计值 V 相应的弯矩设计值,H_n 为柱净高;对其他偏心受压构件,当承受均布荷载时,取 $\lambda = 1.5$;当承受集中荷载时(包括作用有多种荷载且集中荷载对支座截面或节点边缘所产生的剪力值占总剪力的 75% 以上的情况),取 $\lambda = a/h_0$;当 $\lambda < 1.5$ 时,取 $\lambda = 1.5$;当 $\lambda > 3$ 时,取 $\lambda = 3$;此处,a 为集中荷载至支座或节点边缘的距离;

N ——与剪力设计值 V 相应的轴向压力设计值;当 $N > 0.3f_cA$ 时,取 $N = 0.3f_cA$,A 为构件的截面面积。

若符合下列公式的要求时,则可不进行斜截面受剪承载力计算,而仅需根据受压构件的构造要求配置箍筋。

$$V \leqslant V_u = \frac{1.75}{\lambda+1}f_tbh_0 + 0.07N \tag{6.25}$$

偏心受压构件的受剪截面尺寸尚应符合《混凝土结构设计规范》的有关规定。

6.4 轴心受拉柱的受力性能及承载力计算

在实际工程中,理想的轴心受拉杆件实际上是不存在的。但是,对于桁架式屋架的受拉弦杆和腹杆,以及拱的拉杆,当自重和节点约束引起的弯矩很小时,可近似地按轴心受拉构件计算。此外,圆形水池的池壁,在静水压力下,池壁垂直截面在水平方向处于环向受拉状态,也可按轴心受拉构件计算。

6.4.1 轴心受拉柱的受力性能及破坏特征

轴心受拉柱从加载开始到破坏为止,其受力全过程也分为三个受力阶段。第Ⅰ阶段为从加载到混凝土受拉开裂前。第Ⅱ阶段为混凝土开裂后至钢筋即将屈服。第Ⅲ阶段为某一受拉钢筋开始屈服到裂缝截面的全部受拉钢筋达到屈服;此时,混凝土裂缝开展很大,可认为构件达到了破坏状态,即达到极限荷载 N_u。

6.4.2 轴心受拉柱的承载力计算

轴心受拉柱破坏时,混凝土早已被拉裂,全部拉力由钢筋来承受,直到钢筋受拉屈服。故轴心受拉柱正截面受拉承载力计算公式如下:

$$N_u = f_y A_s \tag{6.26}$$

式中 N_u——轴心受拉承载力设计值;

　　　f_y——钢筋的抗拉强度设计值;

　　　A_s——受拉钢筋的全部截面面积。

6.5 偏心受拉柱的受力性能及承载力计算

6.5.1 偏心受拉柱的受力性能及破坏特征

偏心受拉柱纵向钢筋的布置方式与偏心受压柱相同,离纵向拉力 N 较近一侧所配置的钢筋称为受拉钢筋,其截面面积用 A_s 表示;离纵向拉力 N 较远一侧所配置的钢筋称为受压钢筋,其截面面积用 A_s' 表示。

偏心受拉柱正截面的承载力计算,按纵向拉力 N 的位置不同,可分为大偏心受拉与小偏心受拉两种情况:当纵向拉力 N 作用在钢筋 A_s 合力点及 A_s' 的合力点范围以外时,属于大偏心受拉的情况(如图 6.12(c));当纵向拉力 N 作用在钢筋 A_s 合力及 A_s' 合力点范围以内时,属于小偏心受拉的情况(如图 6.12(b))。

6.5.2 偏心受拉柱的正截面承载力计算

1) 小偏心受拉柱正截面承载力计算

当偏心距 $e_0 = M_u/N_u$ 不超过 $h/2 - a_s$ 时,拉力位于 A_s 合力点和 A_s' 的合力点之间,属于小偏拉。荷载作用下,近拉力一侧首先出现裂缝,随后裂缝向远拉力一侧延伸,最终贯通全截面;裂缝截面混凝土完全退出工作,荷载由 A_s 和 A_s' 共同承担。如果 A_s 和 A_s' 的比例恰当,承载能力达到极限时,两者均能达到屈服强度。承载力计算采用的应力图形如图 6.12(b)所示。

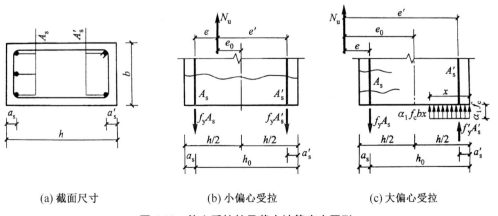

(a) 截面尺寸　　　(b) 小偏心受拉　　　(c) 大偏心受拉

图 6.12　偏心受拉柱承载力计算应力图形

由轴力平衡条件和力矩平衡条件,可得到:

$$N_u = f_y A_s + f_y A'_s \tag{6.27}$$

$$N_u e = f_y A'_s (h_0 - a'_s) \tag{6.28a}$$

或

$$N_u e' = f_y A_s (h_0 - a'_s) \tag{6.28b}$$

式中

$$e = h/2 - e_0 - a_s \tag{6.29a}$$

$$e' = h/2 + e_0 - a'_s \tag{6.30}$$

式(6.27)、式(6.28a)和式(6.28b)是在 A_s 和 A'_s 均达到屈服强度的前提下得到的,这要求满足使用条件:

$$A'_s / A_s = e / e' \tag{6.31}$$

小偏心受拉的另一个使用条件是:

$$e_0 \leqslant h/2 - a_s \tag{6.32}$$

截面设计时,由式(6.28a)和式(6.28b)可分别求出所需的 A_s 和 A'_s。

截面复核时,如果 $A'_s / A_s > e/e'$,极限状态时 A'_s 不能达到屈服强度,应采用式(6.28b)计算受拉承载力。如果 $A'_s / A_s < e/e'$,极限状态时 A_s 不能达到屈服强度,应采用式(6.28a)计算受拉承载力,或者分别按式(6.28a)和式(6.28b)计算受拉承载力,然后取其中的较小值作为真实承载力。

【例 6.5】 矩形截面 $b \times h = 400 \text{ mm} \times 600 \text{ mm}$,采用 C30 混凝土,HRB400 钢筋;已配置 $A_s = 1\ 256 \text{ mm}^2$,$A'_s = 942 \text{ mm}^2$,$a_s = a'_s = 40 \text{ mm}$。已知偏心距 $e_0 = 192.4 \text{ mm}$,求受拉承载力和相应的弯矩承载力。扫二维码查阅本例题解答。

2)大偏心受拉柱正截面承载力计算

当偏心距 e_0 大于 $h/2 - a_s$ 时,拉力位于 A_s 合力点和 A'_s 的合力点之外,属于大偏拉。如图 6.12(c)所示。

荷载作用下,截面近拉力一侧受拉、远拉力一侧受压;受拉侧混凝土开裂后退出工作,裂缝截面的拉力全部由 A_s 承担,压力由 A'_s 和混凝土共同承担;A_s 首先屈服、随后受压边缘混凝土应变达到极限压应变,承载能力达到极限。极限状态时 A'_s 一般能达到抗压强度 f'_y。承载力计算时,受压区混凝土应力采用等效应力图形,见图 6.12(c)。

根据轴力平衡条件和力矩平衡条件,可以得到:

$$N_u = f_y A_s - f_y A'_s - \alpha_1 f_c b x \tag{6.33}$$

$$N_u e = \alpha_1 f_c b x (h_0 - x/2) + f'_y A'_s (h_0 - a'_s) \tag{6.34a}$$

式中

$$e = e_0 - h/2 + a_s \tag{6.29b}$$

适用条件同双筋截面受弯构件,即 $2a'_s \leqslant x \leqslant \xi_b h_0$

如果不满足 $x \geqslant 2a'_s$,意味着极限状态时 A'_s 达不到抗压强度。采取与双筋截面受弯构件相同的处理方法,对 A'_s 合力点取矩,得到与小偏拉式(6.28b)相同的公式:$N_u e' = f_y A_s (h_0 - a'_s)$ 式中 e' 见式(6.30)。

如果不满足 $x \leqslant \xi_b h_0$，取 $x = \xi_b h_0$，代入式(6.34a)，得到：

$$N_u e = f'_y A'_s (h_0 - a'_s) + \alpha_{s,\max} f_c b h_0^2 \tag{6.34b}$$

式中 $\alpha_{s,\max}$ 见第 5 章混凝土梁、板的设计。

【**例 6.6**】 截面尺寸和材料同例 6.5，$a_s = a'_s = 40$ mm；一侧钢筋的最小配筋率 $\rho_{\min} = 0.2\%$。要求该截面的受拉承载力达到 $N_u = 76$ kN、弯矩承载力达到 $M_u = 412$ kN·m，试计算受拉钢筋和受压钢筋的面积。扫二维码查阅本例题解答。

6.5.3 偏心受拉柱的斜截面受剪承载力计算

对于偏心受拉柱，在承受弯矩和拉力的同时，也存在着剪力，当剪力较大时，不能忽视斜截面承载力的计算。拉力 N 的存在有时会使斜裂缝贯穿全截面，使斜截面末端没有剪压区。偏心受拉柱的斜截面受剪承载力可按下式计算：

$$V \leqslant V_u = \frac{1.75}{\lambda + 1} f_t b h_0 + 1.0 f_{yv} \frac{A_{sv}}{s} h_0 - 0.2N \tag{6.35}$$

式中 λ——计算截面的剪跨比；

N——与剪力设计值 V 相应的轴向拉力设计值。

式(6.35)右侧的计算值小于 $f_{yv} \dfrac{A_{sv}}{s} h_0$ 时，应取等于 $f_{yv} \dfrac{A_{sv}}{s} h_0$，且 $f_{yv} \dfrac{A_{sv}}{s} h_0$ 值不得小于 $0.36 f_t b h_0$。

与偏心受压柱相同，受剪截面尺寸尚应符合《混凝土结构设计规范》的有关要求。

本 章 小 结

1. 根据长细比的大小，柱可分为长柱和短柱两类。钢筋混凝土轴心受压短柱的破坏是因混凝土和钢筋达到各自极限强度而导致的，轴心受压长柱在加载后将产生侧向变形，从而加大了初始偏心距，产生附加弯矩，使长柱最终在弯矩和轴力共同作用下发生破坏。其受压承载力比相应短柱的受压承载力低，用稳定系数 φ 反映。当柱的长细比更大时，还可能发生失稳破坏。

2. 螺旋式(或焊接环式)箍筋通过对核心混凝土的约束，使截面核心混凝土处于三向受压状态，提高了核心混凝土的强度和变形能力，从而提高了螺旋箍筋柱的受压承载力和变形能力，这种以横向约束提高构件承载力的办法非常有效，也常应用于受压构件的工程加固。

3. 偏心受压柱正截面有大偏心受压和小偏心受压两种破坏形态，是以受拉钢筋首先屈服还是受压混凝土首先压碎来判别大、小偏心受压破坏类型的，$\xi \leqslant \xi_b$($\xi > \xi_b$)时为大偏心受压构件(小偏心受压构件)。大偏心受压破坏属于延性破坏，小偏心受压破坏属于脆性破坏。

4. 偏心受压柱轴向力的偏心距，应考虑两种附加值：一是附加偏心距 e_a，这主要考虑荷载作用位置的不定性、混凝土质量的不均匀性以及施工偏差等因素对轴向力偏心距的影响；二是偏心距增大系数 η_{ns}，这主要考虑偏心受压长柱纵向挠曲对轴向力偏心距的影响。

5. 不论大、小偏心受压柱计算时都应计入附加偏心距 e_a。

6. 对称配筋偏心受压柱截面设计时,对于大偏心受压的,可直接求出 x;对于小偏心受压的可近似假定 $\xi(1-0.5\xi)=0.43$,直接求 ξ,从而求 $A_s=A'_s$。

7. 对于偏心受压柱,无论是截面设计还是截面复核,是大偏心还是小偏心,除了在弯矩作用平面内依照受压计算外,都要验算垂直于弯矩作用平面的轴向受压承载力,此时在考虑稳定系数时,应取 b 为截面高度。

8. 偏心受压柱承受较大剪力时,除应进行正截面承载力计算外,还应进行斜截面受剪承载力计算。轴向压力不过分大时,它对斜截面受剪是有利的。

9. 轴向受拉柱受力的全过程按混凝土开裂和钢筋屈服这两个特征划分为三个工作阶段,即未裂阶段、裂缝阶段和破坏阶段。

10. 偏心受拉柱按纵向拉力作用位置的不同,分为大偏心受拉和小偏心受拉两种情况。当纵向拉力作用位置在两侧纵筋之外,为大偏心受拉;当纵向拉力作用位置在两侧纵筋之间,为小偏心受拉。

11. 偏心受拉构件如果同时承受较大的剪力,除应进行正截面承载力计算外,还应进行斜截面受剪承载力计算,考虑纵向拉力对斜截面受剪承载力的不利影响。

思考题与习题

6.1 在轴心受压构件的承载力计算公式中,系数 φ 的意义为何?为什么一般都将轴心受压构件截面设计成对称(圆形、正方形、正多边形)的图形?

6.2 螺旋式(或焊接环式)箍筋柱与普通箍筋柱的受压承载力和变形能力有何不同?

6.3 螺旋式(或焊接环式)箍筋柱承载力提高的原因是什么?螺旋式(或焊接环式)箍筋柱的适用条件是什么?

6.4 矩形截面受压构件中大、小偏心破坏有何本质区别?如何判别?

6.5 附加偏心距 e_a 和弯矩增大系数 η_{ns} 及构件端截面偏心距调节系数 C_m 的含义各是什么?

6.6 大、小偏心受压构件正截面应力计算图形各是怎样的?两种破坏形态的特征各是什么?

6.7 截面采用对称配筋会多用钢筋,为什么实际工程中还大量采用这种配筋方式?

6.8 如何计算 I 形截面偏心受压柱的正截面承载力(仅考虑对称配筋情况)?

6.9 当轴心受拉柱的受拉钢筋强度不同时,怎样计算其正截面的承载力?怎样区别偏心受拉柱所属的类型?

6.10 怎样计算小偏心受拉柱的正截面承载力?

6.11 大偏心受拉柱的正截面承载力计算中,x_b 为什么取与受弯构件相同?偏心受拉和偏心受压柱斜截面承载力计算公式有何不同?为什么?

6.12 有一钢筋混凝土受压普通箍筋柱,截面尺寸 350 mm×350 mm,柱的计算长度 l_0 =4.5 m,轴心压力设计值 $N=1\,800$ kN,采用混凝土强度等级为 C30,纵筋采用 HRB400。求该柱中所需钢筋截面面积,并作截面配筋图。

6.13 有一钢筋混凝土圆形截面螺旋式箍筋柱,直径 $d=400$ mm,柱的计算长度 $l_0=$ 4.5 m,轴心压力设计值 $N=2\,100$ kN。采用混凝土强度等级为 C30,纵向钢筋采用 6 根直径为 20 mm 的 HRB400 钢筋,箍筋采用 HRB400。混凝土保护层厚度 30 mm。求该柱中所需箍筋用量。

6.14 某钢筋混凝土矩形柱 $b \times h = 400 \text{ mm} \times 500 \text{ mm}$,承受轴向压力设计值 $N = 1\,200 \text{ kN}$,弯矩设计值 $M_1 = M_2 = 280 \text{ kN} \cdot \text{m}$,柱的计算长度 $l_0 = 5 \text{ m}$,$a_s = a_s' = 40 \text{ mm}$,混凝土强度等级为 C30,钢筋采用 HRB400。若采用对称配筋,试求纵向钢筋 A_s 和 A_s'。

6.15 有一矩形截面偏心受压柱,其截面尺寸 $b \times h = 400 \text{ mm} \times 600 \text{ mm}$,$l_0 = 6 \text{ m}$,$a_s = a_s' = 40 \text{ mm}$,采用 C30 混凝土,钢筋 HRB335,承受内力设计值 $N = 50 \text{ kN}$,$M_1 = M_2 = 625 \text{ kN} \cdot \text{m}$,采用对称配筋,求纵向钢筋 A_s 和 A_s'。

6.16 已知一钢筋混凝土受压柱截面,所承受的轴向压力设计值 $N = 1\,360 \text{ kN}$,弯矩设计值 $M_1 = M_2 = 125 \text{ kN} \cdot \text{m}$,$b = 300 \text{ mm}$,$h = 500 \text{ mm}$,$a_s = a_s' = 40 \text{ mm}$,混凝土强度等级为 C30,采用热轧钢筋 HRB400,$A_s = A_s' = 763 \text{ mm}^2 (3 \text{ ⊕ } 18)$,构件计算长度 $l_0 = 6 \text{ m}$。试复核该截面。

6.17 已知某构件承受轴向拉力设计值 $N = 600 \text{ kN}$,弯矩 $M = 540 \text{ kN} \cdot \text{m}$,混凝土强度等级为 C30,采用 HRB400 级钢筋。柱截面尺寸为 $b = 300 \text{ mm}$,$h = 450 \text{ mm}$,$a_s = a_s' = 40 \text{ mm}$。求所需纵筋面积。

预应力混凝土结构的基本知识

本章首先介绍预应力混凝土的概念,接着为施加预应力的目的和两种主要的施加预应力的方法:先张法和后张法;预应力混凝土所用材料、常用的锚、夹具;预应力损失的概念、分类、计算方法及其组合;预应力混凝土轴心受拉构件各阶段应力状态的分析和设计计算方法,最后阐述了有关预应力混凝土结构的基本构造要求。

7.1 预应力混凝土的概念及优缺点

7.1.1 预应力混凝土的基本概念

混凝土是一种抗压性能较好而抗拉性能较差的结构材料,其抗拉强度仅为其抗压强度的 $1/18\sim1/8$,极限拉应变也很小(仅为 $0.10\times10^{-3}\sim0.15\times10^{-3}$)。因此,对于使用上不允许开裂的钢筋混凝土构件,其受拉区钢筋的拉应力一般小于 $20\sim30$ MPa,该值仅相当于一般钢筋强度的 $1/20\sim1/10$;即使对于允许开裂的构件,当裂缝宽度控制在 $0.2\sim0.3$ mm 时,受拉钢筋应力也只能达到 250 MPa 左右。若普通钢筋混凝土采用高强度钢筋,在使用阶段钢筋应力可达到 $500\sim1\,000$ MPa,此时构件的裂缝宽度和挠度都将会很大,无法满足其裂缝及变形控制要求。可见,普通钢筋混凝土结构不能充分地利用高强度材料,尤其是高强度钢筋。由于普通混凝土的开裂和使用时对其变形和裂缝宽度的限制要求,这在一定程度上限制了普通钢筋混凝土结构应用范围,不能用于大跨和重载结构。

为了避免普通钢筋混凝土结构过早出现裂缝,减少正常使用荷载作用下的裂缝宽度,充分利用高强度钢筋和混凝土,采用预应力是最有效的途径。在混凝土构件承受外荷载之前,对其使用阶段的受拉区预先施加压应力,就成为预应力混凝土结构。美国混凝土协会(ACI)对预应力混凝土下的定义是:"预应力混凝土是根据需要人为地引入某一大小与分布的内应力,用以全部或部分抵消使用阶段外荷载产生应力的一种加筋混凝土"。这种预压应力可以减少,甚至抵消荷载在混凝土中产生的拉应力,使混凝土结构(构件)在正常使用荷载作用下不产生过大的裂缝,甚至不出现裂缝。由此可见,预应力混凝土的实质是利用混凝土良好的抗压性能来弥补其抗拉能力的不足,通过采用预先加压的方法间接地提高结构构件使用阶段受拉区混凝土的抗裂性能,延缓甚至避免受拉区混凝土裂缝的产生和发展。

现以图 7.1 所示预应力混凝土简支梁为例,进一步说明预应力混凝土的基本原理。

在外荷载作用之前,预先在梁使用阶段的受拉区施加一对偏心预压力 N,使梁跨中截面的上边缘混凝土产生预拉应力 σ_{pt},下边缘混凝土产生预压应力 σ_{pc},如图 7.1(a) 所示。当使用阶段外荷载 q 作用时,梁跨中截面的下边缘混凝土将产生拉应力 σ_{ct},上边缘混凝土产生压应力 σ_c,如图7.1(b) 所示。那么,在预压力 N 和外荷载 q 的共同作用下,该梁跨中截面的下边缘混凝土产生的拉应力将减至 $\sigma_{ct}-$ σ_{pc}，上边缘混凝土应力为 $\sigma_c-\sigma_{pt}$，一般为压应力，但也有可能为拉应力，如图 7.1(c) 所示。显然，通过人为控制预压力 N 的大小，可使梁截面受拉边缘混凝土产生压应力、零应力或很小的拉应力，以满足不同的裂缝控制要求，从而改变了普通钢筋混凝土构件原有的裂缝状态，成为预应力混凝土受弯构件。由此可见，预应力混凝土构件可推迟和限制构件裂缝的开展，提高构件的抗裂度和刚度，从根本上克服了普通钢筋混凝土结构抗裂性差的主要缺点，并为高强度材料，尤其是高强度钢筋的应用创造了条件。这种由配置受力的预应力筋通过张拉或其他方法建立预加应力的混凝土结构，称为预应力混凝土结构。

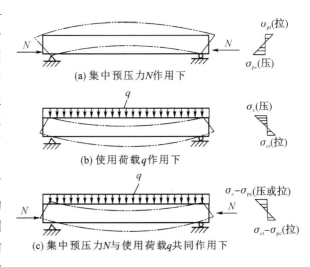

图 7.1　预应力混凝土构件的基本原理示意图

7.1.2　预应力混凝土的分类

根据制作、设计和施工的特点，预应力混凝土可以有不同的分类。

1) 全预应力混凝土和部分预应力混凝土

全预应力是在使用荷载作用下，构件截面混凝土不出现拉应力，即为全截面受压。部分预应力是在使用荷载作用下，构件截面混凝土允许出现拉应力或开裂，即只有部分截面受压。部分预应力要求构件预压区混凝土正截面的拉应力不超过规定的容许值，或裂缝宽度不超过容许值。

2) 先张法预应力混凝土和后张法预应力混凝土

先张法是制作预应力混凝土构件时，先张拉预应力钢筋后浇筑混凝土的一种方法；后张法是先浇筑混凝土，待混凝土达到规定的强度后再张拉预应力钢筋的一种施加预应力方法。

3) 有粘结预应力混凝土与无粘结预应力混凝土

有粘结预应力，是指沿预应力筋全长其周围均与混凝土粘结、握裹在一起的预应力混凝土结构。先张预应力结构及预留孔道穿筋压浆的后张预应力结构均属此类。无粘结预应力，指预应力筋伸缩、滑动自由，不与周围混凝土粘结的预应力混凝土结构。这种结构的预应力筋表面涂有防锈材料，外套防老化的塑料管，防止与混凝土粘结。无粘结预应力混凝土结构通常与后张预应力工艺相结合。

7.1.3　预应力混凝土的优缺点

与普通钢筋混凝土结构相比，预应力混凝土结构主要有以下几方面的优点：

(1) 提高了构件的抗裂性及耐久性，增加构件刚度。预应力混凝土结构在使用荷载作用下不出现裂缝或大大地延迟裂缝的出现和延缓裂缝的发展，提高了结构的刚度和耐久性。

（2）充分利用高强度材料，减轻自重。预应力混凝土结构可以合理、有效地利用高强钢筋和高强混凝土，从而节省材料，减轻结构自重。与普通混凝土构件相比，预应力混凝土结构可节约钢材 30%～50%，减轻结构自重达 30%左右，且跨度越大越经济。

（3）扩大了混凝土结构的应用范围。由于预应力混凝土改善了构件的抗裂性能，可以用于有防水、防辐射、抗渗透及抗腐蚀等要求的环境；由于结构轻巧，刚度大、变形小，可用于大跨度及承受反复荷载的结构。

（4）卸载后的结构变形或裂缝可以恢复。预应力混凝土结构，在移去活荷载后，裂缝会闭合，变形也会部分恢复。这种变形的复位能力，可以减少结构地震后的残余变形，便于结构更快地修复使用。

预应力混凝土结构的缺点是计算繁杂、施工工序多、施工技术要求高、需要张拉及锚具设备、构件制作复杂且周期长，劳动力成本高，相应的设计计算比普通钢筋混凝土结构要复杂，变形性能也较普通钢筋混凝土结构差一些。因此不宜将其用于普通钢筋混凝土结构完全适用的地方。

7.2　预应力的施加方法

使混凝土获得预应力的方法有多种。目前，一般是通过张拉钢筋，利用钢筋的弹性回缩来压缩混凝土，在混凝土中建立预应力。根据张拉钢筋与浇筑混凝土的先后顺序，可分为先张法和后张法两种。

7.2.1　先张法

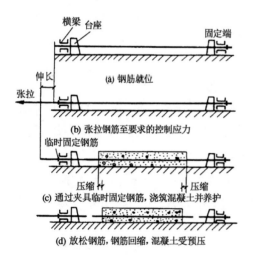

图 7.2　先张法主要施工工序示意图

先张法通常通过采用台座长线张拉或钢模短线张拉钢筋给混凝土施加预应力，其基本施工工序如图 7.2 所示。

制作先张法预应力构件一般需要台座、千斤顶、传力架和锚具等设备，台座承受张拉力的反力，长度较大，要求具有足够的强度和刚度，且不滑移、不倾覆。千斤顶和传力架随构件的形式，尺寸及张拉力大小的不同而有多种类型。

在先张法预应力混凝土构件中，预应力的传递主要是通过预应力筋与混凝土之间的粘结力，有时也补充设置特殊的锚具。此方法适用于在预制厂大批制作中、小型构件，如预应力混凝土楼板、屋面板、梁等。

7.2.2　后张法

后张法是在结硬后的混凝土构件的预留孔道中张拉预应力筋的方法，其主要施工工序如图 7.3 所示。

制作后张法预应力结构及构件不需要台座,张拉钢筋常用千斤顶,也可采用电热法,即对预应力筋通以低压强电流使其加热伸长,利用断电后预应力筋降温冷却回缩来建立预压应力。

在后张法预应力混凝土构件中,预应力的传递主要是依靠设置在构件两端的锚固装置(锚具及其垫板等)。后张法构件中的预应力钢筋可以按预留孔道的形状成折线或曲线布置,因而可更好地根据结构的受力特点调整预应力沿结构(构件)的分布。但是,与先张法构件相比较,后张法工艺较复杂,成本较高,一般更适合于现场施工的大型构件,以致整个结构。

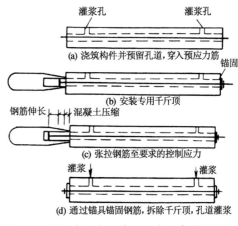

图 7.3 后张法主要施工工序示意图

7.3 预应力混凝土结构的材料和锚具

7.3.1 预应力混凝土结构的材料

1) 预应力筋

(1) 质量要求

与普通混凝土构件不同,钢筋在预应力构件中,从构件制作开始,到构件破坏为止,始终处于高应力状态,故钢筋应满足较高的质量要求:

① 高强度。为了使混凝土构件在发生弹性回缩、收缩及徐变后,其内部仍能建立较高的预压应力,就需采用较高的初始张拉应力,这必然要求预应力筋应具有较高的抗拉强度。

② 具有一定的塑性。为了避免预应力混凝土构件发生脆性破坏,保证在构件破坏之前具有较大的变形能力,要求预应力筋具有一定的伸长率。当构件处于低温环境或受到冲击荷载作用时,更应保证其塑性和抗冲击韧性的要求。

③ 良好的加工性能。预应力筋应具有较好的可焊性,在经弯转或"镦粗"后应不影响其物理力学性能。

④ 与混凝土之间具有较好的粘结性能。先张法预应力混凝土构件预应力的建立,主要依靠其钢筋和混凝土之间的粘结力来完成。因此,对于先张法构件预应力筋与混凝土之间必须要有足够的粘结强度。

(2) 种类

目前用于混凝土构件中的预应力钢材主要有钢丝、钢绞线及螺纹钢筋等:

① 中高强钢丝(Φ^{PM}、Φ^{HM})和消除应力钢丝(Φ^{P}、Φ^{H})。中高强钢丝是采用优质碳素钢盘条,经过几次冷拔后得到。钢丝经冷拔后,存在较大的内应力,一般都需要采用低温回火处理来消除内应力,经这样处理的钢丝称为消除应力钢丝。中强钢丝的强度标准值为 800~1 270 MPa,消除应力钢丝的强度标准值为 1 470~1 860 MPa,钢丝直径为 5~9 mm。为增

加与混凝土的粘结强度,钢丝表面可采用"刻痕"或"压波"处理,也可制成螺旋肋(图7.4)。

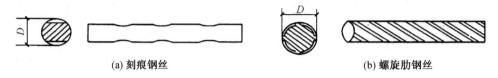

(a) 刻痕钢丝   (b) 螺旋肋钢丝

图 7.4 中高强钢丝表面处理

② 钢绞线(Φ^S)。钢绞线是用3股或7股高强钢丝绞结而成的一种高强预应力钢筋,以7股钢绞线应用最多(图7.5)。7股钢绞线的公称直径为 9.5～21.6 mm,强度可高达 1 960 MPa。3股钢绞线用途不广,仅用于某些先张法构件。

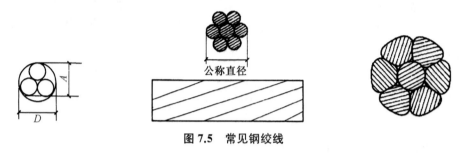

图 7.5 常见钢绞线

③ 螺纹钢筋(精轧螺纹钢筋Φ^T)。螺纹钢筋是一种热轧成带有不连续的外螺纹的直条钢筋,在钢筋的任意截面处,均可用带有匹配性状的内螺纹连接器或锚具进行连接或锚固(图7.6)。直径为 18～50 mm,抗拉强度标准值为 980～1 230 MPa。

图 7.6 预应力混凝土用螺纹钢筋

④ 无粘结预应力束。无粘结预应力束是由 7Φ5 和 7Φ4 钢丝束、油脂涂料层和包裹层组成。油脂涂料使预应力束与其周围混凝土隔离,减少摩擦损失,防止预应力束锈蚀。护套包裹层的作用是保护油脂涂料及隔离预应力束和混凝土,应有一定的强度以防止施工中破损和一定的耐腐蚀性。目前多采用低密度聚乙烯与油脂涂料一同在预应力筋上挤出形成无粘结预应力束的生产工艺(图7.7)。

在预应力混凝土结构中,除预应力筋外还常采用非预应力筋,对非预应力筋的要求与在普通钢筋混凝土结构中的要求相同。

2) 混凝土

预应力混凝土构件所用的混凝土,应满足下列要求:

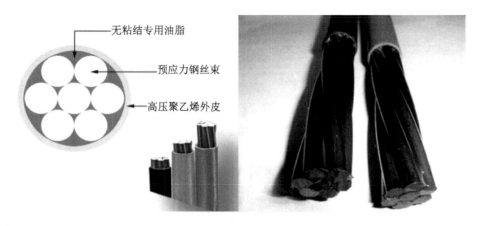

图 7.7 无粘结预应力束

（1）强度高。在预应力混凝土结构中应采用强度较高的混凝土，才能建立起较高的预压应力，同时可减小构件截面尺寸，减轻结构自重。另外，对先张法构件，强度较高的混凝土可提高钢筋与混凝土之间的粘结力；对后张法构件，则可提高锚固端的局部承压承载力。

（2）收缩、徐变小。混凝土的收缩、徐变小，可以减小混凝土因收缩、徐变引起的预应力损失，从而建立较高的有效预压应力。

（3）快硬、早强。混凝土具有较好的快硬、早强性，可以提高台座、模具、锚夹具及张拉设备等的周转率，加快施工进度，降低费用。

与普通钢筋混凝土结构相比，预应力混凝土结构应采用强度等级更高的混凝土。《规范》规定，预应力混凝土结构的混凝土强度等级不宜低于 C40，且不应低于 C30。

3）灌浆材料

灌浆材料一般采用纯水泥浆，强度等级不应低于 M20，水灰比宜为 0.40～0.45。为了减少收缩，宜掺入 0.01％水泥用量的铝粉。

7.3.2 预应力混凝土结构的锚具和夹具

锚具和夹具是用于锚固预应力筋的工具，它主要是依靠摩阻、握裹和承压来夹住或固定预应力筋。通常将构件制成后能够取下重复使用的称为夹具；锚固在构件端部，与构件联成一体共同受力而不再取下的称为锚具。对于夹具和锚具的一般要求是：安全可靠、尽可能不产生滑移、构造简单、使用方便、节约钢材、造价低廉等。

锚夹具的种类很多，以下为几种典型的预应力锚夹具。

1）螺丝端杆锚具

螺丝端杆锚具由螺丝端杆、螺母和垫板组成。使用时，在单根预应力筋的两端各焊上一根短的螺丝端杆，用张拉设备张拉螺丝端杆，然后拧紧螺母使其锚固。有时因螺杆中螺纹长度不够或预应力钢筋伸长过大，则需在螺母下增放垫板，张拉终止时，预应力筋通过螺母和垫板将预压力传到构件上，如图 7.8 所示。这种锚具多用于锚固较粗直径的预应力筋。

螺丝端杆锚具构造简单、操作方便、受力可靠、滑移量小，且可以多次使用。缺点是对预

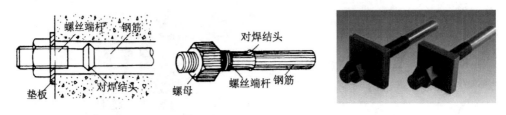

图 7.8　螺丝端杆锚具

应力筋下料长度的精确度要求高,以免发生螺纹长度不够。

2)镦头锚具

镦头锚具是利用特制的镦头机将预应力钢丝的端部冷镦成一个铆钉头形的端头,将它们成束地串扣在锚杯或锚板上,如图 7.9 所示。张拉终止,预应力钢丝锚固时产生的弹性回缩力由镦头传至锚环,再依靠螺纹将力传到螺母,并经过垫板传到混凝土构件上。

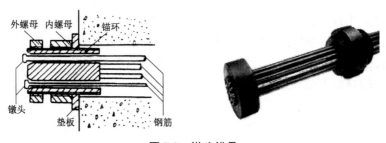

图 7.9　镦头锚具

镦头锚具加工简单,张拉方便,锚固可靠,成本低廉,但对钢丝的下料长度要求严格。它适用于锚固多根直径 10～18 mm 的钢筋或平行钢丝束。

3)钢质锥型锚具

钢质锥型锚具由锚环和锚塞组成,如图 7.10 所示。使用时,预应力筋依靠摩擦力将弹性回缩力传到锚环,再通过锚环传到混凝土构件上。

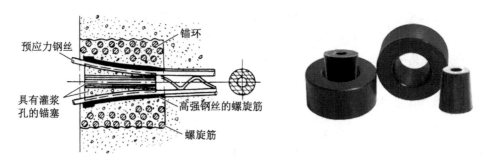

图 7.10　钢质锥型锚具

钢质锥型锚具既可用于张拉端,也可用于固定端。它适用于锚固多根直径 5～12 mm的平行钢丝束或多根直径 13～15 mm 的平行钢绞线束。

4）JM型锚具

JM型锚具由锚环与夹片组成，如图7.11所示。使用时，预应力筋依靠摩擦力将弹性回缩力传给夹片，夹片依靠其斜面上的承压力传给锚环，再传到混凝土构件上。

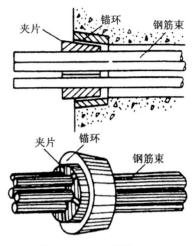

由于JM型锚具将预应力筋各自独立地分开锚固于夹片的各个锥型孔内，任何一组夹具滑移、碎裂或预压力钢筋拉断，都不会影响其他预应力筋的锚固。它既可用于张拉端，也可用于固定端，适用于锚固较粗的钢筋和钢绞线。

5）QM型锚具

QM型锚具由锚环与夹片组成一个独立的锚固单元，如图7.12所示。使用时，由于夹片内孔有齿而能使

图7.11　JM12锚具

其咬合预应力筋，并进而带动夹片进入锚环锥孔内，使预应力筋获得牢固可靠的锚固。QM型锚具的特点是任意一根钢绞线滑移或断裂都不会影响其他锚固，故其性能可靠、互换性好、群锚能力强。它既可用于张拉端，也可用于固定端，适用于锚固各类钢丝束和钢绞线。

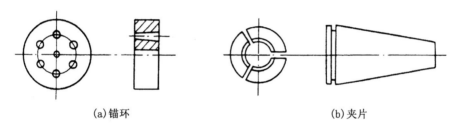

（a）锚环　　　　　　　　　　　　　（b）夹片

图7.12　QM型锚具

6）XM型锚具

XM型锚具的锚固原理与QM型锚具相似，夹片形式为斜弧形如图7.13所示。与QM型锚具相比，XM型锚具可锚固更多根数钢绞线的预应力束，常用于大型预应力混凝土结构。

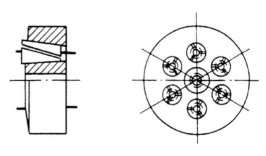

除了上述的几种锚具以外，我国近年对预应力混凝土构件的锚夹具进行了大量的试验研制工作，开发出了SF、YM、VLM和B&S型等新型锚具，使预应力混凝土结构锚夹具的锚固性能得到进一步提高。

图7.13　XM型锚具

7.4 预应力混凝土构件设计的一般规定

7.4.1 张拉控制应力 σ_{con}

张拉控制应力是指在张拉预应力筋时,张拉设备(千斤顶油压表)所指示的总张拉力除以预应力筋截面面积所得到的应力值,用 σ_{con} 表示。它是预应力筋在构件受荷载作用前所经受的最大应力。

为了充分发挥预应力混凝土的优点,张拉控制应力 σ_{con} 宜定得尽可能高一些,以使混凝土获得较高的预压应力,提高构件的抗裂性。但张拉控制应力也不能定得过高,否则在施工阶段,构件受拉区就可能因为拉应力过大而直接开裂,或者由于开裂荷载接近其破坏荷载,而导致构件在破坏前无明显的预兆,后张法构件还可能在构件端部出现混凝土局部受压破坏。另外,为了减少预应力损失,构件有时还需要进行超张拉,如将张拉控制应力定得过高,也有可能使个别预应力筋的应力超过其屈服强度而产生较大的塑性变形,甚至断裂。综上所述,对 σ_{con} 应规定上限值及下限值。

根据国内外设计与施工经验以及近年来的科研成果,《混凝土结构设计规范》规定按不同钢种,预应力筋的张拉控制应力 σ_{con} 不应超过表 7.1 规定的限值。且消除应力钢丝、钢绞线、中强度预应力钢丝的张拉控制应力不应小于 $0.4 f_{ptk}$;预应力螺纹钢筋的张拉控制应力不宜小于 $0.5 f_{pyk}$。

对预应力螺纹钢筋,由于塑性较好,有明显的屈服点,所以张拉控制应力限值的取值可高一些;对钢丝和钢绞线,由于塑性较差,无明显的屈服点,其强度标准值是根据极限强度确定的,所以张拉控制应力限值的取值较低。

先张法是浇筑混凝土之前在台座上张拉预应力筋,混凝土是在钢筋放张后才产生弹性压缩的,故需要考虑混凝土弹性压缩引起的应力降低。而后张法是在混凝土构件上张拉钢筋,在张拉的同时混凝土被压缩,因而不必再考虑混凝土的弹性压缩所引起的应力降低,所以后张法构件的张拉控制应力 σ_{con} 应比先张法构件定得低一些。

表 7.1 张拉控制应力限值

钢筋种类	张拉控制应力
消除应力钢丝、钢绞线	$0.75 f_{ptk}$
中强度预应力钢丝	$0.70 f_{ptk}$
预应力螺纹钢筋	$0.85 f_{pyk}$

注:1. 表中 f_{ptk} 为预应力筋极限强度标准值、f_{pyk} 为预应力螺纹钢筋屈服强度标准值,详见附表5;
   2. 当符合下列情况之一时,表中的张拉控制应力限值可提高 $0.05 f_{ptk}$ 或 $0.05 f_{pyk}$:
   (1) 要求提高构件在施工阶段的抗裂性能而在使用阶段受压区内设置的预应力筋;
   (2) 要求部分抵消由于应力松弛、摩擦、钢筋分批张拉以及预应力筋与张拉台座之间的温差等因素产生的预应力损失。

7.4.2 预应力损失及减少预应力损失的措施

将预应力钢筋张拉到控制应力 σ_{con} 后,由于张拉工艺和材料性能等原因,其拉应力值将逐渐下降,这种降低即为预应力损失。经损失后预应力钢筋的应力才会在混凝土中建立相应的有效预应力。下面分项讨论引起预应力损失的原因、损失值的计算以及减少预应力损失的措施。

1) 张拉端锚具变形和预应力筋内缩引起的预应力损失 σ_{l1}

预应力钢筋当张拉到 σ_{con} 后被锚固于台座或构件上时,由于锚具变形(包括锚具与垫板之间、垫板与垫板之间、垫板与构件之间的所有缝隙被挤紧)和预应力筋在锚具内的滑移使钢筋回缩,引起预应力损失 σ_{l1}(N/mm^2)。

(1) 预应力直线钢筋

对预应力直线钢筋,σ_{l1} 可按下式计算:

$$\sigma_{l1} = \frac{a}{l}E_s \tag{7.1}$$

式中　a——张拉端锚具变形和预应力筋内缩值(mm),按表 7.2 取用;

　　　l——张拉端至锚固端之间的距离(mm);

　　　E_s——预应力钢筋的弹性模量(N/mm^2)。

表 7.2　锚具变形和预应力筋内缩值 a

锚具类别		a/mm
支承式锚具(钢丝束镦头锚具等)	螺帽缝隙	1
	每块后加垫板的缝隙	1
夹片式锚具	有顶压时	5
	无顶压时	6~8

注:1. 表中的锚具变形和预应力筋内缩值也可根据实测数据确定;
　　2. 其他类型的锚具变形和预应力筋内缩值应根据实测数据确定。

对于块体拼成的结构,其预应力损失尚应计及块体间填缝的预压变形。当采用混凝土或砂浆为填缝材料时,每条填缝的预压变形可取 1 mm。

(2) 曲线(或折线)预应力筋

当后张法构件采用曲线或折线预应力筋时,由于反摩擦的作用,锚固损失在张拉端最大,沿预应力筋逐步减小,直到消失,如图 7.14 所示。

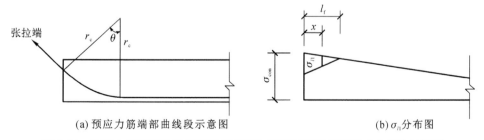

(a) 预应力筋端部曲线段示意图　　　　　(b) σ_{l1} 分布图

图 7.14　预应力筋端部曲线段因锚具变形和钢筋回缩引起的预应力损失计算图

后张法构件曲线预应力筋由于锚具变形和预应力筋内缩引起的预应力损失 σ_{l1},应根据预应力筋与孔道壁之间反向摩擦影响长度 l_f 范围内的预应力筋变形值等于锚具变形和预应力筋内缩值的条件确定,可按下列公式计算:

$$\sigma_{l1} = 2\sigma_{con} l_f \left(\frac{\mu}{r_c} + \kappa\right) \left(1 - \frac{x}{l_f}\right) (\text{N/mm}^2) \tag{7.2}$$

反向摩擦影响长度 $l_f(\text{m})$ 按下式计算：

$$l_f = \sqrt{\frac{aE_s}{1\,000\sigma_{con}\left(\dfrac{\mu}{r_c} + \kappa\right)}} \tag{7.3}$$

式中　r_c——圆弧形曲线预应力筋的曲率半径(m)；

　　　κ——考虑孔道每米长度局部偏差的摩擦系数，按表7.3取用；

　　　μ——预应力筋与孔道壁之间的摩擦系数，按表7.3取用；

　　　x——张拉端至计算截面的孔道长度(m)，可近似取该段孔道在纵轴上的投影长度，应符合 $x \leqslant l_f$；

　　　a——张拉端锚具变形和预应力筋内缩值(mm)，按表7.2取用。

表 7.3　摩擦系数 κ 及 μ 值

孔道成型方式	κ	μ	
		钢绞线、钢丝束	预应力螺纹钢筋
预埋金属波纹管	0.001 5	0.25	0.50
预埋塑料波纹管	0.001 5	0.15	—
预埋钢管	0.001 0	0.30	—
抽芯成型	0.001 4	0.55	0.60
无粘结预应力筋	0.004 0	0.09	—

注：摩擦系数也可根据实测数据确定。

(3) 减少 σ_{l1} 损失的措施

为了减少张拉端锚具变形和钢筋内缩引起的预应力损失，应尽量选择锚具变形小或使预应力筋内缩小的锚夹具，并尽量少用垫板；对先张法预应力混凝土构件，可增加台座长度。当台座长度超过 100 m 时，σ_{l1} 可忽略不计。

2) 预应力筋与孔道壁之间摩擦引起的预应力损失 σ_{l2}

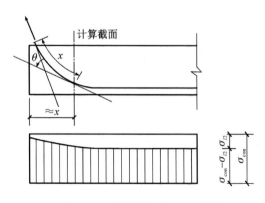

图 7.15　摩擦引起的预应力损失

在后张法预应力混凝土构件中，当采用预应力直线钢筋时，由于预留孔道位置偏差、内壁粗糙及预应力筋表面粗糙等原因，使预应力筋在张拉时与孔道壁之间产生摩擦阻力。这种摩擦阻力距离预应力筋张拉端越远，其影响越大；当采用预应力曲线钢筋时，由于曲线孔道的曲率使预应力筋与孔道壁之间产生附加的法向力和摩擦力，摩擦阻力更大，如图 7.15 所示。

预应力筋与孔道壁之间摩擦引起的预应力损失 σ_{l2}，可按下列公式计算：

$$\sigma_{l2} = \sigma_{con}\left(1 - \frac{1}{e^{\kappa x + \mu\theta}}\right) \text{(N/mm}^2) \tag{7.4}$$

式中　x——张拉端至计算截面的孔道长度(m),可近似取该段孔道在纵轴上的投影长度;

　　　θ——张拉端至计算截面孔道部分切线的夹角(rad);

　　　κ——考虑孔道每米长度局部偏差的摩擦系数,按表 7.3 取用;

　　　μ——预应力筋与孔道壁之间的摩擦系数,按表 7.3 取用。

当 $(\kappa x + \mu\theta) \leqslant 0.3$ 时,可按下列公式近似计算:

$$\sigma_{l2} = (\kappa x + \mu\theta)\sigma_{con} \text{(N/mm}^2) \tag{7.5}$$

对多曲率的曲线孔道或直线段与曲线段组成的孔道,应分段计算摩擦引起的预应力损失。

为了减少摩擦损失 σ_{l2},对于较长的构件可采用一端张拉另一端补拉,或两端张拉,也可采用超张拉。超张拉程序为:$0 \rightarrow 1.1\sigma_{con}$ 持荷 2 min $\rightarrow 0.85\sigma_{con} \rightarrow \sigma_{con}$。

3) 加热养护时,预应力筋与台座之间的温差引起的预应力损失 σ_{l3}

为了缩短先张法构件的生产周期,混凝土浇筑后常进行蒸汽养护。升温时,新浇筑的混凝土尚未结硬,钢筋受热后可自由伸长,但两端的台座是固定不动的,亦即台座间距离保持不变,这必然使张拉后受力的预应力筋变松,产生预应力损失。降温时,混凝土已结硬并同预应力筋结成整体共同回缩,而且二者的温度线膨胀系数相近,故所产生的预应力损失 σ_{l3} 无法恢复。

设混凝土加热养护时,受张拉的预应力筋与承受拉力的设备(台座)之间的温差为 Δt(℃),钢筋的温度线膨胀系数为 $\alpha = 1 \times 10^5/℃$,则 σ_{l3}(N/mm^2)可按下式计算:

$$\begin{aligned}\sigma_{l3} &= \varepsilon_s E_s = \frac{\Delta l}{l}E_s = \frac{\alpha l \Delta t}{l}E_s = \alpha E_s \Delta t \\ &= 1 \times 10^{-5} \times 2.0 \times 10^5 \times \Delta t = 2\Delta t \text{(N/mm}^2)\end{aligned} \tag{7.6}$$

为减少 σ_{l3} 损失,可采用两次升温养护,即在蒸汽养护混凝土时,先控制养护室内温差不超过 20℃,待混凝土强度达到 C7.5～C10 后,再逐渐升温至规定的养护温度。此时可认为钢筋与混凝土已结成整体,能够一起胀缩而无预应力损失。如果是在钢模上张拉预应力筋,由于预应力筋是锚固在钢模上的,升温时两者温度相同,因此不会因温差而产生预应力损失。

4) 预应力筋的应力松弛引起的预应力损失 σ_{l4}

钢筋在高应力作用下,其塑性变形随时间而增长。因此,在钢筋长度保持不变的条件下,其应力会随时间的增长而逐渐降低,这种现象称为钢筋的应力松弛。钢筋的应力松弛引起的预应力损失 σ_{l4}(N/mm^2)与钢筋应力的大小和应力作用时间有关,其计算方法如下:

(1) 预应力钢丝、钢绞线

对于普通松弛预应力钢丝、钢绞线:

$$\sigma_{l4} = 0.40\left(\frac{\sigma_{con}}{f_{ptk}} - 0.5\right)\sigma_{con} \tag{7.7}$$

对于低松弛预应力钢丝、钢绞线：

当 $\sigma_{con} \leqslant 0.7 f_{ptk}$ 时， $\qquad \sigma_{l4} = 0.125\left(\dfrac{\sigma_{con}}{f_{ptk}} - 0.5\right)\sigma_{con}$ (7.8)

当 $0.7 f_{ptk} < \sigma_{con} \leqslant 0.8 f_{ptk}$ 时， $\qquad \sigma_{l4} = 0.2\left(\dfrac{\sigma_{con}}{f_{ptk}} - 0.575\right)\sigma_{con}$ (7.9)

（2）中强度预应力钢丝

$$\sigma_{l4} = 0.08\sigma_{con}$$ (7.10)

（3）预应力螺纹钢筋

$$\sigma_{l4} = 0.03\sigma_{con}$$ (7.11)

当 $\dfrac{\sigma_{con}}{f_{ptk}} \leqslant 0.5$ 时,预应力筋的应力松弛损失值可取为零。

试验表明,钢筋应力松弛与时间和初应力有关。应力松弛在开始阶段发展较快,第一小时松弛可达全部松弛损失的 50% 左右,24 小时后可达 80% 左右,以后发展缓慢;应力松弛与初应力成线性关系,张拉控制应力值高,应力松弛大。反之,应力松弛小。为减少 σ_{l4} 损失可进行超张拉,因为在高应力状态下,钢筋在短时间内所产生的松弛损失即可达到它在低应力下需经过较长时间才能完成的松弛数值。

5）混凝土的收缩和徐变引起的预应力损失 σ_{l5}

在一般湿度条件下,混凝土结硬时会发生体积收缩,而在预压力作用下,混凝土会发生沿压力方向的徐变。二者都使构件的长度缩短,从而产生预应力损失。混凝土的收缩和徐变引起的预应力损失 σ_{l5} 可按下列公式计算：

先张法构件

$$\sigma_{l5} - \frac{60 + 340\dfrac{\sigma_{pc}}{f'_{cu}}}{1 + 15\rho}(\text{N/mm}^2)$$ (7.12)

$$\sigma'_{l5} = \frac{60 + 340\dfrac{\sigma'_{pc}}{f'_{cu}}}{1 + 15\rho'}(\text{N/mm}^2)$$ (7.13)

后张法构件

$$\sigma_{l5} = \frac{55 + 300\dfrac{\sigma_{pc}}{f'_{cu}}}{1 + 15\rho}(\text{N/mm}^2)$$ (7.14)

$$\sigma'_{l5} = \frac{55 + 300\dfrac{\sigma'_{pc}}{f'_{cu}}}{1 + 15\rho'}(\text{N/mm}^2)$$ (7.15)

式中 σ_{pc}、σ'_{pc}——在受拉区、受压区预应力筋合力点处的混凝土法向压应力;

$\qquad f'_{cu}$——施加预应力时的混凝土立方体抗压强度;

$\qquad \rho$、ρ'——受拉区、受压区预应力筋和普通钢筋的配筋率。

对先张法构件

$$\rho = \frac{A_p + A_s}{A_0} \quad \rho' = \frac{A'_p + A'_s}{A_0} \tag{7.16}$$

对后张法构件

$$\rho = \frac{A_p + A_s}{A_n} \quad \rho' = \frac{A'_p + A'_s}{A_n} \tag{7.17}$$

式中 A_p、A_s——分别为配置在荷载作用下构件受拉边的预应力筋和普通钢筋的截面面积；

A'_p、A'_s——分别为配置在荷载作用下构件受压边的预应力筋和普通钢筋的截面面积；

A_0——混凝土换算截面面积，包括扣除孔道、凹槽等削弱部分以外的混凝土全部截面面积和全部纵向预应力筋和普通钢筋的换算截面面积；

A_n——混凝土净截面面积，即换算截面面积减去全部纵向预应力筋截面面积换算成混凝土的截面面积。

对于对称配置预应力筋和普通钢筋的构件，配筋率 ρ、ρ' 应按钢筋总截面面积的一半计算。

由式(7.12)~式(7.15)的比较可见，后张法构件的 σ_{l5}、σ'_{l5} 取值小于先张法构件，这是因为后张法构件在施加预应力时混凝土已产生一部分收缩。

上述公式是根据一般环境条件下的试验结果确定的。对处于干燥环境条件下的结构，由于混凝土的收缩和徐变较大，《规范》规定，当结构处于年平均相对湿度低于 40% 的环境下，σ_{l5} 及 σ'_{l5} 值应增加 30%。

由于混凝土收缩和徐变引起的预应力损失 σ_{l5} 在预应力总损失中所占比例较大，故应采取有效措施减少 σ_{l5}。采用高强度等级水泥，减少水泥用量，降低水灰比，采用干硬性混凝土；选择级配较好的骨料，加强振捣，提高混凝土的密实性，注意加强混凝土养护等，都可以减少混凝土的收缩和徐变引起的预应力损失。

6) 环形混凝土构件受螺旋式预应力筋局部挤压引起的预应力损失 σ_{l6}

后张法环形混凝土构件由于受螺旋式预应力筋的挤压而发生局部压陷，构件的直径将有所减小，预应力筋中的拉应力就会随之而降低，引起预应力损失 σ_{l6}。

σ_{l6} 的大小与环形构件的直径 d 成反比。构件直径 d 越小，预应力损失 σ_{l6} 越大。《规范》规定：当 $d \leqslant 3$ m 时，取 $\sigma_{l6} = 30$ N/mm²；当 $d > 3$ m 时，此项损失可忽略不计。

7.4.3 预应力损失值的组合

上述各项预应力损失是按不同张拉施工方式和在不同阶段分批产生的。通常以混凝土预压时刻为界限，把混凝土预压前出现的预应力损失称为第一批损失（σ_{lI}），混凝土预压后出现的称为第二批损失（σ_{lII}）。

预应力混凝土构件在各阶段的预应力损失值可按表 7.4 的规定进行组合。

预应力损失的计算值与实际预应力损失值之间可能有一定的误差，为避免计算值偏小带来的不利影响,《规范》规定当计算求得的预应力总损失 $\sigma_l = \sigma_{l\mathrm{I}} + \sigma_{l\mathrm{II}}$ 小于下列数值时,应按下列数值取用:

先张法构件 $100\ \mathrm{N/mm^2}$;

后张法构件 $80\ \mathrm{N/mm^2}$。

表 7.4 各阶段预应力损失值的组合

预应力损失值的组合	先张法构件	后张法构件
混凝土预压前(第一批)的损失 $\sigma_{l\mathrm{I}}$	$\sigma_{l1} + \sigma_{l2} + \sigma_{l3} + \sigma_{l4}$	$\sigma_{l1} + \sigma_{l2}$
混凝土预压后(第二批)的损失 $\sigma_{l\mathrm{II}}$	σ_{l5}	$\sigma_{l4} + \sigma_{l5} + \sigma_{l6}$

注:先张法构件由于钢筋应力松弛引起的损失值 σ_{l4} 在第一批和第二批损失中所占的比例如需区分,可根据实际情况确定。

7.5 预应力混凝土结构计算基本原理

预应力混凝土构件从张拉钢筋开始直到构件破坏,可分为两个阶段:施工阶段和使用阶段。施工阶段是指构件承受外荷载之前的受力阶段;使用阶段是指构件承受外荷载之后的受力阶段。设计预应力混凝土构件时,除保证使用阶段的承载力和抗裂度要求外,还要进行施工阶段验算,因此必须对预应力混凝土构件在施工阶段和使用阶段的应力状态进行分析。下面以轴心受拉构件为例,分先张法和后张法两种情况分别介绍构件在各阶段的应力状态,以及预应力混凝土结构计算基本原理。

7.5.1 预应力混凝土轴心受拉构件各阶段应力分析

1)先张法构件

先张法构件各阶段钢筋和混凝土的应力变化过程参见表7.5。

(1)施工阶段

在施工阶段,先张法预应力混凝土轴心受拉构件的受力又可分为如下几个过程:

① 预应力筋就位。在台座上放置预应力筋,此时,预应力筋应力为零,如表7.5中 a 项所示。

② 张拉预应力筋。如表 7.5 中 b 项所示,在台座上张拉截面面积为 A_p 的预应力筋至控制应力 σ_con,这时预应力筋的总预拉力为 $\sigma_\mathrm{con} A_\mathrm{p}$。

③ 完成第一批预应力损失 $\sigma_{l\mathrm{I}}$。如表 7.5 中 c 项所示,张拉钢筋完毕后,将预应力筋锚固在台座上,浇筑混凝土并进行养护。由于锚具变形、温差和钢筋应力松弛,产生第一批预应力损失 $\sigma_{l\mathrm{I}}$。此时,预应力筋的拉应力由 σ_con 降低至 $\sigma_\mathrm{con} - \sigma_{l\mathrm{I}}$,由于预应力筋尚未放张,混凝土的应力 $\sigma_\mathrm{pc} = 0$,非预应力筋的应力 $\sigma_\mathrm{s} = 0$。

④ 放松预应力筋、预压混凝土。如表 7.5 中 d 项所示,当混凝土的强度达到其设计强度75%以上时,混凝土与钢筋之间具有了足够的粘结力,即可放松预应力筋。由于混凝土已结硬,依靠钢筋和混凝土之间的粘结力,预应力筋回缩的同时使混凝土产生预压应力 $\sigma_{\mathrm{pc}\mathrm{I}}$。根据钢筋与混凝土的变形协调关系,预应力筋的拉应力也相应减小了 $\alpha_\mathrm{E} \sigma_{\mathrm{pc}\mathrm{I}}$,此时预应力筋的有效预拉应力为:

$$\sigma_{\mathrm{pe\,I}} = \sigma_{\mathrm{con}} - \sigma_{l\,\mathrm{I}} - \alpha_{\mathrm{E}}\sigma_{\mathrm{pc\,I}} \tag{7.18}$$

式中 α_{E}——钢筋弹性模量与混凝土弹性模量的比值,$\alpha_{\mathrm{E}} = E_{\mathrm{s}}/E_{\mathrm{c}}$。

同样,非预应力筋也将产生预压应力,其大小为:

$$\sigma_{\mathrm{s\,I}} = \alpha_{\mathrm{E}}\sigma_{\mathrm{pc\,I}} \,(压) \tag{7.19}$$

根据力的平衡条件可得:

$$\sigma_{\mathrm{pe\,I}}A_{\mathrm{p}} = \sigma_{\mathrm{pc\,I}}A_{\mathrm{c}} + \sigma_{\mathrm{s\,I}}A_{\mathrm{s}} \tag{7.20}$$

将式(7.18)和(7.19)代入上式,可得

$$\sigma_{\mathrm{pc\,I}} = \frac{(\sigma_{\mathrm{con}} - \sigma_{l\,\mathrm{I}})A_{\mathrm{p}}}{A_{\mathrm{c}} + \alpha_{\mathrm{E}}A_{\mathrm{s}} + \alpha_{\mathrm{E}}A_{\mathrm{p}}} = \frac{N_{\mathrm{p\,I}}}{A_{\mathrm{n}} + \alpha_{\mathrm{E}}A_{\mathrm{p}}} = \frac{N_{\mathrm{p\,I}}}{A_0} \tag{7.21}$$

式中 A_{c}——扣除预应力筋和非预应力筋截面面积后的混凝土截面面积;

A_{n}——净截面面积,即扣除孔道、凹槽等削弱部分的混凝土全部截面面积及纵向非预应力筋截面面积换算成混凝土的截面面积之和;对由不同混凝土强度等级组成的截面,应根据混凝土弹性模量比值换算成同一强度等级的截面面积,$A_{\mathrm{n}} = A_{\mathrm{c}} + \alpha_{\mathrm{E}}A_{\mathrm{s}}$;

A_0——换算截面面积:包括净截面面积以及全部纵向预应力筋截面面积换算成混凝土的截面面积,$A_0 = A_{\mathrm{c}} + \alpha_{\mathrm{E}}A_{\mathrm{s}} + \alpha_{\mathrm{E}}A_{\mathrm{p}}$;

表 7.5 先张法预应力混凝土轴心受拉构件各阶段的应力分析

	受力阶段	简图	预应力钢筋 σ_{p}	混凝土应力 σ_{pc}	非预应力钢筋 σ_{s}
施工阶段	a. 在台座上穿钢筋		0	—	—
	b. 张拉预应力钢筋		σ_{con}	—	—
	c. 完成第一批预应力损失		$\sigma_{\mathrm{con}} - \sigma_{l\mathrm{I}}$	0	0
	d. 放松钢筋,预压混凝土		$\sigma_{\mathrm{pe\,I}} = \sigma_{\mathrm{con}} - \sigma_{l\,\mathrm{I}} - \alpha_{\mathrm{E}}\sigma_{\mathrm{pc\,I}}$	$\sigma_{\mathrm{pc\,I}} = \dfrac{(\sigma_{\mathrm{con}} - \sigma_{l\mathrm{I}})A_{\mathrm{p}}}{A_0}$(压)	$\sigma_{\mathrm{s\,I}} = \alpha_{\mathrm{E}}\sigma_{\mathrm{pc\,I}}$ (压)
	e. 完成第二批预应力损失		$\sigma_{\mathrm{pe\,II}} = \sigma_{\mathrm{con}} - \sigma_{l} - \alpha_{\mathrm{E}}\sigma_{\mathrm{pc\,II}}$	$\sigma_{\mathrm{pc\,II}} = \dfrac{(\sigma_{\mathrm{con}} - \sigma_{l})A_{\mathrm{p}} - \sigma_{l5}A_{\mathrm{s}}}{A_0}$(压)	$\sigma_{\mathrm{s\,II}} = \alpha_{\mathrm{E}}\sigma_{\mathrm{pc\,II}} + \sigma_{l5}$(压)
使用阶段	f. 加载至 $\sigma_{\mathrm{pc}} = 0$ (消压状态)		$\sigma_{\mathrm{p0}} = \sigma_{\mathrm{con}} - \sigma_l$	0	σ_{l5}(压)
	g. 加载至裂缝即将出现		$\sigma_{\mathrm{pcr}} = \sigma_{\mathrm{con}} - \sigma_l + \alpha_{\mathrm{E}}f_{\mathrm{tk}}$	f_{tk}(拉)	$\alpha_{\mathrm{E}}f_{\mathrm{tk}} - \sigma_{l5}$(拉)
	h. 加载至破坏		f_{py}	0	f_{y}

N_{pI}——完成第一批预应力损失后,预应力筋的总预拉力,$N_{pI} = (\sigma_{con} - \sigma_{lI})A_p$。

⑤ 混凝土受到预压应力,完成第二批预应力损失 σ_{lII}。如表 7.5 中 e 项所示,随着时间的增长,由于混凝土发生收缩、徐变及预应力筋进一步松弛,产生第二批预应力损失 σ_{lII}。此时,由于钢筋和混凝土进一步缩短,混凝土的压应力由 σ_{pcI} 降低至 σ_{pcII},预应力筋的拉应力由 σ_{peI} 降低至 σ_{peII},非预应力筋的压应力也由 σ_{sI} 变为 σ_{sII},于是

$$\sigma_{peII} = \sigma_{con} - \sigma_{lI} - \alpha_E\sigma_{pcI} - \sigma_{lII} + \alpha_E(\sigma_{pcI} - \sigma_{pcII}) = \sigma_{con} - \sigma_l - \alpha_E\sigma_{pcII} \quad (7.22)$$

式中　$\alpha_E(\sigma_{pcI} - \sigma_{pcII})$——由于混凝土压应力减小,构件的弹性压缩有所恢复,其差值所引起的预应力筋中拉应力的增加量。

此时,非预应力筋产生的压应力 σ_{sII} 应包括 $\alpha_E\sigma_{pcII}$ 及由于混凝土收缩、徐变而在预应力筋中产生的压应力 σ_{l5},所以

$$\sigma_{sII} = \alpha_E\sigma_{pcII} + \sigma_{l5}(压) \quad (7.23)$$

由力的平衡条件求得:

$$\sigma_{peII}A_p = \sigma_{pcII}A_c + \sigma_{sII}A_s$$

将式(7.22)和式(7.23)代入上式,可得

$$\sigma_{pcII} = \frac{(\sigma_{con} - \sigma_l)A_p - \sigma_{l5}A_s}{A_c + \alpha_E A_s + \alpha_E A_p} = \frac{N_{pII} - \sigma_{l5}A_s}{A_0} \quad (7.24)$$

式中　σ_{pcII}——全部损失完成后,在预应力混凝土中所建立的"有效预压应力";

　　N_{pII}——完成全部预应力损失后,预应力筋的总预拉力,$N_{pII} = (\sigma_{con} - \sigma_l)A_p$。

(2) 使用阶段

从加载至破坏,先张法预应力混凝土轴心受拉构件的受力全过程可分为三个阶段:

① 加载至混凝土的预压应力为零。如表 7.5 中 f 项所示,当构件承受的轴向拉力 N_{p0},使混凝土预压应力 σ_{pcII} 全部抵消,即混凝土的应力为零,截面处于"消压"状态,$\sigma_{pc} = 0$。这时,预应力筋和非预应力筋应力增量均应为 $\alpha_E\sigma_{pcII}$,由此即可求得此时的预应力筋的应力 σ_{p0} 和非预应力钢筋应力 σ_{s0}

$$\sigma_{p0} = \sigma_{peII} + \alpha_E\sigma_{pcII}$$

将式(7.22)代入上式,可得

$$\sigma_{p0} = \sigma_{con} - \sigma_l \quad (7.25)$$

$$\sigma_{s0} = \sigma_{sII} - \alpha_E\sigma_{pcII} = \alpha_E\sigma_{pcII} + \sigma_{l5} - \alpha_E\sigma_{pcII} = \sigma_{l5}(压) \quad (7.26)$$

轴向拉力 N_{p0} 可由力的平衡条件求得:

$$N_{p0} = \sigma_{p0}A_p - \sigma_{s0}A_s$$

将式(7.25)和式(7.26)代入上式,可得

$$N_{p0} = (\sigma_{con} - \sigma_l)A_p - \sigma_{l5}A_s = N_{pII} - \sigma_{l5}A_s$$

由式(7.24)知:$N_{pII} - \sigma_{l5}A_s = \sigma_{pcII}A_0$,所以

$$N_{p0} = \sigma_{pcII} A_0 \tag{7.27}$$

式中　N_{p0}——混凝土应力为零时的轴向拉力,称为"消压拉力"。

② 加载至裂缝即将出现。如表 7.5 中 g 项所示,当轴向拉力超过 N_{p0} 后,混凝土开始受拉。当荷载加至 N_{cr},即混凝土拉应力达到其轴心抗拉强度标准值 f_{tk} 时,混凝土即将开裂,此时,预应力和非预应力筋的应力增量均应为 $\alpha_E f_{tk}$,则

$$\sigma_{pcr} = \sigma_{p0} + \alpha_E f_{tk} = \sigma_{con} - \sigma_l + \alpha_E f_{tk} \tag{7.28}$$

$$\sigma_s = \alpha_E f_{tk} - \sigma_{l5}（拉） \tag{7.29}$$

此时轴向拉力 N_{cr} 即为构件的抗裂极限轴心拉力,可由力的平衡条件求得:

$$N_{cr} = \sigma_{pcr} A_p + \sigma_s A_s + f_{tk} A_c$$

将式(7.28)和式(7.29)代入上式,可得

$$N_{cr} = (\sigma_{pcII} + f_{tk}) A_0 \tag{7.30}$$

式中:N_{cr}——混凝土即将开裂时的轴向拉力,称为"开裂拉力"。

由此可见,由于预压应力 σ_{pcII} 的作用,使得预应力筋混凝土轴心受拉构件的抗裂拉力比普通钢筋混凝土轴心受拉构件大很多(通常 σ_{pcII} 比 f_{tk} 大得多),这就是为什么预应力筋混凝土构件较普通钢筋混凝土构件抗裂性能高的原因所在。

③ 加载至构件破坏。如表 7.5 中 h 项所示,当轴向拉力超过 N_{cr} 后,混凝土开始出现裂缝。在裂缝截面处,混凝土就不再承受拉力,拉力全部由预应力筋和非预应力筋承担。当钢筋应力达到设计强度时,构件破坏。此时极限轴向拉力 N_u 可由力的平衡条件求得:

$$N_u = f_{py} A_p + f_y A_s \tag{7.31}$$

式中　f_{py}——预应力筋的抗拉强度设计值;

　　　f_y——非预应力筋的抗拉强度设计值。

由式(7.31)可见,施加预应力并不能提高构件的承载力。

2）后张法构件

后张法预应力混凝土轴心受拉构件受力各阶段钢筋和混凝土的应力变化过程如表 7.6 所示。

（1）施工阶段

在施工阶段,后张法预应力混凝土轴心受拉构件的受力又可分为如下几个过程:

① 制作构件,钢筋就位。首先制作钢筋混凝土构件,并在构件中预留放置预应力筋的孔道,然后放置预应力筋,如表 7.6 中 a 项所示,此阶段中可以认为构件截面上没有任何应力。

② 张拉预应力筋。如表 7.6 中 b 项所示,在张拉预应力筋过程中,千斤顶的反作用力同时传递给混凝土,使混凝土受到弹性压缩,并产生摩擦损失 σ_{l2}。

表 7.6　后张法预应力混凝土轴心受拉构件各阶段的应力分析

受力阶段		简图	预应力钢筋 σ_p	混凝土应力 σ_{pc}	非预应力钢筋 σ_s
施工阶段	a. 制作构件,穿钢筋		0	0	0
	b. 张拉钢筋,预压混凝土	σ_{pcI}(压)	$\sigma_{con} - \sigma_{l2}$	$\sigma_{pc} = \dfrac{(\sigma_{con} - \sigma_{l2})A_p}{A_n}$(压)	$\sigma_s = \sigma_E \sigma_{pc}$(压)
	c. 完成第一批预应力损失	σ_{pcII}(压)　$\sigma_{peI}A_p$	$\sigma_{peI} = \sigma_{con} - \sigma_{lI}$	$\sigma_{pcI} = \dfrac{(\sigma_{con} - \sigma_{lI})A_p}{A_n}$(压)	$\sigma_{sI} = \alpha_E \sigma_{pcI}$(压)
	d. 完成第二批预应力损失	σ_{pcII}(压)　$\sigma_{peII}A_p$	$\sigma_{peII} = \sigma_{con} - \sigma_l$	$\sigma_{pcII} = \dfrac{(\sigma_{con} - \sigma_l)A_p - \sigma_{l5}A_s}{A_n}$(压)	$\sigma_{sII} = \alpha_E \sigma_{pcII} + \sigma_{l5}$(压)
使用阶段	e. 加载至 $\sigma_{pc}=0$(消压状态)	N_{p0}　0　N_{p0}	$\sigma_{p0} = \sigma_{con} - \sigma_l + \alpha_E \sigma_{pcII}$	0	σ_{l5}(压)
	f. 加载至裂缝即将出现	N_{cr}　f_{tk}(拉)　N_{cr}	$\sigma_{pcr} = \sigma_{con} - \sigma_l + \alpha_E \sigma_{pcII} + \alpha_E f_{tk}$	f_{tk}(拉)	$\alpha_E f_{tk} - \sigma_{l5}$(拉)
	g. 加载至破坏	N_u　　N_u	f_{py}	0	f_y(拉)

此时,预应力筋中的拉应力为

$$\sigma_{pe} = \sigma_{con} - \sigma_{l2} \tag{7.32}$$

非预应力筋中的压应力为

$$\sigma_s = \alpha_E \sigma_{pc}(压) \tag{7.33}$$

由力的平衡条件求得:

$$\sigma_{pe} A_p = \sigma_{pc} A_c + \sigma_s A_s$$

将式(7.32)和式(7.33)代入上式,可得

$$(\sigma_{con} - \sigma_{l2})A_p = \sigma_{pc} A_c + \alpha_E \sigma_{pc} A_s$$

$$\sigma_{pc} = \frac{(\sigma_{con} - \sigma_{l2})A_p}{A_c + \alpha_E A_s} = \frac{(\sigma_{con} - \sigma_{l2})A_p}{A_n} \tag{7.34}$$

式中　A_c——扣除非预应力筋截面面积以及孔道、凹槽等削弱部分后的混凝土截面面积。

③ 预应力筋张拉完毕并予锚固至完成第一批预应力损失 σ_{lI}。如表 7.6 中 c 项所示,张拉预应力筋后,由于锚具变形和钢筋内缩引起预应力损失 σ_{l1}。预应力筋的拉应力由 σ_{pe} 降低至 σ_{peI},即

$$\sigma_{peI} = \sigma_{con} - \sigma_{l2} - \sigma_{l1} = \sigma_{con} - \sigma_{lI} \tag{7.35}$$

若混凝土获得的预压应力为 σ_{pcI}，则非预应力筋中的压应力为

$$\sigma_{sI} = \alpha_E \sigma_{pcI} \text{（压）} \tag{7.36}$$

由力的平衡条件求得：

$$\sigma_{peI} A_p = \sigma_{pcI} A_c + \sigma_{sI} A_s$$

将式(7.35)和式(7.36)代入上式，可得

$$(\sigma_{con} - \sigma_{lI}) A_p = \sigma_{pcI} A_c + \alpha_E \sigma_{pcI} A_s$$

$$\sigma_{pcI} = \frac{(\sigma_{con} - \sigma_{lI}) A_p}{A_c + \alpha_E A_s} = \frac{N_{pI}}{A_n} \tag{7.37}$$

式中　N_{pI}——完成第一批预应力损失后，预应力筋的总预拉力，$N_{pI} = (\sigma_{con} - \sigma_{l1}) A_p$。

④ 混凝土受到预压应力后至完成第二批预应力损失 σ_{lII}。如表 7.6 中 d 项所示，由于钢筋应力松弛、混凝土的收缩和徐变（对于环形构件还有局部挤压变形），引起预应力损失 σ_{l4}、σ_{l5}（以及 σ_{l6}），即完成第二批预应力损失 $\sigma_{lII} = \sigma_{l4} + \sigma_{l5}（+ \sigma_{l6}）$。此时预应力筋的拉应力由 σ_{peI} 降低至 σ_{peII}，即

$$\sigma_{peII} = \sigma_{con} - \sigma_{lI} - \sigma_{lII} = \sigma_{con} - \sigma_l \tag{7.38}$$

若混凝土所获得的预压应力为 σ_{pcII}，非预应力筋中的压应力相应为

$$\sigma_{sII} = \alpha_E \sigma_{pcI} + \sigma_{l5} - \alpha_E (\sigma_{pcI} - \sigma_{pcII}) \tag{7.39}$$
$$= \alpha_E \sigma_{pcII} + \sigma_{l5} \text{（压）}$$

由力的平衡条件求得：

$$\sigma_{peII} A_p = \sigma_{pcII} A_c + \sigma_{sII} A_s$$

将式(7.38)和式(7.39)代入上式，可得

$$(\sigma_{con} - \sigma_l) A_p = \sigma_{pcII} A_c + (\alpha_E \sigma_{pcII} + \sigma_{l5}) A_s$$

$$\sigma_{pcII} = \frac{(\sigma_{con} - \sigma_l) A_p - \sigma_{l5} A_s}{A_c + \alpha_E A_s} = \frac{(\sigma_{con} - \sigma_l) A_p - \sigma_{l5} A_s}{A_n} \tag{7.40}$$

（2）使用阶段

同先张法构件一样，从加载至破坏，后张法预应力混凝土构件的受力全过程可分为三个阶段。值得指出的是，在施工完成后，由于预应力筋在构件两端用锚具锚固，并在孔道内用水泥浆等材料灌实，在荷载作用下，预应力筋、普通钢筋和混凝土将共同变形。因此在使用阶段，后张法构件与先张法构件的应力变化特点和计算方法完全相同，仅应力的初始值不一样。

① 加载至混凝土的预压应力为零。如表 7.6 中 e 项所示，当构件承受的轴向拉力 N_{p0} 使混凝土预压应力 σ_{pcII} 被全部抵消，即混凝土的应力 $\sigma_{pcII} = 0$。这时，预应力筋和非预应力筋应力增量应为 $\alpha_E \sigma_{pcII}$，则：

$$\sigma_{p0} = \sigma_{peⅡ} + \alpha_E\sigma_{pcⅡ} = \sigma_{con} - \sigma_l + \alpha_E\sigma_{pcⅡ} \tag{7.41}$$

$$\sigma_{s0} = \sigma_{sⅡ} - \alpha_E\sigma_{pcⅡ} = \alpha_E\sigma_{pcⅡ} + \sigma_{l5} - \alpha_E\sigma_{pcⅡ} = \sigma_{l5}(压) \tag{7.42}$$

由力的平衡条件可求得轴向拉力 N_{p0}：

$$N_{p0} = \sigma_{p0}A_p - \sigma_{s0}A_s$$

将式(7.41)和式(7.42)代入上式,可得

$$N_{p0} = (\sigma_{con} - \sigma_l + \alpha_E\sigma_{pcⅡ})A_p - \sigma_{l5}A_s \tag{7.43a}$$

由式(7.40)知：

$$(\sigma_{con} - \sigma_l)A_p - \sigma_{l5}A_s = \sigma_{pcⅡ}(A_c + \alpha_EA_s)$$

故

$$\begin{aligned}N_{p0} &= \sigma_{pcⅡ}(A_c + \alpha_EA_s) + \alpha_E\sigma_{pcⅡ}A_p \\ &= \sigma_{pcⅡ}(A_c + \alpha_EA_s + \alpha_EA_p) = \sigma_{pcⅡ}A_0\end{aligned} \tag{7.43b}$$

② 加载至裂缝即将出现。如表 7.6 中 f 项所示,当轴向拉力超过 N_{p0} 后,混凝土开始受拉。当荷载加至 N_{cr},混凝土拉应力达到其轴心抗拉强度标准值 f_{tk} 时,混凝土即将开裂,这时预应力和非预应力筋应力增量均应为 α_Ef_{tk},则

$$\sigma_{pcr} = \sigma_{p0} + \alpha_Ef_{tk} = (\sigma_{con} - \sigma_l + \alpha_E\sigma_{pcⅡ}) + \alpha_Ef_{tk} \tag{7.44}$$

$$\sigma_s = \alpha_Ef_{tk} - \sigma_{l5}(拉) \tag{7.45}$$

轴向拉力 N_{cr} 可由力的平衡条件求得：

$$N_{cr} = \sigma_{pcr}A_p + \sigma_sA_s + f_{tk}A_c$$

将式(7.44)和式(7.45)代入上式,可得

$$\begin{aligned}N_{cr} &= (\sigma_{con} - \sigma_l + \alpha_E\sigma_{pcⅡ} + \alpha_Ef_{tk})A_p + (\alpha_Ef_{tk} - \sigma_{l5})A_s + f_{tk}A_c \\ &= (\sigma_{con} - \sigma_l + \alpha_E\sigma_{pcⅡ})A_p - \sigma_{l5}A_s + f_{tk}(A_c + \alpha_EA_s + \alpha_EA_p)\end{aligned}$$

由式(7.43a)和式(7.43b)知

$$N_{p0} = \sigma_{pcⅡ}A_0 = (\sigma_{con} - \sigma_l + \alpha_E\sigma_{pcⅡ})A_p - \sigma_{l5}A_s$$

则

$$N_{cr} = \sigma_{pcⅡ}A_0 + f_{tk}A_0 = (\sigma_{pcⅡ} + f_{tk})A_0 \tag{7.46}$$

③ 加载至构件破坏。如表 7.6 中 g 项所示,与先张法构件相同,当轴向拉力达到 N_u 时,构件破坏,此时预应力筋和非预应力筋的应力分别达到 f_{py} 和 f_y。由力的平衡条件,可得

$$N_u = f_{py}A_p + f_yA_s \tag{7.47}$$

分析比较表 7.5、表 7.6 可得如下结论：

(1) 在施工阶段,当完成第二批预应力损失后,混凝土所获得的预压应力为 $\sigma_{pcⅡ}$。先张

法和后张法构件的计算公式形式基本相同,只是由于两者不同的施工工艺,而使其 σ_l 的具体计算值有所不同。同时,在计算公式中,先张法构件采用换算截面面积 A_0,而后张法构件采用净截面面积 A_n。如果采用相同的 σ_{con}、相同的材料强度等级、相同的混凝土截面尺寸、相同的预应力筋及截面面积,由于 $A_0 > A_n$,则后张法构件建立的有效预压应力 σ_{pcII} 要比先张法构件高一些。

(2)在使用阶段,不论先张法还是后张法构件,N_{p0}、N_{cr} 和 N_u 的计算公式形式都相同,但在计算 N_{p0} 和 N_{cr} 时,两种方法的 σ_{pcII} 是不同的。

(3)由于预压应力 σ_{pcII} 的作用,使得预应力混凝土轴心受拉构件出现裂缝的时间要比普通钢筋混凝土轴心受拉构件迟得多,故其抗裂度显著提高,但出现裂缝时的荷载值与构件的破坏荷载值比较接近,所以其延性较差。

(4)预应力混凝土轴心受拉构件从开始张拉直至其破坏,预应力筋始终处于高拉应力状态,而混凝土在轴向拉力达到 N_{p0} 之前也始终处于受压状态,两种材料能充分发挥各自的材料性能。

(5)当材料的强度等级和截面尺寸相同时,预应力混凝土轴心受拉构件与普通钢筋混凝土轴心受拉构件的正截面受拉承载力完全相同。

7.5.2 预应力混凝土轴心受拉构件的计算和验算

为了保证预应力混凝土轴心受拉构件的可靠性,除要进行构件使用阶段的承载力计算和裂缝控制验算外,还应进行施工阶段(制作、运输、安装)的承载力验算,以及后张法构件端部混凝土的局部受压验算。

1)正截面受拉承载力

根据各阶段应力分析,当预应力混凝土轴心受拉构件加载至破坏时,全部荷载应由预应力筋和非预应力筋承担,计算简图如图 7.16 所示。其正截面受拉承载力可按下式计算

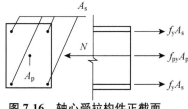

图 7.16 轴心受拉构件正截面受拉承载力计算

$$N \leqslant N_u = f_{py}A_p + f_yA_s \tag{7.48}$$

式中 N——轴向拉力设计值;

f_{py}、f_y——预应力筋、非预应力筋的抗拉强度设计值;

A_p、A_s——预应力筋、非预应力筋的截面面积。

2)裂缝控制验算

如前所述,由于结构的使用功能及所处环境的不同,对构件裂缝控制要求的严格程度也应不同。因此,对预应力混凝土轴心受拉构件,应根据《规范》规定,按不同的裂缝控制等级进行验算。裂缝控制验算可按下列方法进行。

(1)一级——严格要求不出现裂缝的构件

要求在按荷载效应标准组合计算时,构件的混凝土中不应产生拉应力,即应满足:

$$\sigma_{ck} - \sigma_{pcII} \leqslant 0 \tag{7.49}$$

式中 σ_{pcII}——扣除全部预应力损失后抗裂验算边缘混凝土的预压应力,按公式(7.24)(先张法)或式(7.40)(后张法)计算;

σ_{ck}——荷载效应标准组合下抗裂验算边缘的混凝土法向应力,按下式计算:

$$\sigma_{ck} = \frac{N_k}{A_0} \qquad (7.50)$$

式中 N_k——按荷载效应标准组合计算的轴向力值;

A_0——构件换算截面面积,$A_0 = A_c + \alpha_E A_s + \alpha_E A_p$。

(2)二级——一般要求不出现裂缝的构件

要求在按荷载效应标准组合计算时,构件受拉边缘混凝土拉应力不应大于混凝土轴心抗拉强度标准值,即应符合下列条件:

$$\sigma_{ck} - \sigma_{pcII} \leqslant f_{tk} \qquad (7.51)$$

式中 f_{tk}——混凝土轴心抗拉强度标准值。

(3)三级——允许出现裂缝的构件

对于允许出现裂缝的预应力混凝土轴心受拉构件,应验算其裂缝宽度。按荷载效应标准组合并考虑长期作用影响计算的最大裂缝宽度不应超过《规范》规定的最大裂缝宽度限值,即应符合下列条件:

$$w_{max} \leqslant w_{lim} \qquad (7.52)$$

式中 w_{max}——按荷载标准组合并考虑长期作用影响的效应计算的最大裂缝宽度;

w_{lim}——最大裂缝宽度限值,按环境类别由附表8取用。

在预应力混凝土轴心受拉构件中,按荷载效应的标准组合并考虑长期作用影响的最大裂缝宽度(单位为 mm)可按下列公式计算:

$$w_{max} = \alpha_{cr}\psi\frac{\sigma_{sk}}{E_s}\left(1.9c_s + 0.08\frac{d_{eq}}{\rho_{te}}\right) \qquad (7.53)$$

式中 α_{cr}——构件受力特征系数,对预应力混凝土轴心受拉构件,取 $\alpha_{cr}=2.2$;

ψ——裂缝间纵向受拉钢筋应变不均匀系数:当 $\psi<0.2$ 时,取 $\psi=0.2$;当 $\psi>1.0$ 时,取 $\psi=1.0$;对直接承受重复荷载的构件,取 $\psi=1.0$;

c_s——最外层纵向受拉钢筋外边缘至受拉区底边的距离(mm):当 $c_s<20$ 时,取 $c_s=20$;当 $c_s>65$ 时,取 $c_s=65$;

σ_{sk}——按荷载效应标准组合计算的预应力混凝土构件纵向受拉钢筋的等效应力,

$\sigma_{sk} = \dfrac{N_k - N_{p0}}{A_p + A_s}$;

d_{eq}——受拉区纵向钢筋的等效直径(mm);

ρ_{te}——按有效受拉混凝土截面面积计算的纵向受拉钢筋配筋率 $\rho_{te} = \dfrac{A_s + A_p}{A_{te}}$:当 $\rho_{te}<0.01$ 时,取 $\rho_{te}=0.01$;

A_p、A_s——受拉区纵向预应力、非预应力筋截面面积。

其余符号同本书第6章。

对环境类别为二 a 类的预应力混凝土构件,在荷载准永久组合下,受拉边缘应力尚应符合下列规定:

$$\sigma_{cq} - \sigma_{pc} \leqslant f_{tk} \tag{7.54}$$

式中　σ_{cq}——荷载准永久组合下抗裂验算边缘的混凝土法向应力。

3) 施工阶段的验算

在后张法预应力混凝土构件张拉预应力筋时,或先张法预应力混凝土构件放松预应力筋时,由于预应力损失尚未完全完成,混凝土受到的压力最大,而此时混凝土的强度一般较低(混凝土强度一般只达到设计强度的 75%)。此外,对于后张法预应力混凝土构件,预应力是通过锚具传递的,在构件端部锚具下将产生巨大的局部压力。因此,不论是后张法预应力混凝土构件还是先张法预应力混凝土构件,都必须进行施工阶段的验算。

(1) 预压混凝土时混凝土应力的验算

为了保证预应力混凝土轴心受拉构件在施工阶段(主要是制作时)的安全性,应限制施加预应力过程中的混凝土法向压应力值,以免混凝土被压坏。混凝土法向压应力应符合下列规定:

$$\sigma_{cc} \leqslant 0.8 f'_{ck} \tag{7.55}$$

式中　f'_{ck}——张拉(或放张)预应力筋时,与混凝土立方体抗压强度 f'_{cu} 相应的轴心抗压强度标准值,可按附表 3 以线性内插法取用;

σ_{cc}——相应施工阶段计算截面边缘纤维的混凝土压应力,可按下列公式计算:

先张法构件按第一批预应力损失出现后计算 σ_{cc},即

$$\sigma_{cc} = \frac{(\sigma_{con} - \sigma_{l\,I})A_p}{A_0} \tag{7.56}$$

后张法构件按不考虑预应力损失值计算 σ_{cc},即

$$\sigma_{cc} = \frac{\sigma_{con} A_p}{A_n} \tag{7.57}$$

(2) 后张法构件端部锚固区局部受压承载力验算

后张法预应力混凝土构件的预压力,是通过锚具经垫板传递给混凝土的。一般锚具下的垫板与混凝土的接触面积很小,而预压力又很大,因此锚具下的混凝土将承受较大的压应力,如图 7.17 所示。在这种局部压应力的作用下,可能引起构件端部出现纵向裂缝,甚至导致局部受压破坏。

构件端部锚具下的应力状态是很复杂的,根据圣维南原理,锚具下的局部压应力要经过一段距离才能扩散到整个截面上。因此,要把图 7.17(a)、(b)中所示作用在截面 AB 的面积 A_l 上的局部压应力 F_l,逐渐扩散到整个截面上,使得在这个截面上构件全截面均匀受压,就需要有一定的距离(大约是构件的高度)。常把从构件端部局部受压到全截面均匀受压的这个区段,称为预应力混凝土构件的锚固区。

锚固区内混凝土处于三向应力状态,除沿构件纵向的压应力外,还有横向应力 σ_y,后者在距端部较近处为侧向压应力,而较远处则为侧向拉应力(如图 7.17(c))。当拉应力超过混

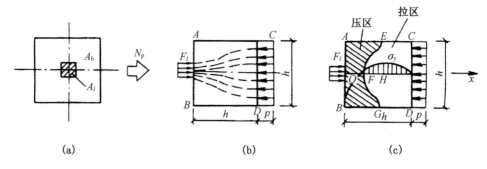

图 7.17   构件端部混凝土局部受压时的内力分布

凝土的抗拉强度时,构件端部将出现纵向裂缝,甚至导致局部受压破坏。通常在端部锚固区内配置方格网式或螺旋式间接钢筋,以提高局部受压承载力并控制裂缝宽度。

试验表明,发生局部受压破坏时混凝土的强度值大于单轴受压时的混凝土强度值,增大的幅度与局部受压面积 A_l 周围混凝土面积的大小有关,这是由于 A_l 周围混凝土的约束作用所致,混凝土局部受压时的强度提高系数 β_l 按式(7.59)计算。

对后张法预应力混凝土构件,除了进行与先张法构件相同的施工阶段和使用阶段关于两种极限状态的计算外,为了防止构件端部发生局部受压破坏,还应进行施工阶段构件端部的局部受压承载力计算。

① 构件端部截面尺寸验算

试验表明,当局部受压区配置的间接钢筋过多时,虽然能提高局部受压承载力,但垫板下的混凝土会产生过大的下沉变形,导致局部破坏。为了限制下沉变形,应使构件端部截面尺寸不能过小。配置间接钢筋的混凝土结构构件,其局部受压区的截面尺寸应符合下列要求:

$$F_l \leqslant 1.35\beta_c\beta_l f_c A_{ln} \tag{7.58}$$

$$\beta_l = \sqrt{\frac{A_b}{A_l}} \tag{7.59}$$

式中 F_l——局部受压面上作用的局部荷载或局部压力设计值;对后张法预应力混凝土构件中的锚头局压区的应力设计值,应取 $F_l = 1.3\sigma_{con}A_p$;

f_c——混凝土轴心抗压强度设计值;在后张法预应力混凝土构件的张拉阶段验算中,应根据相应阶段的混凝土立方体抗压强度值 f_{cu} 按附表 3 以线性内插法确定;

β_c——混凝土强度影响系数;当混凝土强度等级不超过 C50 时,取 $\beta_c = 1.0$;当混凝土强度等级为 C80 时,取 $\beta_c = 0.8$;其间按线性内插法确定;

β_l——混凝土局部受压时的强度提高系数;

A_{ln}——混凝土局部受压净面积;对后张法构件,应在混凝土局部受压面积中扣除孔道、凹槽等部分的面积;

A_b——局部受压的计算底面积,可由局部受压面积与计算底面积按同心、对称的原则确定;对常用情况,可如图 7.18 所示取用;

A_l——混凝土局部受压面积;有垫板时,考虑预应力沿锚具垫圈边缘在垫板中按 45°

扩散后传至混凝土的受压面积,如图 7.19 所示。

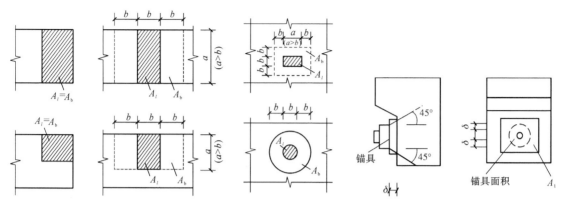

图 7.18　局部受压的计算底面积　　　　图 7.19　有垫板时预应力传递至
　　　　　　　　　　　　　　　　　　　　　　　混凝土的受压面积

② 构件端部局部受压承载力验算

为防止构件在锚固区段发生局部受压破坏,应配置间接钢筋(钢筋网片或螺旋式钢筋)以加强对混凝土的约束,从而提高局部受压承载力。当配置方格网式或螺旋式间接钢筋且其核心面积 $A_{cor} \geqslant A_l$ 时,局部受压承载力应符合下列规定:

$$F_l \leqslant 0.9(\beta_c \beta_l f_c + 2\alpha \rho_v \beta_{cor} f_{yv}) A_{ln} \tag{7.60}$$

式中　α——间接钢筋对混凝土约束的折减系数:当混凝土强度等级不超过 C50 时,取 $\alpha = 1.0$;当混凝土强度等级为 C80 时,取 $\alpha = 0.85$;其间按线性内插法确定;

　　　　β_{cor}——配置间接钢筋的局部受压承载力提高系数,可按下列公式计算:

$$\beta_{cor} = \sqrt{\frac{A_{cor}}{A_l}} \tag{7.61}$$

　　　　A_{cor}——方格网式或螺旋式间接钢筋内表面范围内的混凝土核心截面面积,其重心应与 A_l 的重心重合,计算中按同心、对称的原则取值,当 $A_{cor} \geqslant A_b$ 时,应取 $A_{cor} = A_b$;

　　　　f_{yv}——间接钢筋抗拉强度设计值;

　　　　ρ_v——间接钢筋的体积配筋率(核心面积 A_{cor} 范围内单位混凝土体积所含间接钢筋的体积);当为方格网配筋时,钢筋网两个方向上单位长度内钢筋截面面积的比值不宜大于 1.5(如图 7.20(a)),其值按式(7.62)计算;当为螺旋式配筋时(如图 7.20(b)),其值按式(7.63)计算:

$$\rho_v = \frac{n_1 A_{s1} l_1 + n_2 A_{s2} l_2}{A_{cor} s} \tag{7.62}$$

$$\rho_v = \frac{4 A_{ss1}}{d_{cor} s} \tag{7.63}$$

式中　n_1、A_{s1}——分别为方格网沿 l_1 方向的钢筋根数、单根钢筋的截面面积;

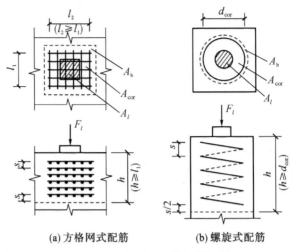

(a) 方格网式配筋   (b) 螺旋式配筋

图 7.20 局部受压区的间接钢筋

n_2、A_{s2}——分别为方格网沿 l_2 方向的钢筋根数、单根钢筋的截面面积；

A_{ss1}——单根螺旋式间接钢筋的截面面积；

d_{cor}——螺旋式间接钢筋内表面范围内的混凝土截面直径；

s——方格网式或螺旋式间接钢筋的间距，宜取 30～80 mm。

间接钢筋应布置在如图 7.20 所示规定的高度 h 范围内，对方格网式钢筋，不应少于 4 片；对螺旋式钢筋，不应少于 4 圈。

【例 7.1】 某 24 m 跨度预应力拱形屋架下弦杆，如图 7.21 所示，设计条件见表 7.7，试对该下弦杆进行使用阶段及施工阶段承载力计算和抗裂度验算。

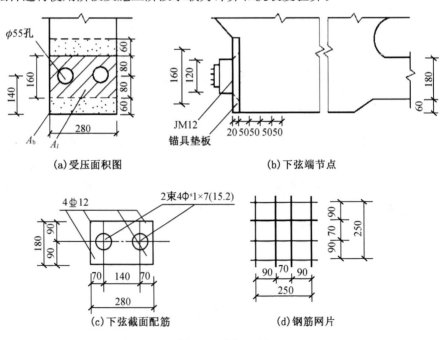

(a) 受压面积图   (b) 下弦端节点

(c) 下弦截面配筋   (d) 钢筋网片

图 7.21 例 7.1 图

表 7.7　设计条件

材料	混凝土	预应力筋	非预应力筋
品种和强度等级	C60	钢绞线	HRB400
截面	280 mm×180 mm 孔道 2ϕ55	4Φ^s1×7 (d=15.2 mm)	4$\oplus$12 (A_s=452 mm²)
材料强度/(N/mm²)	f_c=27.5　f_{ck}=38.5 f_t=2.04　f_{tk}=2.85	f_{py}=1 220 f_{ptk}=1 720	f_y=360 f_{yk}=400
弹性模量/(N/mm²)	E_c=3.6×10⁴	E_s=1.95×10⁵	E_s=2.0×10⁵
张拉工艺	后张法，一端张拉，采用夹片式锚具，孔道为预埋塑料波纹管		
张拉控制应力	σ_{con}=0.70f_{ptk}=0.70×1 720 N/mm²=1 204 N/mm²		
张拉时混凝土强度	f'_{cu}=60 N/mm²		
杆件内力	永久荷载标准值产生的轴向拉力标准值 N_k=700 kN 可变荷载标准值产生的轴向拉力标准值 N_k=300 kN 可变荷载的准永久值系数为 0.5		
结构重要性系数	γ_0=1.1		

扫二维码查阅本例题解答。

7.6　预应力混凝土构件的截面形式和基本构造要求

7.6.1　截面形式和尺寸

1）截面形式

对于预应力混凝土轴心受拉构件，如屋架下弦杆，适宜做成方形或矩形截面，因为这种截面能较容易地使预应力筋的合力通过截面形心。

对于预应力混凝土受弯构件，如各种梁，当跨度较小或荷载较小时，为了便于制作，常采用矩形截面，但当跨度较大或荷载较大时，宜采用 T 形或非对称工形截面。因为这种截面形心偏上，可以增加预应力筋到截面形心的距离，从而可以平衡一部分外荷载的反向内力，达到提高构件的抗裂度和截面刚度的目的，对提高截面承载力也较为有利。重吨位吊车梁、大跨度屋顶大梁（12 m 以上）、公路铁路桥的大梁等，多采用腹板相对较薄的 I 字形截面或箱形截面。

2）截面尺寸

在确定截面各部分尺寸时，应全面考虑构件的强度和刚度、锚具的布置、张拉设备的尺寸和端部局部受压承载力等方面的要求，同时还要考虑到施工时的可能和方便。在条件允许的情况下，截面高度宜小不宜大。预应力混凝土梁板的截面尺寸可按下列关系确定：

梁高 $h=\left(\dfrac{1}{15}\sim\dfrac{1}{25}\right)l$（为梁的跨度）$l$，梁高也可取钢筋混凝土梁高的 70%～80%；梁腹宽 $b=\left(\dfrac{1}{8}\sim\dfrac{1}{15}\right)h$；翼缘板宽 $b_f=\left(\dfrac{1}{2}\sim\dfrac{1}{3}\right)h$；翼缘板厚 $h_f=\left(\dfrac{1}{6}\sim\dfrac{1}{10}\right)h$。预应力混凝土楼板的厚度可按跨度的 1/45～1/50，且不宜小于 150 mm。

7.6.2　先张法构件的基本构造要求

1）预应力筋（丝）的净间距

先张法预应力混凝土构件应保证钢筋（丝）与混凝土之间有可靠的粘结力，宜采用变形钢筋、刻痕钢丝、螺旋肋钢丝和钢绞线等。

先张法预应力筋之间的净间距应根据浇筑混凝土、施加预应力及钢筋锚固等要求确定。预应力筋之间的净间距不宜小于其公称直径（或等效直径）的 2.5 倍和粗骨料最大粒径的 1.25 倍，且应符合下列规定：对预应力钢丝，不应小于 15 mm；对三股钢绞线，不应小于 20 mm；对七股钢绞线，不应小于 25 mm。

2）预应力筋的保护层

为保证钢筋与周围混凝土的粘结锚固，防止放松预应力筋时在构件端部沿预应力筋周围出现纵向裂缝，必须有一定的混凝土保护层厚度。纵向受力的预应力筋，其混凝土保护层厚度取值同普通钢筋混凝土构件，且不小于 15 mm。

对有防火要求和处于海水环境、受人为或自然的侵蚀性物质影响的环境中的建筑物，其混凝土保护层厚度尚应符合国家现行有关标准的要求。

3）构件端部的加强措施

（1）对单根配置的预应力筋，其端部宜设置长度不小于 150 mm 且不少于 4 圈的螺旋筋；当有可靠经验时，亦可利用支座垫板上的插筋，但插筋数量不应少于 4 根，其长度不宜小于 120 mm。

（2）对分散布置的多根预应力筋，在构件端部 $10d$（d 为预应力筋直径）范围内应设置 3～5 片与预应力筋垂直的钢筋网。

（3）当构件端部与下部支承结构焊接时，应考虑混凝土收缩、徐变及温度变化所产生的不利影响，宜在构件端部可能产生裂缝的部位设置足够的非预应力纵向构造钢筋。

7.6.3　后张法构件的基本构造要求

1）预留孔道的构造要求

后张法预应力钢丝束、钢绞线束的预留孔道应符合下列规定：

（1）对预制构件，孔道的水平净间距不宜小于 50 mm；孔道至构件边缘的净间距不宜小于 30 mm，且不宜小于粗集料粒径的 1.25 倍，也不宜小于孔道直径的 1/2。

（2）预留孔道的内径应比预应力钢丝束或钢绞线束的外径及需穿过孔道的连接器的外径大 6～15 mm，且孔道的截面积宜为穿入预应力结束截面积的 3.0～4.0 倍。

（3）在构件两端及中部应设置灌浆孔或排气孔，灌浆孔或排气孔的孔距不宜大于 12 m。灌浆顺序宜先灌注下层孔道，再灌注上层孔道；对较大的孔道或预埋管孔道，宜采用二次灌浆法。

（4）在制作时需要预先起拱的构件，预留孔道宜随构件同时起拱。

要求预留孔道的位置应正确，孔道平顺，接头不漏浆，端部的预埋钢板应垂直于孔道中心线等。

2）锚具

后张法预应力筋所用锚具的形式和质量应符合国家现行有关标准的规定。

3）构件端部的加强措施

（1）构件端部尺寸应考虑锚具和布置、张拉设备的尺寸和局部受压的要求，必要时应适当加大。

（2）构件端部锚固区，应按 7.5 节的相关规定进行局部受压承载力计算，并配置间接钢筋。

（3）在预应力筋锚具下及张拉设备的支承处，应设置预埋钢垫板并按上述规定设置间接钢筋和附加构造钢筋。

（4）当构件在端部有局部凹进时，应增设折线构造钢筋或其他有效的构造钢筋，如图 7.22 所示。当有足够依据时，亦可采用其他的端部附加钢筋的配置方法。

（5）对外露金属锚具，应采取涂刷油漆、砂浆封闭等可靠的防锈措施。

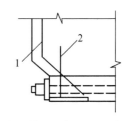

1—折线构造钢筋；2—竖向构造钢筋

图 7.22　端部凹进处的构造钢筋

（6）在构件端部局部受压间接钢筋配置区以外长度 l 不小于 $3e$（e 为截面重心线上部或下部预应力筋的合力点至邻近边缘的距离），但不大于 $1.2h$（h 为构件端部截面高度），高度为 $2e$ 的附加配筋区范围内，应均匀平整附加防劈裂箍筋或网片，见图 7.23。

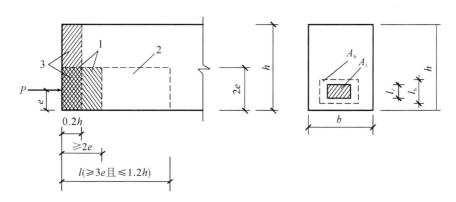

1—局部受压间接钢筋配置区；2—附加防劈裂配筋区；3—附加防构件端面裂缝配筋区

图 7.23　防止构件端部裂缝的配筋区

配筋面积可按下式计算：

$$A_{\text{sb}} \geqslant 0.18\left(1-\frac{l_l}{l_{\text{b}}}\right)\frac{P}{f_{\text{yv}}} \tag{7.64}$$

式中　P——作用在构件端部截面重心线上部或下部预应力筋的合力设计值，对有粘结预应力混凝土可取 1.3 倍张拉控制力；

f_{yv}——附加钢筋的抗拉强度设计值；

l_l、l_{b}——分别为构件高度方向 A_l、A_{b} 的边长或直径，A_l、A_{b} 按本章 7.5.2 中后张法构件端部锚固区局部受压承载力验算确定，其体积配筋率不应小于 0.5%。

本 章 小 结

1. 对混凝土构件施加预应力,可以提高构件的抗裂度和刚度,改善构件正常使用阶段的性能,从而在本质上克服了钢筋混凝土构件的缺点,并为使用高强钢材和高强混凝土创造了条件。预应力混凝土结构在工程中正得到越来越广泛的应用。

2. 预应力损失是预应力混凝土结构中特有的现象,它将导致预应力效果降低。预应力混凝土构件中,引起预应力损失的因素较多,不同预应力损失出现的时刻和延续的时间受许多因素制约,给计算工作增添了复杂性,减少预应力损失是提高预应力效果的重要途径。深刻认识预应力损失现象,把握其变化规律,对于理解预应力混凝土构件的设计计算十分重要。

3. 在施工阶段,预应力混凝土构件的计算分析是基于材料力学的分析方法,先张法构件和后张法构件采用不同的截面几何特征;在使用阶段,构件开裂前,材料力学的方法仍适用于预应力混凝土构件的分析,且先张法构件和后张法构件都采用换算截面进行。

4. 预应力混凝土轴心受拉构件的应力分析和计算内容是预应力混凝土构件分析和计算的基础。预应力混凝土构件的承载力计算和正常使用极限状态验算都与钢筋混凝土构件有着密切的联系。

5. 与普通钢筋混凝土构件相比,预应力混凝土构件的计算较麻烦,构造较复杂,施工制作要有一定的机械设备与技术条件,这给预应力混凝土结构的广泛应用带来一定的限制。但随着高强度材料、现代设计方法和施工工艺的不断改进与完善,新型、高效预应力结构体系将在我国基本建设中发挥越来越大的作用。

思考题与习题

7.1 什么是预应力? 什么是预应力混凝土? 为什么要对构件施加预应力?

7.2 试通过查找文献资料,完成一篇预应力混凝土发展史的读书报告。

7.3 与普通钢筋混凝土构件相比,预应力混凝土构件有何优缺点?

7.4 什么是先张法、后张法? 其施工工序分别如何?

7.5 预应力混凝土构件对材料有何要求? 为什么预应力混凝土构件选用的材料都要求有较高的强度?

7.6 什么是张拉控制应力? 为什么对预应力筋的张拉应力要进行控制?

7.7 预应力损失有哪些? 如何减小各项预应力损失值?

7.8 什么是第一批和第二批预应力损失? 先张法和后张法构件各项预应力损失是怎样组合的?

7.9 试述先张法、后张法预应力混凝土轴心受拉构件在施工阶段和使用阶段各自的应力变化过程及相应应力值的计算公式。

7.10 预应力混凝土轴心受拉构件使用阶段的承载力计算和抗裂度验算的内容是什么?

7.11 为什么要对预应力混凝土构件进行施工阶段的验算? 对后张法构件如何进行构

件端部锚固区局部受压验算?

7.12 预应力混凝土构件的主要构造要求有哪些?

7.13 某预应力混凝土轴心受拉构件,长24 m,截面尺寸250 mm×160 mm。混凝土为C50,预应力筋为10Φ^H9螺旋肋钢丝,如图7.24所示。采用先张法在50 m台座上张拉(超张拉5%),端头采用镦头锚具固定预应力筋。蒸汽养护时构件与台座之间的温差$\Delta t = 20\ ℃$,混凝土达到强度设计值的75%时放松预应力筋。试计算各项预应力损失。

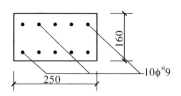

160

250

$10\phi^H9$

图7.24 习题7.13图

混凝土楼盖设计

本章主要讨论钢筋混凝土连续梁、板和楼梯、雨篷等的设计计算方法。讲述现浇楼盖的结构布置特点、受力变形特征以及各种类型楼盖的适用范围;重点介绍现浇整体式单向板肋梁楼盖的内力按弹性理论及考虑塑性内力重分布的计算方法、现浇双向板肋梁楼盖内力按弹性理论计算的近似方法,以及现浇钢筋混凝土连续梁、板的截面设计特点及配筋构造要求。简要介绍现浇整体式钢筋混凝土无梁楼盖、钢筋混凝土装配式楼盖及钢筋混凝土楼梯的设计要点。

8.1 概述

8.1.1 楼盖的结构类型

平面楼盖是建筑结构中的重要组成部分,是由梁、板、柱(或无梁)组成的梁板结构体系。它是土木工程中常见的结构形式,广泛应用于房屋建筑结构,如楼(屋)盖、楼梯、阳台、雨篷、地下室底板和挡土墙等(如图 8.1),同时应用于桥梁工程中的桥面结构、特种结构中水池的顶盖、池壁和底板等。

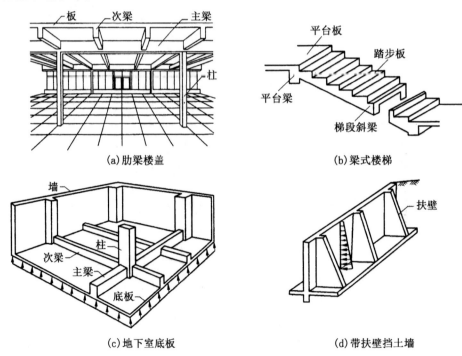

(a)肋梁楼盖

(b)梁式楼梯

(c)地下室底板

(d)带扶壁挡土墙

图 8.1 梁板结构

楼盖的主要结构功能为：承受楼盖上的竖向荷载并将其传给墙、柱等竖向结构；将水平荷载传给竖向结构或是分配给竖向结构；作为竖向结构构件的水平联系和支撑。楼盖对于保证建筑物的承载力、刚度、耐久性等具有重要的作用，对于建筑效果、隔声效果和隔热等也有直接的影响。因此，了解楼盖结构的选型，正确布置梁格，掌握结构的计算原理和构造方法，具有重要的工程意义。

1）楼盖的类型

根据所用材料不同，楼盖可分为木楼盖、钢筋混凝土楼盖和钢衬板组合楼盖等多种类型（如图8.2）。

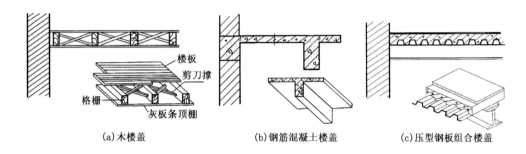

(a)木楼盖　　　　　　(b)钢筋混凝土楼盖　　　　　(c)压型钢板组合楼盖

图8.2　楼盖的类型

（1）木楼盖　木楼盖是我国传统做法，是在由墙或梁支撑的木格栅上铺钉木板，木格栅之间有剪刀撑，下部可设吊顶棚。木楼盖自重轻，保温隔热性能好、舒适、有弹性，只在木材产地采用较多，但其耐火性和耐久性均较差，且造价偏高，现采用较少。

（2）钢筋混凝土楼盖　钢筋混凝土楼盖具有强度高，刚度好，耐火性和耐久性好的特点，还具有良好的可塑性，便于工业化生产，应用最广泛。

（3）压型钢板组合楼盖　压型钢板组合楼盖是在钢筋混凝土楼盖基础上发展起来的，利用钢衬板作为楼板底部的受拉钢筋，同时可作为现浇混凝土层的底模，既保证了楼板的强度和刚度要求，又加快了施工进度，是目前应用逐步广泛的一种新型楼板。

2）钢筋混凝土楼盖的结构形式

（1）肋梁楼盖　肋梁楼盖一般由板、次梁和主梁组成（如图8.3(a)），它是楼盖中最常见的结构形式。其特点是构造简单，结构布置灵活，用钢量较低，缺点是模板工程比较复杂。图8.1(c)所示的地下室底板即为一梁板式筏板基础，实际可视为一倒置的肋梁楼盖。

（2）井式楼盖　井式楼盖的特点是两个方向的柱网及梁的截面尺寸均相同，而且正交（如图8.3(b)）。由于是两个方向共同受力，因而梁的截面高度较肋梁楼盖小，故适宜用于跨度较大且柱网呈方形或近方形布置的结构，例如，公共建筑的门厅以及中小型礼堂等建筑中。

（3）密肋楼盖　密肋楼盖由密布的小梁(肋)和板组成（如图8.3(c)）。密肋楼盖由于梁肋的间距小，板厚亦很小，梁高也较肋梁楼盖小，故结构的自重较轻。密肋之间可以填塞轻质材料，改善隔热和隔声性能。双向密肋楼盖近年来采用预制塑料模壳克服了支模复杂的缺点而应用增多。

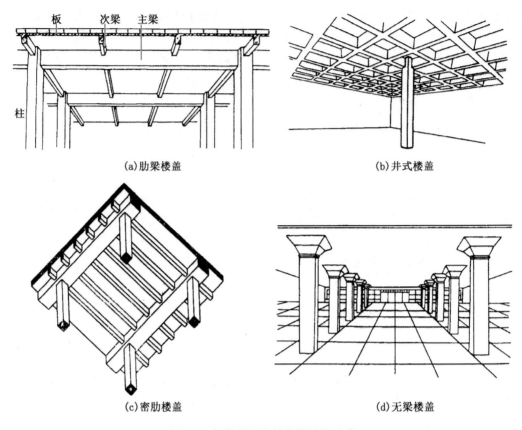

图 8.3　钢筋混凝土楼盖的结构形式

（4）无梁楼盖　无梁楼盖不设梁，而将板直接支撑在带有柱帽（或无柱帽）的柱上（如图8.3(d)），又称板柱楼盖。无梁楼盖顶棚平整，结构高度小，净空大，支模简单，但用钢量较大，常用于书库、仓库、商场等柱网布置接近方形的建筑，也用于水池的顶板、底板和平板式筏板基础等处。

3）按施工方法分类的钢筋混凝土楼盖

（1）现浇整体式钢筋混凝土楼盖　混凝土为现场浇筑，其优点是刚度大，整体性好，抗震抗冲击性能好，防水性好，结构布置灵活。缺点是模板用量大，现场作业量大，工期较长，施工受季节影响比较大。这种楼盖类型能适应于房间的平面形状、设备管道、荷载或施工条件比较特殊的情况，随着商品混凝土、泵送混凝土以及工具式模板的广泛使用，整体式楼盖在多高层建筑中的应用日益增多。

（2）装配式钢筋混凝土楼盖　它是将预制的梁板构件在现场装配而成。其优点是施工速度快，省工省材，预制构件便于工业化生产。但这种结构的刚度和整体性不如现浇整体式楼盖，抗震性较差，且不便于开设孔洞，因而不宜用于高层建筑以及使用上要求防水和开设孔洞的楼面，在有些抗震设防要求较高的地区已被限制使用。

（3）装配整体式钢筋混凝土楼盖　装配整体式混凝土楼盖由预制板（梁）上现浇一叠合层而成为一个整体。其最常见的做法是在板面做40 mm厚的配筋现浇层，它的特点介于整体式和装配式结构之间。装配整体式楼盖可适用于荷载较大的多层工业厂房、高层民用建筑及有抗震设防要求的建筑。

8.1.2　单向板与双向板

　　楼盖结构中每一区格的板一般在四边都有梁或墙支承,形成四边支承板,荷载将通过板的双向受弯作用传到四边支承的构件(梁或墙)上(如图8.4(a))。荷载向两个方向传递的多少,将随着板区格的长边与短边长度的比值而变化,可分为单向板和双向板两个类型,其受力性能及配筋构造都各有其特点。

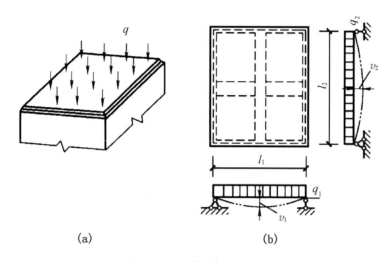

图8.4　四边简支板受力状态

　　设板上承受均布荷载 q,l_1、l_2 分别为其短、长跨方向的计算跨度。在板的中央部位取出两个相互垂直单位宽度的板带,设沿短跨方向传递的荷载为 q_1,沿长跨方向传递的荷载为 q_2,则 $q=q_1+q_2$(如图8.4(b))。当忽略相邻板带对它们的影响,近似将这两条板带视为简支梁,由跨度中点处挠度相等的条件可求出,当 $l_2/l_1=2$ 时,$q_1=0.94q$ 和 $q_2=0.06q$。可以证明,当 $l_2/l_1>2$ 时,荷载主要沿短跨方向传递,长向板带分配的荷载很小,可忽略不计,而称之为"单向板",由单向板组成的梁板结构称为单向板梁板结构。当 $l_2/l_1\leqslant2$ 时,在两个跨度方向弯曲相差不多,故荷载沿两个方向传递,称为"双向板",由双向板组成的梁板结构称为双向板梁板结构。

　　只要板的四边都有支承,单向板与双向板之间就没有一个明确的界限,为了设计上的方便,《规范》规定:

　　① 两对边支承的板,应按单向板计算;

　　② 四边支承的板应按下列规定计算:

　　当 $l_2/l_1\geqslant3$ 时,可按沿短边方向受力的单向板计算;

　　当 $2<l_2/l_1<3$ 时,宜按双向板设计;若按沿短边方向受力的单向板计算时,则应沿长边方向布置足够数量的构造钢筋;

　　当 $l_2/l_1\leqslant2$ 时,应按双向板计算。

8.2　现浇整体式钢筋混凝土单向板肋梁楼盖的设计与计算

整体式单向板梁板结构是应用最为普遍的一种结构形式,单向板肋梁楼盖的梁一般分为主梁和次梁。其荷载的传递路线是荷载→板→次梁→主梁→柱或墙,即板的支座为次梁,次梁的支座为主梁,主梁的支座为柱或墙。本节将研究单向板肋梁楼盖的柱网、梁格划分、基本尺寸及结构分析与设计。

整体式单向板肋梁楼盖的设计步骤一般为:

① 结构平面布置,并初步拟定板厚和主、次梁的截面尺寸;

② 确定梁、板的计算简图;

③ 梁、板的内力分析;

④ 截面配筋及构造要求;

⑤ 绘制楼盖施工图;

⑥ 计算书、底图归档。

8.2.1　结构平面布置

平面楼盖结构布置的主要任务是要合理地确定柱网和梁格,它通常是在建筑设计初步方案提出的柱网和承重墙布置基础上进行的。

1) 柱网及梁格布置

在满足房屋使用要求的基础上,柱网与梁格的布置应力求简单、规整,以使结构受力合理、节约材料、降低造价。同时板厚和梁的截面尺寸也应尽可能统一,以便于设计、施工及满足美观要求。

单向板肋梁楼盖结构平面布置方案主要有以下三种:

(1) 主梁沿横向布置,次梁沿纵向布置(如图 8.5(a))。该方案的优点是主梁和柱可形成横向框架,横向抗侧移刚度大,各榀横向框架由纵向次梁相连,房屋整体性好。

(2) 主梁纵向布置,次梁横向布置(如图 8.5(b))。这种布置适用于横向柱距比纵向柱距大得多的情况。它的优点是减小了主梁的截面高度,可增加室内净高。

(3) 只布置次梁,不设置主梁(如图 8.5(c))。此方案适用于有中间走道的砌体墙承重混合结构房屋。

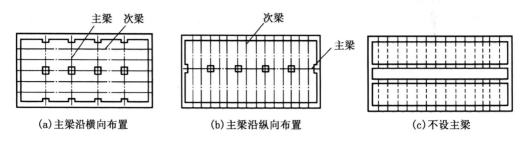

(a)主梁沿横向布置　　　　　(b)主梁沿纵向布置　　　　　(c)不设主梁

图 8.5　单向板肋梁楼盖结构布置

柱网布置应与梁格布置统一考虑。柱网尺寸(即梁的跨度)过大,将使梁的截面过大而增加材料用量和工程造价;反之柱网尺寸过小,会使柱和基础的数量增多,也会使造价增加,并将影响房屋的使用。因此,综合考虑房屋的使用要求和梁的合理跨度,柱网布置时通常次梁的跨度取 4~6 m,主梁的跨度取 5~8 m 为宜。

梁格布置除需确定梁的跨度外,还应考虑主、次梁的方向和次梁的间距,并与柱网布置相协调。次梁间距(即板的跨度)增大,可使次梁数量减少,但会增大板厚而增加整个楼盖的混凝土用量。在确定次梁间距时,应使板厚较小为宜,常用的次梁间距为 1.7~2.7 m。

2) 柱网及梁格划分应注意的问题

(1) 在满足建筑物使用的前提下,柱网和梁格划分尽可能规整,结构布置越简单、整齐、统一,越能符合经济和美观的要求。

(2) 梁、板结构尽可能划分为等跨度,以便于设计和施工。

(3) 主梁跨度范围内次梁根数宜为偶数,以使主梁受力合理。

8.2.2 计算简图

整体式单向板肋梁楼盖的板、次梁及主梁进行内力分析时,必须首先确定结构计算简图。结构计算简图包括结构计算模型和荷载图示。结构计算模型的确定要考虑影响结构内力、变形的主要因素,忽略其次要因素,使结构计算简图尽可能符合实际情况并能简化结构分析。

结构计算模型应注明结构计算单元、支承条件、计算跨度和跨数等;荷载图示中应给出荷载计算单元,荷载形式、性质,荷载位置及数值等。

1) 荷载及计算单元

楼盖上的荷载可分为恒荷载(亦称永久荷载)和活荷载(亦称可变荷载)。

恒荷载一般为均布荷载,它包括结构自重、各构造层自重、永久设备自重等,楼盖恒荷载的标准值按结构实际构造情况通过计算确定。活荷载的分布通常是不规则的,一般均折合成等效均布荷载计算,主要包括楼面活荷载(如使用人群、家具及一般设备的重量)、屋面活荷载和雪荷载等。楼盖的活荷载标准值按《建筑结构荷载规范》(GB 50009—2012)确定。在设计民用房屋楼盖时,应注意楼面活荷载的折减问题,因为当梁的负荷面积较大时,全部满载的可能性较小,故应对活荷载标准值按规范进行折减,其折减系数依据房屋类别和楼面梁的负荷范围大小,取 0.55~1.0 不等。

当楼面板承受均布荷载时,通常取宽度为 1 m 的板带进行计算(如图 8.6(a)、(b))。在确定板传递给次梁的荷载和次梁传递给主梁的荷载时,一般均忽略结构的连续性而按简单支承进行计算。所以,对次梁取相邻板跨中线所分割出来的面积作为它的受荷面积,次梁所承受荷载为次梁自重及其受荷面积上板传来的荷载(如图 8.6(c));对于主梁,则承受主梁自重以及由次梁传来的集中荷载,但由于主梁自重与次梁传来的荷载相比一般较小,故一般可将主梁的均布自重荷载折算为若干集中荷载(如图 8.6(d))。

2) 支承条件与折算荷载

在肋梁楼盖中,当板或梁支承在砖墙(或砖柱)上时,由于其嵌固作用较小,可假定为铰支座,其嵌固的影响可在构造设计中加以考虑。

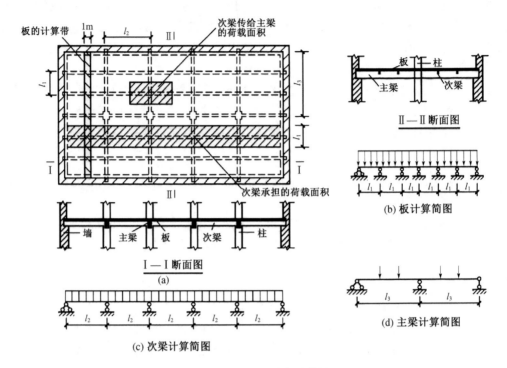

图 8.6　单向板肋梁楼盖计算简图

当板的支座是次梁,次梁的支座是主梁,则次梁对板,主梁对次梁将有一定的嵌固作用,为简化计算通常亦假定为铰支座,由此引起的误差将在内力计算时加以调整。

若主梁的支座是柱,其计算简图应根据梁柱抗弯刚度比而定,如果梁的抗弯刚度比柱的抗弯刚度大很多时(通常认为主梁与柱的线刚度比大于 3～4),可将主梁视为铰支于柱上的连续梁进行计算,否则应按框架梁设计。

在计算梁(板)内力时,假设梁板的支座为铰接,这对于等跨连续板(或梁),当活荷载沿各跨均为满布时是可行的,因为此时板(或梁)在中间支座发生的转角很小,按简支计算与实际情况相差甚微。但是,当活荷载 q 隔跨布置时情况则不同。现以图 8.7 所示支承在次梁上的连续板为例予以说明,当按铰支座计算时,板绕支座的转角 θ 值较大。而实际上,由于板与次梁整体现浇在一起,当板受荷载弯曲在支座发生转动时,将带动次梁(支座)一同转动。同时,次梁因具有一定的抗扭刚度且两端又受主梁的约束,将阻止板的自由转动,最终只能产生两者变形协调的约束转角 θ',如图 8.7(b)所示,其值小于前述自由转角 θ,转角减小使板的跨中弯矩有所降低,而支座负弯矩则相应地有所增加,但不会超过两相邻跨布满活荷载时的支座负弯矩。类似的情况也会发生在次梁与主梁及主梁与柱之间,这种由于支承构件的抗扭刚度,使被支承构件跨中弯矩有所减小的有利影响,在设计中一般通过采用增大恒荷载和减小活荷载的办法来考虑,即将恒荷载和活荷载分调整为 g' 和 q'。

对于板　　　　　　　　　　$g' = g + \dfrac{q}{2}$　　$q' = \dfrac{q}{2}$　　　　　　　　　　(8.1)

对于次梁　　　　　　　　　$g' = g + \dfrac{q}{4}$　　$q' = \dfrac{3q}{4}$　　　　　　　　　(8.2)

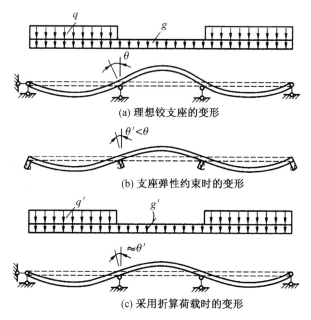

(a) 理想铰支座的变形

(b) 支座弹性约束时的变形

(c) 采用折算荷载时的变形

图 8.7　连续梁(板)的折算荷载

式中　g'、q'——调整后的折算恒荷载、活荷载设计值；

　　　g、q——实际的恒荷载、活荷载设计值。

对于主梁,因转动影响很小,一般不予考虑。当板(或梁)搁置在砌体或钢结构上时,荷载不作调整。

3) 计算跨数与计算跨度

连续梁任何一个截面的内力值与其跨数、各跨跨度、刚度以及荷载等因素有关,但对某一跨来说,相隔两跨以上时上述因素对该跨内力的影响很小。因此,为了简化计算,对于跨数多于五跨的等跨度(或跨度相差不超过 10%)、等刚度、等荷载的连续梁(板),可近似地按五跨计算。从图 8.8 中可知,实际结构 1、2、3 跨的内力按五跨连续梁(板)计算简图采用,其余中间各跨(第 4 跨)内力均按五跨连续梁(板)的第 3 跨采用。

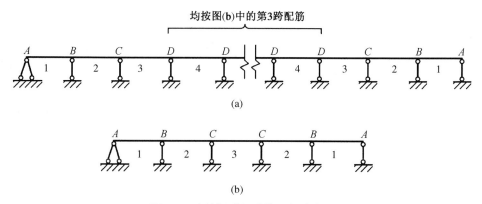

图 8.8　连续梁(板)计算跨数的确定

梁、板的计算跨度是指在内力计算时所应采用的跨间长度,其值与支座反力分布有关,即与构件本身刚度和支承条件有关。在设计中,梁、板的计算跨度 l_0 一般按表 8.1 的规定取用。

表 8.1　梁和板的计算跨度 l_0

跨数	支座情形		计算跨度 l_0	
			板	梁
单跨	两端简支 一端简支,一端与梁整体连接 两端与梁整体连接		$l_0 = l_n + h$ $l_0 = l_n + h$ $l_0 = l_n$	$l_0 = l_n + a \leqslant 1.05 l_n$
多跨	两端简支		当 $a \leqslant 0.1 l_c$ 时, $l_0 = l_c$ 当 $a > 0.1 l_c$ 时, $l_0 = 1.1 l_n$	当 $a \leqslant 0.05 l_c$ 时, $l_0 = l_c$ 当 $a > 0.05 l_0$ 时, $l_0 = 1.05 l_n$
	一端嵌入墙内,另一端与梁整体连接	按塑性计算	$l_0 = l_n + 0.5h$	$l_0 = l_n + 0.5a$
		按弹性计算	$l_0 = l_n + (h + a')/2$	$l_0 = l_c \leqslant 1.025 l_n + 0.5a$
	两端均与梁整体连接	按塑性计算	$l_0 = l_n$	$l_0 = l_n$
		按弹性计算	$l_0 = l_c$	$l_0 = l_c$

注: l_n ——支座间净距; l_c ——支座中心间的距离; h ——板的厚度; a ——边支座宽度; a' ——中间支座宽度; l_0 ——计算跨度。

8.2.3　按弹性理论方法的结构内力计算

钢筋混凝土连续梁、板的内力按弹性理论方法计算,是假定梁板为理想弹性体系,因而其内力计算可按结构力学中所述的方法进行。

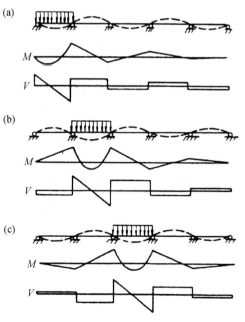

图 8.9　五跨连续梁在不同跨间荷载作用下的内力图

1) 结构的控制截面

控制截面就是指按此截面内力设计配筋后,能保证构件在各种荷载作用下的安全。对于等截面连续梁板而言,梁板的各支座截面和各跨的跨间弯矩最大截面为控制截面。

2) 活荷载的最不利布置

钢筋混凝土连续梁、板所受恒荷载是保持不变的,而活荷载在各跨的分布则是变化的。由于结构设计必须使构件在各种可能的荷载布置下都能安全可靠使用,所以在计算内力时,应研究活荷载如何布置将使梁、板内各截面可能产生的内力绝对值最大,即要考虑活荷载的最不利布置和结构的内力包络图。

对于多跨连续梁的某一指定截面,往往并不是所有荷载同时布满梁上各跨时引起的内力最大。如图 8.9 所示,为一五跨连续梁,当活荷载单跨布置时的弯矩图和剪力图。从图中可以看出其内力图的变化规律：当活荷载作用在某跨时，该跨跨中为正弯矩，邻跨跨中则为负弯矩，然后正负弯矩相间。研究各弯矩图变化规律和不同组合后的结果，可以确定截面活荷载最不利布置的原则为：

（1）求某跨跨中的最大正弯矩时，应在该跨布置活荷载，然后向两侧隔跨布置。如图8.10(a)所示布置活荷载，将使1、3、5跨跨中产生最大正弯矩；如图8.10(b)所示布置活荷载，产生将使2、4跨跨中产生最大正弯矩。

（2）求某跨跨中的最大负弯矩时，该跨不布置活荷载，而在其左右邻跨布置，然后向两侧隔跨布置。如图8.10(a)所示布置活荷载，将使2、4跨跨中产生最大负弯矩、如图8.10(b)所示布置活荷载，将使1、3、5跨跨中产生最大负弯矩。

（3）求某支座截面最大负弯矩时，应在该支座相邻两跨布置活荷载，然后向两侧隔跨布置。如图8.10(c)所示布置活荷载，将使B支座截面产生最大负弯矩、如图8.10(d)所示布置活荷载，将使C支座截面产生最大负弯矩。

（4）求某支座截面最大剪力时，其活荷载布置与求该截面最大负弯矩时的布置相同。如图8.10(c)和图8.10(d)所示。

梁上的恒荷载应按实际情况布置。

活荷载布置确定后即可按结构力学的方法进行连续梁、板的内力计算。

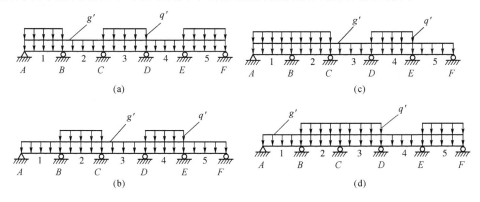

(a) 恒＋活1＋活3＋活5（产生M_{1max}、M_{3max}、M_{5max}、M_{2min}、M_{4min}）；
(b) 恒＋活2＋活4（产生M_{2max}、M_{4max}、M_{1min}、M_{3min}、M_{5min}）；
(c) 恒＋活1＋活2＋活4（产生M_{Bmax}、$M_{B左max}$、$M_{B右max}$）；
(d) 恒＋活2＋活3＋活5（产生M_{Cmax}、$M_{C左max}$、$M_{C右max}$）。

图8.10 五跨连续梁最不利荷载组合

3）内力计算

弹性理论假定梁的材料是匀质弹性的，较为简便的计算方法是弯矩分配法，求解连续梁的弯矩后，再以平衡方法求得剪力。对于2～5跨等跨的等截面连续梁，可制成不同荷载布置时的内力计算表（详见附表17）。设计时可直接从表中查得内力系数后，按下列各式计算各截面的弯矩和剪力值，作为截面设计的依据。

在均布荷载作用下：

$$M = 表中系数 \times ql^2 \tag{8.3}$$

$$V = 表中系数 \times ql \tag{8.4}$$

在集中荷载作用下：

$$M = 表中系数 \times Pl \tag{8.5}$$

$$V = 表中系数 \times P \tag{8.6}$$

式中　q——均布荷载设计值(kN/m)；

　　　P——集中荷载设计值(kN)。

若连续板、梁的各跨跨度不相等但相差不超过10%时，仍可近似地按等跨内力系数表进行计算。但当求支座负弯矩时，计算跨度可取相邻两跨的平均值(或取其中较大值)；而求跨中弯矩时，则取相应跨的计算跨度。若各跨板厚、梁截面尺寸不同，但其惯性矩之比不大于1.5时，可不考虑构件刚度的变化对内力的影响，仍可用上述内力系数表计算内力。

4）内力包络图

根据各种最不利荷载组合，按一般结构力学方法或利用前述表格进行计算，即可求出各种荷载组合作用下的内力图(弯矩图和剪力图)，把它们叠画在同一坐标图上，其外包线所形成的图形即为内力包络图，它表示连续梁、板在各种荷载最不利布置下各截面可能产生的最大内力值。图8.11所示为五跨连续梁的弯矩包络图和剪力包络图，它是确定连续梁纵筋用量、上部纵筋的切断、下部纵筋的弯起、箍筋的用量与布置以及绘制配筋图的依据。

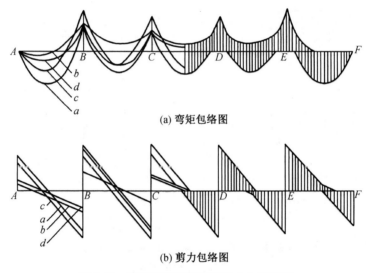

(a) 弯矩包络图

(b) 剪力包络图

图8.11　五跨连续梁均布荷载内力包络图

5）支座截面内力的计算

在按弹性理论计算连续梁的内力时，其计算跨度取支座中心线间的距离，即按计算简图求得的支座截面内力为支座中心线处的最大内力。若梁与支座非整体连接或支撑宽度很小时，计算简图与实际情况基本相符。然而对于整体连接的支座，中心处梁的截面高度将会由于支撑梁(柱)的存在而明显增大。实践证明，该截面内力虽然最大，但并非最危险截面，破坏都出现在支撑梁(柱)的边缘处(如图8.12)。因此，可取支座边缘截面作为计算控制截面，其弯矩和剪力的计算值，可近似地按下列各式求得：

$$M_b = M - V_0 \frac{b}{2} \qquad (8.7)$$

$$V_b = V - (g+q)\frac{b}{2} \qquad (8.8)$$

式中 M、V——支座中心线处截面的弯矩和剪力;

        V_0——按简支梁计算的支座剪力;

        g、q——均布恒荷载和活荷载;

        b——支座宽度。

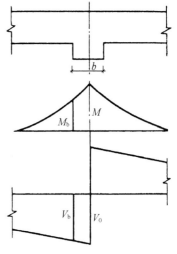

图 8.12   支座处的弯矩、剪力图

8.2.4   按塑性理论方法的结构内力计算

如第 5 章所述,钢筋混凝土梁正截面受弯承载力计算时充分考虑了钢筋和混凝土材料的塑性性质,但是当按弹性理论计算连续梁板的内力时,却忽视了钢筋混凝土材料在工作中存在着的这种非弹性性质,假定结构的刚度不随荷载的大小而改变,而实际上结构中某截面发生塑性变形后,其内力和变形与不变刚度的弹性体系分析的结果是不一致的,在结构中产生了内力重分布现象,因而截面的内力与配筋计算互不协调。

另外,按弹性方法计算,若构件中任一截面达到了设计承载力,就认为整个结构达到承载能力极限状态了,这对静定结构是基本符合的。但对于具有一定塑性性能的超静定结构来说,构件的任一截面达到极限承载力时并不会导致整个结构的破坏,因此按弹性理论方法计算求得的内力不能正确反映结构的实际破坏内力。按弹性理论设计虽然安全储备较大,但不经济,材料强度没有充分利用,而且可能使某些截面的钢筋多,造成施工困难。

为解决上述问题,充分考虑钢筋混凝土构件的塑性性能,挖掘结构潜在的承载力,达到节省材料和改善配筋的目的,提出了按塑性内力重分布的计算方法。理论及实验表明,钢筋混凝土连续梁内塑性铰的形成是结构破坏阶段塑性内力重分布的主要原因。

1) 塑性铰的概念

如图 8.13 所示钢筋混凝土简支梁,在集中荷载 P 作用下,跨中截面内力从加荷至破坏经历了三个阶段。当进入第Ⅲ阶段时,受拉钢筋开始屈服(图 8.13(f)中的 B 点)并产生塑流,混凝土垂直裂缝迅速发展,受压区高度不断缩小,截面绕中和轴转动,最后其受压区混凝土边缘压应变达到 ε_{cu} 而被压碎(C 点),致使构件破坏。从该图中截面的弯矩与曲率关系曲线(图 8.13(f))可以看出,自钢筋开始屈服至构件破坏(BC 段),其 M-φ 曲线变化平缓,说明在截面所承受的弯矩仅有微小增长的情况下,而曲率激增,亦即截面相对转角急剧增大(图 8.13(e)),也就是说构件在塑性变形集中产生的区域(图 8.13(a))中 ab 段,(相应于图 8.13(b)中 $M > M_y$ 的部分)犹如形成了一个能够转动的"铰",一般称之为塑性铰,如图 8.13(d)所示。

与力学中的理想铰相比,塑性铰具有下列特点:

① 理想铰不能承受弯矩,而塑性铰则能承受基本不变的弯矩;

② 理想铰集中于一点,而塑性铰则有一定的长度区段;

③ 理想铰可以沿任意方向转动,而塑性铰只能沿弯矩作用的方向,绕不断上升的中和轴发生单向转动。

塑性铰是构件塑性变形发展的结果。塑性铰出现后,使静定结构简支梁形成三铰在一条直线上的破坏机构,标志着构件进入破坏状态,如图 8.13(d)所示。

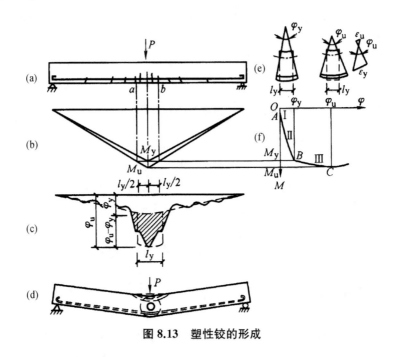

图 8.13 塑性铰的形成

2) 超静定结构的塑性内力重分布

显然,对于静定结构,任一截面出现塑性铰后,即可使其形成几何可变体系而丧失承载力。但对于超静定结构,由于存在多余约束,构件某截面出现塑性铰,并不能使其立即成为几何可变体系,构件仍能继续承受增加的荷载,直到其他截面也出现塑性铰,使结构成为几何可变体系,才丧失承载力。它的破坏过程是:首先在一个截面出现塑性铰,随着荷载的增加,塑性铰陆续出现(每出现一个塑性铰,相当于超静定结构减少一次约束),直到最后一个塑性铰出现,整个结构形成几何可变体系,结构达到极限承载力。在形成破坏机构的过程中,结构的内力分布和塑性铰出现前的弹性分布规律完全不同。在塑性铰出现后的加载过程中,结构的内力经历了一个重新分布的过程,这个过程称为塑性内力重分布。

现以如图 8.14 所示的每跨内作用有两个集中荷载 P 的两跨连续梁为例,将这一过程说明如下:

连续梁在承载过程中实际的内力状态为:在加载初期混凝土开裂前,梁处于第 I 阶段,接近弹性体工作;随着荷载的增加,梁进入第 II 阶段工作,在弯矩最大的中间支座处受拉区混凝土出现裂缝,刚度降低,使其弯矩增加减慢,而跨中弯矩增长加快;当继续加载至跨中混凝土出现裂缝时,跨中截面刚度降低,弯矩增长减慢,而支座弯矩增长较快。以上这一变化过程是由于混凝土开裂引起各截面相对刚度发生变化导致梁的内力重分布,但在钢筋尚未屈服前,其刚度变化不显著,因而内力重分布幅度很小。随着荷载的增加,截面 B 受拉钢筋

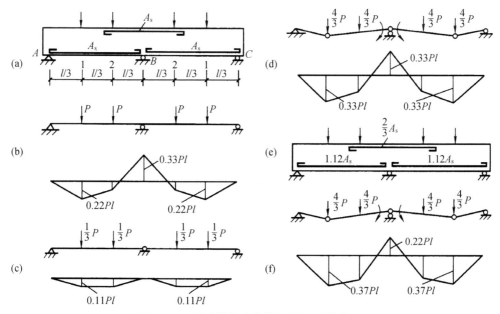

图 8.14　两跨连续梁在荷载 P 作用下的弯矩图

屈服,进入第Ⅲ阶段工作,形成塑性铰,发生塑性转动并产生明显的内力重分布。

当按弹性理论计算,集中荷载为 P 时,中间支座 B 截面的负弯矩 $M_B = -0.33Pl$,跨中最大正弯矩 $M_1 = 0.22Pl$,如图 8.14(b)所示。

在设计时,若梁按图 8.14(b)示的弯矩值进行配筋,其中间支座截面 B 的受拉钢筋配筋量为 A_s,则跨中截面受拉钢筋配筋量相应的应为 $\dfrac{2}{3}A_s$,设计结果可满足其承载力的要求。但在实际设计时,跨中截面应当考虑活荷载的最不利布置而按内力包络图跨中截面 M_{1max} 来计算所需的受拉钢筋面积,则其配筋量势必要大于 $\dfrac{2}{3}A_s$。经计算,若其所配的受拉钢筋为如图 8.14(a)所示的 A_s 值,则跨中及支座两个截面所能承担的极限弯矩均为 $M_u = 0.33Pl$,P 即为按弹性理论计算时该梁所能承受的最大集中荷载。

实际上,梁在荷载 P 作用下,当 $M_B = M_u = -0.33Pl$ 时,结构仅仅是在支座 B 截面发生"屈服",形成塑性铰,跨中截面实际产生的 M 值小于 M_u 值,结构并未丧失承载力,仍能继续承载。但在支座截面,当荷载继续增加超过弹性极限时,支座截面所承受的 M_{Bu} 值将不再增加,而跨中截面弯矩 M_1 值可继续增加,直至达到 $M_1 = M_u = 0.33Pl$ 的极限值时,跨中截面亦形成塑性铰,整个结构变成几何可变体系而达到了极限承载力。其相应弯矩的增量为 ΔM,$\Delta M = 0.33Pl - 0.22Pl = 0.11Pl$。此时,对产生 ΔM 的相应荷载 ΔP 可按下列方法求得:将支座 B 视作一个铰,即整个结构由两跨连续梁变成两个简支梁一样工作,因 $\Delta M = \dfrac{P}{3} \times \dfrac{l}{3} = 0.11Pl$,由图 8.14(c)可求出相应的荷载增量为 $\Delta P = \dfrac{P}{3}$。

因此,该两跨连续梁所能承受的极限荷载应为 $P + \dfrac{P}{3} = \dfrac{4}{3}P$,较按弹性理论计算的承载

力 P 有所提高。梁的最后弯矩图见图 8.14(d)。

若该梁的极限荷载为 $\frac{4}{3}P$ 不变,但按图 8.14(e)所示方案配筋,则梁的最后弯矩图如图 8.14(f)所示。由此可见,支座和跨中弯矩的幅值可以人为地予以调整,这种控制截面的弯矩可以互相调整的计算方法称为"弯矩调幅法"。

由上述可见,塑性内力重分布需考虑以下因素:

(1) 塑性铰应具有足够的转动能力。为使内力得以完全重分布,应保证结构加载后各截面中能先后出现足够数目的塑性铰,最后形成破坏机构。若最初形成的塑性铰转动能力不足,在其塑性铰尚未全部形成之前,已因某些截面受压区混凝土过早被压坏而导致构件破坏,就不能达到完全内力重分布的目的。

(2) 结构构件应具有足够的斜截面承载能力。国内外的试验研究表明,支座出现塑性铰后,连续梁的受剪承载力比不出现塑性铰的梁低。加载过程中,连续梁首先在支座和跨内出现垂直裂缝,随后在中间支座两侧出现斜裂缝。一些破坏前支座已形成塑性铰的梁,在中间支座两侧的剪跨段,纵筋和混凝土的粘结有明显破坏,有的甚至还出现沿纵筋的劈裂裂缝。构件的剪跨比越小,这种现象越明显。因此,为了保证连续梁内力重分布能充分发展,结构构件必须要有足够的受剪承载能力。

(3) 满足正常使用条件。如果最初出现的塑性铰转动幅度过大,塑性铰附近截面的裂缝就可能开展过宽,结构的挠度过大,不能满足正常使用的要求。因此,在考虑塑性内力重分布时,应对塑性铰的允许转动量予以控制,即控制内力重分布的幅度。一般要求在正常使用阶段不应出现塑性铰。

3) 连续梁、板考虑塑性内力重分布的内力计算

钢筋混凝土连续梁、板考虑塑性内力重分布的计算时,目前工程中应用较多的是弯矩调幅法,即在弹性理论的弯矩包络图基础上,对构件中选定的某些支座截面较大的弯矩值和剪力值,按内力重分布的原理进行适当的调整(降低),然后按调整后的内力进行配筋计算。截面的弯矩调整幅度用弯矩调幅系数 β 来表示,即

$$\beta = 1 - \frac{M_p}{M_e} \tag{8.9}$$

式中　M_p——调整后的弯矩设计值;

　　　　M_e——按弹性方法算得的弯矩设计值。

对于均布荷载作用下等跨连续梁、板考虑塑性内力重分布的弯矩和剪力可按下式计算:

板和次梁的跨中及支座弯矩　　$M = \alpha_M(g+q)l_0^2 \tag{8.10}$

次梁支座的剪力　　　　　　　　$V = \alpha_V(g+q)l_n \tag{8.11}$

式中　g、q——作用在梁、板上的均布恒荷载、活荷载设计值;

　　　　l_0——计算跨度;

　　　　l_n——净跨度;

　　　　α_M——考虑塑性内力重分布的弯矩计算系数,按表 8.2 选用。

　　　　α_V——考虑塑性内力重分布的剪力计算系数,按表 8.3 选用。

4）考虑塑性内力重分布计算的一般原则

根据理论分析及试验结果,连续梁板按塑性内力重分布计算应遵循以下原则:

（1）为了保证塑性铰具有足够的转动能力,避免受压区混凝土"过早"被压坏,以实现完全的内力重分布,必须控制受力钢筋用量,即应满足 $\xi \leqslant 0.35$ 的限制条件要求,同时钢筋宜采用塑性较好的 HRB400 级、HRB500 级热轧钢筋,混凝土强度等级宜为 C25～C45。

（2）弯矩调幅系数 β 不宜过大,梁支座或节点边缘截面的负弯矩调幅系数 β 不宜大于 25%;板的负弯矩调幅系数 β 不宜大于 20%。

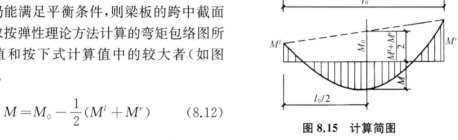

图 8.15 计算简图

（3）为了尽可能地节省钢材,应使调整后的跨中截面弯矩尽量接近原包络图的弯矩值,以及使调幅后仍能满足平衡条件,则梁板的跨中截面弯矩值应取按弹性理论方法计算的弯矩包络图所示的弯矩值和按下式计算值中的较大者（如图 8.15 所示）。

$$M = M_0 - \frac{1}{2}(M^l + M^r) \qquad (8.12)$$

式中　M_0——按简支梁计算的跨中弯矩设计值;

　　　M^l、M^r——连续梁板的左、右支座截面调幅后的弯矩设计值。

（4）调幅后,支座及跨中控制截面的弯矩值均不宜小于 $\frac{1}{3}M_0$。

表 8.2　连续梁和连续单向板考虑塑性内力重分布的弯矩计算系数 α_M

支承情况		截 面 位 置					
		端支座	边跨跨中	离端第二支座	离端第二跨跨中	中间支座	中间跨跨中
		A	Ⅰ	B	Ⅱ	C	Ⅲ
梁、板搁支在墙上		0	$\frac{1}{11}$	二跨连续：$-\frac{1}{10}$ 三跨及以上连续：$-\frac{1}{11}$	$\frac{1}{16}$	$-\frac{1}{14}$	$\frac{1}{16}$
板	与梁整浇连接	$-\frac{1}{16}$	$\frac{1}{14}$				
梁		$-\frac{1}{24}$					
梁与柱整浇连接		$-\frac{1}{16}$	$\frac{1}{14}$				

表 8.3　连续梁和连续单向板考虑塑性内力重分布的剪力计算系数 α_V

支承情况	截 面 位 置				
	端支座内侧 A_{in}	离端第二支座		中间支座	
		外侧 B_{ex}	内侧 B_{in}	外侧 C_{ex}	内侧 C_{in}
搁支在墙上	0.45	0.60	0.55	0.55	0.55
与梁或柱整体连接	0.50	0.55	0.55	0.55	0.55

（5）按塑性内力重分布方法计算的适用范围

按塑性内力重分布理论计算超静定结构虽然可以节约钢材，但在使用阶段钢筋应力较高，构件裂缝和挠度均较大。考虑内力重分布的计算方法是以形成塑性铰为前提的，通常对于在使用阶段不允许开裂的结构、处于重要部位、可靠度要求较高的结构（如肋梁楼盖中的主梁）、受动力和重复荷载作用的结构及处于三 a、三 b 类环境中的结构不应采用塑性理论计算方法，而应按弹性理论方法进行设计。

8.2.5 截面设计和构造要求

1）板的计算和构造要求

（1）板的计算要点

在房屋建筑中，板的内力可按塑性理论方法计算；板的计算单元通常取为 1 m 宽，按单筋矩形截面进行正截面抗弯承载力计算，确定各跨跨中及各支座截面的配筋。

一般情况下板所受的剪力较小，混凝土足以承担相应的剪力，因此，设计时可不进行受剪承载力验算。

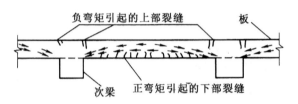

图 8.16 钢筋混凝土连续板的拱作用

连续板跨中由于正弯矩作用引起截面下部受拉开裂，支座由于负弯矩作用引起截面上部开裂，这就使板的实际轴线成拱形（图 8.16）。如果板的四周存在有足够刚度的梁，即板的支座不能自由移动时，则作用于板上的一部分荷载将通过拱的作用直接传给边梁，而使板的最终弯矩降低。考虑这一有利影响，对周边与梁整体连接的单向板中间跨跨中截面及中间支座截面的计算弯矩折减 20%。但对于边跨的跨中截面及第二支座截面，由于边梁侧向刚度不大（或无边梁），难以提供足够的水平推力，因此其计算弯矩不予降低。

（2）板的构造要求

板的跨度一般在梁格布置时已确定。确定板的厚度时除应满足建筑功能的要求外，主要还应考虑板的跨度及其所受的荷载。从刚度要求出发，根据设计经验，单向板的最小厚度不应小于跨度的 1/40（连续板）、1/30（简支板）及 1/10（悬臂板）。同时，单向板的最小厚度还不应小于表 5.1 规定的数值。板的配筋率一般为 0.3%～0.8%。

① 板中受力钢筋

单向板中的受力钢筋应沿板的短跨方向布置在截面受拉一侧。板中受力钢筋一般采用 HPB400 级、HPB300 级钢筋，在一般厚度的板中，钢筋的常用直径为 6 mm、8 mm、10 mm、12 mm 等。对于支座处承受负弯矩的上部钢筋，一般做成直钩，以便施工时撑在模板上，其直径一般不小于 8 mm。对于绑扎钢筋，当板厚 $h \leqslant 150$ mm 时，间距不宜大于 200 mm；当板厚 $h > 150$ mm 时，不宜大于 $1.5h$，且不宜大于 250 mm。简支板或连续板下部纵向受力钢筋伸入支座的锚固长度不应小于 d（d 为下部纵向受力钢筋直径），且宜伸过支座中心线。当连续板内温度、收缩应力较大时，伸入支座的锚固长度宜适当增加。

连续板受力钢筋的配筋方式有弯起式和分离式两种。前者是将跨中正弯矩钢筋在支座附近弯起一部分以承受支座负弯矩(如图 8.17(a))。这种配筋方式锚固好,并可节省钢筋,但施工较复杂;后者是将跨中正弯矩钢筋和支座负弯矩钢筋分别设置(如图 8.17(b))。这种方式配筋的钢筋用量较弯起式大,但施工方便,已成为我国工程中混凝土板的主要配筋方式。

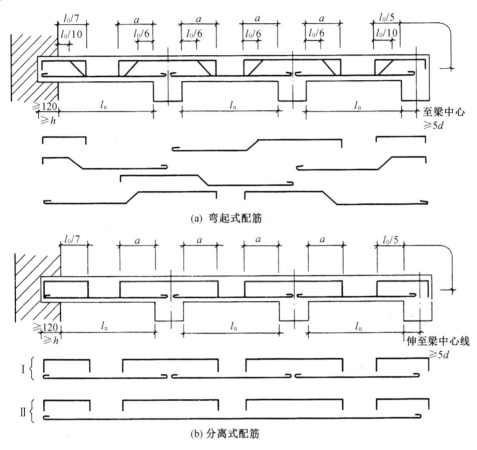

图 8.17 单向板的配筋方式

连续单向板内受力钢筋的弯起和截断,一般可按图 8.17 所示的确定。图中 a 的取值为:当板上均布活荷载 q 与均布恒荷载 g 的比值 $q/g \leqslant 3$ 时,$a = \dfrac{1}{4} l_0$;当 $q/g > 3$ 时,$a = \dfrac{1}{3} l_0$,l_0 为板的计算跨度,当按塑性理论计算时 $l_0 = l_n$,l_n 为板的净跨。当连续板的相邻跨度之差超过 20%,或各跨荷载相差很大时,钢筋的弯起和截断应按其弯矩包络图确定。

② 板中构造钢筋

板中构造钢筋通常包括以下四种类型:

a. 分布钢筋:垂直于板的受力钢筋方向,并在受力钢筋内侧应配置板底分布钢筋。其作用除固定受力钢筋位置外,主要承受混凝土收缩和温度变化所产生的应力,同时还可将板面局部荷载更均匀地传给受力钢筋,并承受沿长跨方向实际存在但计算中未计及的弯矩。分布钢筋的截面面积应不小于受力钢筋的 15%,且配筋率不宜小于 0.15%。分布钢筋间距不宜大于 250 mm(集中荷载较大时,间距不宜大于 200 mm,其配筋面积尚应适当增加),直径不宜小于 6 mm。

b. 与主梁垂直的上部构造钢筋:单向板上荷载将主要沿短边方向传到次梁,此时板的受力钢筋与主梁平行,由于板和主梁整体连接,在靠近主梁两侧一定宽度范围内,板内仍将产生一定大小与主梁方向垂直的负弯矩,为承受这一弯矩和防止产生过宽的裂缝,应配置与主梁垂直的上部构造钢筋,如图 8.18 所示。其数量不宜少于板的跨中受力钢筋的 1/3,且不少于每米 $5\phi8$,钢筋从主梁边缘伸入板内的长度不宜小于 $l_0/4$,其中 l_0 为单向板的计算跨度。

c. 嵌固在墙内或与钢筋混凝土梁整体连接的板端上部构造钢筋:嵌固在承重砖墙内的单向板,计算时按简支考虑,但实际上由于墙的约束有部分嵌固作用,而将产生局部负弯矩,因此在板的上部应沿承重墙设置与板边垂直的不少于每米 $5\phi8$ 的构造钢筋,其伸出墙边的长度不宜小于 $l_0/7$(l_0 为板短跨计算跨度);在与混凝土梁、混凝土墙整体浇筑的单向板的非受力方向,亦应在板边上部设置与其垂直的构造钢筋,其数量不宜小于受力方向跨中板底纵筋截面面积的 1/3,其伸出梁边或墙边的长度不宜小于 $l_0/4$。

d. 板角构造钢筋:对两边均嵌固在墙内的板角部分,当受到墙体约束时,亦将产生负弯矩,在板顶引起圆弧形裂缝,因此应在板的上部配置双向正交、斜向平行或放射状布置的附加钢筋,以承受负弯矩和防止裂缝的扩展,其数量不宜小于该方向跨中受力钢筋的 1/3。其由墙边伸出到板内的长度不宜小于 $l_0/4$(如图 8.18)。

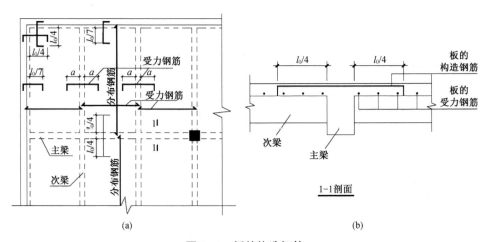

图 8.18 板的构造钢筋

在温度、收缩应力较大的现浇板区域内,钢筋间距宜取为 150~200 mm,并应在板的未配筋表面双向布置温度收缩钢筋,也称防裂构造钢筋。板的上、下表面沿纵、横两个方向的配筋率均不宜小于 0.1%。防裂构造钢筋可利用原有钢筋贯通布置,也可另行设置构造钢筋网,并与原有钢筋按受拉钢筋的要求搭接或在周边构件中锚固。

2)次梁的计算和构造要求

(1)次梁的计算要点

由于板与次梁整体浇筑,连续次梁在进行正截面承载力计算确定梁底纵向受拉钢筋时,板可作为梁的翼缘参加工作,通常跨间按 T 形截面计算,其翼缘计算宽度 b_f' 可按第 5 章有关规定确定,而在支座附近(或跨中)的负弯矩作用区段,由于板处在次梁的受拉区,此时次梁应按矩形截面计算。

次梁的内力可按塑性理论方法计算。当次梁的截面尺寸满足跨高比(1/18～1/12)和宽高比(1/3～1/2)的要求时,一般不必作使用阶段的挠度和裂缝宽度验算。纵向钢筋的配筋率为 0.6%～1.5%。

(2) 次梁的配筋构造要求

次梁的钢筋组成及其布置可参考图 8.19。次梁伸入墙内的长度一般应不小于 240 mm。

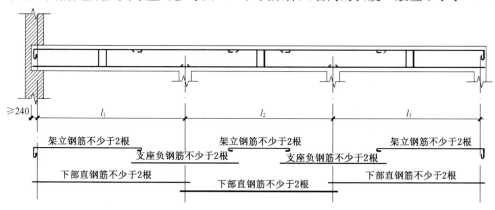

图 8.19　次梁的钢筋组成及其布置

当次梁相邻跨度相差不超过 20%,且均布活荷载与恒荷载设计值之比 $q/g \leqslant 3$ 时,其纵向受力钢筋的弯起和截断可按图 8.20 进行,否则应按弯矩包络图确定。

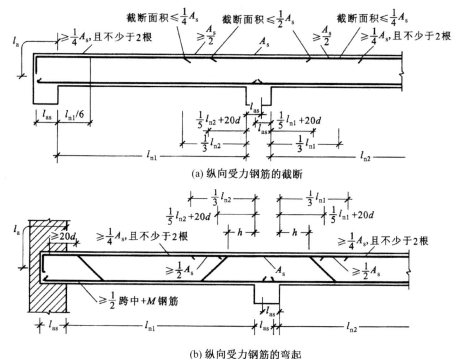

(a) 纵向受力钢筋的截断

(b) 纵向受力钢筋的弯起

图 8.20　次梁配筋的构造要求

钢筋混凝土梁中应配置箍筋以满足其斜截面受剪承载力的要求。也可以在支座附近将部分纵筋弯起,与箍筋共同抗剪,但由于施工复杂,故这种腹筋配置方式工程中较少采用。箍筋的形式有封闭式和开口式两类,一般采用封闭式。现浇或装配整体式 T 形梁当无扭矩或动荷载时,跨中可采用开口式。当梁中配有受压钢筋时,箍筋应做成封闭式。箍筋的肢数有单肢、双肢和四肢等,一般采用双肢。

3)主梁的计算和构造要求

(1)主梁的计算要点

主梁的内力通常按弹性理论方法计算,不考虑塑性内力重分布。主梁的正截面抗弯承载力计算与次梁相同,通常跨中按 T 形截面计算,支座按矩形截面计算。当跨中出现负弯矩时,跨中亦应按矩形截面计算。

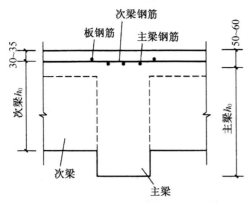

图 8.21　主梁支座处截面的有效高度

主梁的截面高度通常取为跨度的 $1/15 \sim 1/10$,截面宽度取为梁高的 $1/3 \sim 1/2$。

主梁除承受自重和直接作用在主梁上的荷载外,主要是承受次梁传来的集中荷载。为计算方便,可将主梁的自重等效简化成若干集中荷载,并作用于次梁位置处。

由于在主梁支座处,次梁与主梁负弯矩钢筋相互交叉重叠,而主梁负筋位于次梁和板的负筋之下(图 8.21),故截面有效高度在支座处有所减小。具体取值为(对一类环境):

当受力钢筋单排布置时,$h_0 = h - (50 \sim 60)\,\text{mm}$;

当钢筋双排布置时,$h_0 = h - (70 \sim 80)\,\text{mm}$。

(2)主梁的构造要求

主梁钢筋的组成及布置可参考图 8.22,主梁伸入墙内的长度一般应不小于 370 mm。

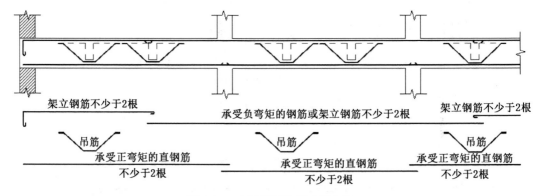

图 8.22　主梁钢筋的组成及布置

对于主梁及其他不等跨次梁,其纵向受力钢筋的弯起与截断,应在弯矩包络图上作材料图,来确定纵向钢筋的截断和弯起位置,并应满足有关构造要求。主梁腹筋的构造要求与次梁相同。

在次梁与主梁相交处,次梁顶部在负弯矩作用下将产生裂缝,如图 8.23(a)所示。因此,次梁传来的集中荷载将通过其受压区的剪切面传至主梁截面高度的中、下部,使其下部混凝土可能产生斜裂缝而引起局部破坏。为此,需设置附加的横向钢筋(附加箍筋或吊筋或两者都有),以使次梁传来的集中力传至主梁上部的受压区。附加横向钢筋宜优先采用箍筋,并应布置在长度为 s 的范围内,此处 $s = 2h_1 + 3b$,如图 8.23(b)所示;当采用吊筋时,其弯起段应伸至梁上边缘,且末端水平段长度在受拉区不应小于 $20d$,受压区不应小于 $10d$(d 为弯起钢筋的直径)。

附加横向钢筋所需总截面面积应符合下列规定:

$$A_{sv} \geqslant \frac{P}{f_{yv}\sin\alpha} \tag{8.13}$$

式中　A_{sv} ——附加横向钢筋总截面面积;

　　　P ——作用在梁下部或梁截面高度范围内的集中荷载设计值;

　　　α ——附加横向钢筋与梁轴线的夹角。

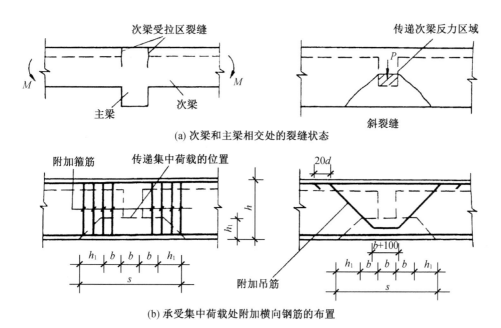

(a) 次梁和主梁相交处的裂缝状态

(b) 承受集中荷载处附加横向钢筋的布置

图 8.23　附加横向钢筋的布置

8.2.6　整体式单向板肋梁楼盖设计例题

【例 8.1】　整体式单向板肋梁楼盖设计。

1) 设计资料

某设计基准期为 50 年的多层工业建筑楼盖,采用整体式钢筋混凝土结构,柱截面拟定为 400 mm×400 mm,楼盖梁格布置如图 8.24 所示。

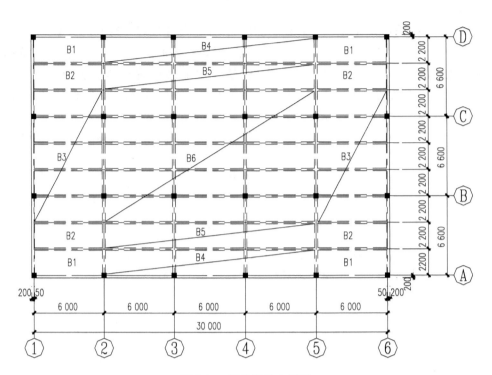

图 8.24　楼盖梁格布置图

① 楼面构造层做法：20 mm 厚水泥砂浆面层，20 mm 厚混合砂浆顶棚抹灰。

② 楼面活荷载：标准值为 7 kN/m²。

③ 恒荷载分项系数为 1.3；活荷载分项系数为 1.5。

④ 材料选用：混凝土采用 C30（$f_c = 14.3$ N/mm²，$f_t = 1.43$ N/mm²）；钢筋均采用 HRB400 级（$f_y = 360$ N/mm²）。

2）板的计算

板按考虑塑性内力重分布方法计算，取 1 m 宽板带为计算单元。

板厚 $h \geqslant \dfrac{l}{40} = \dfrac{2\,200}{40}$ mm = 55 mm，对工业建筑楼盖要求 $h \geqslant 70$ mm，考虑到楼面活荷载比较大，故取板厚 $h = 80$ mm。

次梁截面高度应满足 $h = \left(\dfrac{1}{18} \sim \dfrac{1}{12}\right)l = \left(\dfrac{1}{18} \sim \dfrac{1}{12}\right) \times 6\,000$ mm = （334 ~ 500）mm，取次梁截面高度 $h = 450$ mm。梁宽 $b = \left(\dfrac{1}{3} \sim \dfrac{1}{2}\right)h = \left(\dfrac{1}{3} \sim \dfrac{1}{2}\right) \times 450$ mm = （150 ~ 225）mm，取 $b = 200$ mm。板的尺寸及支承情况如图 8.25（a）所示。

（1）荷载计算。

20 mm 厚水泥砂浆面层	0.02×20 kN/m² = 0.4 kN/m²
80 mm 厚钢筋混凝土现浇板	0.08×25 kN/m² = 2.0 kN/m²
20 mm 厚混合砂浆顶棚抹灰	0.02×17 kN/m² = 0.34 kN/m²
恒荷载标准值	$g = 2.74$ kN/m²

恒荷载设计值 $\qquad g = 1.3 \times 2.74 \ \text{kN/m}^2 = 3.56 \ \text{kN/m}^2$

活荷载设计值 $\qquad q = 1.5 \times 7.0 \ \text{kN/m}^2 = 10.5 \ \text{kN/m}^2$

合计 $\qquad g + q = 14.06 \ \text{kN/m}^2$

1 m 板宽全部荷载设计值 $\qquad (14.06 \times 1) \ \text{kN/m} = 14.06 \ \text{kN/m}$

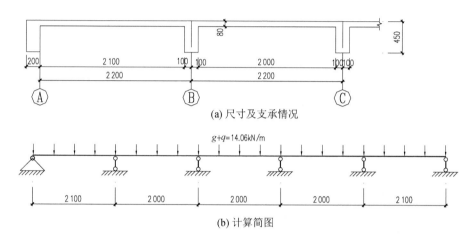

(a) 尺寸及支承情况

(b) 计算简图

图 8.25　板的构造和计算简图

（2）计算简图。板的计算跨度：

边跨：$l_0 = l_n = \left(2.2 - \dfrac{0.2}{2}\right) \text{m} = 2.1 \ \text{m}$

中间跨：$l_0 = l_n = (2.2 - 0.2) \ \text{m} = 2.0 \ \text{m}$

跨度差 $\dfrac{2.1 - 2.0}{2.0} = 5\% < 10\%$，可按等跨连续板计算内力。取 1 m 宽板带作为计算单元，计算简图如图 8.25(b)所示。

（3）弯矩设计值。连续板各截面弯矩设计值见表 8.4。

表 8.4　连续板各截面弯矩设计值

截　　面	端支座	边跨跨中	离端第二支座	离端第二跨跨中、中间跨跨中	中间支座
弯矩计算系数 α	$-\dfrac{1}{16}$	$\dfrac{1}{14}$	$-\dfrac{1}{11}$	$\dfrac{1}{16}$	$-\dfrac{1}{14}$
$M = \alpha(g + q)l_0^2 / \text{kN} \cdot \text{m}$	$-\dfrac{1}{16} \times 14.06 \times 2.1^2 = -3.88$	$\dfrac{1}{14} \times 14.06 \times 2.1^2 = 4.43$	$-\dfrac{1}{11} \times 14.06 \times 2.1^2 = -5.64$	$\dfrac{1}{16} \times 14.06 \times 2.0^2 = 3.52$	$-\dfrac{1}{14} \times 14.06 \times 2.0^2 = 4.02$

（4）承载力计算。$b = 1\,000 \ \text{mm}$，$h = 80 \ \text{mm}$，$h_0 = (80 - 20) \text{mm} = 60 \ \text{mm}$。钢筋采用 HRB400 级（$f_y = 360 \ \text{N/mm}^2$），混凝土采用 C30（$f_c = 14.3 \ \text{N/mm}^2$），$\alpha_1 = 1.0$。板的截面配筋见表 8.5。

表 8.5 板的截面配筋

板带部位	板带(①～⑥轴线间)			边区板带(①～②、⑤～⑥轴线间)		中间区板带(②～⑤轴线间)	
板带部位截面	端支座	边跨跨中	离端第二支座	中间跨跨中	中间支座	中间跨跨中	中间支座
$M/\mathrm{kN} \cdot \mathrm{m}$	-3.88	4.43	-5.64	3.52	-4.02	3.52×0.8 $=2.8$	-4.02×0.8 $=-3.22$
$\alpha_s = \dfrac{M}{\alpha_1 f_c b h_0^2}$	0.075	0.086	0.109	0.068	0.078	0.055	0.063
γ_s	0.961	0.955	0.942	0.961	0.959	0.972	0.967
$A_s = \dfrac{M}{\gamma_s f_y h_0}$ /mm²	187	215	277	163	194	134	154
选配钢筋	$\phi 8@200$	$\phi 6@125$	$\phi 8@180$	$\phi 6@170$	$\phi 8@200$	$\phi 6@190$	$\phi 8@200$
实配钢筋 截面面积/mm²	251	226	279	166	251	149	251

注：1. 中间区板带(②～⑤轴线间)，其各内区格板的四周与梁整体连接，故中间跨跨中和中间支座考虑板的内拱作用，其计算弯矩折减 20%。

2. 离端第二支座和①～②、⑤～⑥轴线间离端第二跨跨中实配钢筋截面面积比计算面积小，但不超过 5%，满足要求。

最小配筋率验算：$\rho_{\min} = \left\{ 0.15\% , 45 \times \dfrac{f_t}{f_y}\% \right\}_{\max} = \left\{ 0.15\% , 45 \times \dfrac{1.43}{360}\% \right\}_{\max}$

$= 0.18\%$

$0.18\% \times 1\,000 \times 80 \ \mathrm{mm}^2 = 144 \ \mathrm{mm}^2$，表 8.5 中实配钢筋截面面积均满足要求。

板的配筋如图 8.26 所示。

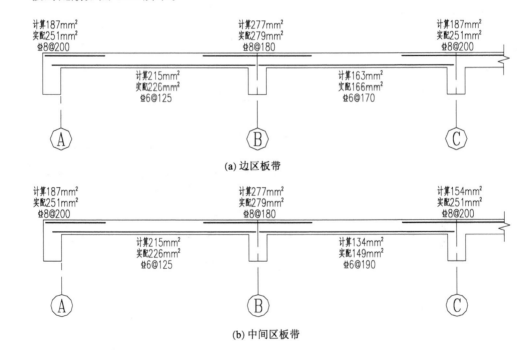

(a) 边区板带

(b) 中间区板带

图 8.26 板的配筋

3) 次梁计算

次梁按考虑塑性内力重分布方法计算。

主梁截面高度 $h=\left(\dfrac{1}{15}\sim\dfrac{1}{10}\right)l=\left(\dfrac{1}{15}\sim\dfrac{1}{10}\right)\times 6\,600\,\text{mm}=440\sim 660\,\text{mm}$，因活载取值较一般民用建筑大较多，故梁高取值宜较大，取主梁截面高度 $h=650\,\text{mm}$。梁宽 $b=\left(\dfrac{1}{3}\sim\dfrac{1}{2}\right)h=\left(\dfrac{1}{3}\sim\dfrac{1}{2}\right)\times 650\,\text{mm}=217\sim 325\,\text{mm}$，取 $b=250\,\text{mm}$。次梁的尺寸及支承情况如图 8.27(a)所示。

(a) 尺寸及支承情况

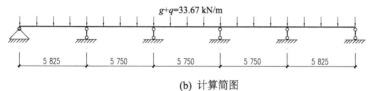

(b) 计算简图

图 8.27 次梁的构造和计算简图

（1）荷载计算。

恒荷载设计值：

板传来恒荷载 $3.56\times 2.2\,\text{kN/m}=7.83\,\text{kN/m}$

次梁自重 $1.3\times 25\times 0.2\times(0.45-0.08)\,\text{kN/m}=2.41\,\text{kN/m}$

梁侧抹灰 $1.3\times 17\times 0.02\times(0.45-0.08)\times 2\,\text{kN/m}=0.33\,\text{kN/m}$

合计 $g=10.57\,\text{kN/m}$

活荷载设计值   由板传来 $q=10.5\times 2.2\,\text{kN/m}=23.1\,\text{kN/m}$

总计 $g+q=33.67\,\text{kN/m}$

（2）计算简图。次梁的计算跨度：

边跨： $l_0=l_n=(6.0-0.05-0.125)\,\text{m}=5.825\,\text{m}$

中间跨： $l_0=l_n=(6.0-0.25)\,\text{m}=5.750\,\text{m}$

跨度差 $\dfrac{5.825-5.75}{5.75}=2.7\%<10\%$，可按等跨连续梁进行内力计算，其计算简图如图 8.27(b)所示。

（3）弯矩设计值和剪力设计值。次梁各截面弯矩、剪力设计值见表 8.6、表 8.7。

表 8.6 次梁各截面弯矩设计值

截 面	端支座	边跨跨中	离端第二支座	中间跨跨中	中间支座
弯矩计算系数 α	$-\dfrac{1}{24}$	$\dfrac{1}{14}$	$-\dfrac{1}{11}$	$\dfrac{1}{16}$	$-\dfrac{1}{14}$
$M = \alpha(g+q)l_0^2/\text{kN}\cdot\text{m}$	$-\dfrac{1}{24}\times 33.67\times 5.825^2 = -47.6$	$\dfrac{1}{14}\times 33.67\times 5.825^2 = 81.6$	$-\dfrac{1}{11}\times 33.67\times 5.825^2 = -103.89$	$\dfrac{1}{16}\times 33.67\times 5.75^2 = 69.58$	$-\dfrac{1}{14}\times 33.67\times 5.75^2 = 79.52$

表 8.7 次梁各截面剪力设计算

截 面	端支座右侧	离端第二支座左侧	离端第二支座右侧	中间支座左侧、右侧
剪力计算系数 β	0.45	0.6	0.55	0.55
$V = \beta(g+q)l_n/\text{kN}$	$0.45\times 33.67\times 5.825 = 88.26$	$0.6\times 33.67\times 5.825 = 117.68$	$0.55\times 33.67\times 5.75 = 106.48$	106.48

（4）承载力计算。次梁正截面受弯承载力计算时，支座截面按矩形截面计算，跨中截面按 T 形截面计算，其翼缘计算宽度为：

边跨 $b_f' = \dfrac{1}{3}l_0 = \dfrac{1}{3}\times 5\,825\text{ mm} = 1\,942\text{ mm} < b + s_0 = (200 + 2\,000)\text{mm} = 2\,200\text{ mm}$

离端第二跨、中间跨 $b_f' = \dfrac{1}{3}l_0 = \dfrac{1}{3}\times 5\,750\text{ mm} = 1\,916\text{ mm} < 2\,200\text{ mm}$

梁高 $h = 450\text{ mm}$，翼缘厚度 $h_f' = 80\text{ mm}$。各截面有效高度均按一排纵筋考虑，$h_0 = 450\text{ mm} - 35\text{ mm} = 415\text{ mm}$。纵向钢筋采用 HRB400 级（$f_y = 360\text{ N/mm}^2$），箍筋采用 HRB400 级（$f_{yv} = 360\text{ N/mm}^2$），混凝土采用 C30（$f_c = 14.3\text{ N/mm}^2$，$f_t = 1.43\text{ N/mm}^2$），$\alpha_1 = 1.0$。经判断各跨中截面均属于第一类 T 形截面。

次梁正截面及斜截面承载力计算分别见表 8.8、表 8.9。

表 8.8 次梁正截面承载力计算

截 面	端支座	边跨跨中	离端第二支座	中间跨跨中	中间支座
$M/\text{kN}\cdot\text{m}$	-47.6	81.6	-103.89	69.58	79.52
$\alpha_s = \dfrac{M}{\alpha_1 f_c b h_0^2}$	$\dfrac{47.6\times 10^6}{1.0\times 14.3\times 200\times 415^2} = 0.097$	$\dfrac{81.6\times 10^6}{1.0\times 14.3\times 1\,942\times 415^2} = 0.017$	$\dfrac{103.89\times 10^6}{1.0\times 14.3\times 200\times 415^2} = 0.211$	$\dfrac{69.58\times 10^6}{1.0\times 14.3\times 1916\times 415^2} = 0.015$	$\dfrac{79.52\times 10^6}{1.0\times 14.3\times 200\times 415^2} = 0.16$
ξ	0.102	0.017	0.24	0.015	0.177
γ_s	0.949	0.992	0.88	0.993	0.912
$A_s = \dfrac{M}{\gamma_s f_y h_0}/\text{mm}^2$	$\dfrac{47.6\times 10^6}{360\times 0.949\times 415} = 336$	$\dfrac{81.6\times 10^6}{360\times 0.992\times 415} = 550$	$\dfrac{103.89\times 10^6}{360\times 0.88\times 415} = 790$	$\dfrac{69.58\times 10^6}{360\times 0.993\times 415} = 469$	$\dfrac{79.52\times 10^6}{360\times 0.912\times 415} = 584$
选配钢筋	2 ⏀ 16	3 ⏀ 16	2 ⏀ 18 + 1 ⏀ 20	2 ⏀ 18	3 ⏀ 16
实配钢筋截面面积/mm²	402	603	823	509	603

表 8.9　次梁斜截面承载力计算

截　　面	端支座右侧	离端第二支座左侧	离端第二支座右侧	中间支座左侧、右侧
V/kN	88.26	117.68	106.48	106.48
$0.25\beta_c f_c bh_0/\text{kN}$	$297 > V$	$297 > V$	$297 > V$	$297 > V$
$0.7f_t bh_0/\text{kN}$	$83.1 < V$	$83.1 < V$	$83.1 < V$	$83.1 < V$
选用箍筋	双肢 $\phi 6$	双肢 $\phi 6$	双肢 $\phi 6$	双肢 $\phi 6$
$A_{sv} = nA_{sv1}/\text{mm}^2$	56.6	56.6	56.6	56.6
$s = \dfrac{f_{yv}A_{sv}h_0}{V - 0.7f_t bh_0}$ /mm	$\dfrac{360 \times 56.6 \times 415}{88\,260 - 83\,100}$ $= 1\,639$	$\dfrac{360 \times 56.6 \times 415}{117\,680 - 83\,100}$ $= 245$	$\dfrac{360 \times 56.6 \times 415}{106\,480 - 83\,100}$ $= 362$	$\dfrac{360 \times 56.6 \times 415}{106\,480 - 83\,100}$ $= 362$
实配箍筋间距/mm	200	200	200	200

次梁的配筋如图 8.28 所示。

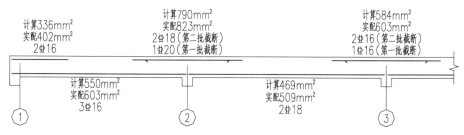

图 8.28　次梁的配筋

4）主梁计算

主梁按弹性理论方法计算。

（1）截面尺寸及支座简化

由于 $\left(\dfrac{EI}{l}\right)_{梁}\Big/\left(\dfrac{EI}{l}\right)_{柱} > 4$，故可将主梁视为铰支于柱上的连续梁进行计算，主梁的尺寸及计算简图如图 8.29 所示。

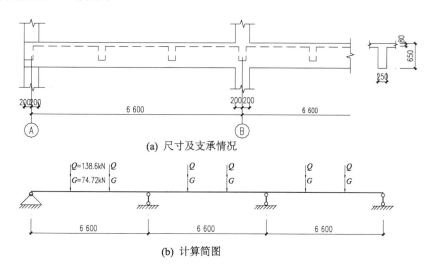

(a) 尺寸及支承情况

(b) 计算简图

图 8.29　主梁的尺寸及计算简图

（2）荷载计算

恒荷载设计值：

次梁传来恒荷载 $10.57 \times 6.0 \text{ kN} = 63.42 \text{ kN}$

主梁自重（折算为集中荷载）

$$1.3 \times 25 \times 0.25 \times (0.65 - 0.08) \times 2.2 \text{ kN} = 10.19 \text{ kN}$$

梁侧抹灰（折算为集中荷载）

$$1.3 \times 17 \times 0.02 \times (0.65 - 0.08) \times 2 \times 2.2 \text{ kN} = 1.11 \text{ kN}$$

合计 $G = 74.72 \text{ kN}$

活荷载设计值：

由次梁传来 $Q = 23.1 \times 6.0 \text{ kN} = 138.6 \text{ kN}$

总计 $G + Q = 213.32 \text{ kN}$

（3）主梁计算跨度的确定

边跨：$l_0 = l_c = 6.60 \text{ m}$

中间跨：$l_0 = l_c = 6.60 \text{ m}$

跨度同，可按等跨连续梁计算内力，则主梁的计算简图如图 8.29（b）所示。

（4）弯矩设计值

主梁在不同荷载作用下的内力计算可采用等跨连续梁的内力系数表进行，其弯矩和剪力设计值的具体计算结果见表 8.10、表 8.11。

表 8.10　主梁各截面弯矩计算

序号	荷载简图	边跨跨中	中间支座	中间跨跨中
		$\dfrac{K}{M_1}$	$\dfrac{K}{M_B(M_C)}$	$\dfrac{K}{M_2}$
①		0.244 / 120.33	−0.267 / −131.67	0.067 / 33.04
②		0.289 / 264.37	−0.133 / −121.66	−0.133 / −121.66
③		≈ $1/3 M_B = -40.55$	−0.133 / −121.66	0.200 / 182.95
④		0.229 / 209.48	−0.311(−0.089) / −284.49(−81.41)	0.170 / 155.51
最不利内力组合	①+②	384.7	−253.33	−88.62
	①+③	79.78	−253.33	215.99
	①+④	329.81	−416.16(−213.08)	188.55

表 8.11　主梁各截面剪力计算

序　号	荷载简图	端支座	中间支座	
		$\dfrac{K}{V_A^r}$	$\dfrac{K}{V_B^l(V_C^l)}$	$\dfrac{K}{V_B^r(V_C^r)}$
①	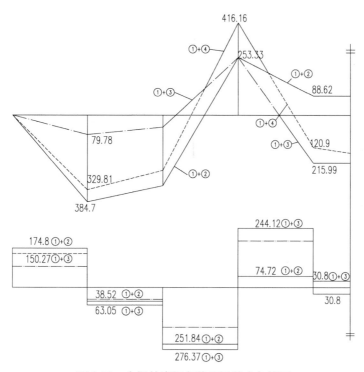	$\dfrac{0.733}{54.77}$	$\dfrac{-1.267(-1.000)}{-94.67(-77.72)}$	$\dfrac{1.000(1.267)}{74.72(94.67)}$
②		$\dfrac{0.866}{120.03}$	$\dfrac{-1.134}{-157.17}$	0
③		$\dfrac{0.689}{95.5}$	$\dfrac{-1.311(-0.778)}{-181.7(-107.83)}$	$\dfrac{1.222(0.089)}{169.4(12.34)}$
最不利 内力组合	①+②	174.8	−251.84	74.72
	①+③	150.27	−276.37(−185.55)	244.12(107.01)

将以上最不利内力组合下的弯矩图和剪力图分别叠画在同一坐标图上,即可得到主梁的弯矩包络图及剪力包络图,如图 8.30 所示。

图 8.30　主梁的弯矩包络图及剪力包络图

（5）承载力计算

主梁正截面受弯承载力计算时,支座截面按矩形截面计算(因支座弯矩较大,取 $h_0 =$ 650 mm−80 mm=570 mm),跨中截面按 T 形截面计算($h_f'=80$ mm, $h_0 = 650$ mm−40 mm=610 mm),其翼缘计算宽度为

$$b_f' = \frac{1}{3} l_0 = \frac{1}{3} \times 6\ 600 \text{ mm} = 2\ 200 \text{ mm} < b + s_0 = 6\ 000 \text{ mm}$$

纵向钢筋采用 HRB400 级（$f_y = 360$ N/mm²），箍筋采用 HRB400 级（$f_{yv} = 360$ N/mm²），混凝土采用 C30（$f_c = 14.3$ N/mm²，$f_t = 1.43$ N/mm²），$\alpha_1 = 1.0$。经判别各跨中截面均属于第一类 T 形截面。主梁正截面及斜截面承载力计算分别见表 8.12、表 8.13。

（6）主梁吊筋计算

由次梁传至主梁的全部集中荷载

$$G + Q = (63.42 + 138.6)\text{kN} = 202.02 \text{ kN}$$

吊筋采用 HRB400 级钢筋，弯起角度为 45°，则

$$A_s = \frac{G+Q}{2f_y \sin\alpha} = \frac{202.02 \times 10^3}{2 \times 360 \times \sin 45°} \text{ mm}^2 = 397 \text{ mm}^2$$

表 8.12　主梁正截面承载力计算

截　面	边跨跨中	中间支座	中间跨跨中	
$M/\text{kN}\cdot\text{m}$	384.7	-416.16	215.99	-88.62
$V_0\dfrac{b}{2}/\text{kN}\cdot\text{m}$		$244.12 \times \dfrac{0.4}{2} = 48.82$		
$M - V_0\dfrac{b}{2}/\text{kN}\cdot\text{m}$		-367.34		
$\alpha_s = \dfrac{M}{\alpha_1 f_c b h_0^2}$	$\dfrac{384.7 \times 10^6}{1.0 \times 14.3 \times 2\,200 \times 610^2}$ $= 0.033$	$\dfrac{367.34 \times 10^6}{1.0 \times 14.3 \times 250 \times 570^2}$ $= 0.316$	$\dfrac{215.99 \times 10^6}{1.0 \times 14.3 \times 2\,200 \times 610^2}$ $= 0.018$	$\dfrac{88.62 \times 10^6}{1.0 \times 14.3 \times 250 \times 590^2}$ $= 0.071$
ξ	0.033	0.393	0.018	0.074
γ_s	0.983	0.803	0.991	0.963
$A_s = \dfrac{M}{\gamma_s f_y h_0}/\text{mm}^2$	$\dfrac{384.7 \times 10^6}{360 \times 0.983 \times 610}$ $= 1\,782$	$\dfrac{367.34 \times 10^6}{360 \times 0.803 \times 570}$ $= 2\,229$	$\dfrac{215.99 \times 10^6}{360 \times 0.991 \times 610}$ $= 992$	$\dfrac{88.62 \times 10^6}{360 \times 0.963 \times 590}$ $= 433$
选配钢筋	2 ⏀ 25 + 2 ⏀ 22	4 ⏀ 22 / 2 ⏀ 22	2 ⏀ 20 + 1 ⏀ 22	2 ⏀ 22
实配钢筋 截面面积 /mm²	1 742	2 281	1 008	760

注：计算中间支座边缘弯矩时，剪力 V_0 取同一工况下支座左右两侧剪力中较小值。见表 8.11。

表 8.13　主梁斜截面承载力计算

截　面	支座 A	支座 Bl(左)	支座 Br(右)
V/kN	174.8	276.37	244.12
$0.25\beta_c f_c b h_0/\text{kN}$	$549.19 > V$	$509.44 > V$	$509.44 > V$
$0.7 f_t b h_0/\text{kN}$	$152.65 < V$	$142.64 < V$	$142.64 < V$
选用箍筋	双肢 ⏀ 8	双肢 ⏀ 8	双肢 ⏀ 8
$A_{sv} = nA_{sv1}/\text{mm}^2$	101	101	101
$s = \dfrac{f_{yv}A_{sv}h_0}{V - 0.7f_t b h_0}/\text{mm}$	$\dfrac{360 \times 101 \times 610}{174\,800 - 152\,650}$ $= 1\,001$	$\dfrac{360 \times 101 \times 570}{276\,370 - 142\,640}$ $= 155$	$\dfrac{360 \times 101 \times 570}{244\,120 - 142\,640}$ $= 204$
实配箍筋间距 /mm	150	150	200

选配 2 Φ 16(402 mm²),主梁的配筋如图 8.31 所示。

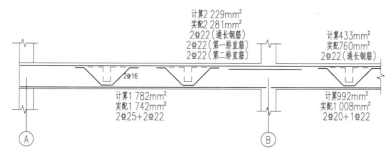

图 8.31　主梁的配筋

5) 梁板结构施工图

板、次梁配筋图和主梁配筋及材料图如图 8.32、图 8.33、图 8.34 所示。

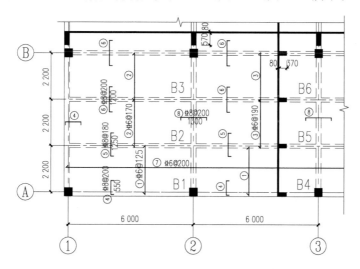

图 8.32　板配筋图

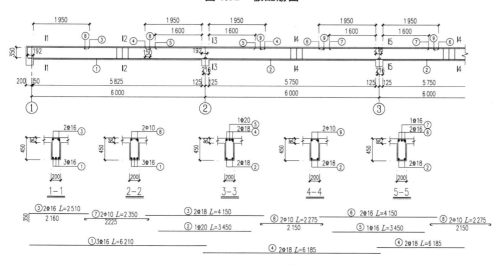

图 8.33　次梁配筋图

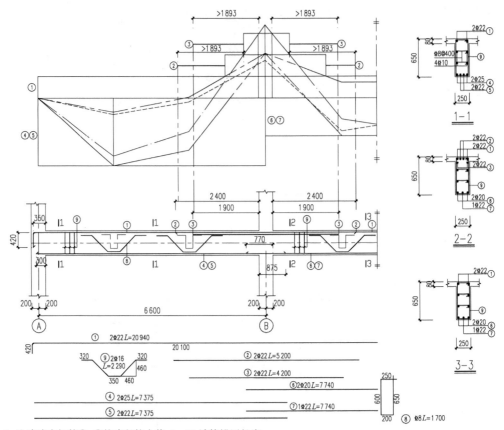

注：1. 边跨跨中钢筋④、⑤按直径较大值 $d=25$ 计算锚固长度；
   2. 支座 B 钢筋②、③长度除满足抵抗弯矩图确定长度外，宜取 50 的倍数；
   3. 为方便施工，支座左右长度宜对称，按较大值取，例题中钢筋②、③按支座 B 右侧长度取整后确定。

图 8.34　主梁配筋及材料图

8.3　现浇整体式钢筋混凝土双向板肋梁楼盖的设计与计算

由于建筑设计、使用功能及其他条件的需要，楼盖往往布置成双向板肋梁结构。本章 8.1 节中已论述了双向板的判别方法。从理论上讲，凡两个方向上的受力都不能忽略的板称为双向板。双向板的支承方式可以是四边支承、三边支承板或相邻边支承。肋梁楼盖中的双向板大都是四周支承板，支承构件可以是墙体或梁。

与单向板不同的是双向板上的荷载沿两个跨度方向传递，两个方向的弯曲变形和内力都应计算，受力钢筋也应沿板的两个方向布置。双向板肋梁楼盖受力性能较好，跨度可达 5 m，常用于民用及公共建筑房屋跨度较大的房间以及门厅等处。当梁格尺寸及使用荷载较大时，双向板肋梁楼盖比单向板肋梁楼盖经济，所以也常用于工业建筑楼盖中。

8.3.1　双向板的受力特点

双向板的受力特征不同于单向板，它在两个方向的横截面上都作用有弯矩和剪力，另外还有扭矩。双向板中因有扭矩的存在，受力后使板的四周有上翘的趋势，受到墙或梁的约束后,使板的跨中弯矩减少,而显得刚度较大,因此双向板的受力性能比单向板优越。双向板的受力情况较为复杂,其内力的分布取决于双向板四边的支承条件(简支、嵌固、自由等)、几何条件(板边长的比值)以及作用于板上荷载的性质(集中力、均布荷载)等因素。

试验研究表明:在承受均布荷载作用的四边简支正方形板中,在裂缝出现之前,板基本上处于弹性工作阶段。随着荷载的增加,第一批裂缝首先出现在板底中央,随后沿对角线成45°向四角扩展,如图 8.35(a)所示。在接近破坏时,在板的顶面四角附近出现了垂直于对角线方向的圆弧形裂缝,如图 8.35(b)所示,它促使板底对角线方向裂缝进一步扩展,最终由于跨中钢筋屈服导致板的破坏。

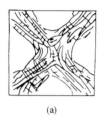 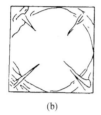 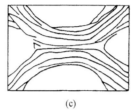 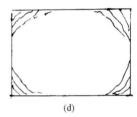

| (a) | (b) | (c) | (d) |

图 8.35　双向板的破坏裂缝

在承受均布荷载的四边简支矩形板中,第一批裂缝出现在板底中央且平行长边方向如图 8.35(c)所示;当荷载继续增加时,这些裂缝逐渐延伸,并沿 45°方向向四角扩展,然后板顶四角亦出现圆弧形裂缝,如图 8.35(d)所示,最后导致板的破坏。

简支方板或矩形板板面出现环状裂缝的原因:板四角受到约束,不能自由翘起造成的。双向板在弹性工作阶段,板的四角有翘起的趋势,若周边没有可靠固定,将产生如图 8.36 所示犹如碗形的变形,板传给支座的压力沿边长不是均匀分布的,而是在每边中心处达到最大值,因此,在双向板肋形楼盖中,由于板顶面实际会受墙或支承梁约束,破坏时就会出现如图 8.35 所示的板底及板顶裂缝。

图 8.36　双向板的变形

8.3.2　双向板按弹性理论的分析方法

与单向板的一样,双向板在荷载作用下的内力分析亦有弹性理论和塑性理论两种方法,本章仅介绍弹性理论计算方法;有关双向板的塑性理论设计方法,请参阅有关书籍资料。

1) 单区格双向板的内力和挠度计算

双向板的板厚与其跨度相比一般较小,同时假定板为各向同性弹性板,则双向板可按弹性薄板小挠度理论计算。但这种方法的理论计算是相当繁杂的,为了实用方便,根据板四周的支承情况和板两个方向跨度的比值,将按弹性理论的计算结果制成数字表格,供设计时查用。在附表 18 中,按边界条件选列了 6 种计算简图,如图 8.37 所示,分别给出了在均布荷载作用下的弯矩和挠度系数,板的计算则按式(8.14)、式(8.15)进行。

$$M = 表中弯矩系数 \times (g+q)l^2 \tag{8.14}$$

$$f = 表中弯矩系数 \times \frac{(g+q)l^2}{B_c} \tag{8.15}$$

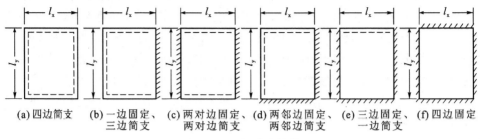

|(a)四边简支|(b)一边固定、
三边简支|(c)两对边固定、
两对边简支|(d)两邻边固定、
两邻边简支|(e)三边固定、
一边简支|(f)四边固定|

图 8.37 双向板的计算简图

式中 M ——跨内或支座弯矩设计值;

f ——中央板带处跨内最大挠度值;

g、q ——均布恒荷载和活荷载设计值;

l ——取用 l_x 和 l_y 中之较小者。

B_c ——板宽 1 m 的截面抗弯刚度。

需要说明的是,附表 18 中的系数是根据材料的泊松比 $\nu = 0$ 制定的。对于跨内弯矩尚需考虑横向变形的影响,当 $\nu \neq 0$ 时,则应按下式进行折算:

$$M_x^\nu = M_x + \nu M_y \tag{8.16}$$

$$M_y^\nu = M_y + \nu M_x \tag{8.17}$$

式中 M_x^ν、M_y^ν —— l_x 和 l_y 方向考虑 ν 影响的跨内弯矩设计值;

M_x、M_y —— l_x 和 l_y 方向 $\nu = 0$ 时的跨内弯矩设计值;

ν ——泊松比,对钢筋混凝土可取 $\nu = 0.2$。

2) 多区格连续双向板的内力计算

精确计算多跨连续板的内力是相当复杂的,在实际工程中一般采用实用的简化计算方法。实用计算方法的基本思路是通过对双向板上活荷载的最不利布置以及支承情况等的合理简化,将多跨连续板转化为单跨双向板并查用单区格双向板的内力系数表进行计算。该方法假定其支承梁抗弯刚度很大,梁的竖向变形可忽略不计且不受扭,同时规定,当在同一方向的相邻最大与最小跨度之差小于 20% 时可按下述方法计算:

(1) 各区格板跨中最大正弯矩

在计算多跨连续双向板某跨跨中的最大弯矩时,与多跨连续单向板类似,也需要考虑活荷载的最不利布置。当求某区格板跨中最大弯矩时,应在该区格布置活荷载,然后在其左右前后分别隔跨布置活荷载,形成棋盘式的活荷载布置,如图 8.38(a) 所示。此时,有活载作用区格的均布荷载为 $g + q$,无活载作用区格的均布荷载仅为 g,活载作用的各区格板内,均分别产生跨中最大正弯矩。如果将棋盘式活载错位布置,则另外一些区格内均分别产生跨中最大正弯矩。所以任一区格板的计算均相同,不必每区格板分别考虑不利布置。

在图 8.38(b) 所示的荷载作用下,任一区格板的边界条件为既非完全固定又非理想简支的情况。为了能利用单跨双向板的内力计算系数表来计算连续双向板,可以采用下列近似方法:把棋盘式布置的荷载分解为各跨满布的对称荷载(如图 8.38(c))和各跨向上向下相间作用的反对称荷载(如图 8.38(d))。此时

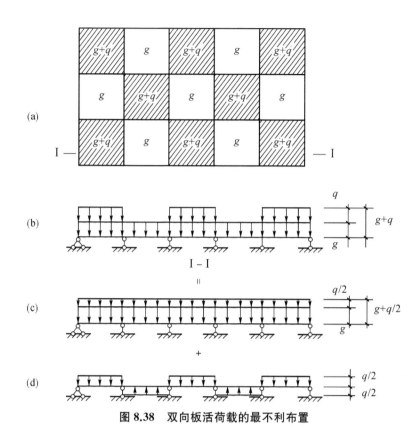

图 8.38　双向板活荷载的最不利布置

对称荷载
$$g' = g + \frac{q}{2} \tag{8.18}$$

反对称荷载
$$q' = \pm \frac{q}{2} \tag{8.19}$$

在对称荷载 $q' = g + \dfrac{q}{2}$ 作用下,所有中间支座两侧荷载相同,则支座的转动变形很小,可将所有中间支座均视为固定支座,则中间区格板均可视为四边固定双向板查表计算;对于其他的边、角区格板,可根据其外边界条件按实际情况确定,可分为三边固定、一边简支和两边固定、两边简支以及四边固定等。这样,根据各区格板的四边支承情况,即可分别求出在对称荷载 $g' = g + \dfrac{q}{2}$ 作用下的跨中弯矩。

在反对称荷载 $q' = \pm \dfrac{q}{2}$ 作用下,在中间支座处相邻区格板的转角方向是一致的,大小基本相同,若忽略梁的扭转作用,则可近似地认为支座截面弯矩为零,从而将所有中间支座均视为简支支座。因而在反对称荷载 $q' = \pm \dfrac{q}{2}$ 作用下,各区格板的跨中弯矩可按单跨四边简支双向板来计算。

最后将各区格板在上述两种荷载作用下的跨中弯矩相叠加,即得到各区格板的跨中最大弯矩。

（2）支座最大负弯矩

考虑到隔跨活荷载对计算跨弯矩的影响很小，为了简化计算，可近似认为恒荷载和活荷载皆满布在连续双向板所有区格时支座产生最大负弯矩。此时，各中间支座均视为固定，各周边支座根据其外边界条件按实际情况确定，利用附表 18 求得各区格板中各固定边的支座弯矩。对某些中间支座，若由相邻两个区格板求得的同一支座弯矩不相等，则可近似地取其平均值作为该支座最大负弯矩。

8.3.3 双向板的截面设计与配筋构造

1）截面设计

（1）双向板的厚度

双向板的厚度一般应不小于 80 mm，也不宜大于 160 mm，且应满足表 5.1 的规定。双向板一般可不做变形和裂缝验算，因此要求双向板应具有足够的刚度。对于简支情况的板，其板厚 $h \geqslant l_0/40$；对于连续板，$h \geqslant l_0/50$（l_0 为板短跨方向上的计算跨度）。

（2）连续板的弯矩折减

对于周边与梁整体连接的双向板，由于在两个方向受到支承构件的变形约束，开裂后板在两个方向上均有拱作用，进而形成"穹顶"作用，使板内弯矩减小。于是对四边与梁整体连接的双向板，其计算弯矩可根据下列情况予以折减：

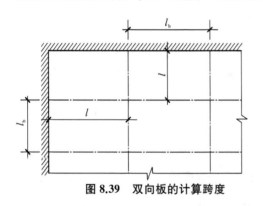

图 8.39 双向板的计算跨度

① 中间区格的跨中截面及中间支座减少 20%。

② 边区格的跨中截面及从楼板边缘算起的第二支座截面，当 $l_b/l < 1.5$ 时，减少 20%；当 $1.5 \leqslant l_b/l \leqslant 2.0$ 时，减少 10%（l 为垂直于板边缘方向的计算跨度，l_b 为沿板边缘方向的计算跨度，如图 8.39 所示）。

③ 角区格不折减。

（3）板的配筋计算

由于双向板短跨方向的跨中弯矩比长跨方向大，因此短跨方向的受力钢筋应放在长跨方向受力钢筋的外侧，以充分利用板的有效高度。如对一类环境，截面设计时，板的截面有效高度 h_0 的取值通常为：

短跨方向　　$h_0 = h - 20$ mm

长跨方向　　$h_0 = h - 30$ mm

式中，h 为板厚（mm）。

由单位宽度的截面弯矩设计值 M，按下式计算受拉钢筋面积 A_s：

$$A_s = \frac{M}{\gamma_s h_0 f_y}$$

式中，γ_s 为内力臂系数，近似取 0.90～0.95。

2）配筋构造

双向板宜采用 HRB400 级、HPB300 级钢筋，其配筋方式类似于单向板，也有弯起式配筋和分离式配筋两种,如图8.40所示。为方便施工,实际工程中多采用分离式配筋。

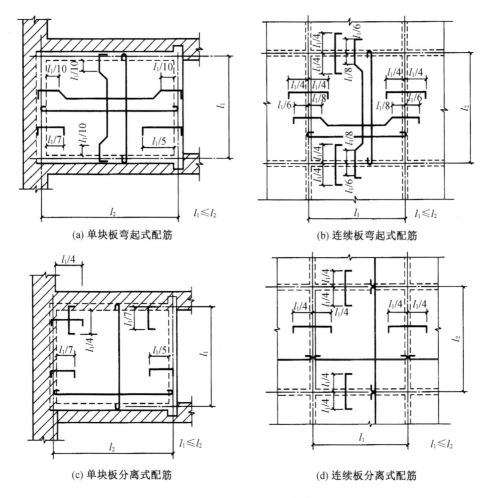

(a) 单块板弯起式配筋　　　　　(b) 连续板弯起式配筋

(c) 单块板分离式配筋　　　　　(d) 连续板分离式配筋

图 8.40　连续双向板的配筋方式

按弹性理论计算时,板底钢筋数量是根据跨中最大弯矩求得的,而跨中弯矩沿板宽向两边逐渐减小,故配筋亦可逐渐减少。考虑到施工方便,可按图8.41所示将板在两个方向各划分成三个板带,边缘板带的宽度为较小跨度的1/4,其余为中间板带。在中间板带内按跨中最大弯矩配筋,而两边板带配筋为其相应中间板带的一半。连续板的支座负弯矩钢筋,是按各支座的最大负弯矩分别求得,故应沿全支座均匀布置而不在边缘板带内减少。但在任何情况下,每米宽度内的钢筋不得少于4根。

8.3.4　双向板支承梁的设计

1) 支承梁的内力分析

作用在双向板上的荷载是沿两个方向传到四边的支承梁上的,通常采用如图8.42(a)所示的方法近似确定双向板传递到四周梁上的荷载:从每一区格的四角作45°线与平行于长边的中线相交,将整块板分成四个板块,每个板块的荷载传至相邻的支承梁上。因此,长边

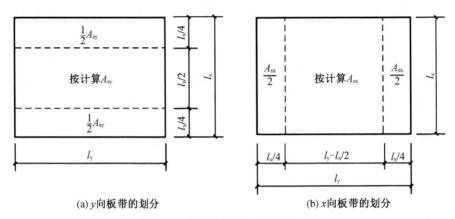

(a) y 向板带的划分   (b) x 向板带的划分

图 8.41 双向板配筋时板带的划分

的梁上由板传的荷载呈梯形分布,短边的梁上荷载则呈三角形分布。先将梯形和三角形荷载折算成等效均布荷载 q'(如图 8.42(b)):

三角形荷载:$q' = \dfrac{5}{8}q$;

梯形荷载:$q' = (1 - 2\alpha^2 + \alpha^3)q$ (其中 $\alpha = a/l_0$)

利用前述的方法求出最不利情况下的各支座弯矩,再根据所得的支座弯矩和梁上的实际荷载,利用静力平衡关系,分别求出跨中弯矩和支座剪力。

2)支承梁的截面设计

双向板支承梁的截面设计与构造要求与单向板肋梁楼盖中的主次梁类似,此处不再赘述。

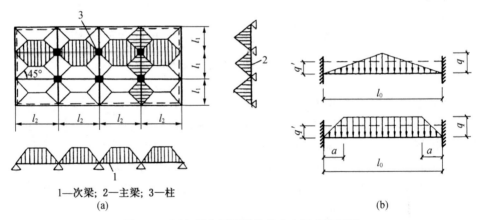

1—次梁;2—主梁;3—柱

(a)   (b)

图 8.42 双向板支承梁的荷载分布及荷载折算

8.3.5 整体式双向板肋梁楼盖设计例题

【例 8.2】 某工业厂房楼盖采用双向板肋梁楼盖,支承梁截面尺寸为 200 mm × 500 mm,楼盖梁格布置如图 8.43 所示。试按弹性理论计算各区格双向板的弯矩,并进行截面配筋计算。

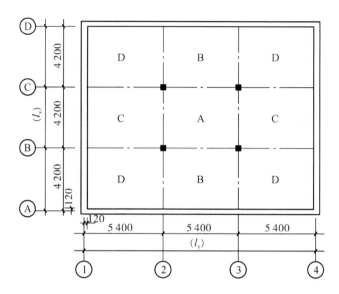

图 8.43　楼盖梁格布置图

扫二维码查阅本例题解答。

8.4　现浇整体式钢筋混凝土无梁楼盖的受力特点与构造要求

8.4.1　概述

无梁楼盖是由板和柱组成的板柱结构体系。无梁楼盖中一般将混凝土板支承于柱上,常用的均为双向板无梁楼盖,与相同柱网尺寸的梁板结构比较,其板的厚度要大一些。为了增强板与柱的整体连接,通常在柱顶设置柱帽、托板(如图 8.44),这样可以提高柱顶处板的受冲切承载力,有效地减小板的计算跨度,使板的配筋经济合理。当柱网尺寸和楼面荷载较小时,也可以不设

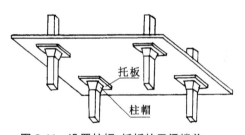

图 8.44　设置柱帽、托板的无梁楼盖

柱帽。柱和柱帽的截面形状可根据建筑使用要求设计成矩形和圆形。

无梁楼盖的优点是结构体系简单,传力途径短,楼板层结构高度较肋梁楼盖为小,因此可以减小建筑层高;天棚平整,可以大大改善采光、通风和卫生条件,并可节省模板,简化施工。一般当楼面荷载在 5 kN/m² 以上,跨度在 6 m 以内时,无梁楼盖较肋梁楼盖经济。因此,无梁楼盖常用于多层厂房、仓库、商场、冷藏库、车库等建筑,随着升板结构的推广,无梁楼盖又得到了新的应用。

无梁楼盖的柱网通常布置成正方形或矩形,以正方形最为经济。楼盖的四周可支承在墙上(如图 8.45(a)或边梁上(如图 8.45(b)),或悬臂伸出边柱以外(如图8.45(c)),悬臂板挑出的距离接近 $0.4l_0$ 时(l_0 为中间区格计算跨度),能使边支座负弯矩约等于中间

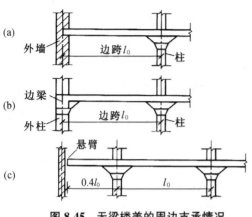

(a) 外墙　边跨l_0　柱

(b) 边梁　外柱　边跨l_0　柱

(c) 悬臂　0.4l_0　l_0

图 8.45　无梁楼盖的周边支承情况

支座的弯矩值,可取得一定的经济效果,但它将使房屋周边形成狭窄地带,不利于建筑物使用。

无梁板与柱构成的板柱结构体系,由于侧向刚度较差,只有在层数较少的建筑中才靠板柱结构本身来抵抗水平荷载。当层数较多或要求抗震时,一般需设剪力墙、筒体等来增加侧向刚度。

无梁楼盖可以是整体式,也可以是装配式,升板结构施工方法集整体式和装配式无梁楼盖的优点,可以提高施工质量和速度,但施工技术水平要求较高,用钢量较大。

8.4.2　无梁楼盖的受力特点

无梁楼盖在竖向荷载作用下,其受力可视为支承在柱上的交叉板带体系,如图 8.46 所示。柱轴线两侧各 $l_x/4$(或 $l_y/4$)宽的板带称为柱上板带,柱距中间宽度为 $l_x/2$(或 $l_y/2$)的板带称为中间板带。

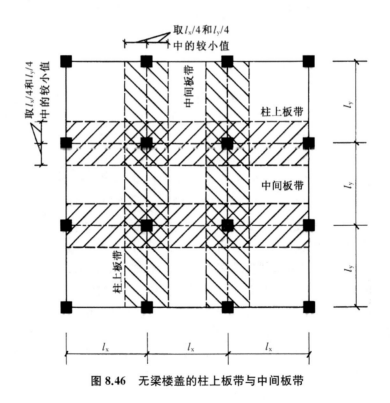

取 $l_x/4$和$l_y/4$ 中的较小值

取 $l_x/4$ 和$l_y/4$ 中的较小值

中间板带　柱上板带　中间板带　柱上板带

l_y　l_y　l_y

l_x　l_x　l_x

图 8.46　无梁楼盖的柱上板带与中间板带

无梁楼盖中柱上板带和跨中板带的弯曲变形和弯矩分布大致如图 8.47。板在柱顶处变形为峰形凸曲面,在区格中部处变形为碗形凹曲面。因此,板在跨内截面上均为正弯矩,且在柱上板带内的正弯矩较大,在跨中板带内的正弯矩较小;而在柱中心线截面上为负弯矩,由于柱的存在,柱上板带的刚度比跨中板带的刚度大得多,故在柱上板带内的负弯矩(绝对值)比跨中板带内的负弯矩(绝对值)大得多。因此柱上板带相当于以柱为支承点的连续扁梁(当柱的线刚度相对较小可忽略时,板柱之间可视为铰接)或与柱形成框架,而中间板带则可视为弹性支承在另一方向柱上板带上的连续梁。

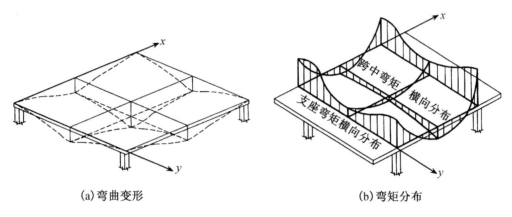

(a)弯曲变形　　　　　　　　　　　(b)弯矩分布

图 8.47　无梁楼盖一个区格的变形及受力示意图

　　试验研究表明:在均布荷载作用下,第一批裂缝出现在柱帽顶面上;继续加载,在板顶出现沿柱列轴线的裂缝。随着荷载的不断增加,板顶裂缝不断发展,在板底跨中约 1/3 跨度内成批地出现相互垂直且平行于柱列轴线的裂缝。当即将破坏时,在柱帽顶面上和柱列轴线的板顶以及跨中板底的裂缝中出现一些特别大的主裂缝。在这些裂缝处,受拉钢筋达到屈服,受压区混凝土被压碎。混凝土裂缝处塑性铰线的"相继"出现,使楼盖结构产生塑性内力重分布,并将楼盖结构分割成若干板块,使结构变成几何可变体系,结构也达到承载力极限状态。

8.4.3　无梁楼盖的构造要求

　　精确计算无梁楼盖的挠度是比较复杂的,在一般情况下不予计算,因而板厚必须使楼盖具有足够的刚度。在设计时板厚 h 宜遵守下列规定:有顶板柱帽时 $h \geqslant l_0/35$;无顶板柱帽时 $h \geqslant l_0/32$;l_0 为区格板的长边计算跨长。无梁楼盖的板厚均应 $\geqslant 150$ mm。当采用无柱帽时,柱上板带可适当加厚,加厚部分的宽度取相应板跨的 30%。

　　根据柱上和跨中板带截面弯矩算得的钢筋可沿纵横两个方向均匀布置于各自的板带上。钢筋的直径和间距,与一般双向板的要求相同,对于承受负弯矩的钢筋,其直径不宜小于 12 mm,以保证施工时具有一定的刚性。

　　无梁楼盖板的配筋形式也有弯起式和分离式两种,通常采用分离式配筋,这样既可减少钢筋类型,又便于施工。

　　无梁楼盖的周边应设置边梁,其截面高度应不小于板厚的 2.5 倍,与板形成倒 L 形截面。边梁除了与边柱上的板带一起承受弯矩外,还承受由垂直于边梁轴线方向各板带传来的扭矩,所以应配必要的抗扭构造钢筋。

8.5 现浇混凝土空心楼盖

在现浇混凝土楼盖结构中,现浇混凝土空心楼盖结构是指在楼板内按设计间距埋置内模后经浇筑混凝土而形成空腔的楼盖结构。这是继普通梁板式楼盖、无梁楼盖体系、密肋楼盖体系、无粘结预应力无梁楼盖后的一种全新现浇楼盖结构体系。现浇钢筋混凝土空心楼盖常常与预应力技术相结合,使该结构体系的运用范围、运用效果进一步扩大,可广泛适用于大跨度、大空间、大荷载的建筑中。与传统技术相比较,现浇混凝土空心楼盖可节省混凝土量,降低综合造价,主要适用于学校、桥梁、阅览室、办公写字楼、商场、厂房、地下停车场、大开间住宅等项目。

8.5.1 现浇混凝土空心楼盖的组成与特点

现浇混凝土空心楼盖由现浇混凝土框架梁、密肋梁、现浇板及置于肋间非拆除式内模组成。内模可采用空心的筒芯、箱体,也可采用轻质实心的筒体、块体。空心筒芯常采用高强薄壁空心管,实心筒体、块体常选用聚苯乙烯芯模如图8.48。

(a)薄壁筒体　　　　　(b)实心筒体　　　　　(c)薄壁箱体

图 8.48　现浇混凝土空心板常用内模

现浇混凝土空心楼板技术克服了传统预制混凝土空心楼板整体性差、跨度小以及楼板易出现裂缝、漏水和隔音不好等诸多不利因素。现浇楼板内放置永久的内模,使楼板空心率通常达25%～50%,节省资源,减轻楼板自重。同时由于楼盖内的封闭空腔减少了热量与噪音的传递,可以明显改善楼板的保温隔热性能和隔音效果。由于楼板混凝土现场浇筑,故整体受力性能良好,相比传统的预制空心板,现浇混凝土空心楼板在跨度方面也有突破,通常可达15 m,若结合预应力技术,跨度可达24 m。另外,因板底平整,与普通梁板结构相比,现浇空心楼板降低了结构高度,增加了室内净高,同时减少了支、拆模人工费用,施工方便、快捷,降低了施工成本。

8.5.2 现浇混凝土空心楼盖的构造要点

1) 材料

现浇混凝土空心楼盖内模筒芯的筒壁应密实,筒芯两端封板应与筒体牢固连接,端面平整。筒芯的外径 D(mm)可取为 100、120、150、180、200、220、250、280、300、350、400、450、500;筒芯的长度 L(mm)可取为 500、1 000、1 500、2 000。空心箱体应具有可靠的密封性。实心筒体、实心块体应具有满足施工要求的强度和韧性。空心箱体及实心块体的底面宜为正方形,其边长可取 400～1 200 mm,箱体的高度可取 120～500 mm。

现浇混凝土空心楼盖的纵向受力钢筋宜采用 HRB400、HRB335 级钢筋或其他带肋钢筋、焊接网片。混凝土强度等级不应低于 C20,现浇预应力混凝土空心楼盖不应低于 C30,混凝土耐久性基本要求应符合《规范》的有关规定。

2)一般构造要求

当内模为筒芯时,楼板的厚度不宜小于 180 mm,板顶厚度和板底厚度宜相等,且不应小于 40 mm。筒芯沿顺筒方向宜间断布置,也可连续布置,当间断布置时,横筒肋宽尺寸不应小于 100 mm。顺筒肋宽尺寸,对钢筋混凝土楼板,不应小于 50 mm;对预应力混凝土楼板不应小于 60 mm,如图 8.49。

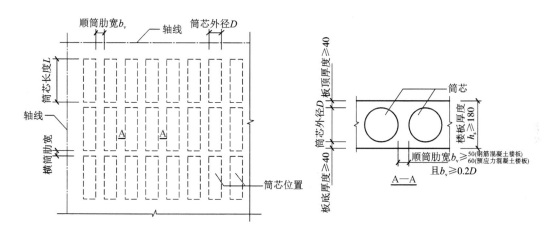

图 8.49 筒芯内模平面布置示意图

当内模为箱体时,楼板的厚度不宜小于 250 mm,板顶厚度、板底厚度不应小于 50 mm,且板顶厚度不应小于箱体底面边长 1/15。箱体间肋宽与箱体高度的比值不宜小于 0.25,且肋宽尺寸不应小于 100 mm,如图 8.50。

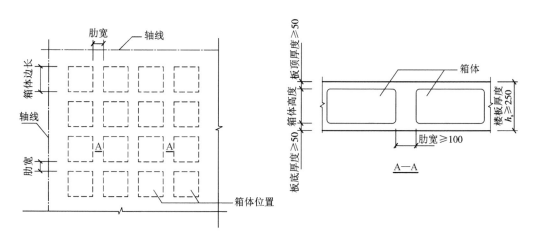

图 8.50 箱体内模平面布置示意图

在筒芯间肋宽、筒芯端距范围内,均应根据肋宽大小设置单肢网片或双肢构造箍筋,其间距不宜大于 300 mm。楼板中非预应力纵向受力钢筋可均匀布置,钢筋间距不宜大于 250 mm。楼板中无粘结预应力钢筋可布置在顺筒方向的肋宽、横筒方向的筒芯端距、箱体间肋宽和楼板周边的混凝土实心部分。

8.6 钢筋混凝土装配式楼盖

楼板除了应具有足够的强度、刚度、安全稳定性外,还应具有良好的隔声、防火、防潮、防渗等性能。屋面板的功能除了楼板的功能外,还要有抵御风、雨、雪的侵袭、防水防渗、保温隔热以及节能环保等功能。对于装配整体式的叠合板,一般当现浇的叠合层厚度大于 80 mm 时,其整体性与整体式楼板的差别不大。结构转换层、平面复杂或开洞较大的楼层、作为上部结构嵌固部位的地下室楼层宜采用现浇楼盖。

8.6.1 楼(屋)面板种类

钢筋混凝土装配式楼盖在工业与民用建筑中常有应用,装配式楼(屋)面板可以采用以下几种类型:预制混凝土叠合楼板、钢筋桁架组合板和压型钢板混凝土组合板。(表 8.14)

表 8.14 常见楼板体系性能的对比

楼板种类	压型钢板组合楼板	钢筋桁架楼层板	现浇混凝土楼板	预制混凝土叠合楼板
装配化	部分装配化	部分装配化	无	部分装配化
施工效率	湿作业量大 施工效率快	湿作业量大 施工效率快	湿作业量大 施工效率低	湿作业量少 施工效率高
楼板刚度	大	大	大	较大
楼层净高	较小	大	大	大
防火与防腐	需要	不需要	不需要	不需要
吊顶	需要	依据拆模	不需要	不需要
造价	较高	较高	低	适中

1) 压型钢板混凝土组合楼板

压型钢板混凝土组合楼板是先在钢梁上铺设凹凸相间的薄钢板作为衬板,然后在钢板上现浇混凝土形成的组合楼板,并通过焊接于钢梁上的栓钉加强板的整体性,如图 8.51 所示。压型钢板混凝土组合楼板有两种形式:一种是压型钢板仅作为永久性模板使用,需要在混凝土板底配置跨中受拉钢筋;另一种是压型钢板既当作模板又可替代底板受拉钢筋,且要求压型钢板必须与混凝土可靠连接,保证两者能形成整体性构件。

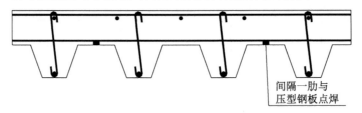

间隔一肋与
压型钢板点焊

图 8.51 压型钢板混凝土组合楼板示意图

2）钢筋桁架混凝土组合板

钢筋桁架混凝土组合楼板是在压型钢板混凝土组合楼板的基础上发展而来的。钢筋架楼板是将原本在现场绑扎的楼板底部钢筋在工厂加工成钢桁架后,并将其与底模钢板连成一体的组合模板,如图 8.52 所示。

钢筋桁架混凝土组合楼板可减少现场钢筋绑扎工作量 70% 左右,并且采用工厂化的加工能够使面层与底层钢筋间距及混凝土保护层厚度得到保证,钢筋排列均匀,可提高楼板的质量。底部的钢板仅作为模板使用,所以不要考虑防火喷涂及防腐维护的问题,同时加快了现场施工速度。

图 8.52 钢筋桁架混凝土组合板示意图　　图 8.53 预制预应力叠合楼板示意图

3）预制预应力叠合楼板

预制预应力叠合板是先在工厂生产预应力混凝土底板,然后运至施工现场与钢梁连接安装后,再在其上现浇混凝土面层而形成的一种楼板形式。根据底板的截面形式,叠合板可以分为平板型叠合板（如图 8.53 所示）、带肋底板型叠合板、空心底板型叠合板和夹芯板型叠合板四大类。

8.6.2　叠合板构造

装配整体式结构中的楼板大多采用叠合板施工工艺。叠合板由预制板和现浇层复合组成,预制板在施工时作为永久性模板承受施工荷载,而在结构施工完成后则与现浇层一起形成整体,传递结构荷载。在此,以常规叠合板为例介绍其构造要求,对于其他形式的叠合板,可参照进行设计。

叠合板的预制板厚度不宜小于 60 mm,后浇混凝土叠合层厚度不应小于 60 mm。

预制板与后浇混凝土叠合层之间的接合面应设置粗糙面,粗糙面的面积不宜小于接合面的 80%,凹凸深度不应小于 4 mm。

叠合板可单向或双向布置,叠合板之间的接缝,可以采用两种构造措施:分离式接缝和整体式接缝。分离式接缝适用于以预制板的搁置线为支承边的单向叠合板,而整体式接缝适用于四边支承的双向叠合板。

分离式接缝形式简单,利于构件的生产和施工,板缝边界主要传递剪力,弯矩传递能力较差。当采用分离式接缝时,为保证接缝不发生剪切破坏,同时控制接缝处裂缝的开展,应

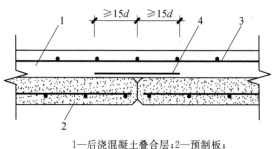

1—后浇混凝土叠合层；2—预制板；
3—后浇层内钢筋；4—附加钢筋

图 8.54 单向叠合板侧分离式接缝构造示意图

在接缝处紧邻预制板顶面设置垂直于板缝的附加钢筋，附加钢筋的截面面积不宜小于预制板中该方向钢筋的面积。钢筋直径不宜小于 6 mm、间距不宜大于 250 mm。附加钢筋伸入梁侧后浇混凝土叠合层的锚固长度不应小于 $15d$（d 为纵向受力钢筋直径），如图 8.54 所示。

当预制板侧接缝可实现钢筋与混凝土的连续受力时，可视为整体式接缝。一般采用后浇带的形式对整体式接缝进行处理。为了保证后浇带具有足够的宽度来完成钢筋在后浇带中的连接或锚固连接，并保证后浇带混凝土与预制混凝土的整体性，后浇带的宽度不宜小于 200 mm，其两侧板底纵向受力钢筋可在后浇带中通过焊接、搭接或弯折锚固等方式进行连接。

当后浇带两侧板底纵向受力钢筋在后浇带中弯折锚固时（图 8.55），叠合板的厚度不宜小于 $10d$（d 为弯折钢筋直径的较大值）和 120 mm，以保证弯折后锚固的钢筋具有足够的混凝土握裹；预制板侧伸出的纵向受力钢筋应在后浇混凝土叠合层内锚固，且锚固长度不应小于钢筋锚固长度 l_a，两侧钢筋在接缝处重叠的长度不应小于钢筋直径的 10 倍，以实现应力的可靠传递；为了保证钢筋应力转换平顺，同时避免钢筋弯折处混凝土挤压破坏，钢筋的弯折角度不应大于 30°，同时在弯折处沿接缝方向应配置不少于 2 根通长构造钢筋，且直径不应小于该方向预制板内钢筋直径。

板底纵向受力钢筋在后浇带内弯折锚固的措施，由于不需要对大量的板底钢筋进行现场作业，后浇带锚固区的长度小，受到工程实践的欢迎。试验研究表明，这种构造形式的叠合板整体性较好。但是，与整浇板相比，预制板接缝处的应变集中，裂缝宽度较大，导致构件的挠度比整体现浇板略大，接缝处受弯承载能力略有降低。因此，整体式接缝应避开双向板受力的主要方向和弯矩最大的截面。当上述位置无法避开时，可以适当增加两个方向的受力钢筋。

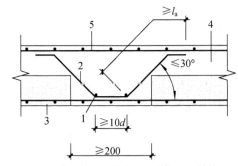

1—通长构造钢筋；2—纵向受力钢筋；3—预制板；
4—附加钢筋；5—后浇混凝土叠合层；
6—后浇层内钢筋

图 8.55 双向叠合板整体式接缝构造示意图

为了保证楼板的整体性和传递水平力的能力，预制板内的纵向受力钢筋在板端宜伸入支承梁的后浇混凝土中，锚固长度不应小于 $5d$（d 为纵向受力钢筋直径），且宜伸过支座的中心线（图 8.56(a)）。对于单向叠合板的板侧支座，为了加工和施工方便，可不伸出构造钢筋，但宜在紧邻预制板面的后浇混凝土叠合层内设置附加钢筋，其面积不宜小于预制板内同向分布钢筋的面积，间距不宜大于 600 mm，在板的后浇混凝土叠合层内锚固长度不应小于 $15d$，在支座内锚固长度不应小于 $15d$，且宜伸过支座中心线（图 8.56(b)）。

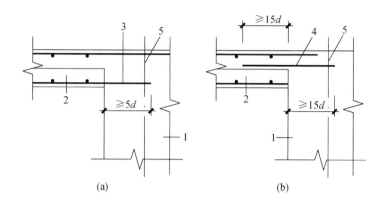

1—支承梁或墙；2—预制板；3—纵向受力钢筋；4—附加钢筋；5—支座中心线

图 8.56 叠合板端及板侧支座构造示意图

8.7 钢筋混凝土楼梯

楼梯作为楼层间相互联系的垂直交通设施，是多层及高层房屋的重要组成部分。钢筋混凝土楼梯由于具有较好的结构刚度和耐久、耐火性能，并且在施工、外形和造价等方面也有较多优点，因而被广泛采用。

8.7.1 楼梯的结构类型

楼梯的平面布置、踏步尺寸、栏杆形式等由建筑设计确定。钢筋混凝土楼梯的类型较多，按施工方法不同，可分为现浇整体式和预制装配式。现浇钢筋混凝土楼梯的整体性好，刚度大，有利于抗震，其按梯段的结构形式不同，又可分为板式楼梯、梁式楼梯、折板悬挑式楼梯及螺旋式楼梯。

板式楼梯由梯段板、平台板和平台梁组成（如图 8.57）。梯段板是一块带有踏步的斜板，两端支承在上、下平台梁上。板式楼梯的梯段底面平整，外形简洁，便于支模施工。但是，当梯段跨度较大时，梯段板较厚，自重较大，钢材和混凝土用量较多。当活荷载较小，梯段跨度不大于 3 m 时，常采用板式楼梯。

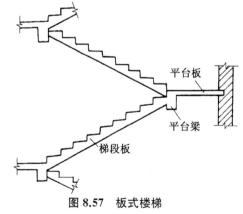

图 8.57 板式楼梯

梁式楼梯由踏步板、梯段斜梁、平台板和平台梁组成（如图 8.58）。楼梯斜梁通常设两根，分别布置在踏步板的两端，斜梁也可只设一根。与板式楼梯相比，梁式楼梯的钢材和混凝土用量少、自重轻，但支模和施工较复杂，装修处理相对麻烦。当梯段跨度大于 3 m 时，采用梁式楼梯较为经济。

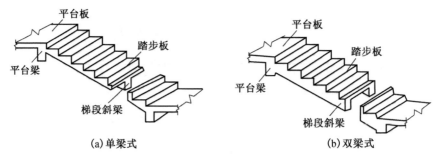

(a) 单梁式　　　　　　　　　　(b) 双梁式

图 8.58　梁式楼梯

　　板式和梁式楼梯是最常见的楼梯形式,属于平面受力体系。除上述两种基本形式外,在宾馆、商场等公共建筑和复式住宅中,也可采用螺旋式和折板悬挑式楼梯。螺旋式楼梯(如图 8.59(a))用于建筑上有特殊要求的地方,一般多在不便设置平台的场合,或者在需要有特殊的建筑造型时采用。折板悬挑式楼梯具有悬挑的梯段和平台,支座仅设在上下楼层处(如图 8.59(b)),当建筑中不宜设置平台梁和平台板的支承时,可予采用。这两种楼梯属空间受力体系,内力计算比较复杂,造价较高,施工也较麻烦。

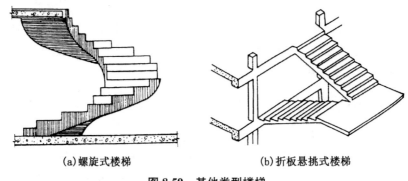

(a) 螺旋式楼梯　　　　　　　　　(b) 折板悬挑式楼梯

图 8.59　其他类型楼梯

8.7.2　板式楼梯的计算与构造

　　板式楼梯设计包括梯段板、平台板和平台梁的计算与构造。

　1)梯段板

　　梯段板是由斜板和踏步组成(如图 8.60),为两端支承在平台梁上的斜板。计算梯段板时,可取出 1 m 宽板带或以整个梯段板作为计算单元。内力计算时,可以简化为简支斜板,计算简图如图 8.60(b)所示。斜板又可化作水平板计算,如图8.60(c),计算跨度按斜板的水平投影长度取值。

　　梯段斜板承受梯段板(包括踏步及斜板)自重、抹灰荷载及活荷载。斜板上的活荷载 q 沿水平方向是均布的,恒荷载 g 沿水平方向也是均布的。梯段斜板在 $g+q$ 荷载作用下,按水平方向简支板进行内力计算。由于梯段板与平台梁为整体连接,平台梁对梯段板有弹性约束作用,利用这一有利因素,设计时可将梯段板的跨中弯矩适当减小,计算时跨中正截面最大正弯矩可按下式计取:

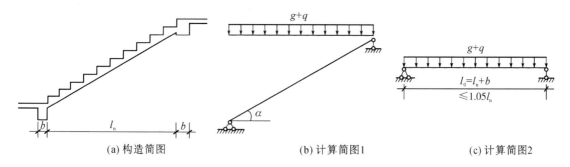

(a) 构造简图　　　　　　　(b) 计算简图1　　　　　　(c) 计算简图2

图 8.60　板式楼梯梯段板的计算简图

$$M_{\max} = \frac{1}{10}(g+q)l_0^2 \tag{8.20}$$

式中　g、q —— 作用于斜板上沿水平方向均布竖向恒荷载和活荷载的设计值；

　　　l_0 —— 梯段斜板沿水平方向的计算跨度。

　　梯段板中受力钢筋按跨中弯矩计算求得，配筋可采用弯起式或分离式，工程中多采用分离式配筋方案（如图 8.61）。采用弯起式时，一半钢筋伸入支座，一半靠近支座处弯起。如考虑到平台梁对梯段板的弹性约束作用，在斜板两端 $l_n/4$ 范围内应按构造设置一定数量的承受负弯矩作用的钢筋，其数量一般可取跨中截面配筋的 50%。在垂直受力钢筋方向仍应按构造配置分布钢筋，其钢筋直径为 6 mm 或 8 mm，布置在受力钢筋的内侧，并要求每个踏步板内不少于 1 根。

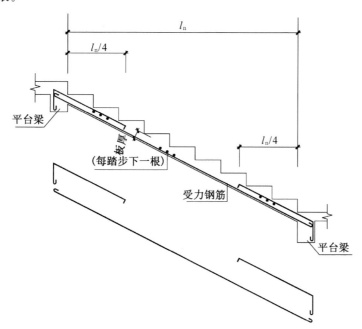

图 8.61　板式楼梯梯段板的分离式配筋示意图

　　梯段板和一般平板的计算一样，可不必进行斜截面受剪承载力验算。梯段板厚度不应小于 $(1/25 \sim 1/30)l_0$。

　　2008 年汶川地震震害调查发现，与主体结构整浇的板式楼梯梯段板跨中会发生比较严重的破坏，影响了地震中的人员疏散和生命安全。经研究，得到板式楼梯梯段板与主体结构的连接构造为：梯段板上部与主体结构仍为整浇，而梯段板下部采用图 8.62 所示的滑动支座，以确保地震中楼梯的安全。

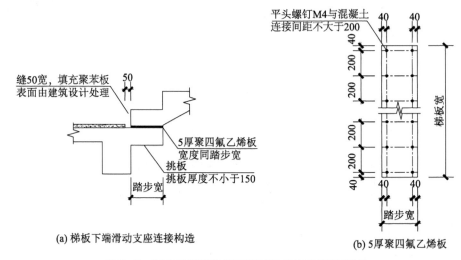

图 8.62　板式楼梯梯段板下部滑动支座构造示意图

　　2）平台板

　　平台板通常为单向板，可取 1 m 宽板带进行计算。当板的两边均与梁整体连接时，考虑到梁对板的弹性约束作用，板的跨中弯矩也可按 $M = \dfrac{1}{10}(g+q)l_0^2$ 计算。当板的一边与梁整体连接而另一边支承在墙上时，板的跨中弯矩则应按 $M = \dfrac{1}{8}(g+q)l_0^2$ 计算，式中 l_0 为平台板的计算跨度。

　　3）平台梁

　　平台梁两端一般支承在楼梯间承重墙上，或与楼梯柱整体连接。承受梯段板、平台板传来的均布荷载和自重。支承在承重墙上时，可按简支的倒 L 形梁计算。平台梁的截面高度，一般可取 $h \geqslant l_0/12$（l_0 为平台梁的计算跨度）。平台梁的设计和构造要求与一般梁相同。

8.7.3　梁式楼梯的计算与构造

　　梁式楼梯设计包括踏步板、斜梁、平台板和平台梁的计算与构造。

　　1）踏步板

　　梁式楼梯的梯段踏步板是由斜板和三角形踏步组成，如图 8.63 所示。踏步几何尺寸由建筑设计确定，斜板厚度一般取 $t = 30 \sim 40$ mm。

　　梯段踏步板两端支承在梯段斜梁上，可按简支的单向板计算，一般取一个踏步作为计算单元，如图 8.63(a)。踏步板为梯形截面，计算时截面高度近似取其平均值 $h = \dfrac{c}{2} + \dfrac{t}{\cos \alpha}$，如

图8.63(b)。作用于踏步板上荷载有恒荷载和活荷载,按简支板计算跨中弯矩,如图 8.63(c),其配筋数量按单筋矩形截面进行计算。

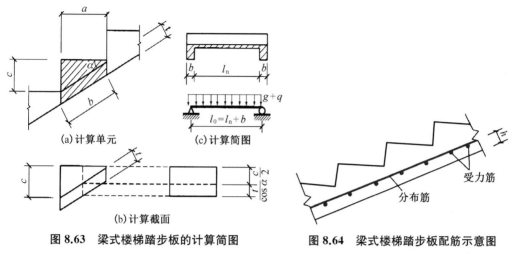

图 8.63 梁式楼梯踏步板的计算简图　　　　图 8.64 梁式楼梯踏步板配筋示意图

踏步板配筋除按计算确定外,要求每个踏步一般需配置不少于 2φ6 的受力钢筋,位置在踏步下面斜板中,而沿斜向布置的分布钢筋直径不小于 6 mm,间距不大于 300 mm。梁式楼梯踏步板的配筋如图 8.64 所示。

2) 梯段斜梁

如图 8.65 所示,梁式楼梯的梯段斜梁两端支承在平台梁上,承受踏步板传来的荷载和自重。梯段斜梁内力计算与板式楼梯中的梯段板相同,其计算简图如图 8.65(b)所示。梯段斜梁的内力可按下式计算(轴向力不予考虑):

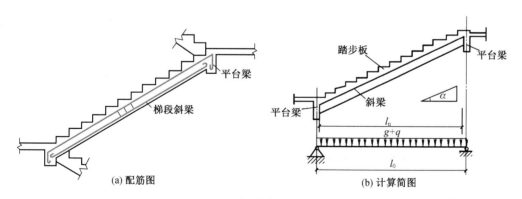

图 8.65 梯段斜梁配筋示意图

$$M_{max} = \frac{1}{8}(g+q)l_0^2 \qquad (8.21)$$

$$V_{max} = \frac{1}{2}(g+q)l_n\cos\alpha \qquad (8.22)$$

式中　g、q ——作用于梯段斜梁上沿水平投影方向的恒载及活荷载设计值;

l_0、l_n——梯段斜梁的计算跨度及净跨的水平投影长度；

α——梯段斜梁与水平线的夹角。

梯段斜梁按倒 L 形截面计算，踏步板下斜板被视为斜梁的受压翼缘。梯段梁的截面高度一般取 $h \geqslant l_0/20$。梯段梁的配筋与一般梁相同，参见图 8.65(a)。

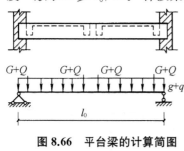

图 8.66 平台梁的计算简图

3）平台梁与平台板

梁式楼梯的平台板计算和构造要求与板式楼梯完全相同。而平台梁与板式楼梯的不同之处在于，梁式楼梯中的平台梁，除承受平台板传来的均布荷载和其自重外，还承受梯段斜梁传来的集中荷载，在计算中应予考虑。计算简图如图 8.66 所示，平台梁的配筋和构造要求与一般梁相同。

8.7.4　整体式钢筋混凝土楼梯设计例题

【例 8.3】　现浇整体板式楼梯设计。

扫二维码查阅本例题解答。

本 章 小 结

1. 楼面、屋盖、楼梯等梁板结构设计的步骤是：

① 结构选型和布置；

② 结构计算（包括确定计算简图、荷载计算、内力分析及组合、截面配筋计算等）；

③ 绘制结构施工图（包括结构布置、构件模板及配筋图）。

2. 钢筋混凝土楼盖是应用最为广泛的楼盖类型，其中，楼盖结构的选型和布置对其可靠性和经济性有重要意义。因此，应熟悉钢筋混凝土楼盖的多种结构形式，如现浇单向板肋梁楼盖、双向板肋梁楼盖、现浇整体式无梁楼盖和装配式楼盖等结构形式的受力特点及适用范围，以便根据不同的建筑要求和使用条件选择合适的结构类型和各构、部件的尺寸。

3. 确定结构计算简图（包括计算模型和荷载图式等）是进行结构分析的关键。在现浇单向板肋形楼盖中，板和次梁均可按连续梁并采用折算荷载进行计算。对于主梁，在梁柱线刚度比大于 3～4 的条件下，也可按连续梁计算，忽略柱对梁的约束作用。

4. 在考虑塑性内力重分布计算钢筋混凝土连续梁、板时，为保证塑性铰具有足够的转动能力和结构的内力重分布，应采用塑性较好的 HPB300、HRB400、HRB500 级的钢筋，混凝土强度等级宜为 C20～C45，截面相对受压区高度 $\xi \leqslant 0.35$，且斜截面应具有足够的抗剪能力。为保证结构在使用阶段裂缝不至于出现过早和开展过宽，设计中应对弯矩调幅予以控制，使调幅控制在弹性理论计算弯矩的 20% 以内。

5. 双向板的内力也有按弹性理论与按塑性理论两种计算方法，目前设计中多采用按弹性理论计算方法。多跨连续双向板荷载的分解是双向板由多区格板转化为单区格板结构分析的重要方法。

6. 整体式无梁楼盖结构是应用较为广泛的结构形式,柱上板带相当于支承在柱上的"连续板",而跨中板带相当于支承在柱上板带的"连续板"。无梁楼盖设置柱帽主要是提高板的受冲切承载力,同时减少板的跨度、支座及跨内截面弯矩值。

7. 装配式梁板结构中应特别注意板与板、板与墙体的灌缝与连接,以保证楼盖的整体性。预制结构除注意正常使用阶段计算外,还应注意施工阶段验算。

8. 梁式楼梯和板式楼梯的主要区别在于,楼梯梯段是采用梁承重还是板承重。前者受力较合理,用材较省,但施工较麻烦且欠美观,适用于梯段较长的楼梯;后者反之。

9. 梁板结构构件的截面尺寸,通常由跨高比的刚度要求初定,其截面配筋按承载力确定并应满足有关构造要求。一般情况下,梁板结构构件可不进行变形和裂缝宽度验算。

思考题与习题

8.1 钢筋混凝土梁板结构设计的一般步骤是怎样的?

8.2 钢筋混凝土楼盖结构有哪几种类型? 说明它们各自的受力特点和适用范围。

8.3 现浇梁板结构中,单向板和双向板是如何划分的?

8.4 现浇单向板肋形楼盖中的板、次梁和主梁的计算简图如何确定? 为什么主梁内力通常用弹性理论计算,而不采用塑性理论计算?

8.5 现浇单向板肋形楼盖中的板、次梁和主梁,当其进行内力计算时,其计算简图如何确定?

8.6 为什么要考虑活荷载的不利布置? 说明确定截面最不利内力的活荷载布置原则。什么叫内力包络图? 为什么要做内力包络图? 如何绘制连续梁的内力包络图?

8.7 什么叫"塑性铰"? 混凝土结构中的"塑性铰"与力学中的"理想铰"有何异同?

8.8 什么叫"塑性内力重分布"? "塑性铰"与"塑性内力重分布"有何关系?

8.9 什么叫"弯矩调幅"? 连续梁进行"弯矩调幅"时要考虑哪些因素?

8.10 考虑塑性内力重分布计算钢筋混凝土连续梁时,为什么要限制截面受压区高度?

8.11 在主次梁交接处,为什么要在主梁中设置吊筋或附加箍筋? 如何确定横向附加钢筋(吊筋或附加箍筋)的截面面积?

8.12 利用单区格双向板弹性弯矩系数计算多区格双向板跨中最大正弯矩和支座最大负弯矩时,采用了一些什么假定?

8.13 钢筋混凝土现浇肋梁楼盖板、次梁和主梁的配筋计算和构造各有哪些要点?

8.14 整体式无梁楼盖的受力特点是什么?

8.15 装配式楼盖结构中,板与板、板与承重墙的连接,梁与墙的连接有何重要性?

8.16 常用楼梯有哪几种类型? 它们的优缺点及适用范围有何不同? 如何确定楼梯各组成构件的计算简图?

8.17 某钢筋混凝土连续梁(如图 8.67),截面尺寸 $b \times h = 300 \text{ mm} \times 500 \text{ mm}$。承受恒载标准值 $G_k = 20 \text{ kN}$(荷载分项系数为 1.3),集中活载标准值 $Q_k = 40 \text{ kN}$(荷载分项系数为 1.5)。混凝土强度等级为 C30,钢筋采用 HRB400 级。试按弹性理论计算内力,绘出此梁的弯矩包络图和剪力包络图,并对其进行截面配筋计算。

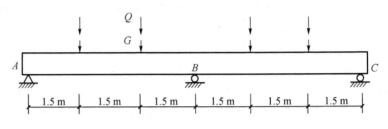

图 8.67　习题 8.17 图

8.18　某现浇钢筋混凝土肋梁楼盖次梁(如图 8.68),截面尺寸 $b \times h = 200 \text{ mm} \times 400 \text{ mm}$。承受均布恒荷载标准值 $g_k = 8.0 \text{ kN/m}$(荷载分项系数为 1.3),活荷载标准值 $q_k = 10.0 \text{ kN/m}$(荷载分项系数为 1.5)。混凝土强度等级为 C30,钢筋采用 HRB400 级。试按塑性理论计算内力,并对其进行截面配筋计算。

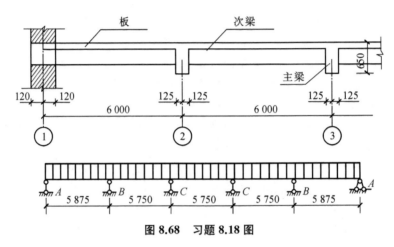

图 8.68　习题 8.18 图

多层混凝土结构设计

本章主要介绍多层混凝土结构类型，着重介绍框架结构的形式与结构布置；框架的荷载计算；框架计算简图的建立；在竖向荷载、水平荷载作用下框架的内力分析；框架的内力组合方式；框架的构件设计与节点构造以及高层混凝土结构的设计概述。本章应着重理解钢筋混凝土框架的基本设计过程，掌握竖向和水平荷载作用下框架的内力分析和内力组合方法，以及构造要求，了解多层和高层结构的分类。

9.1　多层和高层结构的分类

在房屋建筑工程中，根据建筑层数和高度，可将建筑分为低层、多层、中高层、高层、超高层5类，根据我国《高层建筑混凝土结构技术规程》(JGJ 3—2010)（以下简称《高规》），按以下标准区分：

将10层及10层以上或高度超过28 m的住宅建筑结构和房屋高度大于24 m的其他民用建筑，划为高层民用建筑。也可把40层以上或超过100 m的建筑单列出来称为超高层建筑，把7～9层或高度不超过24 m的建筑称为中高层建筑，4～6层的建筑称为多层建筑，3层及以下的建筑为低层建筑。

用于高层建筑的结构称为高层建筑结构，多见于各种居住建筑、办公楼、旅馆、多功能综合大厦等。

结构形式即结构抵抗外部作用所采用的结构组成体系。按结构形式不同，常用的多、高层建筑结构体系可分为：框架结构、剪力墙结构、框架-剪力墙结构、筒体结构、悬挂结构以及巨型框架结构等。

框架结构由线形杆件——梁、柱作为主要构件组成，承受竖向和水平作用。因易于实现开敞的建筑空间而被广泛采用，但其抗侧刚度较小，不宜用于建造较高的建筑。

剪力墙结构是利用钢筋混凝土墙体组成承受全部竖向和水平作用的结构。具有抗侧刚度大、自重大且空间布置适于小开间的特点，多用于各种高度的旅馆、公寓、住宅，剪力墙的数量由高度及所需的抗侧刚度决定。

框架-剪力墙结构是在框架结构中布置一定数量的剪力墙组成的由框架和剪力墙共同承受竖向和水平作用的高层建筑结构。由于这种结构体系兼具框架结构空间开敞而剪力墙结构刚度大的优点，因而被广泛用于各种高层公共建筑。

筒体结构是以竖向筒体为主组成的承受竖向和水平作用的高层建筑结构。根据筒体的形式不同，可分为由剪力墙围成的薄壁筒和由密柱深梁框架组成的框筒。根据筒体的数量和位置不同，可分为框筒结构、框架-核心筒结构、筒中筒结构、成束筒结构等。

本章主要介绍使用广泛的多层框架结构的设计。

9.2 框架结构的布置

框架是由梁、柱、基础组成的承重体系和抗侧力结构。梁、柱交接处的框架节点通常为刚接,有时也将部分节点做成铰接或半铰接。柱底一般为固定支座,必要时也设计成铰支座。

框架结构若高度太大,其抗侧刚度就相对较小,故常用于高度不超过 50 m 的建筑中,需要内部开阔空间的多层民用与工业建筑常采用框架结构。

框架既是竖向承重体系,也作为水平承载体系承受侧向作用力,如风荷载或水平地震作用。一般情况下,填充墙宜采用轻质材料,计算时通常不考虑填充墙对框架抗侧刚度的贡献。

按施工方法的不同,混凝土框架结构可分为现浇式、装配式和装配整体式等。

现浇式框架的梁、柱、楼板均为现场整体浇筑,故整体性强,抗震性能好,对复杂结构的适应性也好。其缺点是现场施工的工作量大,工期长,模板工程量较大。

装配式框架是指梁、柱、楼板均为预制,然后通过焊接拼装成整体的框架结构。由于所有构件均为预制,可实现标准化、工厂化、机械化生产,因此其施工速度快、生产效率高、节能、节材。但这种结构的预埋件较多,而且整体性相对较差,抗震性能较差。

装配整体式框架的梁、柱、楼板均为预制,在构件吊装就位后,焊接或绑扎节点区钢筋,然后浇筑节点区混凝土及在预制楼板上覆盖现浇钢筋混凝土整浇层,从而将梁、柱、楼板连成整体。装配整体式框架具有良好的整体性和抗震性能,又可采用预制构件,减少现场浇筑混凝土的工作量,因此它兼有现浇式框架和装配式框架的优点。但在节点区仍需连接钢筋和现场浇筑混凝土,施工较为复杂。目前,国内外大多采用现浇式混凝土框架。

框架房屋的结构布置主要是确定柱网尺寸和层高。框架结构的布置既要满足生产工艺和建筑功能的要求,又要使结构受力合理,施工方便。

1) 柱网布置的原则

柱网是由于柱在平面上其轴线常形成矩形网格而得名。柱网的布置原则按其重要性有:

① 工业建筑的柱网布置应满足生产工艺的要求;

② 柱网布置应满足建筑平面功能的要求;

③ 柱网布置应使结构受力合理;

④ 柱网布置应方便施工,以加快施工进度,降低工程造价。

2) 承重框架的布置

框架结构是空间受力体系,但为方便结构分析,可把实际框架结构看成纵、横两个方向的平面框架,即沿建筑物长向的纵向框架和沿建筑物短向的横向框架。纵向框架和横向框架分别承受各自方向上的水平力,而楼面竖向荷载则可传递到纵、横两个方向的框架上。按楼面竖向荷载传递路线的不同,承重框架的布置方案有横向框架承重,纵向框架承重和纵、横向框架混合承重等几种。

(1) 横向框架承重方案 横向框架承重方案是在横向布置承重框架梁,楼面荷载主要由横向框架梁承担并传至柱,如图 9.1(a)所示。由于横向框架跨数较少,主梁沿横向布置有利于增强建筑物的横向抗侧刚度。纵向梁的高度一般较小,也有利于室内的采光与通风。

(2) 纵向框架承重方案 在纵向布置框架承重梁,楼面荷载主要由纵向框架梁承担,如图 9.1(b)所示。因为楼面荷载由纵向梁传至柱子,所以横向框架梁高度较小,有利于设备管线的穿行。当房屋纵向需要较大空间时,纵向框架承重方案可获得较大的室内净高。该承重方案的缺点是房屋的横向抗侧刚度较小。

(3) 纵、横向框架混合承重方案 纵、横向框架混合承重方案是在两个方向均需布置框架承重梁以承受楼面荷载。当采用现浇板楼盖时,其布置如图 9.1(c)所示。当楼面上作用有较大荷载,或楼面有较大开洞,或当柱网布置为正方形或接近正方形时,常采用这种承重方案。纵、横向框架混合承重方案具有较好的整体工作性能,对抗震有利。

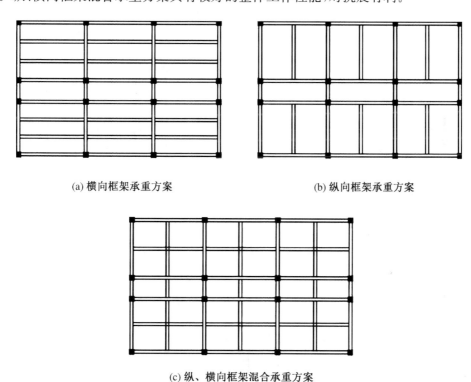

(a) 横向框架承重方案   (b) 纵向框架承重方案

(c) 纵、横向框架混合承重方案

图 9.1 承重框架布置方案

9.3 框架结构内力与水平位移的近似计算方法

框架结构是由纵、横向框架组成的空间受力体系,如图 9.2(a)所示。结构分析时有按空间结构分析和简化成平面结构分析两种方法。目前,多用电算进行框架的内力分析,有很多通用程序可供选择,程序多采用空间杆系分析模型,能直接求出结构的变形、内力,并自动适用规范,进行内力组合与截面设计。但是,在初步设计阶段或设计层数不多且较规则的框架时,常采用近似计算方法分析框架的内力。另外,近似的手算方法虽然计算精度不如电算,但概念明确,可判断电算结果的合理性。本节将重点介绍框架结构的近似手算方法,包括竖向荷载作用下的分层法,水平荷载作用下的反弯点法和 D 值法(改进反弯点法)。

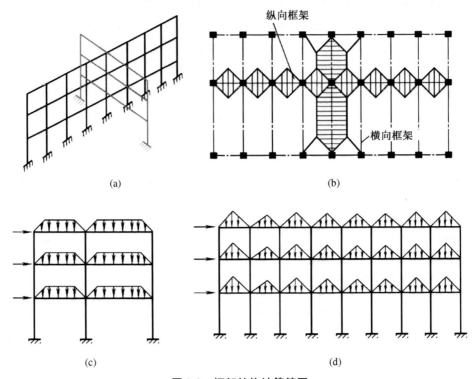

图 9.2　框架结构计算简图

9.3.1　框架结构的计算简图

1)计算单元的确定

当框架较规则时,为了计算简便,常不计结构纵向和横向之间的空间联系,将纵向框架和横向框架分别按平面框架进行分析计算,如图 9.2(c)、(d)所示。当建筑横向框架榀数较多时,如果横向框架的间距相同,作用于各横向框架上的荷载相同,框架的抗侧刚度相同,则各榀横向框架的内力与变形相近,结构设计时可取中间有代表性的一榀横向框架进行分析。取出的平面框架所承受的竖向荷载与楼盖结构的布置方案有关。当采用现浇楼盖时,楼面分布荷载一般可按角平分线传至相应两侧的梁上(传荷方式同现浇双向板楼盖),同时须承受如图 9.2(b)所示阴影宽度范围内的水平荷载,水平荷载一般可简化成作用于楼层节点的集中力,如图9.2(c)所示。如果各榀框架的间距或荷载差别较大,或抗侧刚度不同,则需分别计算。

2)节点的简化

框架节点可根据其实际施工方案和构造措施简化为刚接、铰接或半铰接。

现浇框架结构中,梁、柱的纵向钢筋都将穿过节点或锚入节点区,节点可视为刚接节点,如图 9.3 所示。

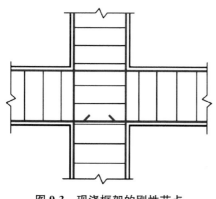

图 9.3　现浇框架的刚性节点

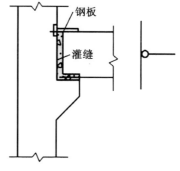

图 9.4　装配式框架的铰节点

装配式框架结构则是在梁底和柱的适当部位预埋钢板,安装就位后再焊接。由于钢板自身平面外的刚度很小,难以保证结构受力后梁、柱间没有相对转动,故相应节点一般视为铰接节点或半铰接节点,如图 9.4 所示。

在装配整体式框架结构中,梁(柱)中的钢筋在节点处或为焊接或为搭接,并在现场浇筑节点部分的混凝土。节点的左、右梁端均可有效地传递弯矩,因此可认为是刚接节点。然而,这种节点的刚性不如现浇式框架好,节点处梁端的实际负弯矩要小于按刚性节点假定所得到的计算值。

框架柱基础可简化为固定支座或铰支座,当为现浇钢筋混凝土柱时,一般设计成固定支座;当为预制柱杯形基础时,则应根据构造措施不同简化为固定支座或铰支座。

3) 跨度与层高的确定

在结构计算简图中,杆件用其轴线来表示。框架梁的跨度一般取顶层柱轴线之间的距离;当上、下层柱的截面尺寸有变化时,一般柱外侧尺寸平齐,以最小截面的形心线来确定,即取顶层柱中心线的间距来确定梁跨度偏于安全。框架的层高即框架柱的长度可取相应的建筑层高,即取本层楼面至上层楼面的高度,但底层的层高则应取基础顶面到二层楼板顶面之间的距离。需要明确的是,框架的层高与框架柱的计算长度可能并不一致。层高用于框架的内力分析,而框架柱的计算长度用于柱的承载力计算。

4) 梁、柱截面尺寸

多层框架的梁、柱截面常采用矩形或方形,其截面尺寸可近似预估如下:

梁高 $h=\left(\dfrac{1}{15}\sim\dfrac{1}{8}\right)l$,$l$ 为梁的计算跨度;梁宽 $b=\left(\dfrac{1}{3}\sim\dfrac{1}{2}\right)h$,且不小于 200 mm。需要说明的是,以上预估梁高能够满足结构承载及刚度的需要,且结构本身的经济性较好,但建筑功能要求会影响结构的梁高取值。很多情况下,因结构层高和建筑所需净高的限制,使框架的梁高取值会小于以上预估数值。此时,需要加大梁的宽度以满足必要的承载力和刚度,导致梁的截面尺寸并不符合以上预估值范围。

柱高 $h=\left(\dfrac{1}{14}\sim\dfrac{1}{8}\right)H$,$H$ 为层高,且不宜小于 300 mm;柱宽 $b=\left(1\sim\dfrac{2}{3}\right)h$,且不宜小于 300 mm。

上述柱截面为满足稳定性要求的最小尺寸,此外还应满足抗侧移刚度与承载力的要求。柱的截面面积按设计轴力预估为:$(1.1 \sim 1.2) \times (11 \sim 15)nA/\mu f_c$,其中 A 为柱每层的负荷面积(m^2);n 为柱的负荷层数;$10 \sim 14$ 为框架结构平均设计荷载(kN/m^2),活荷载大、隔墙多的取大值;μ 为轴压比限值,非地震区结构可取1.0;$1.1 \sim 1.2$ 的系数为考虑水平荷载对柱截面的不利影响。

5) 构件截面抗弯刚度的计算

在计算框架梁的惯性矩 I 时,应考虑楼板的影响。在框架梁两端的节点附近,梁承受负弯矩,顶部的楼板受拉,故其影响较小;而在框架梁的跨中,梁承受正弯矩,楼板处于受压区形成 T 形截面梁,故其对梁截面弯曲刚度的影响较大。在设计计算中,一般仍假定梁的惯性矩沿梁长不变。

《规范》规定,对现浇楼盖和装配整体式楼盖,宜考虑楼板作为翼缘对梁的刚度和承载力的影响。梁受压区有效翼缘计算宽度 b_f' 的取值与"梁板楼盖"相同,也可采用梁刚度增大系数法近似考虑。梁刚度增大系数应根据梁有效翼缘尺寸与梁截面尺寸的相对比例确定。大量的算例表明,近似计算的梁刚度增大系数可按以下方式取值:对现浇楼盖,中框架梁(梁两侧有板)取 $I = 2I_0$,边框架梁(梁单侧有板)取 $I = 1.5I_0$;对装配整体式楼盖,中框架梁取 $I = 1.5I_0$,边框架梁取 $I = 1.2I_0$,这里,I_0 为不考虑楼板影响时矩形截面梁的惯性矩;对装配式楼盖,则按梁的实际截面计算 I。

6) 荷载计算

作用于框架结构上的荷载有竖向荷载和水平荷载两种。竖向荷载包括建筑结构自重及楼(屋)面活荷载,一般为分布荷载,有时也以集中荷载的形式出现。水平荷载包括风荷载和水平地震作用,一般均简化成作用于框架梁、柱节点处的水平集中力。

(1) 楼(屋)面活荷载 楼(屋)面荷载的计算与梁板结构基本相同。

(2) 风荷载 风荷载标准值是指垂直作用于建筑物表面上的单位面积风荷载,风向指向建筑物表面时为压力,离开建筑物表面时为吸力。它的大小取决于风速、建筑物的体型、计算点的高度和地面的粗糙程度等。垂直于建筑物表面的风荷载标准值按下式计算

$$w_k = \beta_z \mu_z \mu_s w_0 \tag{9.1}$$

式中　w_k——风荷载标准值;

　　　β_z——高度 z 处的风振系数;

　　　μ_s——风荷载体型系数;

　　　μ_z——风压高度变化系数;

　　　w_0——建筑物所在地区的基本风压。

① 基本风压是按一般空旷平坦地面上距地 10 m 高度处的 10 min 平均风速,经统计得到的 50 年一遇的最大值,再通过风速与风压的换算关系得到的。

② 风荷载值随高度的变化与地面粗糙度有关,风压高度变化系数 μ_z 可查阅《建筑结构荷载规范》。地面粗糙度共分为 4 类:A 类指近海海面和海岛、海岸、湖岸及沙漠地区;B 类指田野、乡村、丛林、丘陵及房屋比较稀疏的乡镇和城市郊区;C 类指有密集建筑群的城市市区;D 类指有密集建筑群且房屋较高的城市市区。对于山区的建筑还应考虑地形条件的

修正。

③ 风荷载体型系数 μ_s 是风对建筑物表面上压力或吸力的实际效应与风压的比值。图 9.5 所示为封闭式双坡屋面和封闭式房屋的 μ_s 值,正值为压力,负值为吸力。常见建筑体型系数值可查阅《建筑结构荷载规范》,计算时一般应考虑左风和右风两种情况。

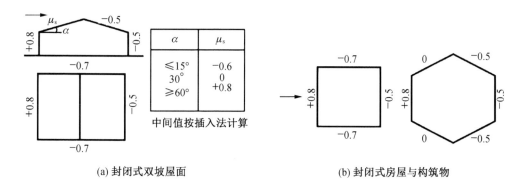

(a) 封闭式双坡屋面　　　　　　　(b) 封闭式房屋与构筑物

图 9.5　封闭式双坡屋面和封闭式房屋的 μ_s 值

④ 实际上风速是变化的,对建筑结构必然产生动力影响,可用风振系数 β_z 来反映该影响。对于一般低层和多层建筑(高度 30 m 以下,且高宽比不大于 1.5),动力影响很小,可以忽略,取 $\beta_z=1.0$。《建筑结构荷载规范》规定了要考虑风振系数的情况及计算方法。

框架结构的风荷载一般由框架负荷范围内的墙面向柱集中为线荷载,因风压高度变化系数不同,应沿高度分层计算各层柱上因风压引起的线荷载;风压高度变化系数按各层柱顶的高程选取,层间风压按倒梯形荷载计算。为简化计算,可将每层节点上、下各半层的线荷载向节点集中为水平力,顶层节点集中力应取顶层上半层层高加上屋顶女儿墙的风荷载。

(3) 水平地震作用　当多层框架结构的高度不超过 40 m,以剪切变形为主且质量和刚度沿高度分布比较均匀时,可采用底部剪力法计算水平地震作用。

9.3.2　竖向荷载作用下的框架内力分析——分层法

多层多跨框架在竖向荷载作用下的侧移不大,可近似认为侧移为零,这时可采用弯矩分配法进行计算。一般各节点的不平衡弯矩同时分配,杆端弯矩向杆件远端传递两次,故也称弯矩二次分配法。层数较多时,可采用更为简便的分层法。

分层法假定:在进行竖向荷载作用下的内力分析时,作用在某一层框架梁上的竖向荷载只对本层梁及与之相连的柱产生弯矩和剪力,而忽略对其他楼层的框架梁和隔层的框架柱产生的弯矩和剪力。

按照叠加原理,多层多跨框架在多层竖向荷载同时作用下的内力,可以看成是各层竖向荷载单独作用下的内力的叠加,如图 9.6 所示。

根据上述假定,当各层梁上单独作用竖向荷载时,仅在图 9.6(a)所示的结构的实线部分构件中产生内力,因此框架结构在竖向荷载作用下,可按图 9.6(b)所示的各个开口刚架单元分别进行计算。实际上各个开口刚架的上、下端除底层柱的下端外,并非是图 9.6 中的固定端,柱端均有转角产生,处于铰支与固定支承之间的弹性约束状态。为了调整由此引起的误差,在按图 9.6(b)所示的计算简图进行计算时,应进行以下修正:除底层外,其他各层柱的

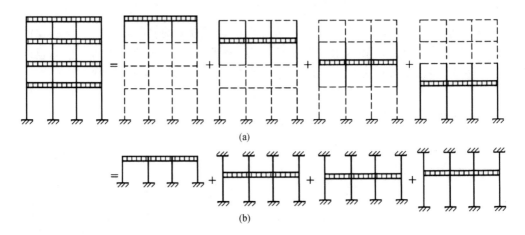

(a)

(b)

图 9.6　分层法计算简图

线刚度均乘以 0.9 的折减系数;除底层外,其他各层柱的弯矩传递系数取为 1/3。

在求得各开口刚架的内力以后,原框架结构中柱的内力,为相邻两个开口刚架中同层柱的内力叠加。而分层计算所得的各层梁的内力,即为原框架结构中相应层梁的内力。用分层法计算所得的框架节点处的弯矩会出现不平衡。为提高精度,可对不平衡弯矩较大的节点,特别是边节点不平衡弯矩再进行一次分配(无需往远端传递)。

在用分层法计算时,可只在各层进行最不利活荷载布置。为简化起见,当楼面活荷载产生的内力远小于恒载和水平力产生的内力时,可在各跨同时满布活荷载,计算所得的支座弯矩为考虑活荷载不利布置的支座弯矩,而跨中弯矩乘以 1.10～1.20 的放大系数以考虑活荷载不利布置的影响。

9.3.3　水平荷载作用下的框架内力分析——反弯点法

框架结构的风荷载或水平地震作用一般可简化为作用于节点的等效水平力。框架结构在节点水平力作用下的弯矩图如图 9.7 所示,各杆的弯矩图都呈直线形,且一般都有一个反弯点。

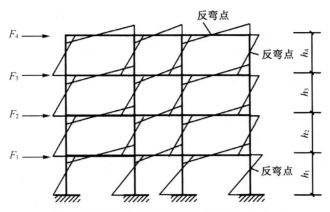

图 9.7　框架结构在节点水平力作用下的弯矩图

实际计算中可忽略梁的轴向变形,故同层各节点的侧向位移相同,同层各柱的层间位移也相同。在图 9.7 中,如能确定各柱内的剪力及反弯点的位置,便可求得各柱的柱端弯矩,并进而由节点平衡条件求得梁端弯矩及整个框架结构的其他内力。反弯点法正是基于这一设想,且通过以下假定来实现的:

假定 1:各柱的上、下端都不发生角位移,即认为梁、柱的线刚度比无限大。

假定 2:除底层以外,各柱的上、下端节点转角均相同,即底层柱的反弯点在距基础 2/3 层高处;其余各层框架柱的反弯点位于层高的中点。

对于层数较少且楼面荷载较大的框架结构,柱的刚度较小,梁的刚度较大,假定 1 与实际情况较为符合。一般认为,当梁、柱的线刚度比超过 3 时,由假定 1 所引起的误差能够满足工程设计的精度要求。设框架结构共有 n 层,每层内有 m 根柱,如图 9.8(a) 所示。将框架沿第 j 层各柱的反弯点处切开代以剪力和轴力(见图 9.8(b)),则由水平力的平衡条件有

$$V_j = \sum_{i=j}^{n} F_i \tag{9.2}$$

$$V_j = V_{j1} + \cdots + V_{jk} + \cdots + V_{jm} = \sum_{k=1}^{m} V_{jk} \tag{9.3}$$

式中　F_i ——作用在楼层 i 的水平力;

　　　V_j ——水平力 F 在第 j 层所产生的层间剪力;

　　　V_{jk} ——第 j 层 k 柱所承受的剪力;

　　　m ——第 j 层内的柱子数;

　　　n ——楼层数。

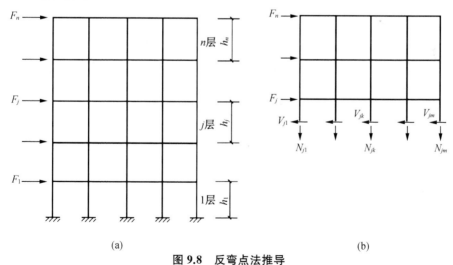

(a)　　　　　　　　　　　　　　　　　(b)

图 9.8　反弯点法推导

设该层的层间侧向位移为 Δ_j,由假定 1 知,各柱的两端只有水平位移而无转角,则有

$$V_{jk} = \frac{12 i_{jk}}{h_j^2} \Delta_j \tag{9.4}$$

式中 i_{jk} ——第 j 层 k 柱的线刚度;

      h_j ——第 j 层柱子的高度;

$\dfrac{12i_{jk}}{h_j^2}$ ——两端固定柱的侧移刚度,它表示要使柱的上、下端产生单位相对侧向位移

时,需要在柱顶施加的水平力。

将式(9.4)代入式(9.3),由于忽略梁的轴向变形,第 j 层的各柱具有相同的层间侧向位移 V_j,因此有

$$\Delta_j = \frac{V_j}{\sum\limits_{k=1}^{m} \dfrac{12i_{jk}}{h_j^2}}$$

将上式代入式(9.4),得 j 楼层中任一柱 k 在层间剪力 V_j 中分配到的剪力

$$V_{jk} = \frac{i_{jk}}{\sum\limits_{k=1}^{m} i_{jk}} V_j \tag{9.5}$$

求得各柱所承受的剪力 V_{jk} 以后,由假定 2 便可求得各柱的杆端弯矩,对于底层柱有

$$M_{cjk}^{u} = V_{jk} \frac{h_1}{3} \tag{9.6a}$$

$$M_{cjk}^{l} = V_{jk} \frac{2h_1}{3} \tag{9.6b}$$

对于上部各层柱有

$$M_{cjk}^{u} = M_{cjk}^{l} = V_{jk} \frac{h_1}{2} \tag{9.7}$$

式(9.6a)、式(9.6b)、式(9.7)中的下标 c 表示柱,j、k 表示第 j 层第 k 根柱,上标 u、l 分别表示柱的上端和下端。

求得柱端弯矩后,由节点弯矩平衡条件(见图 9.9)即可求得梁端弯矩。

$$M_{bl} = \frac{i_{bl}}{i_{bl} + i_{br}} (M_{cu} + M_{cl}) \tag{9.8a}$$

$$M_{br} = \frac{i_{br}}{i_{bl} + i_{br}} (M_{cu} + M_{cl}) \tag{9.8b}$$

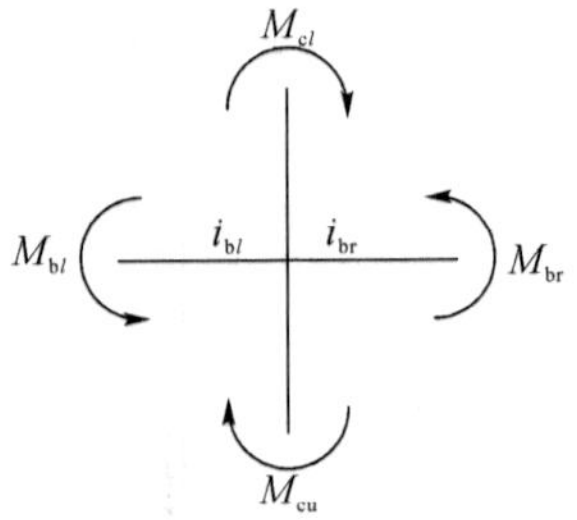

图 9.9 节点弯矩平衡条件

式中 M_{bl}、M_{br} ——节点处左、右的梁端弯矩;

      M_{cu}、M_{cl} ——节点处柱的上、下端弯矩;

      i_{bl}、i_{br} ——节点左、右的梁的线刚度。

以各个梁为脱离体,将梁的左、右端弯矩之和除以该梁的跨度,便得梁内剪力。自上而下逐层叠加节点左、右的梁端剪力,即可得到柱在水平荷载作用下的轴力。

9.3.4 水平荷载作用下的框架内力分析——D 值法

反弯点法假定梁、柱的线刚度比无穷大,又假定柱的反弯点高度为定值,在不满足这些假定的情况下进行计算会导致计算误差很大,这使反弯点法的应用受到限制。柱的侧移刚度不仅与柱的线刚度和层高有关,还取决于柱的上、下端的约束情况。另外,柱的反弯点高度也与梁、柱的线刚度比,上、下层横梁的线刚度比,上、下层层高的变化等因素有关。D 值法是在反弯点法的基础上,考虑上述影响因素,对反弯点法的柱侧移刚度和反弯点高度进行修正,故又称为改进反弯点法。该方法中,柱的侧移刚度以 D 表示,因而得名 D 值法。

D 值法除了对柱的侧移刚度与反弯点高度进行修正外,其余均与反弯点法相同,计算步骤如下:

1)计算各层柱的侧移刚度

修正后的柱侧移刚度 D 可表示为

$$D_{jk} = \alpha \frac{12 i_{jk}}{h_j^2} \tag{9.9}$$

式中　i_{jk}——第 j 层第 k 根柱的线刚度;

h_j——第 j 层柱子的高度;

α——节点转角影响系数,由梁、柱的线刚度按表 9.1 取用。

2)计算各柱所分配的剪力 V_{jk}

$$V_{jk} = \frac{D_{jk}}{\sum\limits_{k=1}^{m} D_{jk}} V_j \tag{9.10}$$

式中　V_{jk}——第 j 层第 k 根柱所分配的剪力;

V_j——第 j 层楼层剪力;

D_{jk}——第 j 层第 k 根柱的侧移刚度;

$\sum\limits_{k=1}^{m} D_{jk}$——第 j 层所有柱的侧移刚度之和。

表 9.1　节点转角影响系数 α

层	边柱	中柱	α
一般层	i_c 上 i_1 下 i_2　$\overline{K} = \dfrac{i_1 + i_2}{2 i_c}$	i_c 上 i_1 i_2 下 i_3 i_4　$\overline{K} = \dfrac{i_1 + i_2 + i_3 + i_4}{2 i_c}$	$\alpha = \dfrac{\overline{K}}{2 + \overline{K}}$

（续表）

层	边柱	中柱	α
底层	$\overline{K} = \dfrac{i_1}{i_c}$	$\overline{K} = \dfrac{i_1 + i_2}{i_c}$	$\alpha = \dfrac{0.5 + \overline{K}}{2 + \overline{K}}$

注：$i_1 \sim i_4$ 为梁的线刚度；i_c 为柱的线刚度；$\overline{K}$ 为楼层梁、柱的平均线刚度比。

3）确定反弯点高度 yh

$$yh = (y_0 + y_1 + y_2 + y_3)h \tag{9.11}$$

式中　y_0——标准反弯点高度比（附表 21），由框架总层数，该柱所在层数及梁、柱的平均线刚度比 $\overline{K}$ 确定；

$\quad\quad y_1$——某层上、下层横梁的线刚度不同时对 y_0 的修正值（附表 22），按以下方式确定：

当 $i_1 + i_2 < i_3 + i_4$ 时，令

$$\alpha_1 = \frac{i_1 + i_2}{i_3 + i_4} \tag{9.12}$$

这时反弯点上移，故 y_1 取正值，如图 9.10(a)所示；

当 $i_1 + i_2 > i_3 + i_4$ 时，令

$$\alpha_1 = \frac{i_3 + i_4}{i_1 + i_2} \tag{9.13}$$

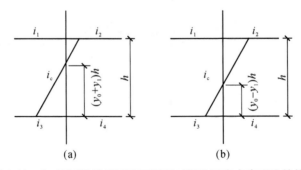

图 9.10　上、下层梁的线刚度不同时对标准反弯点高度比的修正

这时反弯点下移，故 y_1 取负值，如图 9.10(b)所示，对于首层不考虑 y_1 值；

y_2——上层层高(h_u)与本层高度(h)不同时(见图 9.11)对 y_0 的修正值,可根据 $\alpha_2 = \dfrac{h_u}{h}$ 和 $\overline{K}$ 由附表 23 查得;

y_3——下层层高(h_l)与本层高度(h)不同时(见图 9.11)对 y_0 的修正值,可根据 $\alpha_2 = \dfrac{h_l}{h}$ 和 $\overline{K}$ 由附表 23 查得。

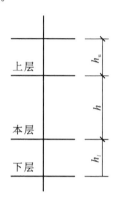
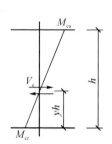

图 9.11　上、下层层高与本层高度示意图　　**图 9.12　柱的剪力和反弯点高度**

4)计算柱端弯矩

如图 9.12 所示,柱端弯矩可由柱的剪力 V_{jk} 和反弯点高度 yh 按下式求得。

柱上端弯矩 $\qquad\qquad\qquad M_{cjk}^{u} = V_{jk}(1-y)h \qquad\qquad\qquad$ (9.14a)

柱下端弯矩 $\qquad\qquad\qquad M_{cjk}^{l} = V_{jk}yh \qquad\qquad\qquad$ (9.14b)

5)计算梁端弯矩 M_b

梁端弯矩可按照节点弯矩平衡条件,将节点上、下柱端弯矩之和按左、右梁的线刚度比例反号分配,方法同反弯点法。

6)计算梁端剪力 V_b

如图 9.13 所示,根据梁的两端弯矩,按下式计算

$$V_b = \frac{M_{bl} + M_{br}}{l} \qquad\qquad (9.15)$$

7)计算柱轴力 N

边柱轴力为各层梁端剪力按层叠加,中柱轴力为柱两侧梁端剪力的代数和(以向下为正),也按层叠加。如图 9.14 所示,边柱底层柱的轴力为

$$N = V_{b1} + V_{b2} + V_{b3} + V_{b4}$$

中柱底层柱的轴力(压力)为

$$N = V_{r1} + V_{r2} + V_{r3} + V_{r4} - V_{l1} - V_{l2} - V_{l3} - V_{l4}$$

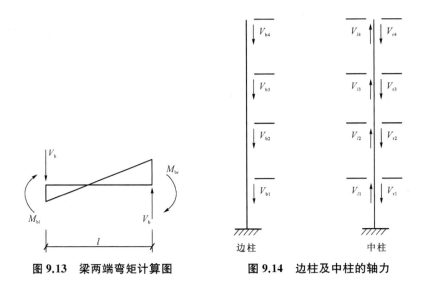

图 9.13　梁两端弯矩计算图　　　图 9.14　边柱及中柱的轴力

9.3.5　框架结构侧移验算

验算框架结构层间侧移时,其层间剪力应取标准值组合。

1) 侧移的近似计算

求出柱抗侧刚度 D 值后,可按下式计算第 j 层框架层间水平位移 Δ_j

$$\Delta_j = \frac{V_j}{\sum_{k=1}^{m} D_{jk}} \tag{9.16}$$

式中　D_{jk}——第 j 层第 k 根柱的抗侧刚度;

　　　m——框架第 j 层的总柱数;

　　　V_j——第 j 层层间剪力标准值。

框架顶点的总水平位移 Δ 应为各层层间位移之和,即

$$\Delta = \sum_{j=1}^{n} \Delta_j \tag{9.17}$$

式中　n——框架结构的总层数。

按上述方法求得的侧移只考虑了梁、柱的弯曲变形,而未考虑梁、柱的轴向变形和剪切变形的影响。但对一般的多层框架结构,按式(9.17)计算的框架侧移已能满足工程设计的精度要求。

虽然在设计中计算的是杆件的弯曲变形,但一般框架的整体变形曲线却是剪切型的,其特征为层间侧移下大上小;而抗震墙结构在左水平力作用下的变形曲线为弯曲型,其特征为层间侧移下小上大,如图 9.15 所示。

2) 弹性层间侧移验算

框架的弹性层间位移角 θ_e 过大将导致框架中的隔墙等非结构构件开裂或破坏,故规范规定了框架的最大弹性层间位移 Δ_j 与层高之比不能超过其限值,即要求

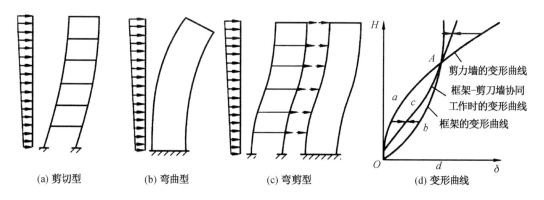

(a) 剪切型　　　　(b) 弯曲型　　　　(c) 弯剪型　　　　(d) 变形曲线

图 9.15　结构的侧移曲线

$$\frac{\Delta_j}{h} \leqslant \left[\frac{\Delta_j}{h}\right] \tag{9.18}$$

式中　Δ_j——按弹性方法计算所得的楼层层间水平位移；

　　　h——层高；

　　　$\left[\dfrac{\Delta_j}{h}\right]$——楼层层间最大位移与层高之比的限值，规范规定框架结构为 1/550。

【例 9.1】　某两层框架，计算简图如图 9.16 所示，其中杆件旁括号内的数字为相应杆的线刚度（单位为 $10^{-4}E$ m³，其中 E 为混凝土弹性模量）。要求分别用分层法、弯矩二次分配法计算框架杆件弯矩，并绘制弯矩图。

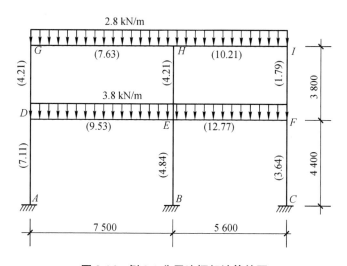

图 9.16　例 9.1 分层法框架计算简图

扫二维码查阅本例题解答。

【例 9.2】　某框架结构及所受的风荷载如图 9.17 所示，其中杆件旁的数字为相应杆的线刚度 i（单位为 $10^{-4}E$ m³，其中 E 为混凝土弹性模量）。试用 D 值法求解该框架的弯矩并作弯矩图。

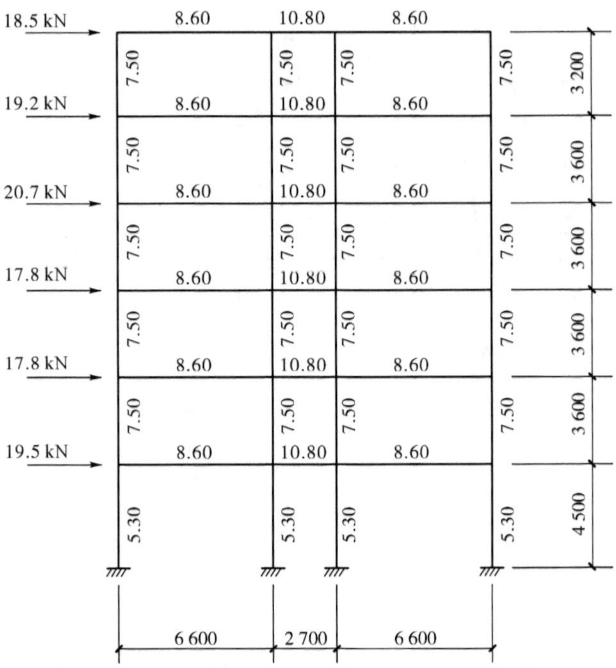

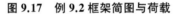

图 9.17 例 9.2 框架简图与荷载

扫二维码查阅本例题解答。

9.4 框架结构内力组合

9.4.1 控制截面及最不利内力

框架柱的弯矩、轴力和剪力一般沿柱高呈线性变化,因此可取各层柱的上、下端截面作为控制截面。

框架梁在水平力和竖向荷载共同作用下,剪力沿梁的轴线呈线性变化,弯矩一般呈抛物线形变化,因此除取梁的两端为控制截面以外,还应在跨间取最大正弯矩的截面为控制截面。

还应注意在截面配筋计算时,宜采用构件端部截面的内力,而不是轴线节点处的内力,即求得的梁端内力在进行截面设计时,可考虑柱宽的影响。具体做法同梁板结构。

多层框架结构在不考虑地震作用时,梁、柱控制截面的最不利内力为

① 梁端截面:$-M_{max}$、V_{max}。

② 梁跨内截面:$+M_{max}$;若水平荷载引起的梁端弯矩不大,可简化近似取跨中截面。

③ 柱端截面:$|M|_{max}$ 及相应的 N、V;N_{max} 及相应的 M、V;N_{min} 及相应的 M、V。

9.4.2 荷载效应组合

框架结构设计应根据使用过程中在结构上可能同时出现的荷载,按承载能力极限状态和正常使用极限状态分别进行荷载组合,并取各自的最不利的组合进行设计。

截面设计时,多层框架的非地震作用效应组合通常考虑以下几种情况:

1.3 恒＋1.5 活(不考虑风荷载时)；

1.3 恒＋1.5 活＋1.5×0.6 风；

1.3 恒＋1.5×0.7 活＋1.5 风。

9.4.3 竖向活荷载最不利布置的影响

考虑活荷载最不利布置影响的方法有分跨计算组合法、最不利荷载位置法、分层组合法和满布荷载法等,因前三种方法的分析过程较麻烦,故在多高层框架结构内力分析中常用的方法为满布荷载法。

满布荷载法认为,当活荷载产生的内力远小于恒荷载及水平力所产生的内力时,可不考虑活荷载的最不利布置,而把活荷载同时作用于所有的框架梁上,这样求得的内力在支座处与按最不利荷载位置法求得的内力极为相近,可直接进行内力组合。但求得的梁跨中弯矩却比最不利荷载位置法的计算结果要小,因此对梁跨中弯矩应乘以 1.1～1.2 的系数予以增大。

9.4.4 梁端弯矩调幅

按照框架结构的合理破坏形式,在梁端出现塑性铰是允许的,为了便于浇筑混凝土,也一般希望减少节点处梁的上部钢筋;而对于装配式或装配整体式框架,节点并非绝对刚性,梁端实际弯矩将小于其弹性计算值,因此在进行框架结构设计时,一般均对梁端弯矩进行调幅,即人为地减小梁端负弯矩,以减少节点附近梁的上部钢筋。

弯矩调幅的方法见本书 8.2 节。弯矩调幅系数,对于现浇框架,可取0.8～0.9;对于装配整体式框架,由于框架梁端的实际弯矩比弹性计算值要小,弯矩调幅系数允许取得低一些,一般取0.7～0.8。

应保证调幅后,支座及跨中控制截面的弯矩值均不小于 M_0 的 1/3。M_0 为按简支梁计算的跨中弯矩设计值,如图 9.18 所示。

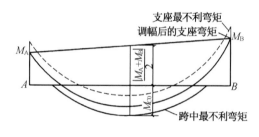

图 9.18 支座弯矩调幅

梁端弯矩调幅将增大梁的裂缝宽度及变形,故对裂缝宽度及变形控制较严格的结构不应进行弯矩调幅。

必须指出,弯矩调幅只对竖向荷载作用下的内力进行,即水平荷载作用产生的弯矩不参加调幅,因此弯矩调幅应在内力组合之前进行。

9.5 框架结构构件设计

对无抗震设防要求的框架,按照上述方法得到控制截面的基本组合内力后,可进行梁、柱截面设计。对框架梁来说,需按照受弯构件进行截面承载力设计和正常使用极限状态的挠度和裂缝宽度验算;对框架柱来说,需按照偏心受压构件考虑二阶效应的不利影响进行截面的承载力计算以及必要的裂缝宽度验算。构件截面承载力设计完成后,应进行梁柱节点设计,确保结构的整体性及受力性能。

9.5.1　柱的计算长度

无侧移框架是指具有非轻质隔墙等的抗侧力体系,使框架几乎不承受侧向力而主要承担竖向荷载。因结构侧移很小,故结构的重力二阶效应可忽略不计。具有非轻质隔墙的多层框架结构,当为三跨及三跨以上或为两跨且房屋的总宽度不小于房屋总高度的 1/3 时,可视为无侧移框架。

有侧移框架指主要侧向力由框架本身承担。这类框架包括无任何墙体的空框架结构,或墙体可能拆除的框架结构;填充墙为轻质墙体的框架;仅在一侧设有刚性山墙,其余部分无抗侧刚性墙;刚性隔墙之间距离过大(如现浇楼盖房屋中,大于 3 倍的房屋宽度;装配式楼盖房屋中,大于 2.5 倍的房屋宽度)的框架。

《规范》规定,这类框架结构的 $P-\Delta$ 效应采用简化计算,不再采用 $\eta-l_0$ 法,而采用层增大系数法。当采用增大系数法近似计算结构因侧移产生的二阶效应 ($P-\Delta$ 效应)时,应对未考虑 $P-\Delta$ 效应的一阶弹性分析所得的柱端弯矩、梁端弯矩及层间位移分别乘以增大系数 η_s,因此进行框架结构的 $P-\Delta$ 效应计算时,不再需要计算框架柱的计算长度 l_0。

以下给出的计算长度 l_0 主要用于计算轴心受压框架柱稳定系数 φ,以及计算偏心受压构件裂缝宽度的偏心距增大系数。

无侧移框架:现浇楼盖为 $l_0=0.7H$;装配式楼盖为 $l_0=1.0H$。

一般多层房屋中的梁、柱为刚接的框架结构,各层柱的计算长度 l_0 可按表 9.2 取用。

表 9.2　框架结构各层柱的计算长度

楼盖类型	柱的类别	l_0
现浇楼盖	底层柱	$1.0H$
	其余各层柱	$1.25H$
装配式楼盖	底层柱	$1.25H$
	其余各层柱	$1.5H$

注:表中 H 为底层柱从基础顶面到一层楼盖顶面的高度;对其余各层柱为上、下层楼盖顶面之间的高度。

9.5.2　框架节点的构造要求

节点设计是框架结构设计中极重要的一环。因节点失效后果严重,故节点的重要性大于一般构件。节点设计应保证整个框架结构安全可靠、经济合理且便于施工。在非地震区,框架节点的承载能力一般通过采取适当的构造措施来保证。

1) 一般要求

(1) 混凝土强度　框架节点区的混凝土强度等级,应不低于柱子的混凝土强度等级。

(2) 箍筋　在框架节点范围内应设置水平箍筋,间距不宜大于 250 mm。并应符合柱中箍筋的构造要求。当顶层端节点内设有梁上部纵筋和柱外侧纵筋的搭接接头时,节点内水平箍筋的布置应依照纵筋搭接范围内箍筋的布置要求确定。

(3) 截面尺寸　如节点截面过小,梁、柱负弯矩钢筋的配置数量过高时,以承受静力荷载为主的顶层端节点将由于核心区斜压杆机构中压力过大而发生核心区混凝土的斜向压碎,因此对梁上部纵筋的截面面积应加以限制,这也相当于限制节点的截面尺寸不能过小。

《规范》规定,在框架顶层端节点处,计算所需梁上部钢筋的截面面积 A_s 应满足下式要求:

$$A_s \leqslant \frac{0.35\beta_c f_c b_b h_{b0}}{f_y} \tag{9.19}$$

式中　b_b——梁腹板的宽度;

　　　h_{b0}——梁截面的有效高度。

　　2)考虑抗震的梁、柱节点纵筋构造要求

　　(1)中间层中节点。

　　扫二维码查阅本节内容。

　　(2)中间层端节点。

　　扫二维码查阅本节内容。

　　(3)顶层中节点。

　　扫二维码查阅本节内容。

　　(4)顶层端节点。

　　扫二维码查阅本节内容。

9.6　变形缝的设置

　　变形缝是伸缩缝、沉降缝、防震缝的统称。在多层及高层建筑结构中,应尽量少设缝或不设缝,因为这可简化构造、方便施工、降低造价,增强结构的整体性和空间刚度。为此,在建筑设计时,可采取调整平面形状、尺寸、体型等措施;在结构设计时,可采取选择节点连接方式、配置构造钢筋、设置刚性层等措施;在施工时,可采取分阶段施工、设置后浇带或加强带、做好保温隔热层等措施,以达到少设缝或不设缝的目的,防止由于温度变化、不均匀沉降、地震作用等因素引起结构或非结构构件的损坏。但当建筑物平面较狭长,或平、立面特别不规则,各部分刚度、高度、质量相差悬殊,且上述措施都无法解决时,则设置伸缩缝、沉降缝、防震缝是完全必要的。

　　伸缩缝设置的目的在于减小由于混凝土收缩和温度变化引起的结构内应力,主要与结构的长度有关。钢筋混凝土结构伸缩缝的最大间距应满足表 9.3 的规定。当结构的长度超过规范规定的允许值时,应验算温度应力并采取相应的构造措施。

　　沉降缝的设置主要与基础荷载及场地地质条件有关。当上部荷载差异较大,或地基土的物理力学指标相差较大时,则应设沉降缝。沉降缝可利用挑梁(悬挑)或搁置预制板、预制梁(简支)等方法形成。

　　伸缩缝与沉降缝的宽度一般不宜小于 50 mm。因基础基本不受温度变化的影响,伸缩缝在基础处可不断开,而沉降缝必须从基础断开。

　　防震缝的设置主要与建筑平面形状、立面高差、刚度、质量分布等因素有关。防震缝的设置,是为了使分缝后各结构单元成为体型简单、规则,刚度和质量分布均匀的单元,以减小结构的地震反应。为避免各结构单元在地震发生时互相碰撞,防震缝应有足够的宽度。防震缝的宽度不应小于 100 mm,同时还应满足《建筑抗震设计规范》(GB 50011—2010)的相关要求。

表 9.3　钢筋混凝土结构伸缩缝的最大间距　　　　　　　　（单位：m）

结构类别		室内或土中	露　天
排架结构	装配式	100	70
框架结构	装配式	75	50
	现浇式	55	35
剪力墙结构	装配式	65	40
	现浇式	45	30
挡土墙、地下室墙壁等类结构	装配式	40	30
	现浇式	30	20

注：1. 装配整体式结构房屋的伸缩缝间距可根据结构具体情况取表中装配式与现浇式结构之间的数值。
　　2. 框架-剪力墙结构或框架-核心筒结构房屋的伸缩缝间距可根据结构的布置情况取表中框架结构和剪力墙结构之间的数值。
　　3. 当屋面板上部无保温或隔热措施时，框架结构、剪力墙结构的伸缩缝间距宜按表中露天的数值取用。
　　4. 现浇挑檐、雨罩等外露结构的局部伸缩缝间距不宜大于 12 m。

结构如设伸缩缝和沉降缝，则应该与防震缝相协调。设伸缩缝或沉降缝，缝宽应符合防震缝的要求。当仅需设置防震缝时，则基础可不分开，但在防震缝处基础应加强构造和连接。

本 章 小 结

1. 建筑结构按照高度分类可分为低层、多层、中高层、高层、超高层；按照材料分类有砌体、混凝土、钢结构以及混合结构；按照结构体系分类可分为框架结构、框架-剪力墙结构、剪力墙结构、筒体结构、巨型框架结构等。

2. 框架结构的布置方案应考虑工艺要求、建筑平面功能、结构受力合理、施工方便等因素。承重框架的布置方案有横向框架承重与纵向框架承重，以及纵、横向框架混合承重。

3. 框架的受力分析包括框架计算简图的确定，框架荷载的计算，采用线弹性假定对框架进行受力分析；竖向荷载作用下框架内力的近似分析多采用分层法；水平荷载作用下框架内力的近似计算多采用 D 值法。

4. 框架在多种荷载作用下，构件控制截面的内力应根据最不利与可能的原则进行组合。

5. 内力组合得到框架各构件控制截面的基本组合效应后，可应用基本构件的承载力设计方法进行构件截面设计，同时考虑抗震与非抗震满足相关构造要求。

思考题与习题

9.1　在房屋建筑工程中，多、高层建筑结构的分类有哪些？

9.2　钢筋混凝土框架结构按施工方式的不同有哪些形式？各有什么优缺点？

9.3　框架设计中要考虑哪些荷载？风荷载是如何计算的？

9.4　框架结构的计算简图如何确定？

9.5　框架结构承重方案有哪几种？各有哪些优缺点？

9.6　反弯点法和 D 值法的异同点是什么？D 值的物理意义是什么？

9.7　水平荷载作用下框架的变形有什么特征？

9.8　框架结构的最不利内力组合中，确定活荷载的最不利位置有哪几种方法？

9.9　梁端弯矩调幅应在内力组合前还是组合后进行？为什么？

9.10　框架梁、柱的纵向钢筋在节点内的锚固有什么要求？

9.11　试分别用反弯点法和 D 值法计算如图 9.19 所示框架结构的内力（弯矩、剪力、轴力）和水平位移。图中在各杆件旁标出了该杆的线刚度，其中 $i = 2\,600\ \text{kN} \cdot \text{m}$。

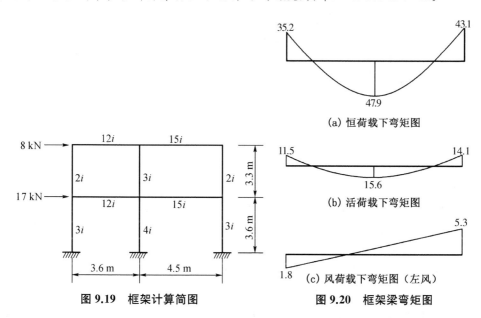

(a) 恒荷载下弯矩图

(b) 活荷载下弯矩图

(c) 风荷载下弯矩图（左风）

图 9.19　框架计算简图　　　图 9.20　框架梁弯矩图

9.12　某框架梁按满布荷载法计算，梁上荷载为均布荷载。梁跨度为 6 m，梁在恒荷载、活荷载和风荷载标准值作用下的弯矩图如图 9.20 所示。试求此梁支座和跨中截面处的设计弯矩值，以及支座截面处的剪力设计值。

钢、木结构及组合结构

　　本章主要讲述在建筑结构中钢结构、木结构、钢与混凝土组合结构的基本知识、受力特点和影响承载力的主要因素、设计计算方法等；着重针对钢梁，讲述其承载力计算公式和计算的方法、步骤；介绍了木结构的类型、各自的特点，以及相关的构造知识；简要介绍了钢与混凝土组合结构的相关知识。

10.1　钢结构

　　钢结构是指以热轧型钢或冷弯薄壁型钢、钢板等为主要承重构件，通过焊接、铆接或螺栓连接等方法制成的工程结构。由于此类结构具有强度高、自重轻、韧性和塑性好、工作可靠、制作和施工简便、工业化程度高、密闭性能好等优点，在工程中被广为应用；但也存在耐腐蚀和耐火性能较差、在低温条件下还可能发生脆性断裂等缺点，在使用中受到一定的限制。

　　钢结构的设计方法采用的仍然是以概率理论为基础的极限状态设计方法。在承载力计算时，以计算的应力值不超过材料强度设计值的方式表达；在挠度、疲劳等计算时，则以计算值不超过规定的限值或满足相关的规定进行验算。

10.1.1　钢结构的连接

　　在钢结构中，连接占有很重要的地位。因为钢结构是将钢板和型钢按需要裁剪成各种零件，通过连接将它们组成基本构件，然后将这些基本构件再通过连接组成结构。显然，连接应保证被连接件的位置正确，以满足传力和使用要求；在传力过程中，连接部位（包括连接和被连接材料）应有足够的强度、刚度和延性。

　　钢结构的连接通常有焊缝连接、螺栓连接和铆钉连接三种方式，如图 10.1 所示。

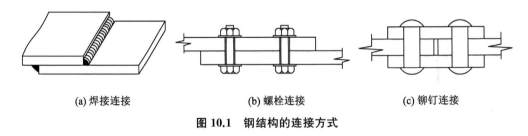

(a) 焊接连接　　　　　　(b) 螺栓连接　　　　　　(c) 铆钉连接

图 10.1　钢结构的连接方式

1）焊接连接和焊缝设计强度

　　焊接连接是钢结构最主要的连接方式。电弧焊是焊接连接最常采用的施工方法，其通过电弧产生热量，使焊条和焊件局部熔化，然后冷却凝结形成焊缝，使被焊接件连成一体。

它的优点是构造简单,节约钢材,加工方便,易于自动化作业。焊接连接一般不需拼接材料,不需作开孔加工,可直接连接;连接的密封性好,刚度大。但焊缝质量易受材料和工艺操作的影响,在直接承受动荷载的结构中不宜采用。

按构造可把焊缝连接分为对接焊缝和角焊缝两种形式,如图 10.2 所示。根据施焊方位的不同,可分为平焊、立焊、横焊和仰焊;按连接构件相对位置可分为对接、搭接和 T 形接头等。

焊缝连接的强度受构件钢材种类、焊条型号和焊缝形式影响,还跟焊缝的受力特征有关。《钢结构设计标准》规定,焊缝的强度设计值应根据焊接方法、焊条型号、构件钢材和焊缝形式按附表 11 查用。

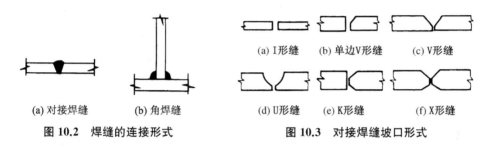

(a) 对接焊缝　　(b) 角焊缝

图 10.2　焊缝的连接形式

(a) I 形缝　(b) 单边 V 形缝　(c) V 形缝
(d) U 形缝　(e) K 形缝　(f) X 形缝

图 10.3　对接焊缝坡口形式

2) 对接焊缝的计算

采用对接焊缝的焊件厚度较小(手工焊 $t \leqslant 6$ mm,埋弧焊 $t \leqslant 10$ mm)时,可采用不切坡口的直边 I 形缝;对于一般厚度($t \leqslant 20$ mm)的焊件,可采用有斜坡口的单边 V 形缝或 V 形缝;对于较厚的焊件($t \geqslant 20$ mm),应采用 U 形缝、K 形缝或 X 形缝。各种坡口如图 10.3 所示。

(1) 轴心受力的对接焊缝计算

如图 10.4 所示轴心受力对接焊缝,计算公式:

$$\sigma = \frac{N}{l_w h_e} \leqslant f_t^w \text{ 或 } f_c^w \tag{10.1}$$

式中　N——轴心拉力或压力的设计值;

　　　l_w——对接焊缝的计算长度,当未采用引弧板时,每条焊缝取实际长度减去 $2t$;

　　　h_e——对接焊缝的计算厚度,在对接连接节点中取连接件的较小厚度;

　　　f_t^w、f_c^w——对接焊缝的抗拉、抗压强度设计值,参见附表 11。

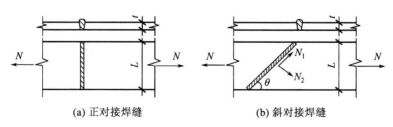

(a) 正对接焊缝　　　　　(b) 斜对接焊缝

图 10.4　轴心力作用下对接焊缝连接

如图 10.4(b)所示的斜对接焊缝,在正对接焊缝连接的强度低于焊件的强度时采用,此连接虽费材料,但较为实用。当 $\tan\theta \leqslant 1.5$ 时,斜对接焊缝强度得到保证而无需计算。

(2) 受弯、受剪的对接焊缝计算

对接焊缝应根据焊缝截面的应力分布,计算其最不利受力位置处的强度。图 10.5 为矩形和工字形截面在受弯、受剪时对接焊缝的应力分布。

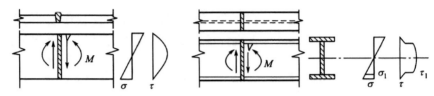

图 10.5　受弯、受剪的对接焊缝的应力分布

矩形截面和工字形截面的对接焊缝同时受弯、受剪时,最大正应力和最大剪应力不在同一点,应分别按式(10.2)和式(10.3)验算正应力 σ_{max} 和剪应力 τ_{max}。对工字形截面的对接焊缝在翼缘与腹板交界处同时受有较大的正应力 σ_1 和剪应力 τ_1,应按式(10.4)验算折算应力 σ_{eq}。

$$\sigma = M/W_w \leqslant f_t^w \tag{10.2}$$

$$\tau = \frac{V \cdot S_w}{I_w \cdot t} \leqslant f_v^w \tag{10.3}$$

$$\sigma_{eq} = \sqrt{\sigma_1^2 + 3\tau_1^2} \leqslant 1.1 f_t^w \tag{10.4}$$

式中　W_w——焊缝截面的截面抵抗矩;

　　　I_w——焊缝截面对其中和轴的惯性矩;

　　　S_w——焊缝截面在计算剪应力处以上部分对中和轴的面积矩;

　　　f_v^w——对接焊缝的抗剪强度设计值,参见附表 11;

　　　σ_1——翼缘与腹板交界处焊缝正应力;

　　　τ_1——翼缘与腹板交界处焊缝剪应力;

　　　1.1——考虑最大折算应力只在局部位置出现而将焊缝强度适当提高的系数。

3)角焊缝的计算

(1)角焊缝的有效截面

　　　　　　　　　　　　如图 10.6 所示,45°的斜面称为角焊缝的有效截面(或计算截面),破坏往往从这个截面发生。有效截面的高度(不考虑焊缝余高)称为角焊缝的有效厚度 h_e,计算时取 $h_e = 0.7 h_f$。

(2)角焊缝计算的基本公式

在外力作用下,破坏沿角焊缝的有效截面发生。《钢结构设计标准》给定的直角角焊缝的强度计算基本公式如下:

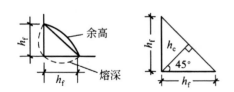

图 10.6　角焊缝的有效截面

$$\sqrt{\left(\frac{\sigma_f}{\beta_f}\right)^2 + \tau_f^2} \leqslant f_f^w \tag{10.5}$$

式中　σ_f——按焊缝的有效截面计算,垂直于焊缝长度方向的正应力;

　　　τ_f——按焊缝的有效截面计算,沿焊缝长度方向的剪应力;

　　　f_f^w——角焊缝的强度设计值;

　　　β_f——正面角焊缝的强度设计值增大系数,$\beta_f = \sqrt{\dfrac{3}{2}} \approx 1.22$;但对直接承受动力荷载结构中的角焊缝,取 $\beta_f = 1.0$。

（3）轴心力作用下角焊缝的连接计算

由于钢板连接和角钢连接的传力情况不同,计算时应予分别对待。

① 钢板连接

钢板连接承受轴心力作用有如图 10.7 几种情况:

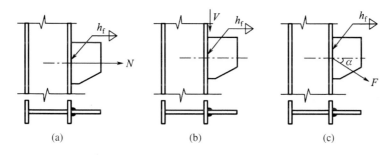

图 10.7　角焊缝连接钢板上的轴心力作用

如图 10.7(a)所示,轴力与焊缝相垂直的正面角焊缝,应满足下式

$$\sigma_f = \frac{N}{h_e \sum l_w} \leqslant \beta_f f_f^w \tag{10.6}$$

式中　l_w——角焊缝计算长度,考虑起灭弧缺陷,每条焊缝取实际长度减去 $2h_f$（每端扣除 h_f）,若端部为连续焊缝,则该端不用扣除。

如图 10.7(b)所示,轴力与焊缝相平行的侧面角焊缝,应按下式计算

$$\tau_f = \frac{V}{h_e \sum l_w} \leqslant f_f^w \tag{10.7}$$

如图 10.7(c)所示,轴力与焊缝成一夹角时

$$\sigma_f = \frac{N}{h_e \sum l_w} = \frac{F \cdot \cos\alpha}{h_e \sum l_w} \tag{10.8a}$$

$$\tau_f = \frac{V}{h_e \sum l_w} = \frac{F \cdot \sin\alpha}{h_e \sum l_w} \tag{10.8b}$$

并将式(10.8a)和式(10.8b)代入式(10.5)验算角焊缝的强度。

　② 角钢连接

　当角钢用角焊缝连接时,如图10.8所示,轴心力虽然通过截面形心,但因截面形心到角钢肢背和肢尖的距离不等,各自所受到的力也不相等。由力的平衡关系可求出各焊缝的受力。

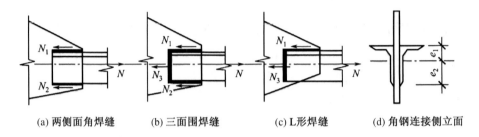

(a) 两侧面角焊缝　　　(b) 三面围焊缝　　　(c) L形焊缝　　　(d) 角钢连接侧立面

图 10.8　角焊缝连接角钢上的轴心力作用

　如图10.8(a)所示的两边仅用侧面角焊缝连接时,肢背和肢尖焊缝的受力分别按下式计算:

肢背焊缝承担的力 $\qquad N_1 = e_2 N/(e_1 + e_2) = K_1 N$ $\qquad$ (10.9a)

肢尖焊缝承担的力 $\qquad N_2 = e_1 N/(e_1 + e_2) = K_2 N$ $\qquad$ (10.9b)

式中　K_1、K_2——焊缝内力分配系数,见表10.1。

表 10.1　角钢连接角焊缝的内力分配系数

角钢类型	连接形式	内力分配系数	
		肢背 K_1	肢尖 K_2
等肢角钢		0.7	0.3
不等肢角钢短肢连接		0.75	0.25
不等肢角钢长肢连接		0.65	0.35

　如图10.8(b)所示三面围焊时,肢背和肢尖焊缝的受力分别按下式计算:

肢背焊缝承担的力 $\qquad N_1 = \dfrac{e_2 N}{e_1 + e_2} - \dfrac{N_3}{2} = K_1 N - \dfrac{N_3}{2}$

$\qquad\qquad\qquad\qquad\qquad\qquad\qquad\qquad\qquad\qquad\qquad$ (10.10a)

肢尖焊缝承担的力 $N_2 = \dfrac{e_1 N}{e_1 + e_2} - \dfrac{N_3}{2} = K_2 N - \dfrac{N_3}{2}$ (10.10b)

正面角焊缝承担的力 $N_3 = 0.7 h_f \sum l_{w3} \beta_f f_f^w$ (10.10c)

式中 l_{w3} ——端部正面角焊缝的计算长度。

如图 10.8(c)所示 L 形焊缝,正面角焊缝和肢背焊缝的受力分别按下式计算:

正面角焊缝承担的力 $N_3 = 0.7 h_f \sum l_{w3} \beta_f f_f^w$

肢背焊缝承担的力 $N_1 = N - N_3$ (10.11)

(4) 弯矩、剪力和轴心力共同作用下角焊缝的计算

在弯矩 M 作用下的角焊缝连接中,其最大应力的计算公式为:

$$\sigma_f^M = \frac{M}{W_w} \leqslant \beta_f \cdot f_f^w$$ (10.12)

式中 W_w ——角焊缝有效截面的截面模量,$W_w = \sum (h_e l_w^2)/6$。

同时承受弯矩 M、剪力 V 和轴力 N 的作用时角焊缝的计算如图 10.9 所示。在弯矩 M、剪力 V 和轴力 N 的同时作用时,则应分别计算角焊缝在 M、V、N 作用下的应力,即按式(10.12)、式(10.6)和式(10.7)求出 σ_A^M、σ_A^N 和 τ_A^V 后,再按下式验算焊缝强度:

$$\sqrt{\left(\frac{\sigma_A^M + \sigma_A^N}{\beta_f}\right) + (\tau_A^V)^2} \leqslant f_f^w$$ (10.13)

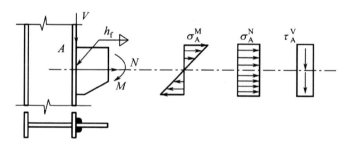

图 10.9 弯矩、剪力和轴心力共同作用时角焊缝应力

(5) 扭矩、剪力和轴心力共同作用下角焊缝的计算

如图 10.10 所示,A 点为距角焊缝有效截面形心最远点。在扭矩作用下,角焊缝上任何一点的应力方向垂直于该点和形心 O 的连线,且应力的大小与其距离 r 的大小成正比。在扭矩单独作用时角焊缝上 A 点的应力计算公式为:

$$\tau_A^T = \frac{T \cdot r_A}{I_p}$$ (10.14)

式中 I_p ——角焊缝有效截面的极惯性矩,$I_p = I_x + I_y$;
      r_A —— A 点至形心 O 点的距离。

将 τ_A^T 分解到 x 轴和 y 轴上的分应力为:

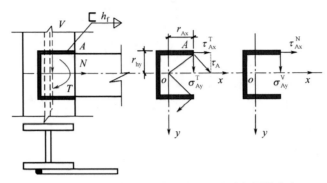

图 10.10　扭矩、剪力和轴力共同作用时角焊缝应力

$$\tau_{Ax}^T = \frac{T \cdot r_{Ay}}{I_p} \tag{10.15a}$$

$$\sigma_{Ay}^T = \frac{T \cdot r_{Ax}}{I_p} \tag{10.15b}$$

当角焊缝同时承受扭矩 T、剪力 V 和轴力 N 共同作用,如图 10.10 所示。应分别计算角焊缝在 T、V、N 作用下的应力,按式(10.15a)、式(10.15b)、式(10.6)和式(10.7)分别求出受力最大点的应力分量 τ_{Ax}^T、σ_{Ay}^T、σ_{Ay}^V、τ_{Ax}^N,然后按下式验算焊缝强度:

$$\sqrt{\left(\frac{\sigma_{Ay}^T + \sigma_{Ay}^V}{\beta_f}\right)^2 + (\tau_{Ax}^T + \tau_{Ax}^N)^2} \leqslant f_f^w \tag{10.16}$$

【例题 10.1】　如图 10.11 所示,一直角角焊缝的连接,材料为 Q235B 钢,手工焊,焊条 E43 型,焊缝高度 $h_f = 8\,\text{mm}$,$f_f^w = 160\,\text{N/mm}^2$,试求此连接所能承受的最大偏心力 F?

【解】　计算焊缝的内力:

$$V = F; \quad M = F \times 200 = 0.2F\,\text{kN} \cdot \text{m}$$

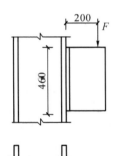

图 10.11　例题 10.1 图

焊缝截面的几何特性:

$$W_w = 2 \times \frac{1}{6} \times 0.7 h_f \times 460^2$$

$$= \left(2 \times \frac{1}{6} \times 0.7 \times 8 \times 460^2\right)\text{mm}^3$$

$$= 3.95 \times 10^5\,\text{mm}^3$$

$$A_w = (2 \times 0.7 \times 8 \times 460)\text{mm}^2 = 5\,152\,\text{mm}^2$$

焊缝的强度和最大承载力:

正应力:$\sigma_f = \dfrac{M}{W_w} = \dfrac{0.2F \times 10^6}{3.95 \times 10^5} = 0.51F\,\text{N/mm}^2$

剪应力：$\tau_{\mathrm{f}} = \dfrac{V}{A_{\mathrm{w}}} = \dfrac{F \times 10^3}{5\,152} = 0.20F\ \text{N/mm}^2$

$$\sqrt{\left(\dfrac{\sigma_{\mathrm{f}}}{\beta_{\mathrm{f}}}\right)^2 + \tau_{\mathrm{f}}^2} = \sqrt{\left(\dfrac{0.51F}{1.22}\right)^2 + (0.20F)^2}\ \text{N/mm}^2 \leqslant 160\ \text{N/mm}^2$$

解得此焊缝连接所能承受的最大偏心力：$F \leqslant 347.1\ \text{kN}$

4）螺栓连接和铆钉连接

（1）铆钉连接

铆钉连接如图 10.1(c)所示。铆钉连接需要先在构件上开孔，用加热的铆钉进行铆合。这种连接传力可靠，韧性和塑性较好，质量易于检查，适用于承受动力荷载、荷载较大和跨度较大的结构。但铆钉连接费工费料，噪音和劳动强度大，现在已很少采用，多被焊接及高强度螺栓连接所代替。

（2）螺栓连接

螺栓连接如图 10.1(b)所示。螺栓连接需要先在构件上开孔，然后通过拧紧螺栓产生紧固力将被连接件连成一体。螺栓连接分为普通螺栓连接和高强度螺栓连接两种。

① 普通螺栓连接　普通螺栓连接按连接螺栓的受力形式，可分为抗剪螺栓连接和抗拉螺栓连接，如图 10.12 所示。抗剪螺栓依靠螺栓杆的抗剪和孔壁承压来传递外力。而抗拉螺栓则靠螺栓杆的受拉传递荷载。

在工程中，普通螺栓可分为 C 级螺栓（又称粗制螺栓）和 A、B 级螺栓（又称精制螺栓）三种。C 级螺栓直径与孔径相差 1.0～2.0 mm，A、B 级螺栓直径与孔径相差 0.3～0.5 mm。C 级螺栓安装简单，便于拆装，但螺杆与钢板孔壁接触不够紧密，当传递剪力时，连接变形较大，故 C 级螺栓宜用于承受拉力的连接，或用于次要结构和可拆卸结构的受剪连接，以及安装时的临时固定。A、B 级螺栓的受力性能较 C 级螺栓好，可以承受拉力和剪力，但因其加工费用较高且安装费时费工，目前建筑结构中很少使用。

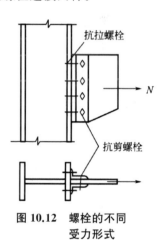

图 10.12　螺栓的不同
受力形式

② 高强度螺栓连接　高强度螺栓系用高强度的钢材制作，可分为摩擦型和承压型两种。安装时通过特制的扳手，以较大的扭矩拧紧螺帽，使螺栓杆产生预拉力。

摩擦型连接：这种螺栓连接的特点是，仅依靠连接部件接触面间的摩擦力来传递外力。孔径比螺栓公称直径大 1.5～2.0 mm。其特点是连接紧密，变形小，传力可靠，抗疲劳性能好，主要用于直接承受动力荷载的结构、构件的连接。

承压型连接：在受荷起初由摩擦传力，当被连接件间发生滑移后，则与普通螺栓连接一样，依靠螺杆抗剪和孔壁承压来传力。孔径比螺栓公称直径大 1.0～1.5 mm。其连接承载力一般比摩擦型连接高，可节约钢材。但在摩擦力被克服后变形较大，故仅适用于承受静力荷载或间接承受动力荷载的结构、构件的连接。

（3）螺栓连接承载力计算

螺栓连接的承载力与螺栓的钢材牌号、类型、受力状态等有关，《钢结构设计标准》规定，各类螺栓的强度设计值应按附表12查用。

单个普通螺栓的承载力设计值按表10.2所示方法对照和应用。

表 10.2 单个普通螺栓承载力设计值

项次	受力状态	计算公式	符号说明
1	受剪承载力设计值	$N_v^b = n_v \dfrac{\pi d^2}{4} f_v^b$	N_v^b、N_c^b、N_t^b ——每个螺栓的受剪、承压和受拉承载力设计值;
2	承压承载力设计值	$N_c^b = d \sum t f_c^b$	n_v ——每个螺栓的受剪面数; d ——螺栓杆的直径; d_e ——螺栓螺纹处的有效直径;
3	受拉承载力设计值	$N_t^b = \dfrac{\pi d_e^2}{4} f_t^b$	$\sum t$ ——在同一方向承压构件的较小总厚度; f_v^b、f_c^b、f_t^b ——螺栓的抗剪、承压和抗拉强度设计值

普通螺栓连接常用计算方法如表10.3所示(限于篇幅,仅列出普通螺栓抗剪和抗拉计算,普通螺栓拉剪联合作用计算、高强螺栓的计算,请参阅《钢结构设计标准》相关内容)。

表 10.3 普通螺栓连接的计算

项次	受力情况	受力简图	计算公式	符号说明
1	承受轴心力的抗剪连接		需要螺栓数 $n \geqslant \dfrac{N}{N_{\min}}$	$N_{\min}$ ——一个螺栓的受剪承载力设计值
2	承受偏心力的抗剪连接		先布置螺栓,后验算受力最大的螺栓,使符合下列条件 $R \leqslant N_{\min}$ 式中 $R = \sqrt{R_{Mx}^2 + (R_{Ny} + R_{My})^2}$ $R_{Ny} = \dfrac{P}{n}$ $P_{Mx} = \dfrac{Pey_{\max}}{\sum(x_i^2 + y_i^2)}$ $P_{My} = \dfrac{Pex_{\max}}{\sum(x_i^2 + y_i^2)}$ 当 $y_{\max} > 3x_{\max}$ 时,可取 $P_{Mx} = \dfrac{Pey_{\max}}{\sum y_i^2}$	C ——螺栓群的形心; e ——偏心距; x_i,y_i ——任一螺栓的坐标; n ——螺栓个数
3	承受轴心力的抗拉连接		需要螺栓数 $n \geqslant \dfrac{N}{N_t^b}$	N_t^b ——一个螺栓的受拉承载力设计值; e ——N 至螺栓群中心的距离;
4	承受偏心力的抗拉连接		先布置螺栓,后验算受力最大的螺栓,使符合 $\dfrac{N}{n} + \dfrac{Ney_{\max}}{\sum y_i^2} \leqslant N_t^b$	y_i ——任一螺栓到旋转轴的距离; n ——螺栓个数

【**例题 10.2**】 图 10.13 所示的梁、柱连接,采用普通 C 级螺栓,梁端支座板下设有支托,试设计此连接。已知:钢材为 Q235B,螺栓直径为 22 mm,焊条为 E43,手工电弧焊。此连接承受的静力荷载设计值为 $V = 267$ kN, $M = 40.3$ kN·m,试验算该连接是否安全。

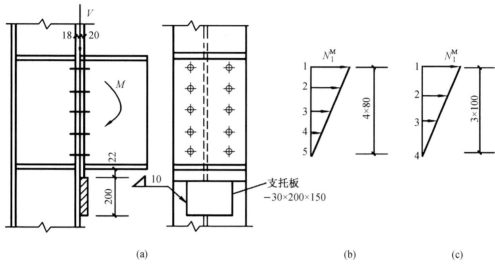

(a)   (b)   (c)

图 10.13 例题 10.2 图

【**解**】 已知 $f_v^b = 140$ N/mm², $f_c^b = 305$ N/mm², $f_t^b = 170$ N/mm²

(1) 假定支托板仅起安装作用

① 单个普通螺栓的承载力

抗剪 $N_v^b = n_v \dfrac{\pi d^2}{4} f_v^b = 1 \times \dfrac{\pi \times 22^2}{4} \times 140 = 53.22$ kN

抗压 $N_c^b = d \sum t f_c^b = 22 \times 18 \times 305 = 120.78$ kN

抗拉 $N_t^b = \dfrac{\pi d_e^2}{4} f_t^b = 303.4 \times 170 = 51.58$ kN

② 按构造要求选定螺栓数目并排列。假定用 10 个螺栓,布置成 5 行 2 列,行间距 80 mm,如图 10.13(b)所示。

③ 连接验算。螺栓既受剪又受拉,受力最大的螺栓为"1",其受力为

$$N_v = \frac{V}{n} = \frac{267}{10} = 26.7 \text{ kN}$$

$$N_t = \frac{My_1}{m \sum y_i^2} = \frac{40.3 \times 320 \times 10^3}{2 \times (80^2 + 160^2 + 240^2 + 320^2)} = 33.58 \text{ kN}$$

验算"1"螺栓受力

$$\sqrt{\left(\frac{N_v}{N_v^b}\right)^2 + \left(\frac{N_t}{N_t^b}\right)^2} = \sqrt{\left(\frac{26.7}{53.22}\right)^2 + \left(\frac{33.58}{51.58}\right)^2} = 0.822 < 1$$

$$N_v = 26.7 \text{ kN} < N_c^b = 120.78 \text{ kN}$$

（2）假定支托板起承受剪力的作用

① 单个螺栓承载力同"1"。

② 按构造要求选定螺栓数目并排列。支托承载剪力作用，螺栓数目可以减少，假定用 8 个螺栓，布置成 4 行 2 列，行间距 100 mm（见图 10.13（c））。

③ 连接验算。螺栓仅受拉力，支托板承受剪力。

a. 螺栓验算。螺栓所受拉力为

$$N_t = \frac{My_1}{m \sum y_i^2} = \frac{40.3 \times 300 \times 10^3}{2 \times (100^2 + 200^2 + 300^2)} = 43.18 \text{ kN} < N_t^b = 51.58 \text{ kN}$$

可见，当利用支托传递剪力时，需要的螺栓数目将减少。

b. 支托板焊缝验算。取偏心影响系数 $\alpha = 1.35$，焊脚尺寸 $h_f = 10 \text{ mm}$，则焊缝所受剪应力为：

$$\tau_f = \frac{\alpha V}{h_e \sum l_w} = \frac{1.35 \times 267 \times 10^3}{2 \times 0.7 \times 10 \times (200 - 2 \times 10)}$$

$$= 143.04 \text{ N/mm}^2 < f_f^w = 160 \text{ N/mm}^2$$

故该梁、柱连接安全。

10.1.2　轴心受力构件

轴心受力构件是钢结构中较为常见的构件，被广泛地应用于钢结构承重构件中，如钢屋架、网架、网壳、塔架等杆系结构的杆件，平台结构的支柱等。根据杆件承受的轴心力的性质可分为轴心受拉构件和轴心受压构件。一些非承重构件，如支撑、缀条等，也常常由轴心受力构件组成。

轴心受力构件的截面形式有三种：第一种是热轧型钢截面，如图 10.14（a）所示；第二种是用型钢和钢板或钢板和钢板连接而成的组合截面，如图 10.14（b）所示；如图 10.14（c）所示的为格构式组合截面。

本节主要介绍实腹式轴心受力构件的设计计算。

在钢结构设计中将轴心受压构件按截面的形式、高宽比、不同的对称轴以及构件板材厚度等分为 a、b、c、d 四类，参见附表 19。

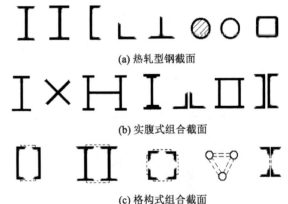

(a) 热轧型钢截面

(b) 实腹式组合截面

(c) 格构式组合截面

图 10.14　轴心受力构件的截面形式

1）轴心受力构件的强度和刚度

（1）强度

《钢结构设计标准》规定，截面无削弱的轴心受力构件的毛截面强度应满足下式要求：

$$\sigma = \frac{N}{A} \leqslant f \qquad (10.17)$$

式中　N ——轴心力设计值；

　　　A ——构件的毛截面面积；

　　　f ——钢材的抗拉、抗压强度设计值，见附表 10。

轴心受拉构件在端部或中部拼接采用螺栓连接或沿全长都有排列较密螺栓的组合拉压构件，以及轴心拉压构件在端部或中部拼接采用高强度螺栓摩擦型连接时，应按净截面验算强度。

（2）刚度

按照使用要求，轴心受力构件必须有一定的刚度，以防止产生过大变形。刚度要求通过限制构件的长细比 λ 来实现，设计时应满足下式要求：

$$\lambda = \frac{l_0}{i} \leqslant [\lambda] \qquad (10.18)$$

式中　λ ——构件长细比，对于仅承受静力荷载的桁架为自重产生弯曲的竖向面内的长细比，其他情况为构件最大长细比；

　　　l_0 ——构件的计算长度；

　　　i ——截面的回转半径；

　　　$[\lambda]$ ——构件的容许长细比，见表 10.4 和表 10.5。

表 10.4　受拉构件的容许长细比

项次	构件名称	承受静力荷载或间接承受动力荷载的结构			直接承受动力荷载的结构
		有重级工作制吊车的厂房	对腹杆提供平面外支点的弦杆	一般结构	
1	桁架的杆件	250	250	350	250
2	吊车梁或吊车桁架以下的柱间支撑	200	—	300	—
3	其他拉杆、支撑、系杆等（张紧的圆钢除外）	350	—	400	—

注：1. 在直接或间接承受动力荷载的结构中，计算单角钢受拉构件的长细比时，应采用角钢的最小回转半径，但在计算交叉点相互连接的交叉构件平面外的长细比时，可采用与角钢肢边平行的回转半径。

　　2. 除对腹杆提供平面外支点的弦杆外，承受静力荷载的结构受拉构件，可仅计算竖向平面内的长细比。

　　3. 中、重级工作制吊车桁架下弦杆的长细比不宜超过 200。

　　4. 受拉构件在永久荷载和风荷载组合作用下受压时，其长细比不宜超过 250。

　　5. 跨度等于或大于 60 m 的桁架，其受拉弦杆和腹杆的长细比承受静力荷载或间接承受动力荷载时不宜超过 300，直接承受动力荷载时不宜超过 250。

　　6. 在设有夹钳吊车或刚性料耙等硬钩起重机的厂房中，支撑的长细比不宜超过 300。

表 10.5 受压构件的容许长细比

项　次	构件名称	容许长细比
1	柱、桁架和天窗架构件	150
1	柱的缀条、吊车梁或吊车桁架以下的柱间支撑	150
2	支撑	200
2	用以减小受压构件长细比的杆件	200

注：1. 计算单角钢受拉构件的长细比时，应采用角钢的最小回转半径，但在计算交叉点相互连接的交叉构件平面外的长细比时，可采用与角钢肢边平行的回转半径。
　　2. 跨度等于或大于 60 m 的桁架，其受压弦杆、端压杆和直接承受动力荷载的受压腹杆的长细比不宜大于 120。
　　3. 当杆件内力设计值不大于承载力的 50% 时，容许长细比值可取 200。

2）实腹式轴心受压构件的稳定计算

（1）整体稳定的计算

当截面没有削弱时，轴心受压构件一般不会因截面的平均应力达到钢材的抗压强度而破坏，构件的承载力常由稳定控制。此时构件所受应力应不大于整体稳定的临界应力，考虑抗力分项系数 γ_R 后，整体稳定计算公式：

$$\frac{N}{\varphi A} \leqslant f \tag{10.19}$$

式中　φ——轴心受压构件的整体稳定系数，根据截面的分类（见附表 19a、附表 19b）、长细比和钢材屈服强度，查附表 20 确定。

构件长细比根据构件可能发生的失稳形式采用绕主轴弯曲的长细比或构件发生弯扭失稳时的换算长细比，取较大值。

① 截面为双轴对称或极对称的构件

a. 计算绕两个主轴的弯曲屈曲时：

$$\lambda_x = \frac{l_{0x}}{i_x} \quad \lambda_v = \frac{l_{0y}}{i_y} \tag{10.20}$$

式中　l_{0x}、l_{0y}——构件对主轴 x 和 y 的计算长度；

　　　　i_x、i_y——构件截面对主轴 x 和 y 的回转半径。

b. 计算扭转屈曲时：

$$\lambda_z = \sqrt{\frac{I_0}{\dfrac{I_t}{25.7} + \dfrac{I_w}{l_w^2}}} \tag{10.21}$$

式中　I_0、I_t、I_w——构件毛截面对剪心的极惯矩、自由扭转常数和扇性惯性矩；

　　　　l_w——扭转屈曲的自由长度。

双轴对称十字形截面板件宽厚比不超过 $15\varepsilon_k$ 时 $\left(\text{钢号修正系数}，\varepsilon_k = \sqrt{\dfrac{235}{f_y}}\right)$，其扭转失稳可不计算。

② 截面为单轴对称的构件

a. 当计算绕非对称主轴（设为 x 轴）弯曲屈曲时，长细比按式（10.20）计算。

b. 单轴对称截面轴心受压构件由于剪切中心和形心的不重合,当绕对称轴 y 弯曲时伴随着扭转产生,而发生弯扭失稳。对于这类构件,则要用计入扭转效应的换算长细比 λ_{yz} 代替 λ_y。

$$\lambda_{yz} = \frac{1}{\sqrt{2}}\left[(\lambda_y^2 + \lambda_z^2) + \sqrt{(\lambda_y^2 + \lambda_z^2)^2 - 4\lambda_y^2\lambda_z^2\left(1 - \frac{y_s^2}{i_0^2}\right)}\right]^{\frac{1}{2}} \tag{10.22}$$

$$i_0^2 = y_s^2 + i_x^2 + i_y^2 \tag{10.23}$$

式中　y_s——截面形心至剪心距离;

$\quad\quad i_0$——截面对剪心的极回转半径;

$\quad\quad \lambda_z$——扭转屈曲的换算长细比,按式(10.21)计算。

c. 单角钢截面和双角钢组合的 T 形截面,《钢结构设计标准》中还给出了 λ_{yz} 的简化算法,这里不再罗列。

无任何对称轴且不是极对称的截面(单面连接的不等肢角钢除外)不宜用作轴心压杆。对单面连接的单角钢轴心受压构件,考虑折减系数后,不再考虑弯扭效应;当槽形截面用于格构式构件的分肢,计算分肢绕对称轴 y 轴的稳定时,不必考虑扭转效应,直接用 λ_y,查稳定系数 φ_y。

(2) 局部稳定的计算

为节约材料,轴心受压构件的板件一般宽厚比都较大,由于压应力的存在,板件可能会发生局部屈曲而失稳,在设计时应考虑局部稳定问题。如图 10.15 所示为一工字形截面轴心受压构件发生局部失稳的现象。构件丧失局部稳定后还可能继续承载,但板件的局部屈曲对构件的承载力有所影响,会加速构件的整体失稳。

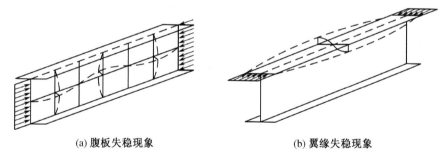

(a) 腹板失稳现象　　　　　　　(b) 翼缘失稳现象

图 10.15　轴心受压构件的局部失稳

对于局部屈曲问题,通常有两种考虑方法:一种做法是不允许板件屈曲先于构件整体屈曲,目前一般钢结构的规定就是用不允许局部屈曲先于整体屈曲来限制板件宽厚比。另一种做法是允许板件屈曲先于整体屈曲,采用有效截面的概念来考虑局部屈曲,利用腹板屈曲后的强度,冷弯薄壁型钢结构和轻型门式刚架结构的腹板就是这样考虑的。

① 工字形截面和 H 形截面　对工字形截面和 H 形截面应分别验算翼缘宽厚比和腹板高厚比。由于工字形截面的腹板一般较翼缘板薄,腹板对翼缘板嵌固作用较弱,可把翼缘板视为三边简支一边自由的均匀受压板,为保持受压构件的局部稳定,翼缘自由外伸段的宽厚比应满足下列公式:

$$b/t_f \leqslant (10 + 0.1\lambda)\varepsilon_k \tag{10.24}$$

式中　λ——取构件两方向长细比的较大值。当 $\lambda < 30$ 时,取 $\lambda = 30$;当 $\lambda > 100$ 时,取 $\lambda = 100$;

　　　　b——翼缘的自由外伸宽度;

　　　　t_f——翼缘板厚度。

　　对于腹板则近似地视为四边支承板,当腹板发生屈曲时,翼缘板作为腹板纵向边的支承,对腹板起一定的弹性嵌固作用,这种嵌固作用可使腹板的临界应力提高,为防止腹板发生屈曲,腹板高厚比 h_0/t_w 应满足下式要求:

$$h_0/t_w \leqslant (25 + 0.5\lambda)\varepsilon_k \tag{10.25}$$

式中　h_0、t_w——腹板的高度和厚度;

　　　　λ——取构件两方向长细比的较大值,当 $\lambda < 30$ 时,取 $\lambda = 30$;当 $\lambda > 100$ 时,取 $\lambda = 100$。

　　② 其他截面构件板件宽厚比限值见表 10.6。

表 10.6　轴心受压构件板件宽厚比限值

截面及板件尺寸	宽厚比限值
	翼缘:$\dfrac{b}{t_f} \leqslant (10 + 0.1\lambda)\varepsilon_k$ 腹板:$\dfrac{h_0}{t_w} \leqslant (25 + 0.5\lambda)\varepsilon_k$
	翼缘:$\dfrac{b}{t_f} \leqslant (10 + 0.1\lambda)\varepsilon_k$ 腹板: 热轧部分 T 形钢:$\dfrac{h_0}{t_w} \leqslant (15 + 0.2\lambda)\varepsilon_k$ 焊接 T 形钢:$\dfrac{h_w}{t_w} \leqslant (13 + 0.17\lambda)\varepsilon_k$
	$\dfrac{h_0}{t_w}\left(\text{或}\dfrac{b_0}{t_f}\right) \leqslant 40\varepsilon_k$
	当 $\lambda \leqslant 80\varepsilon_k$ 时:$\dfrac{w}{t} \leqslant 15\varepsilon_k$ 当 $\lambda > 80\varepsilon_k$ 时:$\dfrac{w}{t} \leqslant 5\varepsilon_k + 0.125\lambda$
	$\dfrac{d}{t} \leqslant 100\varepsilon_k^2$

【例题 10.3】 某焊接工字形截面柱，截面几何尺寸如图 10.16 所示。柱的上、下端均为铰接，柱高 4.2 m，承受的轴心压力设计值为 1 000 kN，钢材 Q235B，翼缘为火焰切割边，焊条 E43 系列，手工电弧焊。试验算该柱是否安全。

扫二维码查阅本例题解答。

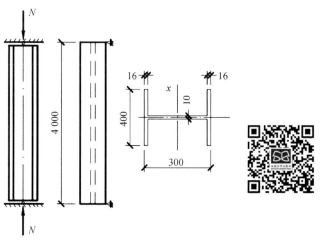

图 10.16 例题 10.3 图

10.1.3 梁

1）梁的类型和应用

在建筑结构中，钢梁主要承受横向荷载，应用广泛。常见的有楼盖梁、吊车梁、工作平台梁、墙架梁、檩条、桥梁等。钢梁一般分为型钢梁和组合梁两大类。

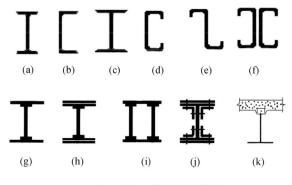

图 10.17 梁的截面形式

型钢梁又分为热轧型钢梁和冷弯薄壁型钢梁。前者如图 10.17（a）、图 10.17（b）、图 10.17（c）所示，冷弯薄壁型钢梁如图 10.17（d）、10.17（e）、10.17（f）所示。型钢梁取材方便，成本较低，当优先取用。但若荷载和跨度较大时，由于尺寸和规格的限制，型钢梁往往不能满足承载力或刚度的要求，这时需要用组合梁。最常用的组合梁是由钢板焊接而成的工字形截面组合梁，如图 10.17（g）所示。当所需翼缘板较厚时可采用双层翼缘板，如图 10.17（h）所示。荷载很大而截面高度受到限制或对抗扭刚度要求较高时，可采用箱形截面梁，如图 10.17（i）所示。当梁要承受动力荷载时，由于对疲劳性能要求较高，需要采用高强度螺栓连接的工字形截面梁，如图 10.17（j）所示。还有制成如图 10.17（k）所示的钢与混凝土的组合梁，这可以充分发挥两种材料的优势，经济效果较明显。

2）梁的强度和刚度

为了确保安全适用、经济合理，梁在设计时既要考虑承载能力的极限状态，又要考虑正常使用的极限状态。前者包括强度、整体稳定和局部稳定三个方面，用的是荷载设计值；后者是指梁应具有一定的抗弯刚度，即在荷载标准值的作用下，梁的最大挠度不超过容许值。

（1）梁的弯曲正应力

梁在荷载作用下大致可以分为三个工作阶段。如图 10.18 所示为一工字形梁的弹性、弹塑性和塑性工作阶段的应力分布情况。

为避免所设计的梁有过大的非弹性变形，又允许截面有一定程度的塑性发展，对于承受静力荷载或间接受动力荷载的梁，引用截面的塑性发展系数 γ_x 和 γ_y（各种截面对不同主

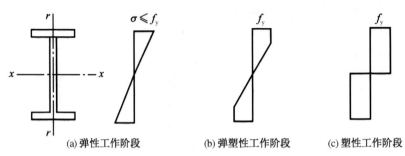

(a) 弹性工作阶段   (b) 弹塑性工作阶段   (c) 塑性工作阶段

图 10.18　梁的正应力分布

轴的塑性发展系数见表 10.7），根据材料力学的知识，梁的正应力设计公式为：

单向受弯时

$$\sigma = \frac{M_x}{\gamma_x W_{nx}} \leqslant f \tag{10.26}$$

双向受弯时

$$\sigma = \frac{M_x}{\gamma_x W_{nx}} + \frac{M_y}{\gamma_y W_{ny}} \leqslant f \tag{10.27}$$

式中　M_x、M_y ——同一截面梁在最大刚度平面内和最小刚度平面内的弯矩；

       W_{nx}、W_{ny} ——对 x 轴和 y 轴的净截面模量；

       f ——钢材的抗弯强度设计值，见附表 10。

表 10.7　截面塑性发展系数 γ_x 和 γ_y 值

项次	截面形式	γ_x	γ_y
1			1.2
2		1.05	1.05
3		$\gamma_{x1} = 1.05$ $\gamma_{x2} = 1.2$	1.2
4			1.05

项次	截面形式	γ_x	γ_y
5		1.2	1.2
6		1.15	1.15
7		1.0	1.05
8		1.0	1.0

若梁直接承受动力荷载，则以上两式中不考虑截面塑性发展系数，即 $\gamma_x = \gamma_y = 1.0$。

（2）梁截面宽厚比等级

梁是由若干板件组成的，如果板件的宽厚比（高厚比）过大，板件可能在梁未达到塑性阶段甚至未进入弹塑性阶段便发生局部屈曲，从而降低梁的转动能力，也限制了梁所能承受的最大弯矩值。经分析得知，影响梁截面塑性转动能力的主要因素是组成板件的局部稳定性。组成板件的局部稳定承载能力越高，截面塑性转动能力越强，截面所能承担的弯矩越大，因此《钢结构设计标准》将组成板件分为五级，各级截面板件宽厚比（高厚比）限值见表 10.8。

表 10.8　受弯构件的截面板件宽厚比等级及限值

构件	截面板件宽厚比等级		S1 级	S2 级	S3 级	S4 级	S5 级
受弯构件（梁）	工字形截面	b/t	$9\varepsilon_k$	$11\varepsilon_k$	$13\varepsilon_k$	$15\varepsilon_k$	20
		腹板 h_0/t_w	$65\varepsilon_k$	$72\varepsilon_k$	$(40.4+0.5\lambda)\varepsilon_k$	$124\varepsilon_k$	250
	箱形截面	壁板（腹板）间翼缘 b_0/t	$25\varepsilon_k$	$32\varepsilon_k$	$37\varepsilon_k$	$42\varepsilon_k$	—

S1、S2 级截面可以全部进入塑性阶段；S3 级可以部分进入塑性阶段，设计时如考虑部分截面塑性发展，采用有限塑性发展强度准则进行设计，既不会出现较大的塑性变形，还可以获得较好的经济效益；S4 级截面不能进入弹塑性阶段，因此只能进行弹性设计；S5 级截面弹

性阶段就有部分板件发生局部屈曲,应采用有效截面进行计算。

（3）梁的剪应力

在横向荷载作用下,梁在受弯的同时又承受剪力。对于工字形截面和槽形截面,其最大剪应力在腹板上,由力学知识知,其计算公式可写为:

$$\tau = \frac{VS}{It_{w}} \leqslant f_{v} \tag{10.28}$$

式中　V——计算截面沿腹板平面作用的剪力;

　　　I——梁的毛截面惯性矩;

　　　S——计算剪应力处以上(或以下)毛截面对中和轴的面积矩;

　　　t_{w}——梁腹板厚度;

　　　f_{v}——钢材抗剪强度设计值,见附表10。

（4）梁的局部承压

当梁的翼缘承受较大的固定集中荷载(包括支座)而又未设支承加劲肋,或受有移动的集中荷载(如吊车轮压),应对腹板计算高度边缘的局部受压承载力进行验算。《钢结构设计标准》规定,其局部承压强度可按下式计算:

$$\sigma_{c} = \frac{\psi F}{t_{w}l_{z}} \leqslant f \tag{10.29}$$

式中　F——集中荷载,对动力荷载应乘以动力系数;

　　　ψ——集中荷载增大系数,对重级工作制吊车轮压,$\psi = 1.35$;对其他 $\psi = 1.0$;

　　　l_{z}——集中荷载在腹板计算高度处的假定分布长度。可简化计算:对跨中集中荷载,$l_{z} = a + 5h_{y} + 2h_{R}$;对梁端支座反力,$l_{z} = a + 2.5h_{y} + 2a_{1}$;其中 a 为集中荷载沿跨度方向的支承长度,对吊车钢轨轮压可取 50 mm;a_{1} 为梁端到支座板外边缘的距离,按实际但不得大于 $2.5h_{y}$;h_{y} 为自梁顶至腹板计算高度处的距离;h_{R} 为轨道高度,梁顶无轨道时取 $h_{R} = 0$。

腹板的计算高度 h_{0},对轧制型钢梁,为腹板与上、下翼缘相接处两内弧起点间的距离;对焊接组合梁,为腹板高度。

当计算不能满足时,对承受固定集中荷载处或支座处,可通过设置横向加劲肋予以加强,也可修改截面尺寸;当承受移动集中荷载时,则只能修改截面尺寸。

（5）复杂应力作用下的强度计算

当腹板计算高度处同时承受较大的正应力、剪应力或局部压应力时,需按下式计算该处的折算应力:

$$\sqrt{\sigma^{2} + \sigma_{c}^{2} - \sigma\sigma_{c} + 3\tau^{2}} \leqslant \beta_{1}f \tag{10.30}$$

式中　σ、τ、σ_{c}——腹板计算高度处同一点的弯曲正应力、剪应力和局部压应力,$\sigma = (M_{x}/W_{nx}) \times (h_{0}/h)$,拉应力为正,压应力为负;

　　　β_{1}——局部承压强度设计值增大系数,当 σ 与 σ_{c} 同号或 $\sigma_{c} = 0$ 时,$\beta_{1} = 1.1$,当 σ 与 σ_{c} 异号时,$\beta_{1} = 1.2$。

（6）梁的变形

为保证钢梁因挠度变形过大影响其正常使用，《钢结构设计标准》规定，在荷载标准值的作用下，梁的变形——挠度不应超过标准容许值。即

$$\upsilon \leqslant [\upsilon] \tag{10.31}$$

式中　υ——由荷载标准值（不考虑动力系数）求得的梁的最大挠度（表 10.9 为常用等截面简支梁挠度计算式）；

　　　$[\upsilon]$——钢梁的容许挠度，见表 10.10。

在计算梁的挠度值时，采用荷载标准值。由于截面削弱对梁的整体刚度影响不大，习惯上用毛截面特性按结构力学方法确定梁的最大挠度。

表 10.9　等截面简支梁的最大挠度计算公式

荷载情况				
计算公式	$\dfrac{5}{384} \cdot \dfrac{ql^4}{EI}$	$\dfrac{1}{48} \cdot \dfrac{Fl^3}{EI}$	$\dfrac{23}{1296} \cdot \dfrac{Fl^3}{EI}$	$\dfrac{19}{1152} \cdot \dfrac{Fl^3}{EI}$

表 10.10　受弯构件的挠度容许值

项次	构件类别	挠度允许值	
		$[\upsilon_T]$	$[\upsilon_Q]$
1	吊车梁和吊车桁架（按自重和起重量最大的一台起重机计算挠度） （1）手动吊车和单梁起重机（含悬挂式起重机）； （2）轻级工作制桥式起重机； （3）中级工作制桥式起重机； （4）重级工作制桥式起重机	$l/500$ $l/750$ $l/900$ $l/1\,000$	—
2	手动或电动葫芦的轨道梁	$l/400$	—
3	有重轨（质量等于或大于 38 kg/m）轨道的工作平台梁； 有轻轨（质量等于或小于 24 kg/m）轨道的工作平台梁	$l/600$ $l/400$	—
4	楼（屋）盖或桁架，工作平台梁（第（3）项除外）和平台板 （1）主梁或桁架（包括设有悬挂起重设备的梁和桁架）； （2）仅支撑压型金属板屋面和冷弯型钢檩条； （3）除支撑压型金属板屋面和冷弯型钢檩条外，尚有吊顶； （4）抹灰顶棚的次梁； （5）除第（1）款～第（4）款外的其他梁（包括楼梯梁）； （6）屋盖檩条： 　支承压型金属板屋面者； 　支承其他屋面材料者； 　有吊顶； （7）平台板	$l/400$ $l/180$ $l/240$ $l/250$ $l/250$ $l/150$ $l/200$ $l/240$ $l/150$	$l/500$ — — $l/350$ $l/300$

项次	构件类别	挠度允许值	
		$[v_T]$	$[v_Q]$
5	墙架构件（风荷载不考虑阵风系数） （1）支柱（水平方向）； （2）抗风桁架（作为连续支柱的支承时，水平位移）； （3）砌体墙的横梁（水平方向）； （4）支承压型金属板横梁（水平方向）； （5）支承其他墙面材料的横梁（水平方向）； （6）带有玻璃窗的横梁（竖直和水平方向）	— — — — — $l/200$	$l/400$ $l/1\,000$ $l/300$ $l/100$ $l/200$ $l/200$

注：1. l 为受弯构件的跨度（对悬臂梁或伸臂梁为悬臂长度的 2 倍）；

　　2. $[v_T]$ 为全部荷载标准值产生的挠度（如有起拱应减去拱度）的容许值；

　　3. $[v_Q]$ 为可变荷载标准值产生的挠度的容许值。

3）梁的整体稳定

（1）梁的整体稳定

在钢梁设计时，一般会把一个主平面内弯曲的梁，常设计得窄而高，这样可以更有效地发挥材料的作用。这样的梁在其最大刚度平面内承受垂直荷载作用时，如果梁的侧面没有支承点或支承点很少时，当荷载增加到某一数值时，梁会突然发生侧向弯曲（绕弱轴的弯曲）和扭转，并丧失继续承载的能力。这种现象常称为梁的弯曲扭转屈曲（弯扭屈曲）或梁丧失整体稳定，如图 10.19 所示。使梁丧失整体稳定的弯矩或荷载称为临界弯矩或临界荷载。梁丧失整体稳定是突然发生的，事先并无

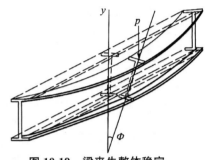

图 10.19　梁丧失整体稳定

明显预兆，比强度破坏更为危险，因而在设计及施工中要特别注意。

（2）梁整体稳定性的保证

钢结构设计标准规定，当符合下列情况之一时，可不必计算梁的整体稳定性：

① 有刚性铺板（各种钢筋混凝土板和钢板）密铺在梁的受压翼缘上并与之有牢固相连，能阻止梁的受压翼缘的侧向位移时；

② 箱型截面简支梁，其截面尺寸（图 10.20）满足 $h/b_0 \leqslant 6$，且 $l_1/b_0 \leqslant 95\varepsilon_k^2$ 时（l_1 为梁的计算长度）。

（3）整体稳定验算

对于不符合上述任一条件的梁，则应进行整体稳定性计算。整体稳定性应按下式进行计算：

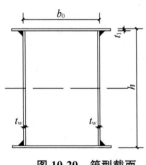

图 10.20　箱型截面

$$\frac{M_x}{\varphi_b W_x} \leqslant f \qquad (10.32)$$

式中　M_x——绕强轴作用的最大弯矩；

　　　W_x——按受压纤维确定的梁的毛截面模量；

　　　φ_b——梁的整体稳定性系数，$\varphi_b = \sigma_{cr}/f_y$。对于轧制普通工字钢简支梁，$\varphi_b$ 可查表

10.11 选用,其他截面和受力情况的 φ_b 及验算公式,可参见《钢结构设计标准》的相关规定。

上述整体稳定系数是按弹性稳定理论求得的,当 $\varphi_b > 0.6$ 时梁进入非弹性阶段,整体稳定临界应力有明显降低,需对 φ_b 进行修正,用 $\varphi'_b = 1.07 - \dfrac{0.282}{\varphi_b} \leqslant 1.0$ 代替 φ_b。

表 10.11　轧制普通工字钢简支梁 φ_b

项次	荷载情况			工字钢型号	自由长度 l_1/m								
					2	3	4	5	6	7	8	9	10
1	跨中无侧向支撑点的梁	集中荷载作用于	上翼缘	10～20	2.00	1.30	0.99	0.80	0.68	0.58	0.53	0.48	0.43
				22～32	2.40	1.48	1.09	0.86	0.72	0.62	0.54	0.49	0.45
				36～63	2.80	1.60	1.07	0.83	0.68	0.56	0.50	0.45	0.40
2			下翼缘	10～20	3.10	1.95	1.34	1.01	0.82	0.69	0.63	0.57	0.52
				22～40	5.50	2.80	1.84	1.37	1.07	0.86	0.73	0.64	0.56
				45～63	7.30	3.60	2.30	1.62	1.20	0.96	0.80	0.69	0.60
3		均布荷载作用于	上翼缘	10～20	1.70	1.12	0.84	0.68	0.57	0.50	0.45	0.41	0.37
				22～40	2.10	1.30	0.93	0.73	0.60	0.51	0.45	0.40	0.36
				45～63	2.60	1.45	0.97	0.73	0.59	0.50	0.44	0.38	0.35
4			下翼缘	10～20	2.50	1.55	1.08	0.83	0.68	0.56	0.52	0.47	0.42
				22～40	4.00	2.20	1.45	1.10	0.85	0.70	0.60	0.52	0.46
				45～63	5.60	2.80	1.80	1.25	0.95	0.78	0.65	0.55	0.49
5	跨中有侧向支撑点的梁(不论荷载作用点在截面高度上的位置)			10～20	2.20	1.39	1.01	0.79	0.66	0.57	0.52	0.47	0.42
				22～40	3.00	1.80	1.24	0.96	0.76	0.65	0.56	0.49	0.43
				45～63	4.00	2.20	1.38	1.01	0.80	0.66	0.56	0.49	0.43

4）梁的局部稳定和腹板加劲肋

在钢梁的设计中,除上述的强度和整体稳定的问题之外,还有另一类问题——局部稳定。如果设计不适当,组成梁的板件在压应力和剪应力作用下发生局部屈曲,如图 10.21 所示。发生局部失稳的梁,也将会影响其承载力和正常使用。通常轧制的型钢梁因板件宽厚比较小,都能满足局部稳定要求,可不必计算。局部稳定验算一般是对钢结构的组合梁。

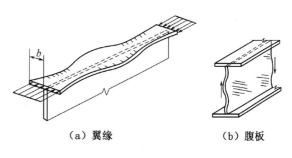

（a）翼缘　　　　（b）腹板

图 10.21　梁局部失稳

（1）受压翼缘局部稳定的条件

为防止受压翼缘板发生局部屈曲,《钢结构设计标准》采用的是限制板件宽厚比的方法,要求在设计时,按表 10.8 截面板件宽厚比等级取值。

（2）腹板的局部稳定

承受静力荷载和间接承受动力荷载的组合梁,一般考虑腹板屈曲后强度,按《钢结构设计标准》的规定布置加劲肋并计算其抗弯和抗剪承载力,而直接承受动力荷载的吊车梁及类似构件则按下列规定配置加劲肋并计算各板段的稳定。组合梁腹板的加劲肋主要分为横向、纵向、短加劲肋和支承加劲肋几种,如图 10.22 所示。图 10.22(a)为仅配置横向加劲肋的情况,图 10.22(b)和图 10.22(c)为同时配置横向和纵向加劲肋的情况,图 10.22(d)除配置了横向和纵向加劲肋外,还配置了短加劲肋。

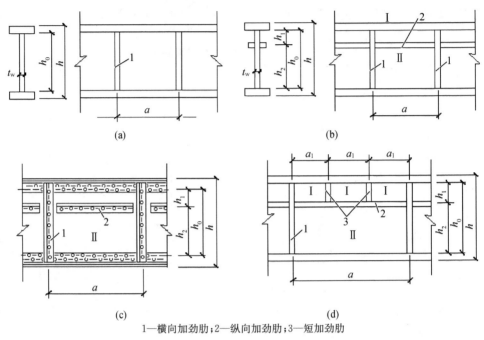

1—横向加劲肋;2—纵向加劲肋;3—短加劲肋

图 10.22　加劲肋配置

① 组合梁腹板配置加劲肋的规定

组合梁腹板配置加劲肋时应满足下列要求:

当 $h_0/t_w \leqslant 80\varepsilon_k$ 时,对有局部压应力($\sigma_c \neq 0$)的梁,应按构造配置横向加劲肋。对无局部压应力($\sigma_c = 0$)的梁,可不配置横向加劲肋。

当 $h_0/t_w > 80\varepsilon_k$ 时,应按计算配置横向加劲肋。

当 $h_0/t_w > 170\varepsilon_k$(受压翼缘扭转受到约束,如连有刚性铺板、制动板或焊有钢轨时)或 $h_0/t_w > 150\varepsilon_k$(受压翼缘扭转未受到约束时)或按计算需要时,应在弯曲压应力较大区格的受压区增加配置纵向加劲肋。当局部压应力很大时,必要时尚宜在受压区配置短加劲肋。

任何情况下,h_0/t_w 均不应超过 $250\varepsilon_k$。

② 支承加劲肋

在梁的支座处和上翼缘受有较大固定集中荷载处,宜设置支承加劲肋。支承加劲肋如图 10.23 所示。图 10.23(a)为在固定集中荷载处设置横向加劲肋为支承的情况;图 10.23(b)为在支座处设置的支承加劲肋。a.按轴心压杆计算支承加劲肋在腹板平面外的稳定性。此压杆面积 A 应为图中阴影部分面积,计算长度取 h_0。 b.支承加劲肋计算端面承压强度按公式(10.33)计算。c.支承加劲肋与腹板的连接焊缝应按全部集中力或支反力进行计算。

$$\sigma_{ce} = \frac{F}{A_{ce}} \leqslant f_{ce} \tag{10.33}$$

式中 F ——集中荷载或支座反力；

$\quad\quad A_{ce}$ ——端面承压面积；

$\quad\quad f_{ce}$ ——钢材端面承压强度设计值。

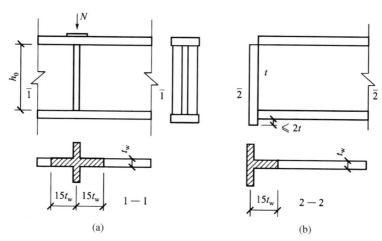

图 10.23 支承加劲肋

（3）加劲肋的设置验算及加劲肋计算

加劲肋可按图 10.24 所示设置。设置了加劲肋以后各区格板的局部稳定，以及加劲肋的设计计算，均应按《钢结构设计标准》规定进行。

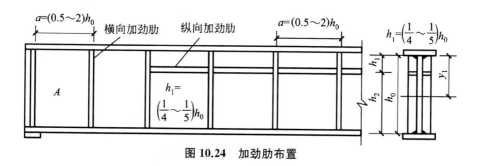

图 10.24 加劲肋布置

10.2 木结构

依据现行《木结构设计标准》（GB 50005—2017），木结构按其用材及构造特点可分为：方木原木结构、胶合木结构和轻型木结构。其中方木原木结构历史悠久，是木结构中的经典结构，其不朽的设计思想和构造理念历经传承，至今依然生机勃勃。研究方木原木结构无疑对于指导和推动现代木结构的应用与发展有着十分重要的理论和工程实践意义。

方木原木结构，系指承重构件采用方木或原木制作、并承受各种荷载作用的单层或多层木结构。工程中也将传统方木原木结构称为普通木结构。

胶合木结构，是将原木切割加工后得到的具有一定尺寸和质量要求的材料（称为锯材），用胶黏剂将锯材或锯材与胶合板等拼接成尺寸与形状符合相关要求，而又具有整体木材效能的构件称为胶合木构件,利用胶合木构件形成的能承受建筑物中平面或空间作用的骨架体系就称为胶合木结构。

轻型木结构是以规格材、面板构成承受建筑物各种平面和空间作用的受力体系,由主要结构构件(木骨架)与次要结构构件(面板)构成。轻型木结构的木构件之间的连接方式主要为钉连接。轻型木结构有平台式和连续骨柱式两种基本结构形式。

10.2.1 方木原木结构

1) 方木原木结构的结构类型

方木原木结构中包括了多种结构形式,如穿斗式木结构(图10.25)、抬梁式木结构(图10.26)、井干式木结构(图10.27)、木框架剪力墙结构、梁柱式木结构及作为楼盖或屋盖在混凝土结构、砌体结构、钢结构中组合使用的混合木结构。

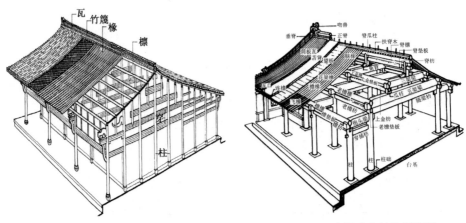

图 10.25 穿斗式木结构示意图　　　　图 10.26 抬梁式木结构示意图

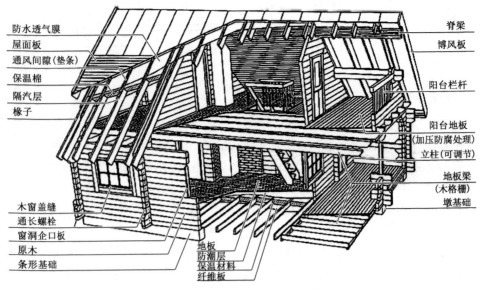

图 10.27 井干式木结构组合示意图

方木原木结构中许多是按我国传统结构方式进行建造的,穿斗式、抬梁式、井干式、梁柱式等传统木结构常见形式。而木框架剪力墙结构在现代木结构建筑中得到广泛应用,它也是方木原木结构的主要结构形式之一,是在中国的传统木结构技术基础上发展形成的现代木结构方法(详见 10.2.3 节)。方木原木结构构件应采用经施工现场分级或工厂分等分级的方木、原木制作,亦可采用结构复合木材和胶合原木制作。由地震作用或风荷载产生的水平力应由柱、剪力墙、楼盖和屋盖共同承受。

随着木结构的发展,传统的梁柱式木结构在多地震、多台风地区已经发展演化成为在柱上铺设结构木基结构板材而构成剪力墙,在楼面梁或屋架上铺设木基结构板材而构成水平构件的木框架剪力墙结构形式。

2)方木原木结构设计的一般要求

为了保证木结构能安全、可靠及尽可能长久地工作,以获得良好的技术经济效果,方木原木结构设计应符合以下要求:

① 木材宜用于结构的受压或受弯构件。

② 在受弯构件的受拉边,不应打孔或开设缺口。

③ 对于在干燥过程中容易翘裂的树种木材,用于制作桁架时,宜采用钢下弦;当采用木下弦,对于原木其跨度不宜大于 15 m,对于方木其跨度不应大于 12 m,且应采取防止裂缝的有效措施。

④ 木屋盖宜采用外排水,若采用内排水时,不应采用木制天沟。

⑤ 应保证木构件,特别是钢木桁架在运输和安装过程中的强度、刚度和稳定性,应在施工图中提出注意事项。

⑥ 木结构的钢材部分应有防锈措施。

在可能造成灾害的台风地区和山区风口地段,方木原木结构的设计应采取提高建筑物抗风能力的有效措施,并应符合下列规定:a.应尽量减小天窗的高度和跨度;b.应采用短出檐或封闭出檐,除檐口的瓦面应加压砖或座灰外,其余部位的瓦面也宜加压砖或座灰;c.山墙宜采用硬山墙;d.檩条与桁架或山墙、桁架与墙或柱、门窗框与墙体等的连接均应采取可靠锚固措施。

在结构的同一节点或接头中有两种或多种不同的连接方式时,在计算中应只考虑一种连接传递内力,不得考虑几种连接的共同工作。杆系结构中的木构件,当有对称削弱时,其净截面面积不应小于构件毛截面面积的 50%;当有不对称削弱时,其净截面面积不应小于构件毛截面面积的 60%。

有关方木原木结构的设计和构造,可参照《木结构设计标准》和《木结构设计手册》进行。对于用湿材或新利用树种木材制作的木结构,必须加强使用前和使用后的第 1~2 年内的检查和维护工作。

10.2.2 胶合木结构

天然实木是性能优良的建筑材料,但它受自然生长的限制,由此制造的构件在尺寸、形状、力学性能和尺寸稳定性等多方面具有一定的局限,无法满足人类工程的所有需求。胶合木结构则打破了这些局限,从而满足工程相应的要求。

胶合木是通过胶黏剂将木材等重新胶合在一起,形成的新建筑材料。构成胶合木的材料主要有木材或胶合板,以及相应的胶黏剂。通过对木材自身性能的选择和调整、木材相互间的搭配组合、胶合状态等多方面因素的控制,能够设计和制造出满足人们需要的胶合木。胶合木并非简单地改变木材的长、宽、厚三个方向的尺寸,它是通过人们的预先设计,在可控范围内对其进行性能的调整和组合。由于胶合木经过预先设计,其性能已远远超过原木,应用领域远比普通木结构广泛。

1)胶合木结构的分类

胶合木的所用材料、组合形式等诸多方面,对胶合木结构的性能、制造成本等都有比较大的影响。我国通常根据材料种类和结构形式,将胶合木结构划分为层板胶合木结构和正交胶合木结构。

层板胶合木结构适用于大跨度、大空间的单层或多层木结构建筑。正交胶合木结构适用于楼盖和屋盖结构,或由正交胶合木组成的单层或多层箱型板式木结构建筑。

(1)层板胶合木结构

将锯材层叠胶合成某种截面形状的构件及由其组成的结构,称为层板胶合木结构,如图10.28所示。

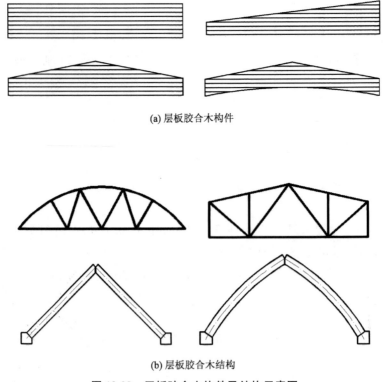

(a) 层板胶合木构件

(b) 层板胶合木结构

图 10.28　层板胶合木构件及结构示意图

层板胶合木结构中的主体是锯材,锯材的力学性能、含水率、拥有节子或其他缺陷的状态、尺寸等显然都会影响层板胶合木结构的性能。胶黏剂作为胶合材料,其性能、胶合状态等也会影响胶合木结构的性能。另外,还有一个重要方面就是胶合木中锯材间的结构关系,如胶接缝隙间距、接合面形状、纹理方向搭配等也显著影响胶合木结构的性能。

层板胶合木的设计及构造应符合《胶合木结构技术规范》(GB/T 50708—2012)的相关规定。层板胶合木构件各层木板纤维方向应与构件长度方向一致。层板胶合木构件截面的层板层数不应低于4层。

(2)正交胶合木结构

正交胶合木是由至少3层针叶材或落叶材层板胶合而成,每一层的层板与相邻层的层板正交布置(图10.29),由其组成的结构称作正交胶合木结构。

制作正交胶合木所用木板的尺寸应符合下列规定:

① 层板厚度 t 为:15 mm$\leqslant t \leqslant$45 mm;

② 层板宽度 b 为:80 mm$\leqslant t \leqslant$250 mm。

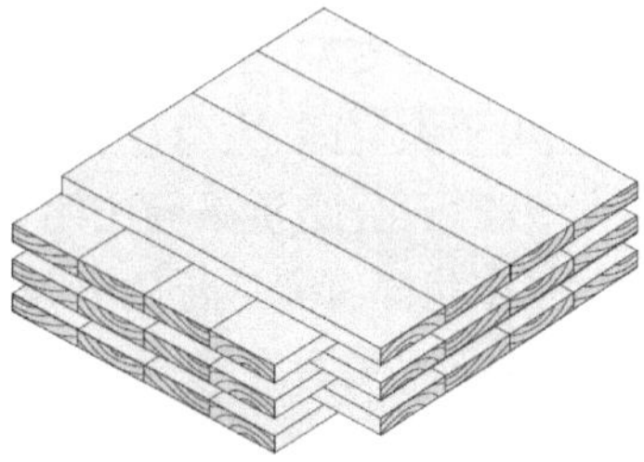

图 10.29 正交胶合木(CLT)板

2)胶合木结构的特点与应用

(1)胶合木结构的特点

胶合木结构保留有天然木材的许多属性,但同时又具有独特的优点,归纳如下:

① 可先期设计。根据胶合木构件在使用时受力状态,对胶合木结构可做先期的设计,因而能充分发挥材料特性,减少材料的用量,降低构件的重量,节约木材并降低运输成本,也减少了建筑基础部分的费用,在技术和经济两方面都科学合理。

② 可避让天然木材的缺陷。在制作前对材料进行挑选和处理,剔除缺陷,筛选出合格的木材材料,可大幅度降低木材天然属性的不利影响,提高了性能,拓宽了木材的应用范围。

③ 尺度自由。由于可以在长、宽、厚三个方向上胶拼锯材,因而可获得多种截面形状的长度为几十至上百米的大跨度构件,既节约木材,又可以获得性能更加完善的构件。

④ 施工安装效率高。应用胶接技术制作大跨度直线梁、变截面梁、铰拱等比较容易,减少了连接点数量和连接点强度削弱现象,也提高了施工安装效率。

⑤ 保温、隔音性能好。胶合木结构的保温性能、隔音性能、调节建筑室内微气候性能等非常优异,与普通木结构建筑相当,建筑室内环境更适合人类,有益于人类健康。

⑥ 建筑整体的安全性比较高。胶合木结构构件破坏时不会像脆性材料一样强度瞬间丧失,而是有一个过程,相对而言提高了安全性,在较大外力作用下构件间接合点也呈现一定的柔性,不容易被破坏。经防火处理的大截面胶合木构件具有可靠的耐火性。经防腐处理后,构件又有很好的抗腐蚀性,因此建筑整体的安全性比较高。

⑦ 装饰性好。因仍具有天然木材纹理、颜色等,可免去再用木材装饰。在此基础上进行其他装饰也比较容易,节约装饰费用,而且与建筑环境、建筑室内环境等都很容易协调。

(2)胶合木结构的应用

结构胶合木是所有采用胶黏剂生产的工程木产品中最具多样性的产品。其应用范围可从住宅建筑中的大梁和过梁,到大空间公共建筑或工业建筑中的主要结构构件。胶合木的强度和刚度相对来说比一般的锯材大,同时,其强度与自重比高于钢材。因为结构胶合木产品本身的特点,大尺寸的构件完全可以采用从次生林或人工林中采伐的直径较小的树木制成,极大地改变了以前大尺寸构件完全依赖原始林的状况。

胶合木构件使用在建筑工程中能合理使用木材,能更好地满足建筑设计中各种不同类型的功能要求,构件制作能采用工业化生产,制作过程中便于保证构件的产品质量,能大量减少建筑工程现场的工作量。胶合木的构件长度除了受到运输以及装卸条件的限制外,一般可制成任意的长度。

采用防水胶黏剂,经加压防腐处理后,结构胶合木产品可用在户外露天环境。这些应用包括电讯设备支架、水工建筑、码头、桥梁以及模板、脚手架等。目前,很多国家将胶合木结构大量用于大空间、大跨度和对防火要求高的各种公共建筑、体育建筑、游泳场馆、工厂车间、大型商场、公路桥梁等民用与工业建筑。采用胶合木结构还有利于节约木材和扩大树种的利用,在我国有着广泛的开发前景,应积极创造条件推广应用。图 10.30 所示为几个胶合木结构的应用实例。

图 10.30　胶合木结构的应用实例

10.2.3　轻型木结构

轻型木结构是以断面较小的规格材均匀密布连接组成的一种结构形式。它由主要结构构件(结构骨架)和次要结构构件(墙面板、楼面板和屋面板)等共同作用、承受竖向和水平荷载,最后将荷载传递到基础上,具有经济、安全、结构布置灵活的特点,如图 10.31 所示。

轻型木结构主要有平台式和连续墙骨柱式两种基本结构形式。平台式轻型木结构从 20 世纪 20 年代开始在北美正式使用,其主要优点是楼盖和墙体分开建造,因此已建成的楼盖可以作为上部墙体施工时的工作平台。现在越来越多的现场建造住宅正在采用工厂的预制部件,如在工厂预制好墙体和木桁架,然后运输到现场进行组装。连续墙骨柱式结构比平台式轻型木结构更原始,然而连续墙骨柱式结构的纵向木骨架从 1 层的底部贯通到 2 层的顶部(通柱),因其在施工现场安装不方便,现

屋盖
楼面木格栅
木框架剪力墙
地面木格栅
基础

图 10.31　轻型木结构的构成

在已很少应用。

1）一般规定

（1）目前我国建造的轻型木结构住宅主要指由木剪力墙、木楼盖及木屋盖体系构成的三层及三层以下的住宅建筑。

（2）轻型木结构所使用的所有结构材都必须有相应的应力等级标识和证明，强度特征值应满足要求。同时应采用可靠措施，防止木结构腐朽和虫蛀，保证结构达到预期的寿命要求。

（3）轻型木结构是一种具有高次超静定的结构体系，由于具有较高的强重比，其在地震、风荷载作用下具有良好的抗震性和延性。在结构设计时，须保持建筑结构的对称性和刚度、质量分布的均匀性，所有构件之间应有可靠的连接和必要的锚固、支撑，保证整体结构的强度、刚度。

（4）当建筑物不规则或有大开口时，如图 10.32 所示，会引起结构刚度（图中 k_A、k_B、k_C）、质量的分布不均匀，会导致建筑物质心和侧向力作用点不重合。这样，结构在风荷载和地震作用等侧向力作用下必然导致建筑物绕质心扭转，这对建筑物极为不利，在设计时应注意避免。

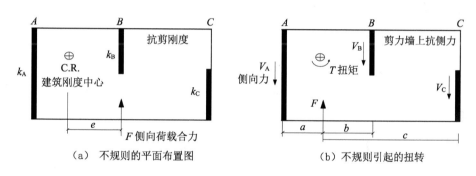

（a）不规则的平面布置图　　　　（b）不规则引起的扭转

图 10.32　非对称的平面布置形式

（5）由于剪力墙是轻型木结构抵抗地震作用和风荷载的主要构件，剪力墙的数量、分布及其力学强度对于木结构设计具有重要影响。图 10.33 为地震作用和风荷载的传递路径，地震作用与物体重量有关，而楼盖和屋盖及其上面物体重量相对较大，作用在楼盖和屋盖上的地震作用经过剪力墙向地基和地面传递。风荷载通过外墙板和木基结构板材作用于柱，连接楼盖和屋盖的柱相当于纵向梁的作用，作用在柱上的风荷载向楼盖和屋盖传递，再经过剪力墙向地基和地面传递。

2）设计要求和方法

基于北美轻型木结构设计经验，轻型木结构的设计方法主要有两种：结构计算设计方法和基于经验的构造设计方法。无论哪一种设计方法，结构的竖向承载力均需通过计算确定。

结构计算设计方法，即按照相关的荷载规范、木结构设计标准、抗震规范等进行结构布置并计算结构构件、连接所受到的各种内力，通过计算确定适宜的构件截面、连接方式和构造。

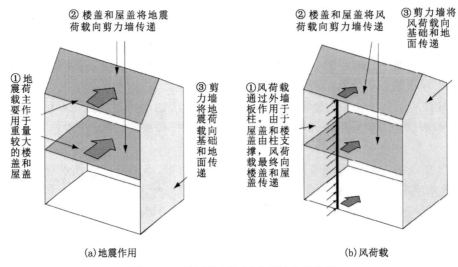

(a)地震作用   (b)风荷载

图 10.33　地震作用和风荷载的传递路径

基于经验的构造设计方法,当一栋建筑物满足现行木结构设计标准规定的下述条件时,不必进行结构的抗侧力计算,可按构造要求进行抗侧力设计:

① 建筑物每层面积不超过 600 m², 层高不超过 3.6 m。

② 楼面活荷载标准值不大于 2.5 kN/m²;屋面活荷载标准值不大于0.5 kN/m²;雪荷载按《建筑结构荷载规范》(GB 50009—2012)有关规定取值。

③ 建筑物屋面坡度不小于 1∶12,也不应大于 1∶1;纵墙上檐口悬挑长度不大于1.2 m;山墙上檐口悬挑长度不大于 0.4 m。

④ 承重构件的净跨距不大于 12.0 m。

按抗震构造要求和抗风构造要求设计时剪力墙的最小长度应符合表 10.12 和表 10.13 的要求。

表 10.12　按抗震构造要求设计时剪力墙的最小长度

抗震设防烈度		最大允许层数	木基结构板材剪力墙最大间距/m	剪力墙的最小长度		
				单层、二层或三层的顶层	二层的底层或三层的二层	三层的底层
6 度	—	3	10.6	0.02A	0.03A	0.04A
7 度	0.10g	3	10.6	0.05A	0.09A	0.14A
	0.15g	3	7.6	0.08A	0.15A	0.23A
8 度	0.20g	3	7.6	0.10A	0.20A	—

注:1. 表中 A 指建筑物的最大楼层面积(m²)。
　　2. 表中剪力墙的最小长度以墙体一侧采用 9.5 mm 厚木基结构板材作面板、150 mm 钉距的剪力墙为基础。当墙体两侧均采用木基结构板材作面板时,剪力墙的最小长度为表中规定长度的 50%。当墙体两侧均采用石膏板作面板时,剪力墙的最小长度为表中规定长度的 200%。
　　3. 对于其他形式的剪力墙,其最小长度可按表中数值乘以 $\dfrac{3.5}{f_{vt}}$ 确定。f_{vt} 为其他形式剪力墙抗剪强度设计值。
　　4. 位于基础顶面和底层之间的架空层剪力墙的最小长度应与底层规定相同。
　　5. 当楼面有混凝土面层时,表中剪力墙的最小长度应增加 20%。

表 10.13　按抗风构造要求设计时剪力墙的最小长度

基本风压/(kN·m⁻²)				最大允许层数	木基结构板材剪力墙最大间距/m	剪力墙的最小长度		
地面粗糙程度						单层、二层或三层的顶层	二层的底层或三层的二层	三层的底层
A	B	C	D					
—	0.30	0.40	0.50	3	10.6	0.34L	0.68L	1.03L
—	0.35	0.50	0.60	3	10.6	0.40L	0.80L	1.20L
0.35	0.45	0.60	0.70	3	7.6	0.51L	1.03L	1.54L
0.40	0.55	0.75	0.80	2	7.6	0.62L	1.25L	—

注：1. 表中 L 指垂直于该剪力墙方向的建筑物长度(m)。

2. 表中剪力墙的最小长度以墙体一侧采用 9.5 mm 厚木基结构板材作面板、150 mm 钉距的剪力墙为基础。当墙体两侧均采用木基结构板材作面板时，剪力墙的最小长度为表中规定长度的 50%。当墙体两侧均采用石膏板作面板时，剪力墙的最小长度为表中规定长度的 200%。

3. 对于其他形式的剪力墙，其最小长度可按表中数值乘以 $\dfrac{3.5}{f_{vt}}$ 确定。f_{vt} 为其他形式剪力墙抗剪强度设计值。

4. 位于基础顶面和底层之间的架空层剪力墙的最小长度应与底层规定相同。

⑤ 如图 10.34 所示，木剪力墙按抗侧力构件构造要求设计时，应符合下列规定：

a. 单个墙段的墙肢长度不应小于 0.6 m，墙段的高宽比不大于 4∶1；

b. 同一轴线上相邻墙段之间的距离不应大于 6.4 m；

c. 墙端到与离墙端最近的垂直方向的墙段轴线的垂直距离不大于 2.4 m；

d. 一道墙中各墙段轴线的错开距离不大于 1.2 m。

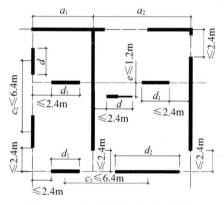

图 10.34　木剪力墙平面布置规定

10.2.4　多高层木结构概述

近年来，随着人类对环境保护问题的愈发重视，建筑业越来越倡导对可再生建材的利用。木材作为一种绿色建材，在建筑业中的应用发展逐渐受到重视，木结构也不再局限于三层及以下的低矮建筑。

根据《多高层木结构建筑技术标准》(GB/T 51226—2017)规定：住宅建筑按地面上层数分类时，4 层至 6 层为多层木结构建筑；7 层至 9 层为中高层木结构建筑；大于 9 层的为高层木结构建筑。按高度分类时，建筑高度大于 27 m 的木结构住宅建筑、建筑高度大于 24 m 的非单层木结构公共建筑和其他民用木结构建筑为高层木结构建筑。多高层木结构的主要结构体系：轻型木结构、木框架支撑结构、木框架剪力墙结构、正交胶合木剪力墙结构、上下组合木结构、木框架-核心筒结构、钢框架-木混合结构、木框架支撑结构等。

随着多高层木结构研究进展的不断推进，世界各国也有了一些工程实践，建于 2009 年的英国伦敦的 9 层 Stadthaus 公寓，相较传统的钢筋混凝土结构，建筑没有梁柱，全部采用

CLT 作为承重墙和楼盖。更值一提的是,所有结构用材只用了 3 天就在工厂里生产出来,雇用了 4 人施工团队,每周只有 3 天在施工现场,在全部 9 周的建造时间中,仅花了 27 个工作日就完成这座建筑的建设(图 10.35);2012 年在墨尔本建成了一幢名为"Forte"的 10 层 CLT 结构建筑,是澳大利亚第一个高层木结构建筑,该建筑首层为用于商业活动的混凝土结构,上面 9 层为住宅使用的 CLT 结构(图 10.36);2013 年瑞士苏黎世建成了 7 层木框架结构体系的传媒集团 Tamedia 办公大楼(图 10.37),2015 年在挪威卑尔根采用梁柱框架-支撑体系建成了一栋 14 层 49.9 m 高的"Treet"豪华公寓楼(图 10.38);2017 年在加拿大温哥华的 UBC 校园内建成一幢 18 层 53 m 高的的学生公寓,结构体系为木框架-核心筒结构,其中核心筒为混凝土结构,木框架由胶合木制作,楼盖采用五层的 CLT 板(图 10.39);Michael Green 设计公司提出了 FFTT(Finding Forest Through the Trees)30 层的高层木结构体系,拟采用钢—CLT 混合结构,其钢梁与主体结构使用螺栓连接,作为弱连接构件为整体结构提供延性,混凝土仅用于地下室和基础部分,核心筒和楼盖全部由 CLT 组成(图 10.40)。

图 10.35 英国伦敦 Stadthaus 公寓

图 10.36 澳大利亚墨尔本 Forte 公寓

图 10.37 瑞士苏黎世 Tamedia 办公楼

图 10.38 挪威卑尔根 Treet 公寓

图 10.39　加拿大 UBC 学生公寓

图 10.40　Michael Green 30 层钢—CLT 混合结构体系

随着世界各地高层木结构建筑的不断兴建及结构体系和设计软件的不断完善,高层木结构的发展将成为建筑热点之一。相信更加绿色环保的高层木结构建筑将会成为混凝土和钢结构高层结构的有力竞争者。

10.3　钢与混凝土组合结构

组合结构是指由两种或两种以上结构材料组成,并且材料之间能以某种方式有效传递内力,以整体的形式产生抗力的结构。钢与混凝土组合结构(以下简称组合结构)是在钢结构和钢筋混凝土结构基础上发展起来的一种新型组合结构,充分利用了钢材受拉和混凝土受压的特点,在高层和超高层建筑及桥梁工程中得到广泛应用。

建筑工程中常用的组合结构类型有:压型钢板-混凝土组合楼盖、钢与混凝土组合梁、型钢混凝土、钢管混凝土等组合承重构件,还有组合斜撑、组合墙等抗侧力构件。

10.3.1　组合结构的特点

组合结构充分利用了钢材和混凝土材料各自的材料性能,具有承载力高、刚度大、抗震性能好、构件截面尺寸小、施工快速方便等优点。与钢筋混凝土结构相比,组合结构可以减小构件截面尺寸,减轻结构自重,减小地震作用,增加有效使用空间,降低基础造价,方便安装,缩短施工周期,增加构架和结构的延性等。与钢结构相比,可以减少用钢量,增大刚度,增加稳定性和整体性,提高结构的抗火性和耐久性等。

另外,采用组合结构可以节省脚手架和模板,便于立体交叉施工,减小现场湿作业量,缩短施工周期,减小构件截面并增大净空和实用面积。通过地震灾害调查发现,与钢结构和钢筋混凝土结构相比,组合结构的震害影响最低。组合结构造价一般介于钢筋混凝土结构和钢结构之间,如果考虑到因结构自重减轻而带来的竖向构件截面尺寸减小,造价甚至还要更低。

10.3.2　组合结构基本原理

构成组合结构的钢与混凝土能够共同承受外荷载的基础是变形协调,界面粘结作用是实现多种材料间无相对滑移的关键因素。现以组合梁结构形式为例进行说明。

当混凝土楼板现浇于钢梁上翼缘,且材料界面无有效连接措施时,在竖向荷载作用下,混凝土板截面和钢梁截面的弯曲变形是相互独立的,如图 10.41 所示,各自具有自身中和轴。若忽略界面摩擦作用,则交界面上仅有竖向压力,二者之间必定发生相对水平滑移错动。因此其受弯承载力 M 为混凝土板截面受弯承载力 M_1 和钢梁截面受弯承载力 M_2 之和,该种形式的梁称为非组合梁。

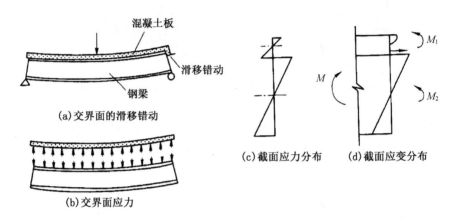

图 10.41　钢与混凝土非组合梁

如果在钢梁上翼缘采取一定的措施使界面具有足够的抗剪粘结性能,阻止混凝土楼板与钢梁的相对滑移,使二者的弯曲变形协调,共同承担外部荷载,则称之为组合梁,如图10.42所示。在外荷载作用下,组合梁截面仅有一个中和轴,混凝土承受压力 C,钢梁主要承受拉力 T。与非组合梁相比,组合梁的中和轴高度和内力臂 z 增大,其截面受弯承载力显著提高。

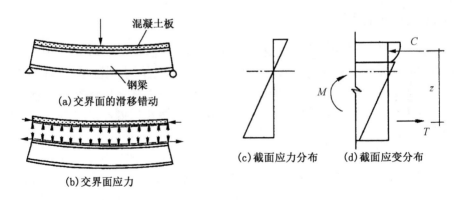

图 10.42　钢与混凝土组合梁

10.3.3 压型钢板-混凝土组合板

组合楼板由压型钢板、混凝土板通过抗剪连接措施共同组合形成。压型钢板亦称作楼承板。

1）压型钢板组合板的特点

（1）压型钢板可作为现浇混凝土的永久性模板，节省大量木模板及支撑；

（2）压型钢板自重轻，运输安装均方便；

（3）使用阶段，压型钢板可作为受拉钢筋，减少钢筋用量；

（4）有较大刚度，节省混凝土用量，减轻结构自重，提高结构抗震性能；

（5）有利于布置管线，且压型钢板可直接作为室内顶棚，减少二次装修费用；

（6）压型钢板也可以起到支撑钢梁侧向稳定的作用。

2）压型钢板组合板的类型

根据所用压型钢板的不同形式，组合板分为两种截面类型：开口型（图10.43（a））和闭口型（图 10.43（b））组合板。压型钢板支承在钢梁上时，应在支承处将抗剪栓钉穿透压型钢板焊在钢梁上翼缘。我国建筑用压型钢板厚度通常为0.6～3.0 mm。

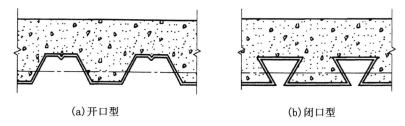

(a)开口型　　　　　　　　　　　　　(b)闭口型

图 10.43　压型钢板与混凝土组合板

3）压型钢板组合板的设计计算

（1）施工阶段

压型钢板作为模板及浇筑混凝土的作业平台，主要承受自重、混凝土湿重及施工荷载，利用弹性理论进行强度和刚度验算。

（2）使用阶段

混凝土完全硬化并与板组合在一起共同承担永久荷载及可变荷载，压型钢板与混凝土形成整体共同工作，压型钢板相当于钢筋混凝土板中的部分受拉钢筋，按照组合楼板进行弹塑性设计。验算包含以下几个方面：正截面受弯承载力、交界面剪切粘结承载力、抗冲切承载力、斜截面受剪承载力及变形验算。

10.3.4 钢与混凝土组合梁

钢与混凝土组合梁是指通过剪力连接件将钢筋混凝土板与钢梁组合在一起，共同受力、协调变形的一种梁。它由钢梁、钢筋混凝土板或板托等组成。这种梁能够充分利用钢材具有的良好抗拉性能和混凝土所具有的良好抗压性能，充分合理地利用了钢材和混凝土材料的性能。

1）钢与混凝土组合梁的特点

（1）与钢梁相比，组合梁刚度增大约 1/4～1/3，从而可以使结构高度降低约 1/3～1/2，其整体稳定性和局部稳定性相应增强，耐久性提高。

（2）与钢筋混凝土梁相比，组合梁可以使结构高度降低约 1/4～1/3，自重减轻约 40%～60%，有效提高了结构抗震性能。

（3）钢梁可以作为压型钢板的支承，节省材料，简化施工程序。

（4）组合梁耐火性能较差，需要对钢梁涂防火涂料，增加了成本。

2）钢与混凝土组合梁的类型

钢与混凝土组合梁按照钢梁形式的不同，可分为 H 型钢（包括轧制工字钢、H 型钢或焊接组合 H 型钢）钢梁组合梁、桁架钢梁组合梁、箱型钢梁组合梁、蜂窝形钢梁组合梁等。常用组合梁为 H 型钢与混凝土板组合梁，其截面可分为带板托组合梁（图 10.44(a)）和无板托组合梁（图 10.44(b)），带板托组合梁增大了截面刚度，提高了构件承载力，但板托的施工和构造比较复杂，因而带板托的组合梁应用较少，无板托的组合梁则应用广泛。

(a) 带板托的组合梁　　　　　　　　　(b) 无板托的组合梁

图 10.44　H 型钢与混凝土板组合梁

3）钢与混凝土组合梁的设计计算

（1）施工阶段

组合梁施工可分为钢梁下设置临时支撑和不设置临时支撑两种方法。设置临时支撑的组合梁可近似认为钢梁的刚度无穷，不会产生应力和变形，因而可不计算承载力和变形，支撑设置一般按跨度大小决定数量，当跨度大于 7 m 时设置不少于三个支撑，当跨度小于 7 m 时设置一道或两道支撑；不设置临时支撑的梁，在混凝土硬化前，钢梁、模板（或压型钢板）、混凝土板的自重均由钢梁承担，因而应按照钢结构设计方法对钢梁进行强度、稳定和刚度验算。

（2）使用阶段

组合梁使用阶段的验算，对承受动力荷载和需要验算疲劳的结构，一般使用弹性方法，即将混凝土翼板按钢与混凝土的弹性模量比折算成钢材截面，按材料力学的方法进行组合梁承载力和刚度验算；对于不直接承受动力荷载的组合梁，宜采用塑性理论进行设计计算，计算内容应包含：受弯强度、受剪强度、挠度、抗剪连接件、负弯矩区裂缝宽度和纵向抗剪计算，具体应按照《钢结构设计标准》相关规定执行。

10.3.5　型钢混凝土组合结构

型钢混凝土组合结构是将型钢埋入混凝土中，并配有适量钢筋和箍筋，能使混凝土和型钢共同受力协同变形的一种结构形式。配置的纵向钢筋和箍筋主要是构造所需,构件承载能力主要依靠型钢部分。就结构的受力性能而言,它基本属于钢筋混凝土结构的范畴。

1)型钢混凝土组合结构的特点

(1)含钢率不受限制,承载力高、刚度大。

(2)具有良好的延性,抗震耗能能力较混凝土结构有显著提升。

(3)施工速度明显加快,可在下层混凝土未达到预定强度前进行上层施工。

(4)极大改善了钢构件防火性能,消除钢结构抗火性能差的缺陷,节约大量成本。

2)型钢组合结构的截面类型

型钢混凝土组合结构的截面形式可分为实腹式和空腹式两大类。实腹式型钢主要有工字钢、槽钢、H 型钢等,制作简便,应用普遍;空腹式型钢的骨架部分主要是角钢构成的格构式体系,用料较少,但制作工序较多。目前工程中实腹式型钢混凝土组合结构是主要形式。图 10.45 为型钢混凝土梁和柱的常用截面形式。

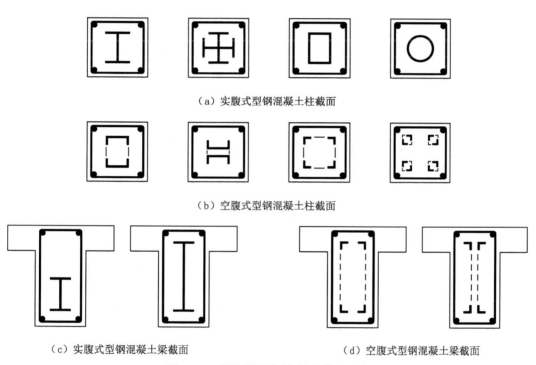

（a）实腹式型钢混凝土柱截面

（b）空腹式型钢混凝土柱截面

（c）实腹式型钢混凝土梁截面　　　　　　　　　（d）空腹式型钢混凝土梁截面

图 10.45　型钢混凝土梁、柱的截面形式

3)型钢混凝土组合结构的设计计算

型钢混凝土组合结构的设计计算内容比较丰富,限于篇幅不在此赘述,具体计算和构造方法,可查阅相关规范标准。

10.3.6　钢管混凝土组合结构

钢管混凝土是指在钢管中填充混凝土而形成的钢管与混凝土共同承受外荷载作用的组合结构构件。目前建筑工程中常用截面形式有圆钢管混凝土构件、方钢管混凝土构件和矩形钢管混凝土构件等几种,如图 10.46 所示。

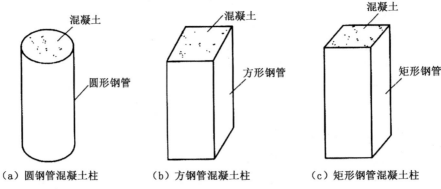

(a) 圆钢管混凝土柱　　　(b) 方钢管混凝土柱　　　(c) 矩形钢管混凝土柱

图 10.46　钢管混凝土柱截面形式

1) 钢管混凝土组合结构的特点

(1) 承载力高,重量轻,塑性、韧性好,耐疲劳、抗冲击。

(2) 钢管具有纵筋和箍筋的双重作用,较钢筋制作带来极大便利性,钢管作为混凝土浇筑模板,节省了大量人力物力。

(3) 钢管和混凝土相互约束,使得混凝土不易发生受压破坏,钢管很难产生局部屈曲。

(4) 因钢管暴露在外,其防火性能较钢结构有所改善,但还需要涂装防火涂料。

2) 钢管混凝土组合结构的设计计算

与前节型钢混凝土组合结构的设计计算类似,限于篇幅不在此赘述,具体计算和构造方法,可查阅相关规范标准。

本 章 小 结

1. 钢结构是指以钢板和型钢等通过焊接、铆接或螺栓连接等方法制成的工程结构。故在钢结构中,连接占有很重要的地位。

2. 了解钢结构常用的几种连接方法(普通螺栓连接、焊接连接及高强度螺栓连接)的优缺点、使用情况及基本构造要求。学会和掌握分析焊接连接、普通螺栓连接在不同的受力情况下的破坏机理、传力过程,以及在各种不同荷载作用下的计算方法。

3. 钢结构轴心受力构件必须明确掌握构件按承载力极限状态设计时,包括承载力和稳定。承载力的设计指标是钢材的屈服点,稳定的设计指标是构件失稳时的临界应力。

4. 熟悉并掌握承载力计算公式,钢材强度的查用。

5. 轴心受压构件的承载力常由稳定控制。在整体稳定验算中,轴心受压构件的整体稳定系数 φ 是根据截面的分类、长细比和钢材屈服强度联合查附表确定。应掌握 φ 的确定方法。

6. 工字形截面、H 形截面和钢管的局部稳定由腹板的高厚比、翼缘的宽厚比及径厚比控制,应满足相应规定的限值。

7. 钢梁的设计应满足抗弯、抗剪、局部压应力和复杂应力状况下的承载力要求,掌握各种承载力计算的方法、公式及相关参数的意义。

8. 钢梁的设计还应满足稳定(整体稳定和局部稳定)和刚度(挠度)要求,整体稳定计算时稳定性系数 φ_b 的确定,保证局部稳定设置各种加劲肋的相关要求。

9. 木结构按其用材及构造特点可分为:方木原木结构、胶合木结构和轻型木结构。

10. 普通木结构主要以排架式结构作为承重结构,确定排架式结构计算简图所用的几个假定和设计的基本要求。

11. 胶合木结构可分为层板胶合木结构和正交胶合木结构两类。

12. 轻型木结构主要是以规格材、面板构成承受房屋各种平面和空间作用的受力体系。轻型木结构的木构件之间的主要连接方式为钉连接。

13. 组合结构是指由两种或两种以上结构材料组成,并且材料之间能以某种方式有效传递内力,以整体的形式产生抗力的结构。

14. 常用钢与混凝土组合结构主要有压型钢板-混凝土组合楼板、钢与混凝土组合梁、型钢混凝土、钢管混凝土等几种形式。

思考题与习题

10.1 简述下列各钢材的符号和意义:
(1)Q235BF;(2)Q235D;(3)Q345C

10.2 简述钢结构连接有哪几种类型? 各自的特点如何?

10.3 为何要规定角焊缝焊脚尺寸的最大和最小限值?

10.4 焊缝连接有哪几种? 焊缝计算有哪几种受力情况? 对应的计算公式如何?

10.5 普通螺栓连接的计算通常有哪几种受力情况? 相对应的计算方法如何?

10.6 设计轴心受力构件需要验算哪些项目?

10.7 轴心受压构件的整体稳定系数 φ 是如何确定的? 如何保证轴心受压构件的整体稳定和局部稳定?

10.8 钢梁的刚度验算的要求是什么?

10.9 钢梁弯曲正应力、剪应力的验算条件如何? 计算式中各符号的意义为何? 怎样确定?

10.10 如何保证钢梁的整体稳定、局部稳定? 整体稳定性系数 φ_b 如何确定? 为了保证各部分的局部稳定,设置的各种加劲肋的要求有哪些?

10.11 木结构按其用材及构造特点可分为哪几种? 简述各种木结构的特点。

10.12 普通木结构由哪几部分组成?

10.13 胶合木结构可分为哪两类? 各自的特点如何?

10.14 轻型木结构由哪几部分组成? 目前我国对轻型木结构住宅的主要规定和要求有哪些?

10.15 钢与混凝土组合结构有哪几种常用形式?

10.16 简述钢与混凝土非组合梁和组合梁的区别?

10.17 组合梁的弹性设计方法和塑性设计方法的适用条件?

10.18 组合梁中的抗剪连接件有何作用?

砌 体 结 构

11

介绍砌体结构的分类、主要力学性能、承重方案、常见砌体墙、柱的基本构造、承载力计算公式和计算方法,简述了多层砌体结构房屋的震害现象、特点及原因,并阐述砌体结构房屋抗震设计的要求。

11.1 砌体结构及其分类

11.1.1 砌体结构的特点

由块材(砖、石或砌块)和砂浆砌筑而成的墙、柱作为建筑物的主要受力构件的结构,称为砌体结构。砌体结构在我国具有悠久的历史,随着新材料、新技术和新结构的不断研制和使用以及砌体结构计算理论和计算方法的逐步完善,砌体结构得到很大发展,也取得了显著的成就。特别是为了不破坏耕地和占用农田,由硅酸盐砌块、混凝土空心砌块代替黏土砖作为墙体材料,既符合国家可持续发展的方针政策,也是我国墙体材料改革的有效途径之一。

砌体结构一般用于工业与民用建筑的内外墙、柱,基础及过梁等。砌体结构之所以被广泛应用,是由于它具有如下的优点:

(1) 材料来源广泛;

(2) 与钢筋混凝土结构相比,节省钢筋和水泥,降低造价;

(3) 具有较好的耐火性、化学稳定性和大气稳定性;

(4) 具有较好的隔声、隔热、保温性能;

(5) 施工简单。

砌体结构也存在一些明显的缺点:

(1) 砌体强度小,自重大,材料用量多;

(2) 砂浆和块体之间的粘结较弱,砌体的受拉、受弯和受剪强度很低,抗震性能差;

(3) 砌筑工作繁重,施工进度慢。

砌体结构是我国应用广泛的结构形式之一,随着我国基本建设规模的扩大,人们居住条件的不断改善,砌体结构在我国的现代化建设中仍将发挥很大的作用。

11.1.2 砌体的分类

根据砌体的作用不同,砌体可分为承重砌体与非承重砌体,如一般的多层住宅,大多数为墙体承重,则墙体称为承重砌体;如框架结构中的墙体,一般为隔墙,并不承重,故称为非承重砌体。根据砌法及材料的不同,又可分为实心砌体与空斗砌体;砖砌体、石砌体、砌块砌体;无筋砌体与配筋砌体等。根据所用的材料不同,又可作以下分类。

1) 砖砌体

由砖和砂浆砌筑而成的砌体称为砖砌体。在房屋建筑中,砖砌体既可作为内墙、外墙、柱、基础等承重结构;又可用作维护墙与隔墙等非承重结构。在砌筑时要尽量符合砖的模数,常用的标准墙厚度有:一砖 240 mm,一砖半 370 mm 和二砖 490 mm 等。

2) 砌块砌体

由砌块和砂浆砌筑而成的砌体称为砌块砌体。我国目前多采用小型混凝土空心砌块砌筑砌体。采用砌块砌体可减轻劳动强度,有利于提高劳动生产率,并具有较好的经济技术效果。砌块砌体主要用于住宅、办公楼及学校等建筑以及一般工业建筑的承重墙和围护墙。

3) 石砌体

石砌体是用天然石材和砂浆(或混凝土)砌筑而成,可分为料石砌体、毛石混凝土砌体等。石砌体在产石的山区应用较为广泛。料石砌体不仅可建造房屋还可用于修建石拱桥、石坝、渡槽和储液池等。

4) 配筋砌体

为提高砌体强度和整体性,减小构件的截面尺寸,可在砌体的水平灰缝内每隔几皮砖放置一层钢筋网,称为网状配筋砌体,如图 11.1(a) 所示;当钢筋直径较大时,可采用连弯式钢筋网,如图 11.1(b) 所示。此外,钢筋混凝土构造柱与砖砌体组合墙体,如图 11.1(c) 所示,以及配筋混凝土空心砌块砌体,如图 11.1(d) 所示。

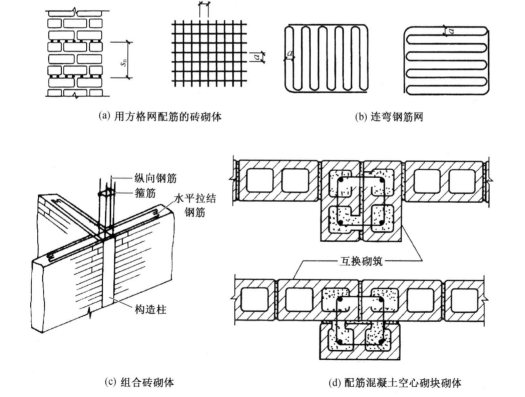

(a) 用方格网配筋的砖砌体   (b) 连弯钢筋网

(c) 组合砖砌体   (d) 配筋混凝土空心砌块砌体

图 11.1 配筋砌体

11.1.3　砌体的力学性能

砌体的力学性能不仅取决于砌筑砂浆和块材的强度、性能，还受到块材尺寸和几何形状的影响，以及砂浆的流动性、保水性和弹性模量的影响，此外，还与砌体砌筑的施工质量等因素关系密切。砌体作为一个受力的整体，和钢筋混凝土构件一样，也可能受压，也可能受弯、受拉或受剪，它在各种受力情况下砌体的力学性能是不同的。

1) 砌体的受压性能

试验表明，砌体从开始受荷到破坏大致可分为三个阶段，以砖砌体为例，这三个阶段是：

第一阶段：从开始加载到个别砖出现裂缝为第一阶段。这个阶段的特点是，第一批裂缝在单块砖内出现，此时的荷载值约为破坏荷载的 $50\%\sim70\%$，在此阶段中，裂缝细小，未能穿过砂浆层，如果不再增加压力，单块砖内裂缝也不继续发展。如图 11.2(a)所示。

第二阶段：随着荷载增加，单块砖内的个别裂缝发展成通过若干皮砖的连续裂缝，同时又有新的裂缝发生。当荷载约为破坏荷载的 $80\%\sim90\%$ 时，连续裂缝将进一步发展成贯通裂缝，它标志着第二阶段结束。如图 11.2(b)所示。

第三阶段：继续增加荷载时，连续裂缝发展成贯通整个砌体的贯通裂缝，砌体被分割为几个独立的 1/2 砖小立柱，砌体明显向外鼓出，砌体受力极不均匀，最后由于小柱体丧失稳定而导致砌体破坏，个别砖亦可能被压碎。如图 11.2(c)所示。可以看出破坏时砖砌体中的砖并未全部压碎，达到各自的受压最大承载力。砌体的破坏是由于小立柱丧失稳定而导致的。

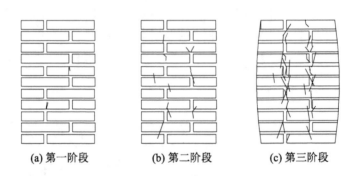

(a) 第一阶段　　　　(b) 第二阶段　　　　(c) 第三阶段

图 11.2　砖砌体受压破坏情况

2) 砌体的受拉、受弯、受剪性能

砌体除主要用作受压以外，还会由于使用场合的不同会受到拉、弯和剪等作用。

(1) 砌体的抗拉性能

在砌体结构中，如圆形水池池壁为常遇到的轴心受拉构件。砌体在由水压力等引起的轴心拉力作用下，构件的主要破坏形式为沿齿缝截面破坏，如图 11.3 所示。砌体的抗拉强度主要取决于块材与砂浆连接面的粘结强度，由于块材和砂浆的粘结强度主要取决于砂浆强度等级,所以砌体的轴心抗拉强度可由砂浆的强度等级来确定。

(2)砌体的受弯性能

在砌体结构中常遇到受弯及大偏心受压,如带壁柱的挡土墙、地下室墙体等。按其受力特征可分为沿齿缝截面受弯破坏、沿通缝截面受弯破坏及沿块体与竖向灰缝截面受弯破坏三种。如图11.4所示。沿齿缝和沿通缝截面的受弯破坏主要与砂浆的强度有关。

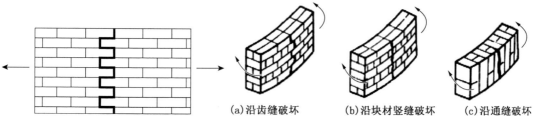

图 11.3 砖砌体轴心受拉破坏形态

(a)沿齿缝破坏　　(b)沿块材竖缝破坏　　(c)沿通缝破坏

图 11.4 砖砌体弯曲破坏情况

(3)砌体的抗剪性能

砌体在剪力作用下的破坏,均为沿灰缝的破坏,故单纯受剪时砌体的抗剪强度主要取决于水平灰缝中砂浆及砂浆与块体的粘结强度。

3)砌体的强度设计值

根据试验和结构可靠度分析结果,《砌体结构设计规范》规定了各类砌体的强度设计值,如表11.1~表11.7所示。

表 11.1　烧结普通砖和烧结多孔砖砌体的抗压强度设计值　　(单位:MPa)

砖强度等级	砂浆强度等级					砂浆强度
	M15	M10	M7.5	M5	M2.5	0
MU30	3.94	3.27	2.93	2.59	2.26	1.15
MU25	3.60	2.98	2.68	2.37	2.06	1.05
MU20	3.22	2.67	2.39	2.12	1.84	0.94
MU15	2.79	2.31	2.07	1.83	1.60	0.82
MU10	—	1.89	1.69	1.50	1.30	0.67

表 11.2　蒸压灰砂砖和蒸压粉煤灰砖砌体的抗压强度设计值　　(单位:MPa)

砖强度等级	砂浆强度等级				砂浆强度
	M15	M10	M7.5	M5	0
MU25	3.60	2.98	2.68	2.37	1.05
MU20	3.22	2.67	2.39	2.12	0.94
MU15	2.79	2.31	2.07	1.83	0.82

表 11.3　单排孔混凝土和轻集料混凝土砌块砌体的抗压强度设计值　（单位：MPa）

砖块强度等级	砂浆强度等级					砂浆强度
	Mb20	Mb15	Mb10	Mb7.5	Mb5	0
MU20	6.30	5.68	4.95	4.44	3.94	2.33
MU15	—	4.61	4.02	3.61	3.20	1.89
MU10	—	—	2.79	2.50	2.22	1.31
MU7.5	—	—	—	1.93	1.71	1.01
MU5	—	—	—	—	1.19	0.70

注：① 对错孔砌筑的砌体，应按表中数值乘以 0.8；
　　② 对独立柱或厚度为双排组砌的砌块砌体，应按表中数值乘以 0.7；
　　③ 对 T 形截面砌体，应按表中数值乘以 0.85；
　　④ 表中轻集料混凝土砌块为煤矸石和水泥煤渣混凝土砌块。

表 11.4　孔洞率不大于 35％的轻骨料混凝土砌块砌体的抗压强度设计值　（单位：MPa）

砖块强度等级	砂浆强度等级			砂浆强度
	Mb10	Mb7.5	Mb5	0
MU10	3.08	2.76	2.45	1.44
MU7.5	—	2.13	1.88	1.12
MU5	—	—	1.31	0.78
MU3.5	—	—	0.95	0.56

注：① 表中的砌块为火山渣、浮石和陶粒轻集料混凝土砌块；
　　② 对厚度方向为双排组砌的轻集料混凝土砌体的抗压强度设计值，应按表中数值乘以 0.8。

表 11.5　毛料石砌体的抗压强度设计值　（单位：MPa）

毛料石强度等级	砂浆强度等级			砂浆强度
	M7.5	M5	M2.5	0
MU100	5.42	4.80	4.18	2.13
MU80	4.85	4.29	3.73	1.91
MU60	4.20	3.71	3.23	1.65
MU50	3.83	3.39	2.95	1.51
MU40	3.43	3.04	2.64	1.35
MU30	2.97	2.63	2.29	1.17
MU20	2.42	2.15	1.87	0.95

注：对下列各类料石砌体，应按表中数值分别乘以系数：
　　细料石砌体：1.5；半细料石砌体：1.3；粗料石砌体：1.2；干砌勾缝石砌体：0.8。

表 11.6　毛石砌体的抗压强度设计值　　　　　　　（单位：MPa）

毛石强度等级	砂浆强度等级			砂浆强度
	M7.5	M5	M2.5	0
MU100	1.27	1.12	0.98	0.34
MU80	1.13	1.00	0.87	0.30
MU60	0.98	0.87	0.76	0.26
MU50	0.90	0.80	0.69	0.23
MU40	0.80	0.71	0.62	0.21
MU30	0.69	0.61	0.53	0.18
MU20	0.56	0.51	0.44	0.15

表 11.7　沿砌体灰缝截面破坏时的砌体抗拉强度设计值、弯曲抗拉强度设计值和

抗剪强度设计值　　　　　　（单位：MPa）

强度类别	破坏特征与砌体种类		砂浆强度等级			
			≥M10	M7.5	M5	M2.5
轴心抗拉	沿齿缝	烧结普通砖、烧结多孔砖	0.19	0.16	0.13	0.09
		混凝土普通砖、混凝土多孔砖	0.19	0.16	0.13	—
		蒸压灰砂砖、蒸压粉煤灰砖	0.12	0.10	0.08	—
		混凝土和轻集料混凝土砌块	0.09	0.08	0.07	—
		毛石	—	0.07	0.06	0.04
弯曲抗拉	沿齿缝	烧结普通砖、烧结多孔砖	0.33	0.29	0.23	0.17
		混凝土普通砖、混凝土多孔砖	0.33	0.29	0.23	—
		蒸压灰砂砖、蒸压粉煤灰砖	0.24	0.20	0.16	—
		混凝土和轻集料混凝土砌块	0.11	0.09	0.08	—
		毛石	—	0.11	0.09	0.07
	沿通缝	烧结普通砖、烧结多孔砖	0.17	0.14	0.11	0.08
		混凝土普通砖和混凝土多孔砖	0.17	0.14	0.11	—
		蒸压灰砂砖、蒸压粉煤灰砖	0.12	0.10	0.08	0.06
		混凝土和轻集料混凝土砌块	0.08	0.06	0.05	—
抗剪	烧结普通砖、烧结多孔砖		0.17	0.14	0.11	0.08
	混凝土普通砖、混凝土多孔砖		0.17	0.14	0.11	—
	蒸压灰砂砖、蒸压粉煤灰砖		0.12	0.10	0.08	0.06
	混凝土和轻集料混凝土砌块		0.09	0.08	0.06	—
	毛石		0.22	0.19	0.16	0.11

注：① 对于用形状规则的块体砌筑的砌体，当搭接长度与块体高度的比值小于 1 时，其轴心抗拉强度设计值 f_t 和弯曲抗拉强度设计值 f_{tm} 应按表中数值乘以搭接长度与块体高度比值后采用；

② 对孔洞率不大于 35% 的双排孔或多排孔轻骨料混凝土砌块砌体的抗剪强度设计值，可按表中混凝土砌块砌体抗剪强度设计值乘以 1.1；

③ 对蒸压灰砂砖、蒸压粉煤灰砖砌体，当有可靠的试验数据时，表中强度的设计值，可作适当调整；

④ 对烧结页岩砖、烧结煤矸石砖、烧结粉煤灰砖砌体，当有可靠的试验数据时，表中强度的设计值允许适当调整。

特别注意,考虑到一些不利因素,下列情况的各类砌体,其砌体强度设计值还应乘以调整系数 γ_a:

(1)上述表中给出的是当施工质量控制等级为 B 级时的各类砌体的抗压、抗拉和抗剪强度设计值。当施工质量控制为 C 级时,表中数值应乘以调整系数 $\gamma_a = 0.89$;当施工质量控制为 A 级时,可将表中数值乘以调整系数 $\gamma_a = 1.15$。

(2)有吊车房屋砌体、跨度不小于 9 m 的梁下烧结普通砖砌体、跨度不小于 7.5 m 的梁下烧结多孔砖、蒸压灰砂砖、蒸压粉煤灰砖砌体和混凝土砌块砌体,γ_a 为 0.9。

(3)对无筋砌体构件,其截面面积小于 0.3 m^2 时,γ_a 为其截面面积加 0.7;对于配筋砌体,当其中砌体截面面积小于 0.2 m^2 时,γ_a 为截面面积加 0.8。构件截面面积以 m^2 计。

(4)当砌体用水泥砂浆砌筑时,对表 11.1～表 11.6 的数值,γ_a 为 0.9,对表 11.7 的数值为 0.8;对配筋砌体构件,当其中的砌体采用水泥砂浆砌筑时,仅对砌体的强度设计值乘以调整系数 γ_a。

11.2 砌体结构的结构布置及承重方案

11.2.1 砌体结构的结构布置的基本要求

实践证明,多层砌体结构建筑布置的具体做法及结构的具体选择对建筑物的抗震性能以及是否会出现大的震害关系重大,因而,在具体进行建筑平面、立面以及结构抗震体系的布置与选择方面,除应满足一般原则要求外,还必须遵循以下一些规定:

1)建筑平面及结构布置

多层砌体房屋应优先采用横墙承重或纵横墙共同承重的结构体系;纵横墙的布置宜均匀对称,沿平面内宜对齐,沿竖向应上下连续;同一轴线上的窗间墙宽度宜均匀。房屋的楼梯间不宜设置在尽端和转角处。烟道、风道、垃圾道等不应削弱墙体。当墙体被削弱时,应对墙体采取加强措施;不宜采用无竖向配筋的附墙烟囱及出屋面的烟囱。不宜采用无锚固的钢筋混凝土预制挑檐。

2)多层房屋的总高度和层数限值

一般情况下,房屋的层数和总高度不应超过表 11.8 的规定。

表 11.8 房屋的层数和总高度限值 (单位:m)

房屋类别		最小抗震墙厚度/mm	烈度和设计基本地震加速度											
			6 度		7 度				8 度				9 度	
			0.05g		0.10g		0.15g		0.2g		0.3g		0.4g	
			高度	层数	高度	层数	高度	层数	高度	层数	高度	层数	高度	层数
多层砌体房屋	普通砖	240	21	7	21	7	21	7	18	6	15	5	12	4
	多孔砖	240	21	7	21	7	18	6	18	6	15	5	9	3
	多孔砖	190	21	7	18	6	15	5	15	5	12	4	—	—
	小砌块	190	21	7	21	7	18	6	18	6	15	5	9	3

（续表）

房屋类别		最小抗震墙厚度/mm	烈度和设计基本地震加速度										
			6度		7度				8度				9度	
			0.05g		0.10g		0.15g		0.2g		0.3g		0.4g	
			高度	层数	高度	层数	高度	层数	高度	层数	高度	层数	高度	层数
底部框架-抗震墙砌体房屋	普通砖	240	22	7	22	7	19	6	16	5	—	—	—	—
	多孔砖													
	多孔砖	190	22	7	19	6	16	5	13	4	—	—	—	—
	小砌块	190	22	7	22	7	19	6	16	5	—	—	—	—

注：房屋的总高度指室外地面到主要屋面板或檐口的高度，半地下室从室外地面算起，全地下室和嵌固条件好的半地下室可从室外地面算起；带阁楼的坡屋面应算到山尖墙的1/2高度处；室内外高差大于0.6 m时，房屋总高度允许比表中数据适当增加，但不应多于1 m；乙类的多层砌体房屋仍按本地区设防烈度查表，其层数应减少一层且总高度应降低3 m；不应采用底部框架-抗震墙砌体房屋；表中砌块房屋不包括钢筋混凝土小型空心砌块砌体房屋。

横墙较少（横墙较少是指同一楼层内开间大于4.2 m的房间占该层总面积的40%以上；其中，开间不大于42 m的房间占该层总面积不到20%且开间大于4.8 m的房间占该层总面积的50%以上为横墙很少）的多层砌体房屋，总高度应比表11.8的规定降低3 m，层数相应减少一层；各层横墙很少的多层砌体房屋，还应再减少一层。6、7度时，横墙较少的丙类多层砌体房屋，当按规定采取加强措施并满足抗震承载力要求时，其高度和层数应允许仍按表11.8的规定采用。普通砖、多孔砖和小砌块（本章中"普通砖、多孔砖、小砌块"即"烧结普通黏土砖、烧结多孔黏土砖、混凝土小型空心砌块"的简称）砌体承重房屋的层高不应超过3.6 m；底部框架-抗震墙房屋的底部和内框架房屋的层高不应超过4.5 m。

3）高宽比限值

多层砌体房屋高宽比限值应满足表11.9的要求。

表11.9　房屋最大高宽比

烈度	6度	7度	8度	9度
最大高宽比	2.5	2.5	2.0	1.5

注：单面走廊房屋的总高度不包括走廊宽度；建筑平面接近正方形时，其高宽比宜适当减小。

4）抗震横墙的间距限值

房屋抗震横墙的间距限值应满足表11.10的要求。

表11.10　房屋抗震横墙最大间距　　　　　（单位：m）

房屋类别		烈度			
		6度	7度	8度	9度
多层砌体房屋	现浇或装配整体式钢筋混凝土楼、屋盖	15	15	11	7
	装配式钢筋混凝土楼、屋盖	11	11	9	4
	木屋盖	9	9	4	—
底部框架-抗震墙砌体房屋	上部各层	同多层砌体房屋			
	底层或底部两层	18	15	11	—

5）砌体墙段的局部尺寸限值

房屋中砌体墙段的局部尺寸应满足表 11.11 所列限值的要求。

表 11.11　房屋的局部尺寸限值　　　（单位：m）

部　位	烈度			
	6 度	7 度	8 度	9 度
承重窗间墙最小宽度	1.0	1.0	1.2	1.5
承重外墙尽端至门窗洞边的最小距离	1.0	1.0	1.2	1.5
非承重外墙尽端至门窗洞边的最小距离	1.0	1.0	1.0	1.0
内墙阳角至门洞窗边的最小距离	1.0	1.0	1.5	2.0
无锚固女儿墙（非出入口处）的最大高度	0.5	0.5	0.5	0.0

注：1. 局部尺寸不足时，应采取局部加强措施弥补，且最小宽度不宜小于 1/4 层高和表列数据的 80%；

　　2. 出入口处的女儿墙应有锚固。

11.2.2　砌体结构的承重方案

结构布置方案主要是确定竖向承重构件的平面位置。砌体结构房屋的结构布置方案，根据承重墙体位置的不同，可分为纵墙承重，横墙承重，纵、横墙混合承重等方案。

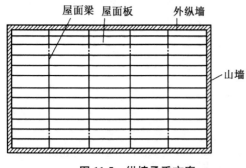

图 11.5　纵墙承重方案

1）纵墙承重方案

此方案由纵墙直接承受屋（楼）面荷载。屋面板（楼板）直接支承于纵墙上，或支承在搁置于纵墙上的钢筋混凝土梁上，如图 11.5 所示。荷载的主要传递路线是：屋（楼）面荷载→纵墙→基础→地基。

这种承重方案的优点是房屋空间较大，平面布置灵活。但是由于纵墙上有大梁或屋架，外纵墙上窗的设置受到限制，而且由于横墙很少，房屋的横向刚度较差。纵墙承重适合于要求空间大的房屋，如厂房、教室、仓库等。

2）横墙承重方案

由横墙直接承受屋面、楼面荷载。荷载的主要传递路线是：屋（楼）面荷载→横墙→基础→地基。横墙是主要的承重墙，如图 11.6 所示。

这种承重方案的优点是横墙很多，房屋的横向刚度较大，整体性好，且外纵墙上开窗不受限制，立面处理、装饰较方便。其缺点是横墙很多，空间受到限制。横墙承重适合于房间大小固定、横墙间距较密的住宅、宿舍等建筑。

3）纵、横墙混合承重方案

在实际工程中，一般是纵墙和横墙混合承重的，形成混合承重方案，如图 11.7 所示。荷载的主要传递路线是：屋（楼）面荷载→横墙及纵墙→相应基础→地基。

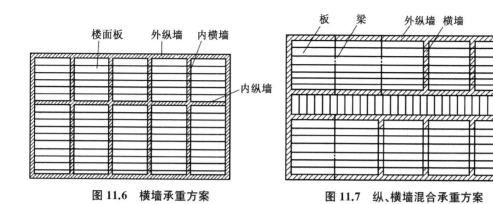

图 11.6　横墙承重方案　　　　图 11.7　纵、横墙混合承重方案

这种承重方案的优点是纵、横向墙体都承受楼面传来的荷载，且房屋在两个方向上的刚度均较大，有较强的抗风能力。纵、横墙混合承重适合于建筑使用功能要求多样的房屋，如教学楼、试验楼、办公楼等。

在实际工程中，要根据具体的使用要求、施工条件、材料、经济性等多种因素综合分析，并进行方案比较后确定采用哪一种方案。

11.3　砌体结构的静力方案

根据房屋空间刚度的大小，我国《砌体结构设计规范》规定房屋的静力计算方案分为以下三种：

1）刚性方案

当横墙间距小，楼盖、屋盖水平刚度较大时，在水平荷载作用下，房屋的水平位移很小。在确定墙、柱的计算简图时，可以忽略房屋的水平位移，将楼盖、屋盖视为墙、柱的不动铰支承，则墙、柱的内力可按不动铰支承的竖向构件计算，如图 11.8(a)所示。这种房屋称为刚性方案房屋。一般的多层住宅、办公楼、教学楼、宿舍等均为刚性方案房屋。

2）弹性方案

当房屋的横墙间距较大，楼盖、屋盖水平刚度较小时，则在水平荷载作用下，房屋的水平位移很大，不可以忽略。故在确定墙、柱的计算简图时，就不能把楼盖、屋盖视为墙柱的不动铰支承，而应视为可以自由移位的悬臂端，按平面排架计算墙、柱的内力，如图 11.8(b)所示。这种房屋称为弹性方案房屋。一般的单层厂房、仓库、礼堂等多属于弹性方案房屋。

3）刚弹性方案

刚弹性方案是介于"刚性"和"弹性"两种方案之间的房屋。其楼盖或屋盖具有一定的水平刚度，横墙间距不太大，能起一定的空间作用，在水平荷载作用下，其水平位移较弹性方案的水平位移要小，但又不能忽略。这种房屋称为刚弹性方案房屋。刚弹性方案房屋的墙柱内力计算应按屋盖或楼盖处具有弹性支承的平面排架计算，如图 11.8(c)所示。

《砌体结构设计规范》根据不同类型的楼盖、屋盖和横墙的间距设计了表格(表 11.12)，可直接查用，以确定房屋的静力计算方案。

(a) 刚性方案　　　　　　(b) 弹性方案　　　　　　(c) 刚弹性方案

图 11.8　三种静力计算方案计算简图

需要注意的是,从表 11.12 中可以看出,横墙间距是确定房屋静力计算方案的一个重要条件,因此刚性和刚弹性方案房屋的横墙应符合下列条件:

(1)横墙中开有洞口时,洞口的水平截面积不应超过横墙截面面积的 50%。

(2)横墙的厚度不宜小于 180 mm。

(3)单层房屋的横墙长度不宜小于其高度,多层房屋的横墙长度不宜小于 $H/2$(H 为横墙总高度)。

表 11.12　房屋的静力计算方案

	屋盖或楼盖类型	刚性方案	刚弹性方案	弹性方案
1	整体式、装配整体式和装配式无檩体系钢筋混凝土屋盖或钢筋混凝土楼盖	$s < 32$	$32 \leqslant s \leqslant 72$	$s > 72$
2	装配式有檩体系钢筋混凝土屋盖、轻钢屋盖有密铺望板的木屋盖或木楼盖	$s < 20$	$20 \leqslant s \leqslant 48$	$s > 48$
3	冷摊瓦木屋盖和石棉水泥瓦轻钢屋盖	$s < 16$	$16 \leqslant s \leqslant 36$	$s > 36$

注:1. 表中 s 为房屋横墙间距,其单位为"m"。

　　2. 无山墙或伸缩缝处无横墙的房屋,应按弹性方案计算。

若横墙不能同时符合上述三项要求,应对横墙的刚度进行验算。如其最大水平位移值不超过横墙高度的 1/4 000 时,仍可视作刚性或刚弹性房屋的横墙。

11.4　无筋砌体受压构件承载力计算

11.4.1　基本计算公式

在前节中介绍的砌体受压过程及破坏特征实际上是轴心受压短柱的受力特征。由于构件的高厚比小(高厚比类似于钢筋混凝土结构构件中的长细比,详见后述),纵向弯曲的影响可以忽略;在轴心受压时,轴向力的偏心距为零,没有弯矩产生的应力。在一般情况下,受压构件并非短柱,由于纵向弯曲影响,长柱的受压承载力要低于短柱的受压承载力。在其他条件相同时,随着偏心距的增加,构件的受压承载力也会降低。在试验研究和理论分析的基础上,考虑到上述影响因素,《砌体结构设计规范》规定无筋砌体受压构件的承载力按下式计算:

$$N \leqslant \varphi f A \tag{11.1}$$

式中　N ——轴向力设计值；

　　　φ ——高厚比 β 和轴向力的偏心距 e 对受压构件承载力的影响系数，可由表 11.13 查得；另还有与砂浆强度等级 M2.5、M0 对应的影响系数 φ 值表，可查阅《砌体结构设计规范》取用；

　　　f ——砌体抗压强度设计值；按表 11.1 至表 11.6 查用；

　　　A ——截面面积，对各类砌体均按毛截面计算。对带壁柱墙的计算截面翼缘宽度 b_f，多层房屋取窗间墙宽度（有门窗洞口时）或每侧翼墙宽度取壁柱高度的 1/3（无门窗洞口时）；单层房屋取壁柱宽加 2/3 墙高但不大于窗间墙宽度和相邻壁柱间距离。

表 11.13　影响系数 φ（砂浆强度等级 $\geqslant$ M5）

β	e/h 或 e/h_T												
	0	0.025	0.05	0.075	0.1	0.125	0.15	0.175	0.2	0.225	0.25	0.275	0.3
$\leqslant 3$	1	0.99	0.97	0.94	0.89	0.84	0.79	0.73	0.68	0.62	0.57	0.52	0.48
4	0.98	0.95	0.90	0.85	0.80	0.74	0.69	0.64	0.58	0.53	0.49	0.45	0.41
6	0.95	0.91	0.86	0.81	0.75	0.69	0.64	0.59	0.54	0.49	0.45	0.42	0.38
8	0.91	0.86	0.81	0.76	0.70	0.64	0.59	0.54	0.50	0.46	0.42	0.39	0.36
10	0.87	0.82	0.76	0.71	0.65	0.60	0.55	0.50	0.46	0.42	0.39	0.36	0.33
12	0.82	0.77	0.71	0.66	0.60	0.55	0.51	0.47	0.43	0.39	0.36	0.33	0.31
14	0.77	0.72	0.66	0.61	0.56	0.51	0.47	0.43	0.40	0.36	0.34	0.31	0.29
16	0.72	0.67	0.61	0.56	0.52	0.47	0.44	0.40	0.37	0.34	0.31	0.29	0.27
18	0.67	0.62	0.57	0.52	0.48	0.44	0.40	0.37	0.34	0.31	0.29	0.27	0.25
20	0.62	0.57	0.53	0.48	0.44	0.4	0.37	0.34	0.32	0.29	0.27	0.25	0.23
22	0.58	0.53	0.49	0.45	0.41	0.38	0.35	0.32	0.30	0.27	0.25	0.24	0.22
24	0.54	0.49	0.45	0.41	0.38	0.35	0.32	0.30	0.28	0.26	0.24	0.22	0.21
26	0.50	0.46	0.42	0.38	0.35	0.33	0.30	0.28	0.26	0.24	0.22	0.21	0.19
28	0.46	0.42	0.39	0.36	0.33	0.30	0.28	0.26	0.24	0.22	0.21	0.19	0.18
30	0.42	0.39	0.36	0.33	0.31	0.28	0.26	0.24	0.22	0.21	0.20	0.18	0.17

11.4.2　计算时高厚比 β 的确定及修正

使用式（11.1）查用 φ 时，高厚比 β 应按以下方法确定：

对矩形截面：

$$\beta = \gamma_\beta \frac{H_0}{h} \tag{11.2}$$

对 T 形或十字形截面：

$$\beta = \gamma_\beta \frac{H_0}{h_T} \tag{11.3}$$

式中 H_0——受压构件的计算高度，按表 11.14 采用；

  h——矩形截面轴向力偏心方向的边长，当轴心受压时为截面较小边长；

  h_T——T 形截面的折算厚度，可近似按 $h_T = 3.5i$ 计算，i 为截面的回转半径；

  γ_β——高厚比修正系数，按表 11.15 取用。

表 11.14 受压构件的计算高度 H_0

房屋类别			柱		带壁柱墙或周边拉结的墙		
			排架方向	垂直排架方向	$s > 2H$	$2H \geqslant s > H$	$s \leqslant H$
有吊车的单层房屋	变截面柱上段	弹性方案	$2.5H_u$	$1.25H_u$	$2.5H_u$		
		刚性方案 刚弹性方案	$2.0H_u$	$1.25H_u$	$2.0H_u$		
	变截面柱下段		$1.0H_l$	$0.8H_l$	$1.0H_l$		
无吊车的单层房屋和多层房屋	单跨	弹性方案	$1.5H$	$1.0H$	$1.5H$		
		刚弹性方案	$1.2H$	$1.0H$	$1.2H$		
	多跨	弹性方案	$1.25H$	$1.0H$	$1.25H$		
		刚弹性方案	$1.10H$	$1.0H$	$1.10H$		
	刚性方案		$1.0H$	$1.0H$	$1.0H$	$0.4s + 0.2H$	$0.6s$

注：1. 表中 H_u 为变截面柱的上段高度；H_l 为变截面柱的下段高度；

2. 对于上端为自由端的构件，$H_0 = 2H$；

3. s 为房屋横墙间距；

4. 自承重墙的计算高度应根据周边支承或拉结条件确定；

5. 独立砖柱，当无柱间支撑时，柱在垂直排架方向的 H_0 应按表中数值乘以 1.25 后采用。

表 11.15 高厚比修正系数 γ_β

砌体材料类别	γ_β
烧结普通砖、烧结多孔砖	1.0
混凝土及轻集料混凝土砌块	1.1
蒸压灰砂砖、蒸压粉煤灰砖、细料石、半细料石	1.2
粗料石、毛石	1.5

11.4.3 偏心距 e

查表 11.13 时,轴向力的偏心距 e 按内力值计算:$e = M/N$。在受压承载力计算时应注意,对矩形截面,当轴向力偏心方向的截面边长大于另一方向的边长时,除按偏心受压计算外,还应对较小边长方向按轴心受压进行验算,其高厚比 β 值是不同的;轴向力偏心距应满足 $e \leqslant 0.6y$,y 为截面重心到轴向力所在偏心方向截面边缘的距离,如图 11.9。

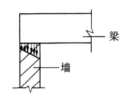

图 11.9 y 的取值

11.5 砌体局部受压承载力

11.5.1 局部受压的特点

当轴向压力只作用在砌体的局部截面上时,称为局部受压。若轴向力在该截面上产生的压应力均匀分布,称为局部均匀受压,如图 11.10(a)所示。压应力若不是均匀分布,则称为非均匀局部受压,如直接承受梁端支座反力的墙体。如图 11.10(b)所示。

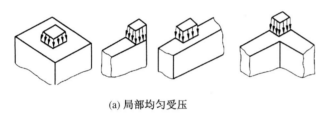

(a) 局部均匀受压   (b) 局部不均匀受压

图 11.10 局部受压情形

试验表明,局部受压力时,砌体有三种破坏形态。

(1)因竖向裂缝的发展而破坏 这种破坏的特点是,随荷载的增加,第一批裂缝在离开垫板一定距离(约 1~2 皮砖)首先发生,裂缝主要沿纵向分布,也有沿斜向分布的,其中部分裂缝向上、下延伸连成一条主裂缝而引起破坏,如图 11.11(a)所示。这是较常见的破坏形态。

(2)劈裂破坏 这种破坏多发生于砌体面积与局部受压面积之比很大时,产生的纵向裂缝少而集中,而且一旦出现裂缝,砌体犹如刀劈那样突然破坏,砌体的开裂荷载与破坏荷载很接近,如图 11.11(b)所示。

(3)局部受压面的压碎破坏 当砌筑砌体的块体强度较低而局部压力很大时,如梁端支座下面砌体局部受压,就可能在砌体未开裂时就会发生局部被压碎的现象,如图 11.11(c)所示。

11.5.2 局部抗压强度提高系数

在局部压力作用下,局部受压范围内砌体的抗压强度会有较大提高。主要有两个方面的

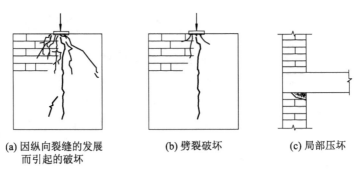

(a) 因纵向裂缝的发展
而引起的破坏

(b) 劈裂破坏

(c) 局部压坏

图 11.11　局部受压破坏形态

原因：一是未直接受压的外围砌体阻止直接受压砌体的横向变形,对直接受压的内部砌体具有约束作用,被称为"套箍强化"作用;二是由于砌体搭缝砌筑,局部压力迅速向未直接受压的砌体扩散,从而使应力很快变小,称为"应力扩散"作用。

如砌体抗压强度为 f,则其局部抗压强度可取为 γf, γ 称为局部抗压强度提高系数。《砌体结构设计规范》规定 γ 按下式计算:

$$\gamma = 1 + 0.35\sqrt{\frac{A_0}{A_l} - 1} \tag{11.4}$$

式中　A_l——局部受压面积;

　　　A_0——影响砌体局部受压强度的计算面积,如图 11.12 所示。

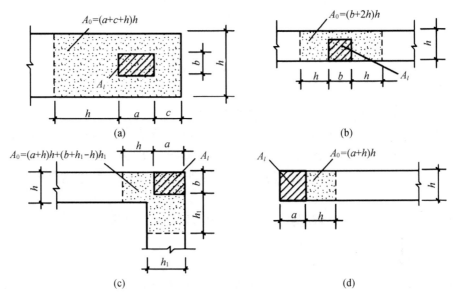

图 11.12　影响砌体局部抗压强度的面积 A_0

为了避免 A_0/A_l 大于某一限值时会出现危险的劈裂破坏,《砌体结构设计规范》还规定,按式(11.4)计算的 γ 值应有所限制。在图 11.12 中所列四种情况下的 γ 值分别不宜超过 2.5、2.0、1.5 和 1.25。

11.5.3 局部均匀受压时的承载力

局部均匀受压时按下式计算

$$N_l \leqslant \gamma f A_l \tag{11.5}$$

式中　N_l——局部受压面积上的轴向力设计值；

　　　γ——局部抗压强度提高系数，按式(11.4)计算；

　　　A_l——局部受压面积。

11.5.4 梁端支承处砌体局部受压(局部非均匀受压)

1）梁端有效支承长度

钢筋混凝土梁直接支承在砌体上，若梁的支承长度为 a，则由于梁的变形和支承处砌体的压缩变形，梁端有向上翘的趋势，因而梁的有效支承长度 a_0 常常小于实际支承长度 $a(a_0 \leqslant a)$。砌体的局部受压面积为 $A_l = a_0 b$（b 为梁的宽度），同时，梁端下面砌体的局部压应力也非均匀分布，如图 11.13 所示。

《砌体结构设计规范》建议 a_0 可近似地按下式计算

$$a_0 = 10\sqrt{\frac{h_c}{f}} \tag{11.6}$$

式中　h_c——梁的截面高度；

　　　f——砌体抗压强度设计值。

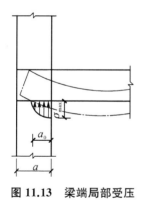

图 11.13　梁端局部受压

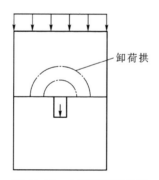

图 11.14　上部荷载的传递

2）梁端支承处砌体的局部受压承载力计算

梁端下面砌体局部面积上受到的压力包括两部分：一为梁端支承压力 N_l；二为上部砌体传至梁端下面砌体局部面积上的轴向力 N_0。但由于梁端底部砌体的局部变形而产生"拱作用"，如图 11.14 所示，使传至梁下砌体的平均压力减少为 ψN_0，ψ 称为上部荷载的折减系数。

梁端下砌体所受到的局部平均压应力为 $\dfrac{N_l}{A_l} + \dfrac{\psi N_0}{A_l}$，而局部受压的最大压应力可表达为

σ_{max}，则有

$$\eta\sigma_{max} = \frac{N_l}{A_l} + \frac{\psi N_0}{A_l} \tag{11.7}$$

当 $\sigma_{max} \leqslant \gamma f$ 时，梁端支承处砌体的局部受压承载力满足要求。代入后整理得梁端支承处砌体的局部受压承载力公式

$$N_l + \psi N_0 \leqslant \eta\gamma f A_l \tag{11.8}$$

$$\psi = 1.5 - 0.5\frac{A_0}{A_l} \tag{11.9}$$

$$A_l = a_0 b \tag{11.10}$$

$$N_0 = \sigma_0 A_l \tag{11.11}$$

式中　ψ——上部荷载的折减系数，当 $A_0/A_l \geqslant 3$ 时，取 $\psi = 0$；

N_0——局部受压面积内上部轴向力设计值；

N_l——梁端荷载设计值产生的支承压力；

A_l——局部受压面积；

σ_0——上部荷载产生的平均压应力设计值；

η——梁端底面压应力图形的完整系数，一般可取 0.7，对于过梁和墙梁可取 1.0；

a_0——梁端有效支承长度，当 $a_0 > a$ 时，取 $a_0 = a$；

f——砌体抗压强度设计值。

3）梁下设有刚性垫块

工程中，如遇按上述方法验算梁端局部受压承载力不满足要求时，常采用在梁端下设置预制或现浇混凝土垫块的方法以扩大局部受压面积，提高承载力。当垫块高度 $t_b \geqslant 180~mm$，且垫块自梁边缘起挑出的长度不大于垫块的高度时，称为刚性垫块，如图 11.15 所示。刚性垫块不但可以增大局部受压面积，还能使梁端压力较均匀地传至砌体表面。《砌体结构设计规范》规定刚性垫块下砌体局部受压承载力计算公式为：

$$N_0 + N_l \leqslant \varphi\gamma_1 f A_b \tag{11.12}$$

式中　N_0——垫块面积内上部轴向力设计值，$N_0 = \sigma_0 A_b$；

N_l——梁端支承压力设计值；

γ_1——垫块外砌体面积的有利影响系数，$\gamma_1 = 0.8\gamma$ 但不小于 1，γ 为砌体局部抗压强度的提高系数，按式(11.4)计算，但要用 A_b 代替式中的 A_l；

φ——垫块上 N_0 及 N_l 合力的影响系数，但不考虑纵向弯曲影响，查表 11.13 时，取 $\beta \leqslant 3$ 时的 φ 值；

A_b——垫块面积，$A_b = a_b \times b_b$；

a_b——垫块伸入墙内的长度；

b_b——垫块的宽度。

在带壁柱墙的壁柱内设置刚性垫块时，如图 11.15 所示，壁柱上垫块伸入翼墙内的长不应小于 120 mm；计算面积应取壁柱面积 A_0，不计算翼缘部分。

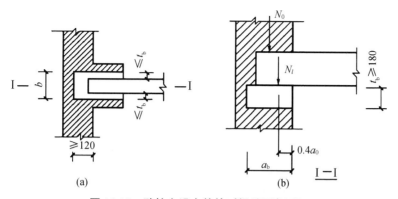

图 11.15 壁柱上设有垫块时梁端局部受压

刚性垫块上表面梁端有效支承长度 a_0 按下式确定

$$a_0 = \delta_1 \sqrt{\frac{h_c}{f}} \qquad (11.13)$$

式中 δ_1——刚性垫块计算公式 a_0 的系数,应按表 11.16 采用,因 σ_0/f 常大于1.0,故取 $\delta_1 = 10.0$;且垫块上 N_l 合力点位置可取在 $0.4a_0$ 处。

显然,按式(11.13)算得的 a_0 不应大于实际支承长度。

表 11.16 系数 δ_1 值表

σ_0/f	0	0.2	0.4	0.6	0.8
δ_1	5.4	5.7	6.0	6.9	7.8

11.5.5 梁下设有长度大于 πh_0 的钢筋混凝土垫梁

如图 11.16 所示,当梁端支承处的墙体上设有连续的钢筋混凝土梁(如圈梁)时,该梁可起垫梁的作用,梁端部的集中荷载 N_l 将通过该梁垫传递到其下面的墙体,且可将压应力分布近似地简化为三角形分布,其分布长度为 πh_0。

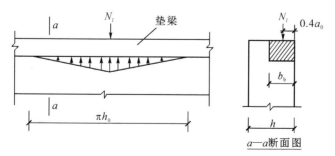

图 11.16 垫梁局部受压

垫梁下砌体的局部受压承载力按下列公式计算:

$$N_l + N_0 \leqslant 2.4\delta_2 f b_b h_0 \qquad (11.14)$$

$$N_0 = \frac{\pi b_b h_0 \sigma_0}{2} \qquad (11.15)$$

式中　N_l——梁端支承压力；

　　　　N_0——垫梁 $\pi b_b h_0 / 2$ 范围内上部轴向力设计值；

　　　　b_b——垫梁宽度(mm)；

　　　　h_0——垫梁折算高度(mm)，$h_0 = 2\sqrt[3]{\dfrac{E_b I_b}{Eh}}$，$E_b$、$I_b$ 分别为垫梁的混凝土弹性模量和
　　　　　　　截面惯性矩；

　　　　δ_2——当荷载沿墙厚方向均匀分布时 δ_2 取 1.0,不均匀分布时 δ_2 取 0.8；

　　　　E——砌体的弹性模量；

　　　　h——墙厚(mm)。

11.5.6　计算例题

【例 11.1】　一承重纵墙的窗间墙截面尺寸为 1 200 mm ×240 mm，如图11.17所示。采用 MU10 黏土砖,M5 混合砂浆砌筑。墙上支承有 250 mm×600 mm 的钢筋混凝土梁,梁上荷载产生的支承压力 $N_l = 100$ kN,上部荷载传来的轴向力设计值为 80 kN。试验算梁端支承处砌体的局部受压承载力。扫二维码查阅本例题解答。

【例 11.2】　条件与例 11.1 同,拟设置梁下刚性垫块,以满足局部受压承载力要求。试选择垫块的尺寸,并进行验算(图 11.18)。扫二维码查阅本例题解答。

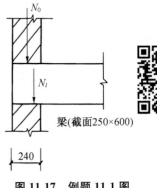

图 11.17　例题 11.1 图

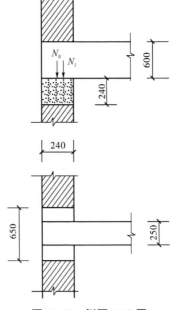

图 11.18　例题 11.2 图

11.6 墙、柱高厚比验算

砌体墙、柱是受压构件,除了应进行承载力的计算外,还要进行高厚比的验算,以便保证其在施工和使用阶段的稳定性要求。

11.6.1 允许高厚比[β]

由于对墙、柱稳定性影响最大的因素是砂浆的强度等级,《砌体结构设计规范》规定,按砂浆的强度等级给出墙、柱的允许高厚比,如表 11.17 所示。

表 11.17 墙、柱的允许高厚比[β]值

砂浆强度等级	墙	柱
M2.5	22	15
M5.0 或 Mb5.0、Ms5.0	24	16
≥M7.5 或 Mb7.5、Ms7.5	26	17

注:1. 毛石墙、柱的允许高厚比应比表中数值降低 20%;
2. 组合砖砌体构件的允许高厚比,可按表中数值提高 20%,但不得大于 28;
3. 验算施工阶段砂浆尚未硬化的新砌砌体高厚比时,允许高厚比对墙取 14,对柱取 11。

11.6.2 高厚比验算

1) 矩形截面墙、柱高厚比的验算

如前所述,高厚比即是指墙、柱的计算高度 H_0 与墙厚或矩形柱截面的边长 h(应取与 H_0 相对应方向的边长)的比值,用 β 表示。《砌体结构设计规范》规定墙、柱的高厚比应符合下列条件

$$\beta = \frac{H_0}{h} \leq \mu_1 \mu_2 [\beta] \tag{11.16}$$

式中 H_0——墙、柱的计算高度,按表 11.14 采用;

h——墙厚或矩形柱与 H_0 相对应的边长;

[β]——墙、柱的允许高厚比,按表 11.17 采用;

μ_1——自承重墙允许高厚比的修正系数,可按下列规定采用:

$h = 240$ mm　　　　$\mu_1 = 1.2$;

$h = 90$ mm　　　　$\mu_1 = 1.5$;

90 mm $< h < 240$ mm　　μ_1 可按插入法取用。

μ_2——有门窗洞口墙允许高厚比的修正系数,按下式计算:

$$\mu_2 = 1 - 0.4 \frac{b_s}{s} \tag{11.17}$$

当计算的 μ_2 值小于 0.7 时,应采用 0.7;当洞口高度等于或小于墙高的 1/5 时,可取 $\mu_2 = 1.0$。

b_s ——在宽度 s 范围内的门窗洞口宽度;

s ——相邻窗间墙之间、壁柱之间或构造柱之间的距离,如图 11.19 所示。

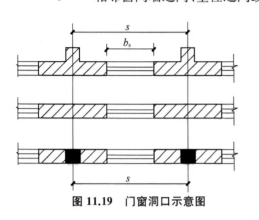

图 11.19 门窗洞口示意图

应用式(11.16)时,若遇相邻两横墙的距离 $s \leqslant \mu_1\mu_2[\beta]h$ 时,墙的高度可不受式(11.16)限制;对于变截面柱,其高厚比可按上、下截面分别验算,而上柱的允许高厚比可按表 11.17 数值乘以 1.3 后采用。

2)带壁柱墙高厚比验算

对于带壁柱墙,验算高厚比时需按整片墙体和壁柱间墙体分别进行。

(1)整片墙高厚比验算

由于壁柱的作用,与矩形截面的验算公式有所不同,应满足下式要求:

$$\beta = \frac{H_0}{h_T} \leqslant \mu_1\mu_2[\beta] \tag{11.18}$$

式中 h_T ——带壁柱墙截面的折算厚度,$h_T = 3.5i$;

i ——带壁柱墙截面的回砖半径,$i = \sqrt{\dfrac{I}{A}}$;

I、A ——分别为带壁柱墙截面的惯性矩和截面面积。

如果验算纵墙的高厚比,计算 H_0 时,s 取相邻横墙间距,如图 11.20 所示;如果验算横墙的高厚比,计算 H_0 时,s 取相邻纵墙间距。

(2)壁柱间墙高厚比验算

壁柱间墙的高厚比验算可按式(11.16)进行验算。计算 H_0 时,s 取如图 11.20 所示壁柱间距离,而且不论房屋静力计算时属于何种计算方案,H_0 则一律按表 11.14 中"刚性方案"考虑。

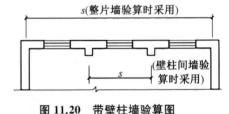

图 11.20 带壁柱墙验算图

3)带构造柱墙高厚比验算

对于带构造柱的墙体,也应分别按整片墙和构造柱间墙进行高厚比验算。

(1)整片墙高厚比验算

应在考虑带构造柱墙允许高厚比的提高系数 μ_c 后,满足下式要求:

$$\beta = \frac{H_0}{h} \leqslant \mu_1\mu_2\mu_c[\beta] \tag{11.19}$$

式中 μ_c ——带构造柱墙允许高厚比的提高系数,可按下式计算

$$\mu_c = 1 + \gamma\frac{b_c}{l} \tag{11.20}$$

式中 γ ——系数,对细料石、半细料石砌体,$\gamma = 0$;对混凝土砌块、粗料石、毛料石及毛石

砌体，$\gamma = 1.0$；其他砌体，$\gamma = 1.5$；

b_c——构造柱沿墙长方向的宽度；

l——构造柱间距，此时 s 取相邻构造柱间距。

当 $b_c/l > 0.25$ 时，取 $b_c/l = 0.25$；当 $b_c/l < 0.05$，取 $b_c/l = 0$。

(2) 构造柱间墙高厚比验算

可按式(11.16)进行验算，确定 H_0 时，s 取构造柱间距离。不论房屋静力计算时属于何种计算方案，H_0 均按表 11.14 中"刚性方案"考虑。

【例 11.3】 某教学楼局部平面布置如图 11.21(a)所示，采用装配式钢筋混凝土楼(屋)盖，外墙厚均为 370 mm，隔断墙厚为 120 mm，其余均为 240 mm。底层墙高为 4.2 m(算至基础顶)，M5 砂浆砌筑，隔断墙高为 3.5 m，用 M2.5 砂浆砌筑，试验算底层各墙的高厚比。若采用带构造柱墙，其他条件不变，如图 11.21(b)所示，试验算底层外纵墙的高厚比是否满足要求。

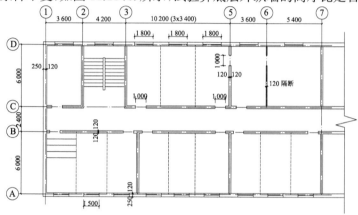

(a) 不带构造柱

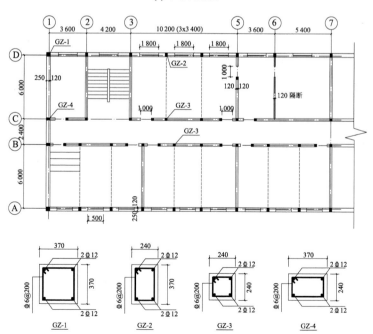

(b) 带构造柱

图 11.21 某教学楼平面图

【解】

（1）不带构造柱的墙体高厚比验算

根据最大横墙间距 $s=10.2$ m（D轴线上，③～⑤轴）和楼（屋）盖类别，墙体验算时可按刚性方案房屋考虑。

由砂浆强度等级可查表 11.17 得允许高厚比：砂浆为 M5 时，$[\beta]=24$；砂浆为 M2.5 时，$[\beta]=22$。

① 外纵墙高厚比验算（D轴线上，③～⑤轴间）

$$s=10.2 \text{ m} > 2H=8.4 \text{ m}$$

查表 11.14 有：$H_0=1.0H=4.2$ m

$$\mu_1=1, \quad \mu_2=1-0.4\frac{b_s}{s}=1-0.4\frac{3\times1.8}{10.2}=0.788$$

由式（11.16）有：

$$\beta=\frac{H_0}{h}=\frac{4\,200}{370}=11.35 < \mu_1\mu_2[\beta]=1\times0.788\times24=18.9$$

所以，满足要求。

② 内纵墙高厚比验算（C轴上，③～⑤轴间）

$$H_0=4.2 \text{ m}; \quad \mu_1=1.2; \quad \mu_2=1-0.4\frac{b_s}{s}=1-0.4\frac{2\times1.0}{10.2}=0.92$$

$$\beta=\frac{H_0}{h}=\frac{4\,200}{240}=17.5 < \mu_1\mu_2[\beta]=1.2\times0.92\times24=26.5$$

所以，满足要求。

③ 内横墙高厚比验算（⑤轴上，C～D轴间）

$$s=6 \text{ m}, \quad H=4.2 \text{ m}, \quad 2H > s > H$$

查表 11.14 有：$H_0=0.4s+0.2H=0.4\times6+0.2\times4.2=3.24$ m

$$\mu_1=1.2; \quad \mu_2=1-0.4\frac{b_s}{s}=1-0.4\frac{1.0}{6.0}=0.93$$

$$\beta=\frac{H_0}{h}=\frac{4\,200}{240}=17.5 < \mu_1\mu_2[\beta]=1.2\times0.93\times24=26.88$$

综上，满足要求。

④ 隔断墙验算

隔断墙两侧往往与纵墙拉结不好，按两侧无拉结考虑，隔断上端砌筑时一般都采取措施顶住楼板，故可按不动铰支座考虑。这样，隔断墙可按两端不动铰支座确定计算高度。取⑥轴隔断墙进行验算。

$$H_0=H=3.5 \text{ m}; \quad h=120 \text{ mm}$$

$$\mu_1 = 1.2 + \frac{240 - 120}{240 - 90}(1.5 - 1.2) = 1.44$$

$$\mu_2 = 1 - 0.4\frac{b_s}{s} = 1 - 0.4\frac{1.0}{6.0} = 0.93$$

$$\beta = \frac{H_0}{h} = \frac{3\,500}{140} = 25 < \mu_1\mu_2[\beta] = 1.2 \times 0.93 \times 22 = 29.46$$

所以,满足要求。

(2) 带构造柱的墙体高厚比验算

根据最大横墙间距 $s = 10.2$ m(D 轴线上,③~⑤轴)和楼(屋)盖类别,墙体验算时按刚性方案房屋考虑。

由砂浆强度等级可查表 11.17 得允许高厚比:砂浆为 M5 时,$[\beta] = 24$。

① 整片外纵墙验算(D 轴线上,③~⑤轴间)

$$s = 10.2 \text{ m} > 2H = 8.4 \text{ m}$$

查表 11.14 有:$H_0 = 1.0H = 4.2$ m

$$\mu_1 = 1,\ \mu_2 = 1 - 0.4\frac{b_s}{s} = 1 - 0.4\frac{3 \times 1.8}{10.2} = 0.788$$

由式(11.20)有:

$$0.25 > \frac{b_c}{l} = \frac{240}{3\,400} = 0.071 > 0.05,\ \mu_c = 1 + \gamma\frac{b_c}{l} = 1 + 1.5 \times \frac{240}{3\,400} = 1.106$$

由式(11.19)有:

$$\beta = \frac{H_0}{h} = \frac{4.2}{0.37} = 11.35 < \mu_1\mu_2\mu_c[\beta] = 1.0 \times 0.788 \times 1.106 \times 24 = 20.05$$

满足要求。

② 构造柱间墙验算(D 轴线上,③~⑤轴间)

$$s = 3.4 \text{ m} < H = 4.2 \text{ m}$$

$$H_0 = 0.6s = 0.6 \times 3.4 = 2.04 \text{ m}$$

$$\mu_2 = 1 - 0.4\frac{b_s}{s} = 1 - 0.4 \times \frac{1.8}{3.4} = 0.79 > 0.7$$

$$\beta = \frac{H_0}{h} = \frac{2.04}{0.37} = 5.51 < \mu_1\mu_2[\beta] = 1.0 \times 0.79 \times 24 = 18.96$$

综上,满足要求。

11.7 砌体的抗震抗剪强度

11.7.1 砌体抗震抗剪强度设计值

我国《建筑抗震设计规范》规定,各类砌体(普通砖、多孔砖、混凝土小砌块)沿阶梯形截面破坏的抗震抗剪强度设计值应按下列公式确定：

$$f_{vE} = \zeta_N f_v \qquad (11.21)$$

式中　f_{vE} ——砌体沿阶梯形截面破坏的抗震抗剪强度设计值；

　　　f_v ——非抗震设计的砌体抗剪强度设计值，应按表 11.7 采用；

　　　ζ_N ——砌体抗震抗剪强度的正应力影响系数，应按表 11.18 采用。

表 11.18　砌体抗震抗剪强度的正应力影响系数

砌体类别	σ_0/f_v							
	0.0	1.0	3.0	5.0	7.0	10.0	12.0	$\geqslant 16.0$
普通砖、多孔砖	0.80	0.99	1.25	1.47	1.65	1.90	2.05	—
小砌块	—	1.23	1.69	2.15	2.57	3.02	3.32	3.92

注：σ_0 为对应于重力荷载代表值的砌体截面平均压应力。

当墙体或墙段的水平地震剪力确定以后，即可进行墙体的抗震承载力验算。可只选择抗震不利墙段（从属面积较大、局部截面较小或竖向压应力较小的墙段）进行验算。

墙体截面抗震验算设计表达式的一般形式为：

$$S \leqslant R/\gamma_{RE} \qquad (11.22)$$

式中　S ——结构构件内力组合的设计值，包括组合的弯矩，轴向力和剪力设计值；

　　　R ——结构构件承载力设计值；

　　　γ_{RE} ——承载力抗震调整系数，应按表 11.19 采用。

表 11.19　砌体承载力抗震调整系数

结构构件	受力状态	γ_{RE}
无筋、网状配筋和水平配筋砖砌体剪力墙	受剪	1.0
两端均设构造柱、芯柱的砌体剪力墙	受剪	0.9
组合砖墙、配筋砌块砌体剪力墙	偏心受压、受拉和受剪	0.85
自承重墙	受剪	0.75
无筋砖柱	偏心受压	0.9
组合砖柱	偏心受压	0.85

11.7.2　普通砖、多孔砖墙体的截面抗震受剪承载力

在《建筑抗震设计规范》中规定，普通砖、多孔砖墙体的截面抗震抗剪承载力应按下列规定验算：

一般情况下，应按下式验算

$$V \leqslant \frac{f_{vE} A}{\gamma_{RE}} \qquad (11.23)$$

式中　V ——墙体地震剪力设计值，为地震剪力标准值的 1.3 倍；

　　　f_{vE} ——砌体沿阶梯形截面破坏的抗震抗剪强度设计值；

　　　A ——墙体横截面面积，多孔砖取毛截面面积；

γ_{RE}——承载力抗震调整系数。

11.7.3 水平配筋墙体的抗震承载力验算

对于采用水平配筋的墙体,在《建筑抗震设计规范》中规定其抗震承载力验算应按下式验算:

$$V \leqslant \frac{1}{\gamma_{RE}}(f_{vE}A + \zeta_s f_{yh}A_{sh}) \tag{11.24}$$

式中 A——墙体横截面面积,多孔砖取毛截面面积;

f_{yh}——水平钢筋抗拉强度设计值;

A_{sh}——层间墙体竖向截面的总水平钢筋面积,其配筋率应不小于0.07%且不大于0.17%;

ζ_s——钢筋参与工作系数,可按表11.20采用。

表 11.20 钢筋参与工作系数

墙体高宽比	0.4	0.6	0.8	1.0	1.2
ζ_s	0.10	0.12	0.14	0.15	0.12

11.7.4 同时考虑水平钢筋和钢筋混凝土构造柱影响时的截面抗震承载力验算

当按式(11.23)、式(11.24)验算不满足要求时,可计入基本均匀设置于墙段中部、截面不小于240 mm×240 mm(墙厚190 mm时为240 mm×190 mm)且间距不大于4 m的构造柱对受剪承载力的提高作用,并按下列简化方法验算:

$$V \leqslant \frac{1}{\gamma_{RE}}[\eta_c f_{vE}(A - A_c) + \zeta_c f_t A_c + 0.08 f_{yc}A_{sc} + \zeta_s f_{yh}A_{sh}] \tag{11.25}$$

式中 A_c——中部构造柱的横截面总面积(对横墙和内纵墙,$A_c > 0.15A$ 时,取0.15A;对外纵墙,$A_c > 0.25A$ 时,取0.25A);

f_t——中部构造柱的混凝土轴心抗拉强度设计值;

A_{sc}——中部构造柱的纵向钢筋截面总面积(配筋率不小于0.6%,大于1.4%时取1.4%);

f_{yh},f_{yc}——分别为墙体水平钢筋、构造柱钢筋抗拉强度设计值;

ζ_c——中部构造柱参与工作系数;居中设一根时取0.5,多于一根时取0.4;

η_c——墙体约束修正系数;一般情况取1.0,构造柱间距不大于3.0 m时取1.1;

A_{sh}——层间墙体竖向截面的总水平钢筋面积,无水平钢筋时取0.0。

11.7.5 混凝土小砌块墙体的截面抗震受剪承载力

对于混凝土小型砌块墙体,《建筑抗震设计规范》中规定其抗震承载力应按下式验算:

$$V \leqslant \frac{1}{\gamma_{RE}}[f_{vE}A + 0.3(f_t A_c + 0.05 f_y A_s)\zeta_c] \tag{11.26}$$

式中 f_t——芯柱混凝土轴心抗拉强度设计值；

A_c——芯柱截面总面积；

A_s——芯柱钢筋截面总面积；

ζ_c——芯柱参与工作系数，可按表 11.21 采用。

表 11.21　芯柱参与工作系数

填孔率 ρ	$\rho < 0.15$	$0.15 \leqslant \rho < 0.25$	$0.25 \leqslant \rho < 0.5$	$\rho \geqslant 0.5$
ζ_c	0.0	1.0	1.10	1.15

注：填孔率指芯柱根数(含构造柱和填实孔洞数量)与孔洞总数之比。

11.8　砌体结构抗震构造

11.8.1　砌体结构房屋的震害

砌体结构房屋的墙体是由块体和砂浆砌筑而成的，块体和砂浆具有脆性性质，抗拉、抗弯及抗剪能力都很低，因此砌体结构房屋的抗震性能相对较差，不及钢结构和钢筋混凝土结构房屋，在国内外历次强震中的破坏率都很高。而砌体结构房屋在我国的建筑工程中使用很广泛，对地震区的砌体结构房屋进行抗震设计很必要。

1）震害现象

砌体结构房屋震害现象具体内容扫二维码查阅。

2）震害规律

砌体房屋震害规律具体内容扫二维码查阅。

3）震害原因分析

多层砌体房屋在地震作用下发生破坏的根本原因是地震作用在结构中产生的效应(内力、应力)超过了结构材料的抗力或强度。从这一点出发，我们可将多层砌体房屋发生震害的原因分为三大类，具体内容扫二维码查阅。

4）抗震设计三要素

针对上述震害发生的三大原因，多层砌体房屋的抗震设计也可分成三个主要部分，具体内容扫二维码查阅。

11.8.2　砌体房屋的抗震构造措施

砌体结构的抗震构造措施尤其重要。多层砌体结构房屋的防倒塌以及构件之间的连接等问题主要是通过抗震构造措施来保证的。

1）设置钢筋混凝土构造柱

在多层砌体结构房屋中设置钢筋混凝土构造柱，是一项重要的抗震构造措施。墙体中设置构造柱后，墙体的抗剪强度可以提高 10%～30%，最重要的是，墙体的变形能力可以大大提高，而且构造柱与圈梁所形成的约束体系可以有效防止墙体的散落，提高房屋的抗倒塌能力。

（1）多层普通砖、多孔砖砌体房屋的构造柱设置部位

一般情况下，房屋构造柱设置的部位，应符合表 11.22 的要求。

表 11.22 房屋构造柱设置要求

房屋层数				设置部位	
6 度	7 度	8 度	9 度		
≤五	≤四	≤三		楼、电梯间四角，楼梯段上下端对应的墙体处； 外墙四角和对应转角； 错层部位横墙与外纵墙交接处； 大房间内外墙交接处； 较大洞口两侧	隔 12 m 或单元横墙与外纵墙交接处； 楼梯间对应的另一侧内横墙与外纵墙交接处
六	五	四	二		隔开间横墙（轴线）与外墙交接处； 山墙与内纵墙交接处
七	≥六	≥五	三		内墙（轴线）与外墙交接处； 内墙的局部较小墙垛处； 内纵墙与横墙（轴线）交接处

注：① 较大洞口，内墙指不小于 2.1 m 的洞口；外墙在内外墙交接处已设置构造柱时允许适当放宽，但洞侧墙体应加强。
② 外廊式和单面走廊式的多层房屋，应根据房屋增加一层后的层数，按表 11.22 的要求设置构造柱，且单面走廊两侧的纵墙均应按外墙处理。
③ 横墙较少的房屋，应根据房屋增加一层后的层数，按表 11.22 的要求设置构造柱；当横墙较少的房屋为外廊式或单面走廊式时，应按第②款要求设置构造柱，但 6 度不超过四层、7 度不超过三层和 8 度不超过两层时，应按增加两层后的层数对待。
④ 各层横墙很少的房屋，应按增加两层的层数设置构造柱。

（2）构造柱的截面与配筋

① 普通砖、多孔砖房屋，其构造柱的最小截面可采用 240 mm×180 mm，纵向钢筋宜采用 4ϕ12，箍筋直径可采用 6 mm，箍筋间距不宜大于 250 mm，且在柱上下两端适当加密；7 度时超过六层、8 度时超过五层和 9 度时，构造柱纵向钢筋宜采用 4ϕ14，箍筋间距不应大于 200 mm；房屋四角的构造柱可适当加大截面及配筋。

② 构造柱与墙连接处应砌成马牙槎，沿墙高每隔 500 mm 设 2ϕ6 水平钢筋和 ϕ4 分布短筋平面内点焊组成的拉结网片或 ϕ4 点焊钢筋网片，每边伸入墙内不宜小于 1 m。

2）合理设置圈梁

圈梁在砌体结构中可以发挥多方面的作用。它可以加强纵横墙的连接以及墙体和楼盖的连接。可以提高楼盖的水平刚度和房屋整体性。圈梁与构造柱一起，可以约束墙体，限制斜裂缝的开展，从而提高墙体的抗震能力，还可以有效地抵抗由于地震或其他原因引起的地基不均匀沉降所带来的不利影响。震害调查表明，凡合理设置圈梁的房屋，其震害都较轻，否则，震害要严重得多。

（1）多层砖砌体房屋的圈梁设置要求

① 装配式钢筋混凝土楼、屋盖或木楼、屋盖的砖房，横墙承重时应按表 11.23 的要求设置圈梁，纵墙承重时每层均应设置圈梁，且抗震横墙上的圈梁间距应比表内要求适当加密。

表 11.23　多层砖砌体房屋现浇钢筋混凝土圈梁设置要求

墙　类	设防烈度		
	6、7	8	9
外墙和内纵墙	屋盖处及每层楼盖处	屋盖处及每层楼盖处	屋盖处及每层楼盖处
内横墙	同上； 屋盖处间距不应大于 4.5 m； 楼盖处间距不应大于 7.2 m； 构造柱对应部位	同上； 各层所有横墙且间距不应大于 4.5 m； 构造柱对应部位	同上；各层所有横墙

② 现浇或装配整体式钢筋混凝土楼、屋盖与墙体有可靠连接的房屋,应允许不另设圈梁,但楼板沿墙体周边应加强配筋并应与相应的构造柱钢筋可靠连接。

③ 对于软土地基、液化地基、新近填土地基和严重不均匀地基上的多层砖房,应增设基础圈梁。

(2) 多层砖砌体房屋圈梁的构造要求

圈梁应闭合,遇有洞口圈梁应上下搭接。圈梁的截面高度不应小于 120 mm,配筋应符合表 11.24 的要求。

表 11.24　砖房现浇钢筋混凝土圈梁配筋要求

配　　筋	设防烈度		
	6、7	8	9
最小纵筋	$4\phi10$	$4\phi12$	$4\phi14$
箍筋最大间距/mm	250	200	150

3) 加强构件间的连接

砌体结构房屋的整体性较差,因此,加强结构各构件之间的连接,对于提高房屋的整体抗震能力来说是一项重要的抗震构造措施。具体内容扫二维码查阅。

4) 重视楼梯间的设计

震害调查表明,楼梯间由于较空旷且受力较大,破坏严重,突出屋顶的楼、电梯间的破坏尤其严重。而楼梯间在发生地震时,又起着疏散人流的作用,因此必须采取下列加强措施。具体内容扫二维码查阅。

本 章 小 结

1. 由块材和砂浆砌筑而成的砌体,统称为砌体结构。按材料一般可分为砖砌体、石砌体和砌块砌体。

2. 砌体最基本的力学指标是轴心抗压强度。砌体从加载到受压破坏的三个特征阶段大体可分为单块砖先开裂、裂缝贯穿若干皮砖、形成独立受压小柱,在砌体中砖的抗压强度并未充分发挥。

3. 影响砌体抗压强度的主要因素是:块材与砂浆的强度;块材尺寸和几何形状;砂浆的流动性、保水性和弹性模量以及砌筑质量。

4. 砌体受压承载力计算公式中的 φ，是考虑高厚比 β 和偏心距 e 综合影响的系数，偏心距 $e=M/N$ 按内力的设计值计算。

5. 局部受压是砌体结构中常见的一种受力状态，有局部均匀受压和局部不均匀受压。由于"套箍强化"和"应力扩散"的作用，使局部受压范围内砌体的抗压强度提高，γ 称为局部抗压强度的提高系数。当梁下砌体局部受压不满足强度要求时，可设置刚性垫块，以扩大局部受压面积，改善垫块下砌体的局部受压情况。

6. 混合结构房屋墙柱的高厚比验算步骤为：

① 确定是承重墙还是非承重墙，计算 μ_1 值；

② 按有无门窗洞口，计算 μ_2 值；

③ 验算墙柱的高厚比。根据有无壁柱（构造柱），分别采用不同公式进行验算。

对一般的墙、柱高厚比验算：$\beta=H_0/h \leqslant \mu_1\mu_2[\beta]$

带壁柱墙高厚比验算：$\begin{cases} \text{整片墙：} \beta=H_0/h_T \leqslant \mu_1\mu_2[\beta] \\ \text{壁柱间墙：} \beta=H_0/h \leqslant \mu_1\mu_2[\beta] \end{cases}$

带构造柱墙高厚比验算：$\begin{cases} \text{整片墙：} \beta=H_0/h \leqslant \mu_1\mu_2\mu_c[\beta] \\ \text{壁柱间墙：} \beta=H_0/h \leqslant \mu_1\mu_2[\beta] \end{cases}$

7. 各类砌体抗震抗剪强度的计算公式及相关的规定。

8. 砌体结构房屋的震害现象主要有：房屋倒塌；墙体开裂、破坏；墙角破坏；纵横墙连接破坏；楼梯间破坏；楼盖与屋盖的破坏以及附属构件的破坏。

9. 砌体结构抗震设计的一般要求是合理选择结构体系；结构布置尽量规则、均匀；控制房屋的最大高度和最多层数；限制房屋的高宽比不要太大；限制抗震横墙的间距；对局部尺寸加以控制等。

10. 抗震构造措施对于提高砌体房屋的抗倒塌能力来说，效果比较好。具体从构造柱和圈梁的设置、楼梯间重点加强、各构件之间的连接等方面来采取措施。

思考题与习题

11.1　影响砌体抗压强度的因素有哪些？

11.2　影响砌体局部抗压强度的因素有哪些？

11.3　局部抗压强度提高系数 γ 如何确定？

11.4　为什么要验算墙柱的高厚比？如何验算？

11.5　一承受轴心压力的砖柱，截面尺寸为 $b\times h=370\,\text{mm}\times490\,\text{mm}$，采用 MU10 砖、M5 混合砂浆砌筑，荷载设计值在柱顶产生的轴向力 $N=180\,\text{kN}$，柱的计算高度 $H_0=H=3.6\,\text{m}$，试验算柱的承载力。

11.6　已知一窗间墙，截面尺寸为 $b\times h=1\,000\,\text{mm}\times240\,\text{mm}$，采用 MU10 砖、M5 砂浆砌筑，墙上支承钢筋混凝土梁，梁的支承长度为 240 mm，梁的截面尺寸为 $b\times h=200\,\text{mm}\times550\,\text{mm}$，荷载设计值在梁端产生的支承压力 $N_l=50\,\text{kN}$，上部荷载设计值在窗间墙上产生的轴向力为 $N=130\,\text{kN}$，试验算梁端支承处砌体的局部受压承载力。

11.7　砌体结构房屋有哪些震害？

11.8 砌体结构的抗震概念设计主要包括哪些内容？

11.9 多层砌体结构房屋的抗震构造措施包括哪些内容？

11.10 多层砌体结构中设置构造柱的作用是什么？

11.11 多层砌体结构中设置圈梁的作用是什么？

11.12 对于有抗震设防要求的砖砌体结构房屋,砖砌体的砂浆强度等级应( )。

A. 不宜低于 M2.5   B. 不宜低于 M5

C. 不宜低于 M7.5   D. 不宜低于 M10

11.13 有抗震要求的砖砌体房屋,构造柱的施工( )。

A. 应先砌墙后浇混凝土柱

B. 条件许可时宜先砌墙后浇柱

C. 如混凝土柱留出马牙槎,则可先浇柱后砌墙

D. 如混凝土柱留出马牙槎并预留拉结钢筋,则可先浇柱后砌墙

11.14 抗震砌体结构房屋的纵、横墙交接处,施工时,下列( )措施不正确。

A. 必须同时咬槎砌筑

B. 采取拉结措施后可以不同时咬槎砌筑

C. 房屋的 4 个墙角必须同时咬槎砌筑

D. 房屋的 4 个外墙角及楼梯间处必须同时咬槎砌筑

11.15 对于砌体结构,现浇钢筋混凝土楼、屋盖房屋,设置顶层圈梁,主要是在下列( )情况发生时起作用。

A. 发生地震时

B. 发生温度变化时

C. 在房屋中部发生比两端大的沉降时

D. 在房屋两端发生比中部大的沉降时

11.16 抗震规范限制了多层砌体房屋总高度与总宽度的最大比值,这是为了( )。

A. 避免内部非结构构件的过早破坏

B. 满足在地震作用下房屋整体弯曲的强度要求

C. 保证房屋在地震作用下的稳定性

D. 限制房屋在地震作用下过大的侧向位移

附　录

附表 1　常用材料与构件自重

类别	名　称	自　重	备　注
隔墙及 墙面/ (kN·m⁻²)	双面抹灰板条隔墙	0.90	灰厚 16～24 mm,龙骨在内
	单面抹灰板条隔墙	0.50	灰厚 16～24 mm,龙骨在内
	水泥粉刷墙面	0.36	20 mm 厚,水泥粗砂
	水磨石墙面	0.55	25 mm 厚,包括打底
	水刷石墙面	0.50	25 mm 厚,包括打底
	石灰粗砂粉刷	0.34	20 mm 厚
	外墙拉毛墙面	0.70	包括 25 mm 厚水泥砂浆打底
	剁假石墙面	0.50	25 mm 厚,包括打底
	贴瓷砖墙面	0.50	包括水泥砂浆打底,共厚 25 mm
屋面/ (kN·m⁻²)	小青瓦屋面	0.90～1.10	
	冷摊瓦屋面	0.50	
	黏土平瓦屋面	0.55	
	水泥平瓦屋面	0.50～0.55	
	波形石棉瓦	0.20	1 820 mm×725 mm×8 mm
	瓦楞铁	0.05	26 号
	镀锌薄钢板	0.05	24 号
	油毡防水层	0.05	一毡两油
		0.25～0.30	一毡两油,上铺小石子
		0.30～0.35	二毡三油,上铺小石子
		0.35～0.40	三毡四油,上铺小石子
屋架/ (kN·m⁻²)	木屋架	0.07+0.007×跨度	按屋面水平投影面积计算,跨度以 m 计
	钢屋架	0.12+0.011×跨度	无天窗,包括支撑,按屋面水平投影面积计算,跨度以 m 计

（续表）

类　别	名　　称	自　重	备　注
门窗/ (kN·m⁻²)	木框玻璃窗	0.20～0.30	
	钢框玻璃窗	0.40～0.45	
	铝合金窗	0.10～0.24	
	玻璃幕墙	0.36～0.70	
	木门	0.10～0.20	
	钢铁门	0.40～0.45	
	铝合金门	0.27～0.30	
预制板/ (kN·m⁻²)	预应力空心板	1.73	板厚 120 mm，包括填缝
	预应力空心板	2.58	板厚 180 mm，包括填缝
	槽形板	1.20，1.45	肋高 120 mm、180 mm，板宽 600 mm
	大型屋面板	1.30，1.47，1.75	板厚 180 mm、240 mm、300 mm，包括填缝
	加气混凝土板	1.30	板厚 200 mm，包括填缝
地面/ (kN·m⁻²)	硬木地板	0.20	厚 25 mm，剪刀撑、钉子等自重在内，不包括格栅自重
	地板格栅	0.20	仅格栅自重
	水磨石地面	0.65	面层厚 10 mm，20 mm 厚水泥砂浆打底
	菱苦土地面	0.28	底厚 20 mm
顶棚/ (kN·m⁻²)	V 形轻钢龙骨吊顶	0.12	一层 9 mm 纸面石膏板、无保温层
		0.17	二层 9 mm 纸面石膏板、有厚 50 mm 的岩棉板保温层
		0.20	二层 9 mm 面石膏板、无保温层
		0.25	二层 9 mm 纸面石膏板、有厚 50 mm 的岩棉板保温层
	V 形轻钢龙骨及铝合金龙骨吊顶	0.10～0.12	一层矿棉吸音板厚 15 mm，无保温层
	钢丝网抹灰吊顶	0.45	
	麻刀灰板条顶棚	0.45	吊木在内，平均灰厚 20 mm
	砂子灰板条顶棚	0.55	吊木在内，平均灰厚 25 mm
	三夹板顶棚	0.18	吊木在内
	木丝板吊顶棚	0.26	厚 25 mm，吊木及盖缝条在内
	顶棚上铺焦渣锯末绝缘层	0.20	厚 50 mm，焦渣：锯末按 1∶5 混合

（续表）

类　别	名　　称	自　重	备　注
基本材料/ $(kN \cdot m^{-3})$	素混凝土	22.0~24.0	振捣或不振捣
	钢筋混凝土	24.0~25.0	
	加气混凝土	5.5~7.5	单块
	焦渣混凝土	16.0~17.0	承重用
	焦渣混凝土	10.0~14.0	填充用
	泡沫混凝土	4.0~6.0	
	石灰砂浆、混合砂浆	17.0	
	水泥砂浆	20.0	
	水泥蛭石砂浆	5.0~8.0	
	膨胀珍珠岩砂浆	7.0~15.0	
	水泥石灰焦渣砂浆	14.0	
	岩棉	0.5~2.5	
	矿渣棉	1.2~1.5	
	沥青矿渣棉	1.2~1.6	
	水泥膨胀珍珠岩	3.5~4.0	
	水泥蛭石制品	4.0~6.0	
砌体/ $(kN \cdot m^{-3})$	浆砌普通砖	18.0	
	浆砌机砖	19.0	
	浆砌矿渣砖	21.0	
	浆砌焦渣砖	12.5~14.0	
	土坯砖砌体	16.0	
	三合土	17.0	灰：砂：土=1:1:9~1:1:4
	浆砌细方石	26.4，25.6，22.4	花岗石、石灰石、砂岩
	浆砌毛方石	24.8，24.0，20.8	花岗石、石灰石、砂岩
	干砌毛石	20.8，20.0，17.6	花岗石、石灰石、砂岩

附表2　民用建筑楼面均布活荷载标准值及其组合值、频遇值和准永久值系数

项次	类　别			标准值/ (kN·m⁻²)	组合值系数 ψ_c	频遇值系数 ψ_f	准永久值系数 ψ_q
1	(1) 住宅、宿舍、旅馆、办公楼、医院病房、托儿所、幼儿园			2.0	0.7	0.5	0.4
	(2) 试验室、阅览室、会议室、医院门诊室			2.0	0.7	0.6	0.5
2	教室、食堂、餐厅、一般资料档案室			2.5	0.7	0.6	0.5
3	(1) 礼堂、剧场、影院、有固定座位的看台			3.0	0.7	0.5	0.3
	(2) 公共洗衣房			3.0	0.7	0.6	0.5
4	(1) 商店、展览厅、车站、港口、机场大厅及其旅客等候室			3.5	0.7	0.6	0.5
	(2) 无固定座位的看台			3.5	0.7	0.5	0.3
5	(1) 健身房、演出舞台			4.0	0.7	0.6	0.5
	(2) 运动场、舞厅			4.0	0.7	0.6	0.3
6	(1) 书库、档案库、贮藏室			5.0	0.9	0.9	0.8
	(2) 密集柜书库			12.0	0.9	0.9	0.8
7	通风机房、电梯机房			7.0	0.9	0.9	0.8
8	汽车通道及停车库	(1) 单向板楼盖(板跨不小于2 m)和双向板楼盖(板跨不小于3 m×3 m)	客车	4.0	0.7	0.7	0.6
			消防车	35.0	0.7	0.5	0.0
		(2) 双向板楼盖(板跨不小于6 m×6 m)和无梁楼盖(柱网不小于6 m×6 m)	客车	2.5	0.7	0.7	0.6
			消防车	20.0	0.7	0.5	0.0
9	厨房	(1) 餐厅		4.0	0.7	0.7	0.7
		(2) 其他		2.0	0.7	0.6	0.5
10	浴室、卫生间、盥洗室			2.5	0.7	0.6	0.5
11	走廊、门厅	(1) 宿舍、旅馆、医院病房、托儿所、幼儿园、住宅		2.0	0.7	0.5	0.4
		(2) 办公楼、餐厅,医院门诊部		2.5	0.7	0.6	0.5
		(3) 教学楼及其他可能出现人员密集的情况		3.5	0.7	0.5	0.3
12	楼梯	(1) 多层住宅		2.0	0.7	0.5	0.4
		(2) 其他		3.5	0.7	0.5	0.3
13	阳台	(1) 可能出现人员密集的情况		3.5	0.7	0.6	0.5
		(2) 其他		2.5	0.7	0.6	0.5

注：1. 本表所给各项活荷载适用于一般使用条件,当使用荷载较大或情况特殊时,应按实际情况采用;
　　2. 第6项书库活荷载当书架高度大于2 m时,书库活荷载尚应按每米书架高度不小于2.5 kN/m² 确定;
　　3. 第8项中的客车活荷载只适用于停放人少于9人的客车;消防车活荷载是适用于满载总重为300 kN的大型车辆;当不符合本表的要求时,应将车轮的局部荷载按结构效应的等效原则,换算为等效均布荷载;
　　4. 第8项消防车活荷载,当双向板楼盖板跨介于3 m×3 m～6 m×6 m之间时,应按跨度线性插值确定;
　　5. 第12项楼梯活荷载,对预制楼梯踏步平板,尚应按1.5 kN集中荷载验算;
　　6. 本表各项荷载不包括隔墙自重和二次装修荷载;对固定隔墙的自重应按永久荷载考虑,当隔墙位置可灵活自由布置时,非固定隔墙的自重应取不小于1/3的每延米长墙重(kN/m)作为楼面活荷载的附加值(kN/m²)计入,且附加值不应小于1.0 kN/m²。

附表 3　混凝土强度设计值、标准值和弹性模量　（单位：N/mm²）

强度种类			混凝土强度等级														
			C15	C20	C25	C30	C35	C40	C45	C50	C55	C60	C65	C70	C75	C80
强度设计值	轴心抗压	f_c	7.2	9.6	11.9	14.3	16.7	19.1	21.2	23.1	25.3	27.5	29.7	31.8	33.8	35.9
	轴心抗拉	f_t	0.91	1.10	1.27	1.43	1.57	1.71	1.80	1.89	1.96	2.04	2.09	2.14	2.18	2.22
强度标准值	轴心抗压	f_{ck}	10.0	13.4	16.7	20.1	23.4	26.8	29.6	32.4	35.5	38.5	41.5	44.5	47.4	50.2
	轴心抗拉	f_{tk}	1.27	1.54	1.78	2.01	2.20	2.39	2.51	2.64	2.74	2.85	2.93	2.99	3.05	3.11
弹性模量（×10⁴）		E_c	2.20	2.55	2.80	3.00	3.15	3.25	3.35	3.45	3.55	3.60	3.65	3.70	3.75	3.80

注：1. 当有可靠试验依据时，弹性模量可根据实测数据确定；
　　2. 当混凝土中掺有大量矿物掺合料时，弹性模量可按规定龄期根据实测数据确定。

附表 4　普通钢筋强度设计值、强度标准值及弹性模量　（单位：N/mm²）

牌　号	符号	公称直径 d(mm)	屈服强度标准值 f_{yk}	极限强度标准值 f_{stk}	抗拉强度设计值 f_y	抗压强度设计值 f'_y	弹性模量（×10⁵）
HPB300	Φ	6~14	300	420	270	270	2.10
HRB335 HRBF335	Φ ΦF	6~14	335	455	300	300	2.00
HRB400 HRBF400 RRB400	Φ ΦF ΦR	6~50	400	540	360	360	2.05
HRB500 HRBF500	Φ ΦF	6~50	500	630	435	435	1.95

注：必要时可采用实测的弹性模量。

附表 5　预应力钢筋强度标准值　（单位：N/mm²）

种类		符号	公称直径 d/mm	屈服强度标准值 f_{pyk}	极限强度标准值 f_{ptk}
中强度预应力钢丝	光面 螺旋肋	ΦPM ΦHM	5、7、9	620	800
				780	970
				980	1 270
预应力螺纹钢筋	螺纹	ΦT	18、25、32、40、50	785	980
				930	1 080
				1 080	1 230

种类		符号	公称直径 d/mm	屈服强度 标准值 f_{pyk}	极限强度 标准值 f_{ptk}
清除应力钢丝	光面 螺旋肋	ϕ^P ϕ^H	5	—	1 570
				—	1 860
			7	—	1 570
			9	—	1 470
				—	1 570
钢绞线	1×3(3股)	ϕ^S	8.6、10.8、12.9	—	1 570
				—	1 860
				—	1 960
	1×7(7股)		9.5、12.7、15.2、17.8	—	1 720
				—	1 860
				—	1 960
			21.6	—	1 860

注：极限强度标准值为 1 960 N/mm² 的钢绞线作后张预应力配筋时，应有可靠的工程经验。

附表6 预应力钢筋强度设计值 （单位：N/mm²）

种　类	极限强度标准值 f_{ptk}	抗拉强度设计值 f_{py}	抗压强度设计值 f'_{py}
中强度预应力钢丝	800	510	410
	970	650	
	1 270	810	
消除应力钢丝	1 470	1 040	410
	1 570	1 110	
	1 860	1 320	
钢绞线	1 570	1 110	390
	1 720	1 220	
	1 860	1 320	
	1 960	1 390	
预应力螺纹钢筋	980	650	400
	1 080	770	
	1 230	900	

注：当预应力筋的强度标准值不符合本表的规定时，其强度设计值应进行相应的比例换算。

附表 7　混凝土保护层最小厚度　　　　　　　（单位：mm）

环境类别	板、墙、壳	梁、柱、杆
一	15	20
二 a	20	25
二 b	25	35
三 a	30	40
三 b	40	50

注：1. 混凝土强度等级不大于 C25 时，表中保护层厚度数值应增加 5 mm；
　　2. 钢筋混凝土基础宜设置混凝土垫层，基础中钢筋的混凝土保护层厚度应从垫层顶面算起，且不应小于 40 mm。

附表 8　结构构件的裂缝控制等级及最大裂缝宽度的限值　　　　　（单位：mm）

环境类别	钢筋混凝土结构		预应力混凝土结构	
	裂缝控制等级	w_{lim}	裂缝控制等级	w_{lim}
一	三级	0.30(0.40)	三级	0.20
二 a		0.20		0.10
二 b			二级	—
三 a、三 b			一级	—

注：1. 对处于年平均相对湿度小于 60% 地区一类环境下的受弯构件，其最大裂缝宽度限值可采用括号内的数值；
　　2. 在一类环境下，对钢筋混凝土屋架、托架及需作疲劳验算的吊车梁，其最大裂缝宽度限值应取为 0.20 mm；对钢筋混凝土屋面梁和托梁，其最大裂缝宽度限值应取为 0.30 mm；
　　3. 在一类环境下，对预应力混凝土屋架、托架及双向板体系，应按二级裂缝控制等级进行验算；对一类环境下的预应力混凝土屋面梁、托梁、单向板，应按表中二 a 级环境的要求进行验算；在一类和二 a 类环境下需作疲劳验算的预应力混凝土吊车梁，应按裂缝控制等级不低于二级的构件进行验算；
　　4. 表中规定的预应力混凝土构件的裂缝控制等级和最大裂缝宽度限值仅适用于正截面的验算；预应力混凝土构件的斜截面裂缝控制验算应符合本规范第 7 章的有关规定；
　　5. 对于烟囱、筒仓和处于液体压力下的结构，其裂缝控制要求应符合专门标准的有关规定；
　　6. 对于处于四、五类环境下的结构构件，其裂缝控制要求应符合专门标准的有关规定；
　　7. 表中的最大裂缝宽度限值为用于验算荷载作用引起的最大裂缝宽度。

附表 9　受弯构件的挠度限值

构件类型		挠度限值
吊车梁	手动吊车	$l_0/500$
	电动吊车	$l_0/600$
屋盖、楼盖及楼梯构件	当 $l_0 < 7$ m 时	$l_0/200(l_0/250)$
	当 7 m $\leq l_0 \leq 9$ m 时	$l_0/250(l_0/300)$
	当 $l_0 > 9$ m 时	$l_0/300(l_0/400)$

注：1. 表中 l_0 为构件的计算跨度；计算悬臂构件的挠度限值时，其计算跨度 l_0 按实际悬臂长度的 2 倍取用；
　　2. 表中括号内的数值适用于使用上对挠度有较高要求的构件；
　　3. 如果构件制作时预先起拱，且使用上也允许，则在验算挠度时，可将计算所得的挠度值减去起拱值；对预应力混凝土构件，尚可减去预加力所产生的反拱值；
　　4. 构件制作时的起拱值和预加力所产生的反拱值，不宜超过构件在相应荷载组合作用下的计算挠度值。

附表10 钢材的设计用强度指标 （单位：N/mm²）

钢材牌号		钢材厚度或直径 /mm	强度设计值			屈服强度 f_y	抗拉强度 f_u
			抗拉、抗压、抗弯 f	抗剪 f_v	端面承压（刨平顶紧）f_{ce}		
碳素结构钢	Q235	≤16	215	125	320	235	370
		>16，≤40	205	120		225	
		>40，≤100	200	115		215	
低合金高强度结构钢	Q345	≤16	305	175	400	345	470
		>16，≤40	295	170		335	
		>40，≤63	290	165		325	
		>63，≤80	280	160		315	
		>80，≤100	270	155		305	
	Q390	≤16	345	200	415	390	490
		>16，≤40	330	190		370	
		>40，≤63	310	180		350	
		>63，≤100	295	170		330	
	Q420	≤16	375	215	440	420	520
		>16，≤40	355	205		400	
		>40，≤63	320	185		380	
		>63，≤100	305	175		360	
	Q460	≤16	410	235	470	460	550
		>16，≤40	390	225		440	
		>40，≤63	355	205		420	
		>63，≤100	340	195		400	

注：1. 表中直径指实芯棒材直径，厚度系指计算点的钢材或钢管壁厚度，对轴心受拉和轴心受压构件系指截面中较厚板件的厚度。

2. 冷弯型材和冷弯钢管，其强度设计值应按现行有关国家标准的规定采用。

附表 11　焊缝的强度指标　　　　　　　　　　　　　（单位：N/mm²）

焊接方法和焊条型号	构件钢材		对接焊缝强度设计值				角焊缝强度设计值	对接焊缝抗拉强度 f_u^w	角焊缝抗拉、抗压和抗剪强度 f_u^f
	牌号	厚度或直径/mm	抗压 f_c^w	焊缝质量为下列等级时,抗拉 f_t^w 一级、二级	三级	抗剪 f_v^w	抗拉、抗压和抗剪 f_f^w		
自动焊、半自动焊和 E43 型焊条手工焊	Q235	≤16	215	215	185	125	160	415	240
		>16,≤40	205	205	175	120			
		>40,≤100	200	200	170	115			
自动焊、半自动焊和 E50,E55 型焊条手工焊	Q345	≤16	305	305	260	175	200	480 (E50) 540 (E55)	280 (E50) 315 (E55)
		>16,≤40	295	295	250	170			
		>40,≤63	290	290	245	165			
		>63,≤80	280	280	240	160			
		>80,≤100	270	270	230	155			
	Q390	≤16	345	345	295	200	200 (E50) 220 (E55)		
		>16,≤40	330	330	280	190			
		>40,≤63	310	310	265	180			
		>63,≤100	295	295	250	170			
自动焊、半自动焊和 E55,E60 型焊条手工焊	Q420	≤16	375	375	320	215	220 (E55) 240 (E60)	540 (E55) 590 (E60)	315 (E55) 340 (E60)
		>16,≤40	355	355	300	205			
		>40,≤63	320	320	270	185			
		>63,≤100	305	305	260	175			
自动焊、半自动焊和 E55,E60 型焊条手工焊	Q460	≤16	410	410	350	235	220 (E55) 240 (E60)	540 (E55) 590 (E60)	315 (E55) 340 (E60)
		>16,≤40	390	390	330	225			
		>40,≤63	355	355	300	205			
		>63,≤100	340	340	290	195			

注：1. 自动焊和半自动焊所采用焊丝和焊剂,应保证其熔敷金属抗拉强度不低于现行国家标准《埋弧焊用碳钢焊丝和焊剂》GB/T 5293 和《低碳钢埋弧焊用焊剂》GB/T 12470 中的相关规定;

2. 焊缝质量等级应符合现行国家标准《钢结构工程施工质量验收规范》GB 50205 的规定;其中厚度小于 8 mm 钢材的对接焊缝,不应采用超声波探伤确定焊缝质量等级;

3. 对接焊缝在受压区的抗弯强度设计值取 f_c^w,在受拉区的抗弯强度设计值取 f_t^w;

4. 表中厚度系指计算点的钢材厚度,对轴心受拉和轴心受压构件系指截面中较厚板件的厚度。

附表12　螺栓连接的强度指标　　　　　　　　　　（单位：N/mm²）

螺栓的性能等级、锚栓和构件钢材的牌号		强度设计值										高强度螺栓的抗拉强度 f_u^b
		普通螺栓						锚栓	承压型连接或网架用高强度螺栓			
		C级螺栓			A级、B级螺栓							
		抗拉 f_t^b	抗剪 f_v^b	承压 f_c^b	抗拉 f_t^b	抗剪 f_v^b	承压 f_c^b	抗拉 f_t^a	抗拉 f_t^b	抗剪 f_v^b	承压 f_c^b	
普通螺栓	4.6级、4.8级	170	140	—	—	—	—	—	—	—	—	—
	5.6级	—	—	—	210	190	—	—	—	—	—	—
	8.8级	—	—	—	400	320	—	—	—	—	—	—
锚栓	Q235	—	—	—	—	—	—	140	—	—	—	—
	Q345	—	—	—	—	—	—	180	—	—	—	—
	Q390	—	—	—	—	—	—	185	—	—	—	—
承压型连接高强度螺栓	8.8级	—	—	—	—	—	—	—	400	250	—	830
	10.9级	—	—	—	—	—	—	—	500	310	—	1040
螺栓球节点用高强度螺栓	9.8级	—	—	—	—	—	—	—	385	—	—	—
	10.9级	—	—	—	—	—	—	—	430	—	—	—
构件钢材牌号	Q235	—	—	305	—	—	405	—	—	—	470	—
	Q345	—	—	385	—	—	510	—	—	—	590	—
	Q390	—	—	400	—	—	530	—	—	—	615	—
	Q420	—	—	425	—	—	560	—	—	—	655	—
	Q460	—	—	450	—	—	595	—	—	—	695	—
	Q345GJ	—	—	400	—	—	530	—	—	—	615	—

注：1. A级螺栓用于 $d \leqslant 24\,mm$ 和 $L \leqslant 10d$ 或 $L \leqslant 150\,mm$（按较小值）的螺栓；B级螺栓用于 $d > 24\,mm$ 和 $L > 10d$ 或 $L > 150\,mm$（按较小值）的螺栓；d 为公称直径，L 为螺栓公称长度。

2. A级、B级螺栓孔的精度和孔壁表面粗糙度，C级螺栓孔的允许偏差和孔壁表面粗糙度，均应符合现行国家标准《钢结构工程施工质量验收规范》GB 50205 的要求。

3. 用于螺栓球节点网架的高强度螺栓，M12～M36 为 10.9级，M39～M64 为 9.8级。

附表 13　钢筋混凝土结构构件中纵向受力钢筋的最小配筋率　　　　（%）

受力类型		最小配筋百分率
受压构件	全部纵向钢筋　强度等级 500 MPa	0.50
	全部纵向钢筋　强度等级 400 MPa	0.55
	全部纵向钢筋　强度等级 300 MPa、335 MPa	0.60
	一侧纵向钢筋	0.20
受弯构件、偏心受拉、轴心受拉构件一侧的受拉钢筋		0.20 和 $45f_t/f_y$ 中的较大值

注：1. 受压构件全部纵向钢筋最小配筋百分率，当采用 C60 以上强度等级的混凝土时，应按表中规定增加 0.10；

2. 板类受弯构件（不包括悬臂板）的受拉钢筋，当采用强度等级 400 MPa、500 MPa 的钢筋时，其最小配筋百分率应允许采用 0.15 和 $45f_t/f_y$ 中的较大值；

3. 偏心受拉构件中的受压钢筋，应按受压构件一侧纵向钢筋考虑；

4. 受压构件的全部纵向钢筋和一侧纵向钢筋的配筋率以及轴心受拉构件和小偏心受拉构件一侧受拉钢筋的配筋率均应按构件的全截面面积计算；

5. 受弯构件、大偏心受拉构件一侧受拉钢筋的配筋率应按全截面面积扣除受压翼缘面积 $(b'_f-b)h'_f$ 后的截面面积计算；

6. 当钢筋沿构件截面周边布置时，"一侧纵向钢筋"指沿受力方向两个对边中一边布置的纵向钢筋。

附表 14　钢筋公称截面面积表

直径 /mm	钢筋截面面积 A_s/mm² 及钢筋排列成一行时梁的最小宽度 b/mm												单根钢筋理论质量 /(kg·m⁻¹)
	一根	二根	三根		四根		五根		六根	七根	八根	九根	
	A_s	A_s	A_s	b	A_s	b	A_s	b	A_s	A_s	A_s	A_s	
2.5	4.9	9.8	14.7		19.6		24.5		29.5	34.3	39.2	44.1	0.039
3	7.1	14.1	21.2		28.3		35.3		42.4	49.5	56.5	63.6	0.055
4	12.6	25.1	37.7		50.2		62.8		75.4	87.9	100.5	113	0.099
5	19.6	39	59		79		98		118	138	157	177	0.154
6	28.3	57	85		113		142		170	198	226	255	0.222
6.5	33.2	66	100		133		166		199	232	265	299	0.260
8	50.3	101	151		201		252		302	352	402	453	0.395
10	78.5	157	236		314		393		471	550	628	707	0.617
12	113.1	226	339	150	452	$\frac{200}{180}$	565	$\frac{250}{220}$	678	791	904	1 017	0.888
14	153.9	308	461	150	615	$\frac{200}{180}$	769	$\frac{250}{220}$	923	1 077	1 230	1 387	1.208
16	201.1	402	603	$\frac{180}{150}$	804	200	1 005	250	1 206	1 407	1 608	1 809	1.578
18	254.5	509	763	$\frac{180}{150}$	1 017	$\frac{220}{200}$	1 272	$\frac{300}{250}$	1 526	1 780	2 036	2 290	1.998
20	314.2	628	942	180	1 256	220	1 570	$\frac{300}{250}$	1 884	2 200	2 513	2 827	2.466
22	380.1	760	1 140	180	1 520	$\frac{250}{220}$	1 900	300	2 281	2 661	3 041	3 421	2.984
25	490.9	982	1 473	$\frac{200}{180}$	1 964	250	2 454	300	2 945	3 436	3 927	4 418	3.853

（续表）

直径/mm	钢筋截面面积 A_s/mm² 及钢筋排列成一行时梁的最小宽度 b/mm												单根钢筋理论质量/(kg·m⁻¹)
	一根	二根	三根		四根		五根		六根	七根	八根	九根	
	A_s	A_s	A_s	b	A_s	b	A_s	b	A_s	A_s	A_s	A_s	
28	615.3	1 232	1 847	200	2 463	250	3 079	$\frac{300}{250}$	3 695	4 310	4 926	5 542	4.834
32	804.3	1 609	2 413	220	3 217	300	4 021	350	4 826	5 630	6 434	7 238	6.313
36	1 017.9	2 036	3 054.		4 072		5 089		6 107	7 125	8 143	9 161	7.990
40	1 256.1	2 513	3 770		5 027		6 283		7 540	8 796	10 053	11 310	9.865

注：1. 表中梁最小宽度 b 为分数时,横线以上数字表示钢筋在梁顶部时所需的宽度,横线以下数字表示钢筋在梁底部时所需宽度;

2. 表中钢筋直径 $d=5\sim9$ mm 有热轧圆盘供应。

附表 15　钢筋混凝土板每米宽的钢筋面积表　　　（单位：mm²）

钢筋间距/mm	钢筋直径/mm												
	3	4	5	6	6/8	8	8/10	10	10/12	12	12/14	14	
70	101	179	281	404	561	719	920	1 121	1 369	1 616	1 907	2 199	
75	94.3	167	262	377	524	671	859	1 047	1 277	1 508	1 780	2 052	
80	88.4	157	245	354	491	629	805	981	1 198	1 414	1 669	1 924	
85	83.2	148	231	333	462	592	758	924	1 127	1 331	1 571	1 811	
90	78.5	140	218	314	437	559	716	872	1 064	1 257	1 483	1 710	
95	74.5	132	207	298	414	529	678	826	1 008	1 190	1 405	1 620	
100	70.6	126	196	283	393	503	644	785	958	1 131	1 335	1 539	
110	64.2	114	178	257	357	457	585	714	871	1 028	1 214	1 399	
120	58.9	105	163	236	327	419	537	654	798	942	1 113	1 283	
125	56.5	101	157	226	314	402	515	628	766	905	1 068	1 231	
130	54.4	96.6	151	218	302	387	495	604	737	870	1 027	1 184	
140	50.5	89.7	140	202	281	359	460	561	684	808	954	1 099	
150	47.1	83.8	131	189	262	335	429	523	639	754	890	1 026	
160	44.1	78.5	123	177	246	314	403	491	599	707	834	962	
170	41.5	73.9	115	166	231	296	379	462	564	665	785	905	
180	39.2	69.8	109	157	218	279	358	436	532	628	742	855	
190	37.2	66.1	103	149	207	265	339	413	504	595	703	810	
200	35.3	62.8	98.2	141	196	251	322	393	479	565	668	770	
220	32.1	57.1	89.3	129	179	229	293	357	435	514	607	700	
240	29.4	52.4	81.9	118	164	210	268	327	399	471	556	641	
250	28.3	50.2	78.5	113	157	201	258	314	383	451	534	616	
260	27.2	48.3	75.5	109	151	193	248	302	369	435	513	592	
280	25.2	44.9	70.1	101	140	180	230	280	342	404	477	550	
300	23.6	41.9	65.5	94	131	168	215	262	319	377	445	513	
320	22.1	39.2	61.4	88	123	157	201	245	299	353	417	481	

附表 16　钢筋混凝土受弯构件正截面承载力计算系数表

ξ	γ_s	α_s	ξ	γ_s	α_s
0.01	0.995	0.010	0.32	0.840	0.269
0.02	0.990	0.020	0.33	0.835	0.275
0.03	0.985	0.030	0.34	0.830	0.282
0.04	0.980	0.039	0.35	0.825	0.289
0.05	0.975	0.048	0.36	0.820	0.295
0.06	0.970	0.058	0.37	0.815	0.301
0.07	0.965	0.067	0.38	0.810	0.309
0.08	0.960	0.077	0.39	0.805	0.314
0.09	0.955	0.085	0.40	0.800	0.320
0.10	0.950	0.095	0.41	0.795	0.326
0.11	0.945	0.104	0.42	0.790	0.332
0.12	0.940	0.113	0.43	0.785	0.337
0.13	0.935	0.121	0.44	0.780	0.343
0.14	0.930	0.130	0.45	0.775	0.349
0.15	0.925	0.139	0.46	0.770	0.354
0.16	0.920	0.147	0.47	0.765	0.359
0.17	0.915	0.155	0.48	0.760	0.365
0.18	0.910	0.164	0.49	0.755	0.370
0.19	0.905	0.172	0.50	0.750	0.375
0.20	0.900	0.180	0.51	0.745	0.380
0.21	0.895	0.188	0.518	0.741	0.384
0.22	0.890	0.196	0.52	0.740	0.385
0.23	0.885	0.203	0.53	0.735	0.390
0.24	0.880	0.211	0.54	0.730	0.394
0.25	0.875	0.219	0.55	0.725	0.400
0.26	0.870	0.226	0.56	0.720	0.404
0.27	0.865	0.234	0.57	0.715	0.408
0.28	0.860	0.241	0.58	0.710	0.412
0.29	0.855	0.248	0.59	0.705	0.416
0.30	0.850	0.255	0.60	0.700	0.420
0.31	0.845	0.262	0.614	0.693	0.426

注：1. 表中 $M = \alpha_s \alpha_1 f_c b h_0^2$；$\xi = \dfrac{x}{h_0} = \dfrac{f_y A_s}{\alpha_1 f_c b h_0}$；$A_s = \dfrac{M}{f_y \gamma_s h_0}$ 或 $A_s = \xi \dfrac{\alpha_1 f_c}{f_y} b h_0$；

　　2. 表中 $\xi = 0.518$ 以下的数值不适用于 HRB400 级钢筋；$\xi = 0.55$ 以下的数值不适用于 HRB335 级钢筋。

附表 17 等截面等跨连续梁在常用荷载作用下的内力系数表

均布荷载

$$M = K_1 g l^2 + K_2 q l^2 \qquad V = K_3 g l + K_4 q l$$

集中荷载

$$M = K_1 G l + K_2 Q l \qquad V = K_3 G + K_4 Q$$

式中 g、q——单位长度上的均布恒荷载、活荷载,(g、q 在表中均用 q 表示);

G、Q——集中恒荷载、活荷载,(G、Q 在表中均用 P 表示);

K_1、K_2、K_3、K_4——内力系数,由表中相应栏内查得。

(1) 两跨梁

序号	荷载简图	跨内最大弯矩		支座弯矩	横向剪力			
		M_1	M_2	M_B	V_A	$V_{B左}$	$V_{B右}$	V_C
1		0.070	0.070	−0.125	0.375	−0.625	0.625	−0.375
2		0.096	−0.025	−0.063	0.437	−0.563	0.063	0.063
3		0.156	0.156	−0.188	0.312	−0.688	0.688	−0.312
4		0.203	−0.047	−0.094	0.406	−0.594	0.094	0.094
5		0.222	0.222	−0.333	0.667	−1.333	1.333	−0.667
6		0.278	−0.056	−0.167	0.833	−1.167	0.167	0.167

(2) 三跨梁

序号	荷载简图	跨内最大弯矩		支座弯矩		横向剪力					
		M_1	M_2	M_B	M_C	V_A	$V_{B左}$	$V_{B右}$	$V_{C左}$	$V_{C右}$	V_D
1		0.080	0.025	−0.100	−0.100	0.400	−0.600	0.500	−0.500	−0.600	−0.400
2		0.101	−0.050	−0.050	−0.050	0.450	−0.550	0.000	0.000	0.550	−0.450
3		−0.025	0.075	−0.050	−0.050	−0.050	−0.050	0.050	0.050	0.050	0.050

（续表）

序号	荷载简图	跨内最大弯矩		支座弯矩		横向剪力					
		M_1	M_2	M_B	M_C	V_A	$V_{B左}$	$V_{B右}$	$V_{C左}$	$V_{C右}$	V_D
4		0.073	0.054	−0.117	−0.033	0.383	−0.617	0.583	−0.417	0.033	0.033
5		0.094	—	−0.067	−0.017	0.433	−0.567	0.083	0.083	−0.017	−0.017
6		0.175	0.100	−0.150	−0.150	0.350	−0.650	0.500	−0.500	0.650	−0.350
7		0.213	−0.075	−0.075	−0.075	0.425	−0.575	0.000	0.000	0.575	−0.425
8		−0.038	0.175	−0.075	−0.075	−0.075	−0.075	0.500	−0.500	0.075	0.075
9		0.162	0.137	−0.175	0.050	0.325	−0.675	0.625	−0.375	0.050	0.050
10		0.200	—	−0.100	0.025	0.400	−0.600	0.125	0.125	−0.025	−0.025
11		0.244	0.067	−0.267	−0.267	0.733	−1.267	1.000	−1.000	1.267	−0.733
12		0.289	−0.133	−0.133	−0.133	0.866	−1.134	0.000	0.000	1.134	−0.866
13		0.044	0.200	−0.133	−0.133	−0.133	−0.133	1.000	−1.000	0.133	0.133
14		0.229	0.170	−0.311	0.089	0.689	−1.311	1.222	−0.778	0.089	0.089
15		0.274	—	−0.178	0.044	0.822	−1.178	0.222	0.222	−0.044	−0.044

(3) 四跨梁

序号	荷载简图	跨内最大弯矩 M_1	M_2	M_3	M_4	支座弯矩 M_B	M_C	M_D	横向剪力 V_A	$V_{B左}$	$V_{B右}$	$V_{C左}$	$V_{C右}$	$V_{D左}$	$V_{D右}$	V_E
1		0.077	0.036	0.036	0.077	−0.107	−0.071	−0.107	0.393	−0.607	0.536	−0.464	0.464	−0.536	0.607	−0.393
2		0.100	0.045	0.081	−0.023	−0.054	−0.036	−0.054	0.446	−0.554	0.018	0.018	0.482	−0.518	0.054	0.054
3		0.072	0.061	—	0.098	−0.121	−0.018	−0.058	0.380	0.620	0.603	−0.397	−0.040	−0.040	0.558	−0.442
4		—	0.056	0.056	—	−0.036	−0.107	−0.036	−0.036	−0.036	0.429	−0.571	0.571	−0.429	0.036	0.036
5		0.094	—	—	—	−0.067	0.018	−0.004	0.433	−0.567	0.085	0.085	−0.040	−0.022	0.004	0.004
6		—	0.071	—	—	−0.049	−0.054	0.013	−0.049	−0.049	0.496	−0.504	0.067	0.067	−0.013	−0.013
7		0.169	0.116	0.116	0.169	−0.161	−0.107	−0.161	0.339	−0.661	0.553	−0.446	0.446	−0.554	0.661	−0.339
8		0.210	−0.067	0.183	−0.040	−0.080	−0.054	−0.080	0.420	−0.580	0.027	0.027	0.473	0.527	0.080	0.080
9		0.159	0.146	—	0.206	−0.181	−0.027	−0.087	0.319	−0.681	0.654	−0.346	−0.060	−0.060	0.587	−0.413

360

（续表）

序号	荷载简图	跨内最大弯矩				支座弯矩			横向剪力							
		M_1	M_2	M_3	M_4	M_B	M_C	M_D	V_A	$V_{B左}$	$V_{B右}$	$V_{C左}$	$V_{C右}$	$V_{D左}$	$V_{D右}$	V_E
10		—	0.142	0.142	—	−0.054	−0.161	−0.054	−0.054	−0.054	0.393	−0.607	0.607	−0.393	0.054	0.054
11		0.202	—	—	—	−0.100	0.027	−0.007	0.400	−0.600	0.127	0.127	−0.033	−0.033	0.007	0.007
12		—	0.173	—	—	−0.074	−0.080	0.020	−0.074	−0.074	0.493	−0.507	0.100	0.100	−0.020	−0.020
13		0.238	0.111	0.111	0.238	−0.286	−0.191	−0.286	0.714	−1.286	1.095	−0.905	0.905	−1.095	1.286	−0.714
14		0.286	−0.111	0.222	−0.048	−0.143	−0.095	−0.143	0.875	−1.143	0.048	0.048	0.952	−1.048	0.143	0.143
15		0.226	0.194	—	0.282	−0.321	−0.048	−0.155	0.679	−1.321	1.274	−0.726	−0.107	−0.107	1.155	−0.845
16		—	0.175	0.175	—	−0.095	−0.286	−0.095	−0.095	−0.095	0.810	−1.190	1.190	−0.810	0.095	0.095
17		0.274	—	—	—	−0.178	0.048	−0.012	0.822	−1.178	0.226	0.226	−0.060	−0.060	0.012	0.012
18		—	0.198	—	—	−0.131	−0.143	0.036	−0.131	−0.131	0.988	−1.012	0.178	0.178	−0.036	−0.036

（4）五跨梁

序号	荷载简图	跨内最大弯矩			支座弯矩				横向剪力									
		M_1	M_2	M_3	M_B	M_C	M_D	M_E	V_A	$V_{B左}$	$V_{B右}$	$V_{C左}$	$V_{C右}$	$V_{D左}$	$V_{D右}$	$V_{E左}$	$V_{E右}$	V_F
1		0.078	0.033	0.046 2	−0.105	−0.079	−0.079	−0.105	0.394	−0.606	0.526	−0.474	0.500	−0.500	0.474	−0.526	0.606	−0.394
2		0.100	−0.046	0.085	−0.053	−0.040	−0.040	−0.053	0.447	−0.553	0.513	0.013	0.500	−0.500	−0.013	−0.013	0.553	−0.447
3		−0.026	0.078	−0.039	−0.053	−0.040	−0.040	−0.053	−0.053	−0.053	0.513	−0.487	0.000	0.000	0.487	−0.513	0.053	0.053
4		0.073	0.059	—	−0.119	−0.022	−0.044	−0.051	0.380	−0.620	0.598	−0.402	−0.023	−0.023	0.493	−0.507	0.052	0.052
5		—	0.055	0.064	−0.035	−0.111	−0.020	−0.057	−0.035	−0.035	0.424	−0.576	−0.591	−0.049	−0.037	−0.037	0.557	−0.443
6		0.094	—	—	−0.067	0.018	−0.005	0.001	0.433	−0.567	0.085	0.085	−0.023	−0.023	0.006	0.006	−0.001	−0.001
7		—	0.074	—	−0.049	−0.054	−0.014	−0.004	−0.049	−0.049	0.495	−0.505	0.068	−0.068	−0.018	0.018	0.004	0.004
8		—	—	0.072	0.013	−0.053	−0.053	0.013	0.013	0.013	−0.066	−0.066	0.500	−0.500	0.066	0.066	−0.013	−0.013
9		0.171	0.112	0.132	−0.158	−0.118	−0.118	−0.158	0.342	−0.658	0.540	−0.460	0.500	−0.500	0.460	−0.540	0.658	−0.342
10		0.211	−0.069	0.191	−0.079	−0.059	−0.059	−0.079	0.421	−0.579	0.520	0.020	0.500	−0.500	−0.020	−0.020	0.579	−0.421
11		0.039	0.181	−0.059	−0.079	−0.059	−0.059	−0.079	−0.079	−0.079	0.520	−0.480	0.000	0.000	0.480	−0.520	0.079	0.079

362

序号	荷载简图	跨内最大弯矩			支座弯矩				横向剪力									
		M_1	M_2	M_3	M_B	M_C	M_D	M_E	V_A	$V_{B左}$	$V_{B右}$	$V_{C左}$	$V_{C右}$	$V_{D左}$	$V_{D右}$	$V_{E左}$	$V_{E右}$	V_F
12		0.160	0.144	—	−0.179	−0.032	0.066	−0.077	0.321	−0.679	0.647	−0.353	−0.034	−0.034	0.489	−0.511	0.077	0.077
13		—	0.140	0.151	−0.052	−0.167	−0.031	−0.086	−0.052	−0.052	0.385	−0.615	0.637	−0.363	−0.056	−0.056	0.586	−0.414
14		0.200	—	—	−0.100	0.027	−0.007	0.002	0.400	−0.600	0.127	0.127	−0.034	−0.034	0.009	0.009	−0.002	−0.002
15		—	0.173	—	−0.073	−0.081	0.022	−0.005	−0.073	−0.073	0.493	−0.507	0.102	0.102	−0.027	−0.027	0.005	0.005
16		—	—	0.171	0.020	0.079	−0.079	0.020	0.020	0.020	−0.099	−0.099	0.500	−0.500	0.099	0.099	−0.020	−0.020
17		0.240	0.100	0.122	−0.281	−0.211	−0.211	−0.281	0.719	−1.281	1.070	−0.930	1.000	−1.000	0.930	−1.070	1.281	−0.719
18		0.287	−0.117	0.228	−0.140	−0.105	−0.105	−0.140	0.860	−1.140	0.035	0.035	1.000	−1.000	−0.035	−0.035	1.140	−0.860
19		−0.047	−0.216	−0.105	−0.140	−0.105	−0.105	−0.140	−0.140	−0.140	1.035	−0.965	0.000	0.000	0.965	−1.035	0.140	0.140
20		0.227	0.189	—	−0.319	−0.057	−0.118	−0.137	0.681	−1.319	1.262	−0.738	−0.061	−0.061	0.981	−1.019	0.137	0.137
21		—	0.172	0.198	−0.093	−0.297	−0.054	−0.153	−0.093	−0.093	0.796	−1.204	1.243	−0.757	−0.099	−0.099	1.153	−0.847
22		0.274	—	—	−0.179	0.048	−0.013	0.003	0.821	−1.179	0.227	0.227	−0.061	−0.061	0.016	0.016	−0.003	−0.003
23		—	0.198	—	0.131	−0.144	−0.038	−0.010	−0.131	−0.131	0.987	−1.013	0.182	0.182	−0.048	−0.048	0.010	0.010
24		—	—	0.193	0.035	−0.140	−0.140	0.035	0.035	0.035	−0.175	−0.175	1.000	−1.000	0.175	0.175	−0.035	−0.035

附表18 双向板在均布荷载作用下的弯矩系数表

说明：（1）板单位宽度的截面抗弯刚度按下列公式计算（按弹性理论计算方法）：

$$B_c = \frac{Eh^3}{12(1-\nu^2)}$$

式中　B_c——板宽1 m的截面抗弯刚度；

　　　E——弹性模量；

　　　h——板厚；

　　　ν——泊松比。

（2）表中符号如下：

f、f_{max}——分别为板中心点的挠度和最大挠度；

M_x、M_{xmax}——分别为平行于l_x方向板中心点单位板宽内的弯矩和板跨内最大弯矩；

M_y、M_{ymax}——分别为平行于l_y方向板中心点单位板宽内的弯矩和板跨内最大弯矩；

M_x^0——固定边中点沿l_x方向单位板宽内的弯矩；

M_y^0——固定边中点沿l_y方向单位板宽内的弯矩。

（3）板支承边的符号为：

固定边 ⊥⊥⊥⊥⊥⊥⊥⊥⊥ 简支边 — — — — —

（4）弯矩和挠度正负号的规定如下：

弯矩——使板的受荷面受压者为正；

挠度——变位方向与荷载作用方向相同者为正。

（5）各表的弯矩系数系对$\nu=0$算得的，对于钢筋混凝土，ν一般可取为$1/6$，此时，对于挠度、支座中点弯矩，仍可按表中系数计算，对于跨中弯矩，一般也可按表中系数计算（即近似地认为$\nu=0$），必要时，可按下式计算：

$$M_x^\nu = M_x + \nu M_y$$
$$M_y^\nu = M_y + \nu M_x$$

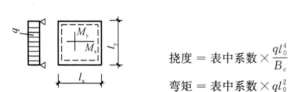

挠度 $=$ 表中系数 $\times \dfrac{ql_0^4}{B_c}$

弯矩 $=$ 表中系数 $\times ql_0^2$

式中l_0取用l_x和l_y中之较小者。

四边简支双向板

l_x/l_y	f	M_x	M_y	l_x/l_y	f	M_x	M_y
0.50	0.010 13	0.096 5	0.017 4	0.80	0.006 03	0.056 1	0.033 4
0.55	0.009 40	0.089 2	0.021 0	0.85	0.005 47	0.050 6	0.034 9
0.60	0.008 67	0.082 0	0.024 2	0.90	0.004 96	0.045 6	0.035 8
0.65	0.007 96	0.075 0	0.027 1	0.95	0.004 49	0.041 0	0.036 4
0.70	0.007 27	0.068 3	0.029 6	1.00	0.004 06	0.036 8	0.036 8
0.75	0.006 63	0.062 0	0.031 7				

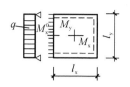

挠度 $= $ 表中系数 $\times \dfrac{ql_0^2}{B_c}$

弯矩 $= $ 表中系数 $\times ql_0^2$

式中 l_0 取用 l_x 和 l_y 中之较小者。

三边简支、一边固定双向板

l_x/l_y	l_y/l_x	f	f_{max}	M_x	M_{xmax}	M_y	M_{ymax}	M_x^0
0.50		0.004 88	0.005 04	0.058 3	0.064 6	0.006 0	0.006 3	−0.121 2
0.55		0.004 71	0.004 92	0.056 3	0.061 8	0.008 1	0.008 7	−0.118 7
0.60		0.004 53	0.004 72	0.053 9	0.058 9	0.010 4	0.011 1	−0.115 8
0.65		0.004 32	0.004 48	0.051 3	0.055 9	0.012 6	0.013 3	−0.112 4
0.70		0.004 10	0.004 22	0.048 5	0.052 9	0.014 8	0.015 4	−0.108 7
0.75		0.003 88	0.003 99	0.045 7	0.049 6	0.016 8	0.017 4	−0.104 8
0.80		0.003 65	0.003 76	0.042 8	0.046 3	0.018 7	0.019 3	−0.100 7
0.85		0.003 43	0.003 52	0.040 0	0.043 1	0.020 4	0.021 1	−0.096 5
0.90		0.003 21	0.003 29	0.037 2	0.040 0	0.021 9	0.022 6	−0.092 2
0.95		0.002 99	0.003 06	0.034 5	0.036 9	0.023 2	0.023 9	−0.088 0
1.00	1.00	0.002 79	0.002 85	0.031 9	0.034 0	0.024 3	0.024 9	−0.083 9
	0.95	0.003 16	0.003 24	0.032 4	0.034 5	0.028 0	0.028 7	−0.088 2
	0.90	0.003 60	0.003 68	0.032 8	0.034 7	0.032 2	0.033 0	−0.092 6
	0.85	0.004 09	0.004 17	0.032 9	0.034 7	0.037 0	0.037 8	−0.097 0
	0.80	0.004 64	0.004 73	0.032 6	0.034 3	0.042 4	0.043 3	−0.101 4
	0.75	0.005 26	0.005 36	0.031 9	0.033 5	0.048 5	0.049 4	−0.105 6
	0.70	0.005 95	0.006 05	0.030 8	0.032 3	0.055 3	0.056 2	−0.109 6
	0.65	0.006 70	0.006 80	0.029 1	0.030 6	0.062 7	0.063 7	−0.113 3
	0.60	0.007 52	0.007 62	0.026 8	0.028 9	0.070 7	0.071 7	−0.116 6
	0.55	0.008 38	0.008 48	0.023 9	0.027 1	0.079 2	0.080 1	−0.119 3
	0.50	0.009 27	0.009 35	0.020 5	0.024 9	0.088 0	0.088 8	−0.121 5

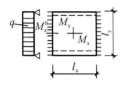

挠度 $= $ 表中系数 $\times \dfrac{ql_0^2}{B_c}$

弯矩 $= $ 表中系数 $\times ql_0^2$

式中 l_0 取用 l_x 和 l_y 中之较小者。

两对边简支、两对边固定双向板

l_x/l_y	l_y/l_x	f	M_x	M_y	M_x^0	l_x/l_y	l_y/l_x	f	M_x	M_y	M_x^0
0.50		0.002 61	0.041 6	0.001 7	−0.084 3		0.95	0.002 23	0.029 6	0.018 9	−0.074 6
0.55		0.002 59	0.041 0	0.002 8	−0.084 0		0.90	0.002 60	0.030 6	0.022 4	−0.079 7
0.60		0.002 55	0.040 2	0.004 2	−0.083 4		0.85	0.003 03	0.031 4	0.026 6	−0.085 0
0.65		0.002 50	0.039 2	0.005 7	−0.082 6		0.80	0.003 54	0.031 9	0.031 6	−0.090 4
0.70		0.002 43	0.037 9	0.007 2	−0.081 4		0.75	0.004 13	0.032 1	0.037 4	−0.095 9
0.75		0.002 36	0.036 6	0.008 8	−0.079 9		0.70	0.004 82	0.031 8	0.044 1	−0.101 3
0.80		0.002 28	0.035 1	0.010 3	−0.078 2		0.65	0.005 60	0.030 8	0.051 8	−0.106 6
0.85		0.002 20	0.033 5	0.011 8	−0.076 3		0.60	0.006 47	0.029 2	0.060 4	−0.111 4
0.90		0.002 11	0.031 9	0.013 3	−0.074 3		0.55	0.007 43	0.026 7	0.069 8	−0.115 6
0.95		0.002 01	0.030 2	0.014 6	−0.072 1		0.50	0.008 44	0.023 4	0.079 8	−0.119 1
1.00	1.00	0.001 92	0.028 5	0.015 8	−0.069 8						

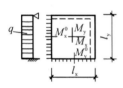

挠度 $= $ 表中系数 $\times \dfrac{ql_0^4}{B_c}$

弯矩 $= $ 表中系数 $\times ql_0^2$

式中 l_0 取用 l_x 和 l_y 中之较小者。

两邻边简支、两邻边固定双向板

l_x/l_y	f	f_{max}	M_x	M_{xmax}	M_y	M_{ymax}	M_x^0	M_y^0
0.50	0.004 68	0.004 71	0.055 9	0.056 2	0.007 9	0.013 5	−0.117 9	−0.078 6
0.55	0.004 45	0.004 54	0.052 9	0.053 0	0.010 4	0.015 3	−0.114 0	−0.078 5
0.60	0.004 19	0.004 29	0.049 6	0.049 8	0.012 9	0.016 9	−0.109 5	−0.078 2
0.65	0.003 91	0.003 99	0.046 1	0.046 5	0.015 1	0.018 3	−0.104 5	−0.077 7
0.70	0.003 63	0.003 68	0.042 6	0.043 2	0.017 2	0.019 5	−0.099 2	−0.077 0
0.75	0.003 35	0.003 40	0.039 0	0.039 6	0.018 9	0.020 6	−0.093 8	−0.076 0
0.80	0.003 08	0.003 13	0.035 6	0.036 1	0.020 4	0.021 8	−0.088 3	−0.074 8

（续表）

l_x/l_y	f	f_{max}	M_x	M_{xmax}	M_y	M_{ymax}	M_x^0	M_y^0
0.85	0.002 81	0.002 86	0.032 2	0.032 8	0.021 5	0.022 9	−0.082 9	−0.073 3
0.90	0.002 56	0.002 61	0.029 1	0.029 7	0.022 4	0.023 8	−0.077 6	−0.071 6
0.95	0.002 32	0.002 37	0.026 1	0.026 7	0.023 0	0.024 4	−0.072 6	−0.069 8
1.00	0.002 10	0.002 15	0.023 4	0.024 0	0.023 4	0.024 9	−0.067 7	−0.067 7

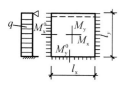

$$挠度 = 表中系数 \times \frac{ql_0^4}{B_c}$$

$$弯矩 = 表中系数 \times ql_0^2$$

式中 l_0 取用 l_x 和 l_y 中之较小者。

一边简支、三边固定双向板

l_x/l_y	l_y/l_x	f	f_{max}	M_x	M_{xmax}	M_y	M_{ymax}	M_x^0	M_y^0
0.50		0.002 57	0.002 58	0.040 8	0.040 9	0.002 8	0.008 9	−0.083 6	−0.056 9
0.55		0.002 52	0.002 55	0.039 8	0.039 9	0.004 2	0.009 3	−0.082 7	−0.057 0
0.60		0.002 45	0.002 49	0.038 4	0.038 6	0.005 9	0.010 5	−0.081 4	−0.057 1
0.65		0.002 37	0.002 40	0.036 8	0.037 1	0.007 6	0.011 6	−0.079 6	−0.057 2
0.70		0.002 27	0.002 29	0.035 0	0.035 4	0.009 3	0.012 7	−0.077 4	−0.057 2
0.75		0.002 16	0.002 19	0.033 1	0.033 5	0.010 9	0.013 7	−0.075 0	−0.057 2
0.80		0.002 05	0.002 08	0.031 0	0.031 4	0.012 4	0.014 7	−0.072 2	−0.057 0
0.85		0.001 93	0.001 96	0.028 9	0.029 3	0.013 8	0.015 5	−0.069 3	−0.056 7
0.90		0.001 81	0.001 84	0.026 8	0.027 3	0.015 9	0.016 3	−0.066 3	−0.056 3
0.95		0.001 69	0.001 72	0.024 7	0.025 2	0.016 0	0.017 2	−0.063 1	−0.055 8
1.00	1.00	0.001 57	0.001 60	0.022 7	0.023 1	0.016 8	0.018 0	−0.060 0	−0.055 0
	0.95	0.001 78	0.001 82	0.022 9	0.023 4	0.019 4	0.020 7	−0.062 9	−0.059 9
	0.90	0.002 01	0.002 06	0.022 8	0.023 4	0.022 3	0.023 8	−0.065 6	−0.065 3
	0.85	0.002 27	0.002 33	0.022 5	0.023 1	0.025 5	0.027 3	−0.068 3	−0.071 1
	0.80	0.002 56	0.002 62	0.021 9	0.022 4	0.029 0	0.031 1	−0.070 7	−0.077 2

（续表）

l_x/l_y	l_y/l_x	f	f_{max}	M_x	M_{xmax}	M_y	M_{ymax}	M_x^0	M_y^0
	0.75	0.002 86	0.002 94	0.020 8	0.021 4	0.032 9	0.035 4	−0.072 9	−0.083 7
	0.70	0.003 19	0.003 27	0.019 4	0.020 0	0.037 0	0.040 0	−0.074 8	−0.090 3
	0.65	0.003 52	0.003 65	0.017 5	0.018 2	0.041 2	0.044 6	−0.076 2	−0.097 0
	0.60	0.003 86	0.004 03	0.015 3	0.016 0	0.045 4	0.049 3	−0.077 3	−0.103 3
	0.55	0.004 19	0.004 37	0.012 7	0.013 3	0.049 6	0.054 1	−0.078 0	−0.109 3
	0.50	0.004 49	0.004 63	0.009 9	0.010 3	0.053 4	0.058 8	−0.078 4	−0.114 6

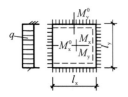

$$挠度 = 表中系数 \times \frac{ql_0^4}{B_c}$$

$$弯矩 = 表中系数 \times ql_0^2$$

式中 l_0 取用 l_x 和 l_y 中之较小者。

四边固定双向板

l_x/l_y	f	M_x	M_y	M_x^0	M_y^0
0.50	0.002 53	0.040 0	0.003 8	−0.082 9	−0.057 0
0.55	0.002 46	0.038 5	0.005 6	−0.081 4	−0.057 1
0.60	0.002 36	0.036 7	0.007 6	−0.079 3	−0.057 1
0.65	0.002 24	0.034 5	0.009 5	−0.076 6	−0.057 1
0.70	0.002 11	0.032 1	0.011 3	−0.073 5	−0.056 9
0.75	0.001 97	0.029 6	0.013 0	−0.070 1	−0.056 5
0.80	0.001 82	0.027 1	0.014 4	−0.066 4	−0.055 9
0.85	0.001 68	0.024 6	0.015 6	−0.062 6	−0.055 1
0.90	0.001 53	0.022 1	0.016 5	−0.058 8	−0.054 1
0.95	0.001 40	0.019 8	0.017 2	−0.055 0	−0.052 8
1.00	0.001 27	0.017 6	0.017 6	−0.051 3	−0.051 3

附表 19a　轴心受压构件的截面分类(板厚＜40 mm)

截面形式和对应轴			类别
轧制,$\dfrac{b}{h} \leqslant 0.8$,对 x 轴		轧制,对任意轴	a 类
轧制,$\dfrac{b}{h} \leqslant 0.8$,对 y 轴		轧制,$\dfrac{b}{h} > 0.8$,对 x、y 轴	
焊接,翼缘边焰切边,对 x、y 轴		焊接,翼缘为轧制或剪切边,对 x 轴	b 类
轧制,对 x、y 轴		轧制,对 x、y 轴	
轧制(等边角钢),对 x、y 轴		焊接圆管对任意轴,焊接箱形,板件宽厚比大于 20,对 x、y 轴	
轧制或焊接,对 x、y 轴	轧制截面和翼缘为焰切边的焊接截面,对 x、y 轴	焊接,翼缘为轧制或剪切边,对 x 轴	
焊接,对 x、y 轴		焊接板件边缘焰割,对 x、y 轴	
格构式对 x、y 轴			

附表 19b 轴心受压构件的截面分类(板厚≥40 mm)

截面情况				对 x 轴	对 y 轴
	轧制工字形成 H 形截面	$b/h \leqslant 0.8$		b 类	b 类
		$b/h > 0.8$	$t < 80$ mm	b 类	c 类
			$t \geqslant 80$ mm	c 类	d 类
	焊接工字形截面	翼缘为焰切边		b 类	b 类
		翼缘为轧制或剪切边		c 类	d 类
	焊接箱形截面	板件宽厚比>20		b 类	b 类
		板件宽厚比≤20		c 类	c 类

附表 20 轴心受压构件的稳定系数 φ

a 类截面

λ/ε_k	0	1	2	3	4	5	6	7	8	9
0	1.000	1.000	1.000	1.000	0.999	0.999	0.998	0.998	0.997	0.996
10	0.995	0.994	0.993	0.992	0.991	0.989	0.988	0.986	0.985	0.983
20	0.981	0.979	0.977	0.976	0.974	0.972	0.970	0.968	0.966	0.964
30	0.963	0.961	0.959	0.957	0.954	0.952	0.950	0.948	0.946	0.944
40	0.941	0.939	0.937	0.934	0.932	0.929	0.927	0.924	0.921	0.918
50	0.916	0.913	0.910	0.907	0.903	0.900	0.897	0.893	0.890	0.886
60	0.883	0.879	0.875	0.871	0.867	0.862	0.858	0.854	0.849	0.844
70	0.839	0.834	0.829	0.824	0.818	0.813	0.807	0.801	0.795	0.789
80	0.783	0.776	0.770	0.763	0.756	0.749	0.742	0.735	0.728	0.721
90	0.713	0.706	0.698	0.691	0.683	0.676	0.668	0.660	0.653	0.645
100	0.637	0.630	0.622	0.614	0.607	0.599	0.592	0.584	0.577	0.570
110	0.562	0.555	0.548	0.541	0.534	0.527	0.520	0.513	0.507	0.500
120	0.494	0.488	0.481	0.475	0.469	0.463	0.457	0.451	0.445	0.440
130	0.434	0.429	0.423	0.418	0.412	0.407	0.402	0.397	0.392	0.387
140	0.383	0.378	0.373	0.369	0.364	0.360	0.356	0.351	0.347	0.343
150	0.339	0.335	0.331	0.327	0.323	0.320	0.316	0.312	0.309	0.305
160	0.302	0.298	0.295	0.292	0.289	0.285	0.282	0.279	0.276	0.273
170	0.270	0.267	0.264	0.262	0.259	0.256	0.253	0.251	0.248	0.246
180	0.243	0.241	0.238	0.236	0.233	0.231	0.229	0.226	0.224	0.222
190	0.220	0.218	0.215	0.213	0.211	0.209	0.207	0.205	0.203	0.201

（续表）

λ/ε_k	0	1	2	3	4	5	6	7	8	9
200	0.199	0.198	0.196	0.194	0.192	0.190	0.189	0.187	0.185	0.183
210	0.182	0.180	0.179	0.177	0.175	0.174	0.172	0.171	0.169	0.168
220	0.166	0.165	0.164	0.162	0.161	0.159	0.158	0.157	0.155	0.154
230	0.153	0.152	0.150	0.149	0.148	0.147	0.146	0.144	0.143	0.142
240	0.141	0.140	0.139	0.138	0.136	0.135	0.134	0.133	0.132	0.131
250	0.130									

b 类截面

λ/ε_k	0	1	2	3	4	5	6	7	8	9
0	1.000	1.000	1.000	0.999	0.999	0.998	0.997	0.996	0.995	0.994
10	0.992	0.991	0.989	0.987	0.985	0.983	0.981	0.978	0.976	0.973
20	0.970	0.967	0.963	0.960	0.957	0.953	0.950	0.946	0.943	0.939
30	0.936	0.932	0.929	0.925	0.922	0.918	0.914	0.910	0.906	0.903
40	0.899	0.895	0.891	0.887	0.882	0.878	0.874	0.870	0.865	0.861
50	0.856	0.852	0.847	0.842	0.838	0.833	0.828	0.823	0.818	0.813
60	0.807	0.802	0.797	0.791	0.786	0.780	0.774	0.769	0.763	0.757
70	0.751	0.745	0.739	0.732	0.726	0.720	0.714	0.707	0.701	0.694
80	0.688	0.681	0.675	0.668	0.661	0.655	0.648	0.641	0.635	0.628
90	0.621	0.614	0.608	0.601	0.594	0.588	0.581	0.575	0.568	0.561
100	0.555	0.549	0.542	0.536	0.529	0.523	0.517	0.511	0.505	0.499
110	0.493	0.487	0.481	0.475	0.470	0.464	0.458	0.453	0.447	0.442
120	0.437	0.432	0.426	0.421	0.416	0.411	0.406	0.402	O397	0.392
130	0.387	0.383	0.378	0.374	0.370	0.365	0.361	0.357	0.353	0.349
140	0.345	0.341	0.337	0.333	0.329	0.326	0.322	0.318	0.315	0.311
150	0.308	0.304	0.301	0.298	0.295	0.291	0.288	0.285	0.282	0.279
160	0.276	0.273	0.270	0.267	0.265	0.262	0.259	0.256	0.254	0.251
170	0.249	0.246	0.244	0.241	0.239	0.236	0.234	0.232	0.229	0.227
180	0.225	0.223	0.220	0.218	0.216	0.214	0.212	0.210	0.208	0.206
190	0.204	0.202	0.200	0.198	0.197	0.195	0.193	0.191	0.190	0.188
200	0.186	0.184	0.183	0.181	0.180	0.178	0.176	0.175	0.173	0.172
210	0.170	0.169	0.167	0.166	0.165	0.163	0.162	0.160	0.159	0.158
220	0.156	0.155	0.154	0.153	0.151	0.150	0.149	0.148	0.146	0.145
230	0.144	0.143	0.142	0.141	0.140	0.138	0.137	0.136	0.135	0.134
240	0.133	0.132	0.131	0.130	0.129	0.128	0.127	0.126	0.125	0.124
250	0.123									

c 类截面

λ/εₖ	0	1	2	3	4	5	6	7	8	9
0	1.000	1.000	1.000	0.999	0.999	0.998	0.997	0.996	0.995	0.993
10	0.992	0.990	0.988	0.986	0.983	0.981	0.978	0.976	0.973	0.970
20	0.966	0.959	0.953	0.947	0.940	0.934	0.928	0.921	0.915	0.909
30	0.902	0.896	0.890	0.884	0.877	0.871	0.865	0.858	0.852	0.846
40	0.839	0.833	0.826	0.820	0.814	0.807	0.801	0.794	0.788	0.781
50	0.775	0.768	0.762	0.755	0.748	0.742	0.735	0.729	0.722	0.715
60	0.709	0.702	0.695	0.689	0.682	0.676	0.669	0.662	0.656	0.649
70	0.643	0.636	0.629	0.623	0.616	0.610	0.604	0.597	0.591	0.584
80	0.578	0.572	0.566	0.559	0.553	0.547	0.541	0.535	0.529	0.523
90	0.517	0.511	0.505	0.500	0.494	0.488	0.483	0.477	0.472	0.467
100	0.463	0.458	0.454	0.449	0.445	0.441	0.436	0.432	0.428	0.423
110	0.419	0.415	0.411	0.407	0.403	0.399	0.395	0.391	0.387	0.383
120	0.379	0.375	0.371	0.367	0.364	0.360	0.356	0.353	0.349	0.346
130	0.342	0.339	0.335	0.332	0.328	0.325	0.322	0.319	0.315	0.312
140	0.309	0.306	0.303	0.300	0.297	0.294	0.291	0.288	0.285	0.282
150	0.280	0.277	0.274	0.271	0.269	0.266	0.264	0.261	0.258	0.256
160	0.254	0.251	0.249	0.246	0.244	0.242	0.239	0.237	0.235	0.233
170	0.230	0.228	0.226	0.224	0.222	0.220	0.218	0.216	0.214	0.212
180	0.210	0.208	0.206	0.205	0.203	0.201	0.199	0.197	0.196	0.194
190	0.192	0.190	0.189	0.187	0.186	0.184	0.182	0.181	0.179	0.178
200	0.176	0.175	0.173	0.172	0.170	0.169	0.168	0.166	0.165	0.163
210	0.162	0.161	0.159	0.158	0.157	0.156	0.154	0.153	0.152	0.151
220	0.150	0.148	0.147	0.146	0.145	0.144	0.143	0.142	0.140	0.139
230	0.138	0.137	0.136	0.135	0.134	0.133	0.132	0.131	0.130	0.129
240	0.128	0.127	0.126	0.125	0.124	0.124	0.123	0.122	0.121	0.120
250	0.119									

d 类截面

λ/εₖ	0	1	2	3	4	5	6	7	8	9
0	1.000	1.000	0.999	0.999	0.998	0.996	0.994	0.992	0.990	0.987
10	0.984	0.981	0.978	0.974	0.969	0.965	0.960	0.955	0.949	0.944
20	0.937	0.927	0.918	0.909	0.900	0.891	0.883	0.874	0.865	0.857
30	0.848	0.840	0.831	0.823	0.815	0.807	0.799	0.790	0.782	0.774
40	0.766	0.759	0.751	0.743	0.735	0.728	0.720	0.712	0.705	0.697
50	0.690	0.683	0.675	0.668	0.661	0.654	0.646	0.639	0.632	0.625
60	0.618	0.612	0.605	0.598	0.591	0.585	0.578	0.572	0.565	0.559
70	0.552	0.546	0.540	0.534	0.528	0.522	0.516	0.510	0.504	0.498

（续表）

λ/ε_k	0	1	2	3	4	5	6	7	8	9
80	0.493	0.487	0.481	0.476	0.470	0.465	0.460	0.454	0.449	0.444
90	0.439	0.434	0.429	0.424	0.419	0.414	0.410	0.405	0.401	0.397
100	0.394	0.390	0.387	0.383	0.380	0.376	0.373	0.370	0.366	0.363
110	0.359	0.356	0.353	0.350	0.346	0.343	0.340	0.337	0.334	0.331
120	0.328	0.325	0.322	0.319	0.316	0.313	0.310	0.307	0.304	0.301
130	0.299	0.296	0.293	0.290	0.288	0.285	0.282	0.280	0.277	0.275
140	0.272	0.270	0.267	0.265	0.262	0.260	0.258	0.255	0.253	0.251
150	0.248	0.246	0.244	0.242	0.240	0.237	0.235	0.233	0.231	0.229
160	0.227	0.225	0.223	0.221	0.219	0.217	0.215	0.213	0.212	0.210
170	0.208	0.206	0.204	0.203	0.201	0.199	0.197	0.196	0.194	0.192
180	0.191	0.189	0.188	0.186	0.184	0.183	0.181	0.180	0.178	0.177
190	0.176	0.174	0.173	0.171	0.170	0.168	0.167	0.166	0.164	0.163
200	0.162									

附表 21　规则框架均布水平力作用时标准反弯点的高度比 y_0 值

m	r	$\overline{K}$ 0.1	0.2	0.3	0.4	0.5	0.6	0.7	0.8	0.9	1.0	2.0	3.0	4.0	5.0
1	1	0.80	0.75	0.70	0.65	0.65	0.60	0.60	0.60	0.60	0.55	0.55	0.55	0.55	0.55
2	2	0.45	0.40	0.35	0.35	0.35	0.35	0.40	0.40	0.40	0.40	0.45	0.45	0.45	0.45
	1	0.95	0.80	0.75	0.70	0.65	0.65	0.65	0.60	0.60	0.60	0.55	0.55	0.55	0.50
3	3	0.15	0.20	0.20	0.25	0.30	0.30	0.30	0.35	0.35	0.35	0.40	0.45	0.45	0.45
	2	0.55	0.50	0.45	0.45	0.45	0.45	0.45	0.45	0.45	0.45	0.45	0.50	0.50	0.50
	1	1.00	0.85	0.80	0.75	0.70	0.70	0.65	0.65	0.65	0.60	0.55	0.55	0.55	0.55
4	4	−0.05	0.05	0.15	0.20	0.25	0.30	0.30	0.35	0.35	0.35	0.40	0.45	0.45	0.45
	3	0.25	0.30	0.30	0.35	0.35	0.40	0.40	0.40	0.40	0.45	0.45	0.50	0.50	0.50
	2	0.65	0.55	0.50	0.50	0.45	0.45	0.45	0.45	0.45	0.45	0.50	0.50	0.50	0.50
	1	1.10	0.90	0.80	0.75	0.70	0.70	0.65	0.65	0.65	0.60	0.55	0.55	0.55	0.55
5	5	−0.20	0.00	0.15	0.20	0.25	0.30	0.30	0.30	0.35	0.35	0.40	0.45	0.45	0.45
	4	0.10	0.20	0.25	0.30	0.35	0.35	0.40	0.40	0.40	0.40	0.45	0.45	0.50	0.50
	3	0.40	0.40	0.40	0.40	0.40	0.45	0.45	0.45	0.45	0.45	0.50	0.50	0.50	0.50
	2	0.65	0.55	0.50	0.50	0.50	0.50	0.50	0.50	0.50	0.50	0.50	0.50	0.50	0.50
	1	1.20	0.95	0.80	0.75	0.75	0.70	0.70	0.65	0.65	0.65	0.55	0.55	0.55	0.55
6	6	−0.30	0.00	0.10	0.20	0.25	0.25	0.30	0.30	0.35	0.35	0.40	0.45	0.45	0.45
	5	0.00	0.20	0.25	0.30	0.35	0.35	0.40	0.40	0.40	0.40	0.45	0.45	0.50	0.50
	4	0.20	0.30	0.35	0.35	0.40	0.40	0.40	0.40	0.40	0.45	0.45	0.50	0.50	0.50
	3	0.40	0.40	0.40	0.45	0.45	0.45	0.45	0.45	0.45	0.45	0.50	0.50	0.50	0.50
	2	0.70	0.60	0.55	0.50	0.50	0.50	0.50	0.50	0.50	0.50	0.50	0.50	0.50	0.50
	1	1.20	0.95	0.85	0.80	0.75	0.70	0.70	0.65	0.65	0.65	0.55	0.55	0.55	0.55

（续表）

m	r \ $\overline{K}$	0.1	0.2	0.3	0.4	0.5	0.6	0.7	0.8	0.9	1.0	2.0	3.0	4.0	5.0
7	7	−0.35	−0.05	0.10	0.20	0.20	0.25	0.30	0.30	0.35	0.35	0.40	0.45	0.45	0.45
	6	−0.10	0.15	0.25	0.30	0.35	0.35	0.35	0.40	0.40	0.40	0.45	0.45	0.50	0.50
	5	0.10	0.25	0.30	0.35	0.40	0.40	0.40	0.45	0.45	0.45	0.45	0.50	0.50	0.50
	4	0.30	0.35	0.40	0.40	0.40	0.45	0.45	0.45	0.45	0.45	0.50	0.50	0.50	0.50
	3	0.50	0.45	0.45	0.45	0.45	0.45	0.45	0.45	0.45	0.45	0.50	0.50	0.50	0.50
	2	0.75	0.60	0.55	0.50	0.50	0.50	0.50	0.50	0.5	0.50	0.50	0.50	0.50	0.50
	1	1.20	0.95	0.85	0.80	0.75	0.70	0.70	0.65	0.65	0.65	0.55	0.55	0.55	0.55
8	8	−0.35	−0.15	0.10	0.15	0.25	0.25	0.30	0.30	0.35	0.35	0.40	0.45	0.45	0.45
	7	−0.10	−0.15	0.25	0.30	0.35	0.35	0.40	0.40	0.40	0.40	0.45	0.50	0.50	0.50
	6	0.05	0.25	0.30	0.35	0.40	0.40	0.40	0.45	0.45	0.45	0.45	0.50	0.50	0.50
	5	0.20	0.30	0.35	0.40	0.40	0.45	0.45	0.45	0.45	0.45	0.50	0.50	0.50	0.50
	4	0.35	0.40	0.40	0.45	0.45	0.45	0.45	0.45	0.45	0.45	0.50	0.50	0.50	0.50
	3	0.50	0.45	0.45	0.45	0.45	0.45	0.45	0.45	0.50	0.50	0.50	0.50	0.50	0.50
	2	0.75	0.60	0.55	0.55	0.50	0.50	0.50	0.50	0.50	0.50	0.50	0.50	0.50	0.50
	1	1.20	1.00	0.85	0.80	0.75	0.70	0.70	0.65	0.65	0.65	0.55	0.55	0.55	0.55
9	9	−0.40	−0.05	0.10	0.20	0.25	0.25	0.30	0.30	0.35	0.35	0.45	0.45	0.45	0.45
	8	−0.15	0.15	0.25	0.30	0.35	0.35	0.35	0.40	0.40	0.40	0.45	0.45	0.50	0.50
	7	0.05	0.25	0.30	0.35	0.40	0.40	0.40	0.45	0.45	0.45	0.45	0.50	0.50	0.50
	6	0.15	0.30	0.35	0.40	0.40	0.45	0.45	0.45	0.45	0.45	0.50	0.50	0.50	0.50
	5	0.25	0.35	0.40	0.40	0.45	0.45	0.45	0.45	0.45	0.45	0.50	0.50	0.50	0.50
	4	0.40	0.40	0.40	0.45	0.45	0.45	0.45	0.45	0.45	0.45	0.50	0.50	0.50	0.50
	3	0.55	0.45	0.45	0.45	0.45	0.45	0.45	0.45	0.50	0.50	0.50	0.50	0.50	0.50
	2	0.80	0.65	0.55	0.55	0.50	0.50	0.50	0.50	0.50	0.50	0.50	0.50	0.50	0.50
	1	1.20	1.00	0.85	0.80	0.75	0.70	0.70	0.65	0.65	0.65	0.55	0.55	0.55	0.55
10	10	−0.40	−0.05	0.10	0.20	0.25	0.30	0.30	0.30	0.35	0.35	0.40	0.45	0.45	0.45
	9	−0.15	0.15	0.25	0.30	0.35	0.35	0.40	0.40	0.40	0.40	0.45	0.45	0.50	0.50
	8	0.00	0.25	0.30	0.35	0.40	0.40	OJ40	0.45	0.45	0.45	0.45	0.50	0.50	0.50
	7	0.10	0.30	0.35	0.40	0.40	0.45	0.45	0.45	0.45	0.45	0.50	0.50	0.50	0.50
	6	0.20	0.35	0.40	0.40	0.45	0.45	0.45	0.45	0.45	0.45	0.50	0.50	0.50	0.50
	5	0.30	0.40	0.40	0.45	0.45	0.45	0.45	0.45	0.45	0.50	0.50	0.50	0.50	0.50
	4	0.40	0.40	0.45	0.45	0.45	0.45	0.45	0.45	0.45	0.50	0.50	0.50	0.50	0.50
	3	0.55	0.50	0.45	0.45	0.45	0.50	0.50	0.50	0.50	0.50	0.50	0.50	0.50	0.50
	2	0.80	0.65	0.55	0.55	0.55	0.50	0.50	0.50	0.50	0.50	0.50	0.50	0.50	0.50
	1	1.30	1.00	0.85	0.80	0.75	0.70	0.70	0.65	0.65	0.65	0.60	0.55	0.55	0.55

（续表）

m	r＼$\overline{K}$	0.1	0.2	0.3	0.4	0.5	0.6	0.7	0.8	0.9	1.0	2.0	3.0	4.0	5.0
	11	−0.40	0.05	0.10	0.20	0.25	0.30	0.30	0.30	0.35	0.35	0.40	0.45	0.45	0.45
	10	−0.15	0.15	0.25	0.30	0.35	0.35	0.40	0.40	0.40	0.40	0.45	0.45	0.50	0.50
	9	0.00	0.25	0.30	0.35	0.40	0.40	0.40	0.45	0.45	0.45	0.45	0.50	0.50	0.50
	8	0.10	0.30	0.35	0.40	0.40	0.45	0.45	0.45	0.45	0.45	0.50	0.50	0.50	0.50
	7	0.20	0.35	0.40	0.45	0.45	0.45	0.45	0.45	0.45	0.45	0.50	0.50	0.50	0.50
11	6	0.25	0.35	0.40	0.45	0.45	0.45	0.45	0.45	0.45	0.45	0.50	0.50	0.50	0.50
	5	0.35	0.40	0.40	0.45	0.45	0.45	0.45	0.45	0.45	0.50	0.50	0.50	0.50	0.50
	4	0.40	0.45	0.45	0.45	0.45	0.45	0.45	0.50	0.50	0.50	0.50	0.50	0.50	0.50
	3	0.55	0.50	0.50	0.50	0.50	0.50	0.50	0.50	0.50	0.50	0.50	0.50	0.50	0.50
	2	0.80	0.65	0.60	0.55	0.55	0.50	0.50	0.50	0.50	0.50	0.50	0.50	0.50	0.50
	1	1.30	1.00	0.85	0.80	0.75	0.70	0.70	0.65	0.65	0.65	0.60	0.55	0.55	0.55
	↓1	−0.40	−0.05	0.10	0.20	0.25	0.30	0.30	0.30	0.35	0.35	0.40	0.45	0.45	0.45
	2	−0.15	0.15	0.25	0.30	0.35	0.35	0.40	0.40	0.40	0.40	0.45	0.45	0.50	0.50
	3	0.00	0.25	0.30	0.35	0.40	0.40	0.40	0.45	0.45	0.45	0.50	0.50	0.50	0.50
	4	0.10	0.30	0.35	0.40	0.40	0.45	0.45	0.45	0.45	0.45	0.50	0.50	0.50	0.50
	5	0.20	0.35	0.40	0.40	0.45	0.45	0.45	0.45	0.45	0.45	0.50	0.50	0.50	0.50
12	6	0.25	0.35	0.40	0.45	0.45	0.45	0.45	0.45	0.45	0.45	0.50	0.50	0.50	0.50
以	7	0.30	0.40	0.40	0.45	0.45	0.45	0.45	0.45	0.50	0.50	0.50	0.50	0.50	0.50
上	8	0.35	0.40	0.45	0.45	0.45	0.45	0.45	0.50	0.50	0.50	0.50	0.50	0.50	0.50
	中间	0.40	0.40	0.45	0.45	0.45	0.45	0.50	0.50	0.50	0.50	0.50	0.50	0.50	0.50
	4	0.45	0.45	0.45	0.45	0.50	0.50	0.50	0.50	0.50	0.50	0.50	0.50	0.50	0.50
	3	0.60	0.50	0.50	0.50	0.50	0.50	0.50	0.50	0.50	0.50	0.50	0.50	0.50	0.50
	2	0.80	0.65	0.60	0.55	0.55	0.50	0.50	0.50	0.50	0.50	0.50	0.50	0.50	0.50
	↑1	1.30	1.00	0.85	0.80	0.75	0.70	0.70	0.65	0.65	0.65	0.55	0.55	0.55	0.55

注：$\overline{K}=\dfrac{i_1+i_2+i_3+i_4}{2i}$

附表 22　上下层横梁刚度比对 y_0 的修正系数值 y_1

α_1 ＼ $\overline{K}$	0.1	0.2	0.3	0.4	0.5	0.6	0.7	0.8	0.9	1.0	2.0	3.0	4.0	5.0
0.4	0.55	0.40	0.30	0.25	0.20	0.20	0.20	0.15	0.15	0.15	0.05	0.05	0.05	0.05
0.5	0.45	0.30	0.20	0.20	0.15	0.15	0.15	0.10	0.10	0.10	0.05	0.05	0.05	0.05
0.6	0.30	0.20	0.15	0.15	0.10	0.10	0.10	0.10	0.05	0.05	0.05	0.05	0	0
0.7	0.20	0.15	0.10	0.10	0.10	0.10	0.05	0.05	0.05	0.05	0.05	0	0	0
0.8	0.15	0.10	0.05	0.05	0.05	0.05	0.05	0.05	0.05	0	0	0	0	0
0.9	0.05	0.05	0.05	0.05	0	0	0	0	0	0	0	0	0	0

注：

$$\alpha_1 = \frac{i_1 + i_2}{i_3 + i_4},\ \text{当} i_1 + i_2 > i_3 + i_4 \text{ 时},\alpha_1 \text{取倒数},\text{即 } \alpha_1 = \frac{i_3 + i_4}{i_1 + i_2},\text{并且} y_1 \text{取负值};$$

$$\overline{K} = \frac{i_1 + i_2 + i_3 + i_4}{2 i_c}$$

附表 23　上下层高度变化对 y_0 的修正系数值 y_2 和 y_3

α_2	α_3 ＼ $\overline{K}$	0.1	0.2	0.3	0.4	0.5	0.6	0.7	0.8	0.9	1.0	2.0	3.0	4.0	5.0
2.0		0.25	0.15	0.15	0.10	0.10	0.10	0.10	0.10	0.05	0.05	0.05	0.05	0.0	0.0
1.8		0.20	0.15	0.10	0.10	0.10	0.05	0.05	0.05	0.05	0.05	0.05	0.0	0.0	0.0
1.6	0.4	0.15	0.10	0.10	0.05	0.05	0.05	0.05	0.05	0.05	0.05	0.0	0.0	0.0	0.0
1.4	0.6	0.10	0.05	0.05	0.05	0.05	0.05	0.05	0.05	0.05	0.0	0.0	0.0	0.0	0.0
1.2	0.8	0.05	0.05	0.05	0.0	0.0	0.0	0.0	0.0	0.0	0.0	0.0	0.0	0.0	0.0
1.0	1.0	0.0	0.0	0.0	0.0	0.0	0.0	0.0	0.0	0.0	0.0	0.0	0.0	0.0	0.0
0.8	1.2	−0.05	−0.05	−0.05	0.0	0.0	0.0	0.0	0.0	0.0	0.0	0.0	0.0	0.0	0.0
0.6	1.4	−0.10	−0.05	−0.05	−0.05	−0.05	−0.05	−0.05	−0.05	−0.05	0.0	0.0	0.0	0.0	0.0
0.4	1.6	−0.15	−0.10	−0.10	−0.05	−0.05	−0.05	−0.05	−0.05	−0.05	−0.05	0.0	0.0	0.0	0.0
	1.8	−0.20	−0.15	−0.10	−0.10	−0.05	−0.05	−0.05	−0.05	−0.05	−0.05	−0.05	0.0	0.0	0.0
	2.0	−0.25	−0.15	−0.15	−0.10	−0.10	−0.10	−0.10	−0.10	−0.05	−0.05	−0.05	−0.05	0.0	0.0

注：

y_2—— 按照 $\overline{K}$ 及 α_2 求得，上层较高时为正值；

y_3—— 按照 $\overline{K}$ 及 α_3 求得。

$$\alpha_2 = \frac{h_{上}}{h},\ \alpha_3 = \frac{h_{下}}{h}$$

主要参考文献

［1］中华人民共和国住房和城乡建设部.建筑结构可靠度设计统一标准：GB 50068—2018 ［S］.北京：中国建筑工业出版社,2019.

［2］中华人民共和国住房和城乡建设部.混凝土结构设计规范：GB 50010—2010［S］.2015 年版.北京：中国建筑工业出版社,2015.

［3］中华人民共和国住房和城乡建设部.砌体结构设计规范：GB 50003—2011［S］.北京：中国建筑工业出版社,2011.

［4］中华人民共和国住房和城乡建设部.钢结构设计标准规范：GB 50017—2017［S］.北京：中国建筑工业出版社,2017.

［5］中华人民共和国住房和城乡建设部.建筑抗震设计规范：GB 50011—2010［S］.2016 年版.北京：中国建筑工业出版社,2016.

［6］中华人民共和国住房和城乡建设部.建筑地基基础设计规范：GB 50007—2011［S］.北京：中国建筑工业出版社,2011.

［7］中华人民共和国住房和城乡建设部.木结构设计标准：GB 50005—2017［S］.北京：中国建筑工业出版社,2017.

［8］中华人民共和国住房和城乡建设部.胶合木结构技术规范：GB/T 50708—2012［S］.北京：中国建筑工业出版社,2012.

［9］RAINER J H，KARACABEYLI E. Performance of wood-frame building construction in earthquakes［R］. Forintek Canada Crop.，Special Publication No. SP-40,1999.

［10］东南大学,同济大学,天津大学.混凝土结构：上［M］.6 版.北京：中国建筑工业出版社,2016.

［11］东南大学,同济大学,天津大学,混凝土结构：中［M］.6 版.北京：中国建筑工业出版社,2016.

［12］蓝宗建,朱万福.混凝土结构与砌体结构［M］.4 版.南京：东南大学出版社,2016.

［13］梁兴文,史庆轩.混凝土结构基本原理［M］.4 版.北京：中国建筑工业出版社,2019.

［14］徐有邻.混凝土结构设计原理及修订规范的应用［M］.北京：中国建筑工业出版社,2013.

［15］刘立新.砌体结构［M］.4 版.武汉：武汉理工大学出版社,2018.

［16］丁大钧,蓝宗建.砌体结构［M］.2 版.北京：中国建筑工业出版社,2011.

［17］沈祖炎,陈以一,陈扬骥,等.钢结构基本原理［M］.3 版.北京：中国建筑工业出版社,2018.

［18］《钢多高层结构设计手册》编委会. 钢多高层结构设计手册［M］.北京：中国计划出版社,2018.

［19］李国强,李杰,陈素文.建筑结构抗震设计［M］.4 版.北京：中国建筑工业出版社,2014.

[20] 张耀庭,潘鹏.建筑结构抗震设计[M].北京:机械工业出版社,2018.

[21] 西安建筑科技大学,华南理工大学,重庆大学.建筑材料[M].北京:中国建筑工业出版社,2013.

[22] 湖南大学,天津大学,同济大学,等.土木工程材料[M].2 版.北京:中国建筑工业出版社,2011.

[23] 同济大学,东南大学,西安建筑科技大学,等.房屋建筑学[M].5 版.北京:中国建筑工业出版社,2016.

[24] 戴国欣.钢结构[M].5 版.武汉:武汉理工大学出版社,2019.

[25] 薛建阳.组合结构设计原理[M].北京:中国建筑工业出版社,2010.

[26] 加拿大木业[EB/OL].https://canadawood.cn/